普通高等教育工程应用型系列教材

建 筑 材 料

主　编　马立建

副主编　田养利　杨　潘　王　黎

科 学 出 版 社

北　京

内 容 简 介

本书主要介绍了建筑材料的分类、基本性质、特点及使用等基本理论知识，是土木工程、材料科学与工程等专业一门重要的专业基础课程。全书内容共 13 章，包括：绪论、建筑材料的基本性质、无机气硬性胶凝材料、水泥、混凝土、建筑砂浆、建筑钢材、木材、墙体材料、防水材料、装饰材料、常用建筑材料性能检测、建筑材料（水泥及混凝土）工程案例分析。

本书可作为高等院校土木工程、材料科学与工程等专业本科生教材，也可以供材料类专业学生、教师及相关专业工程技术人员参考。

图书在版编目（CIP）数据

建筑材料 / 马立建主编. —北京：科学出版社，2016.2
普通高等教育工程应用型系列教材
ISBN 978-7-03-047153-6

Ⅰ. ①建… Ⅱ. ①马… Ⅲ. ①建筑材料－高等学校－教材 Ⅳ. ①TU5

中国版本图书馆 CIP 数据核字（2016）第 010072 号

责任编辑：匡 敏 陈 琪 / 责任校对：桂伟利
责任印制：张 伟 / 封面设计：迷底书装

科 学 出 版 社 出版
北京东黄城根北街 16 号
邮政编码：100717
http://www.sciencep.com
北京建宏印刷有限公司 印刷
科学出版社发行 各地新华书店经销
*
2016 年 2 月第 一 版 开本：787×1092 1/16
2022 年 7 月第六次印刷 印张：19 1/2
字数：462 000

定价：69.00元

（如有印装质量问题，我社负责调换）

本书编委会

主　编　马立建

副主编　田养利　杨　潘　王　黎

编　委　张　婕　魏瑞丽　李　妮

张　蕊　符国力

前　言

材料是人类社会赖以生存的物质基础和科学发展的技术导向。而建筑材料和建筑设计、建筑结构、建筑经济及建筑施工等一样，是建筑工程学科极为重要的部分。

建筑材料是建筑工程的物质基础。一个优秀的建筑师总是把建筑艺术和以最佳方式选用的建筑材料融合在一起。结构工程师只有在很好地了解建筑材料的性能后，才能根据力学计算，准确地确定建筑构件的尺寸和创造出先进的结构形式。建筑经济学家为了降低造价，节省投资，在基本建设中，特别是在已经兴起的商品房屋的事业中，首先要考虑的是节约和合理地使用建筑材料。而建筑施工和安装的全过程，实质上是按设计要求把建筑材料逐步变成建筑物的过程，它涉及材料的选用、运输、储存以及加工等诸方面。总之，从事建筑工程的技术人员都必须了解和掌握建筑材料有关技术知识。而且，应使所用的材料都能最大限度地发挥其效能，并合理、经济地满足建筑工程上的各种要求。

本书共13章，内容包括：绪论，建筑材料的性能，无机气硬性胶凝材料，水泥，混凝土，建筑砂浆，建筑钢材，木材，墙体材料，防水材料，装饰材料，常见建筑材料性能检测，建筑材料（水泥及混凝土）工程案例分析。

本书从建筑材料的使用和检测入手，在编写过程中坚持理论基础、拓宽专业面、突出应用型的基本原则，考虑相关学科的融合渗透，在内容编排上力求条理清晰、逻辑严谨，充分体现建筑材料的性能、结构、用途有机统一；文字叙述力求概念准确，深入浅出，数据正确可靠，图、表、实例与内容相吻合，使学生便于理解和自学。为加深学生对相关内容的理解和解决实际问题的能力，各章节附有习题。

本书第1章由马立建、田养利编写，第2章、第3章、第7章由张蕊、王黎编写，第4章、第12章由魏瑞丽编写，第5章、第6章由马立建、杨潘、符国力编写，第10章、第11章由张婕、田养利编写，第8章、第9章由马立建、李妮编写，第13章由马立建编写，全书由马立建统稿定稿。本书在编写过程中引用和借鉴了大量同行有关建筑材料的理论、著述等，除注明出处的部分文献外，限于篇幅未做一一说明，在此表达衷心的谢意！本书得到科学出版社及相关工作人员的支持与帮助，在此一并感谢！

本书适用于土木工程、材料科学与工程专业，也可用于土木建筑类其他专业，并可供土木工程设计、施工、科研等相关人员学习参考。

由于编者水平有限，书中不当之处在所难免，殷切希望读者给予批评指正。

编　者

2015年9月于西安

目　录

第 1 章　绪　论

学习目的：理解建筑材料在专业学习中的重要性，了解我国在建筑材料方面的创造、贡献与地位。

1.1　概　述

任何建筑物都是用各种材料组成的，这些材料总称为建筑材料。随着建筑技术的发展，可用于建筑的材料不仅在品种上日益增多，而且人们对其质量不断提出新的要求。

1. *砂石材料*

砂石材料有的是由地壳上层的岩石经自然风化得到的(天然砂砾)，有的是经人工开采或再经轧制而得(如各种不同尺寸的碎石和砂)。这类材料可以直接用于土木工程结构物，同时也是配制水泥混凝土或沥青混合料的矿质集料。

2. *无机结合料及其制品*

在土木工程中最常用到的无机结合料，主要是石灰和水泥。特别是水泥，它与集料配制的水泥混凝土是钢筋混凝土和预应力混凝土结构的主要材料。此外，水泥砂浆是各种污工结构物砌筑的重要结合料。

随着高级路面的发展，水泥混凝土路面已经成为高等级公路的主要路面类型之一。无机结合料稳定材料作为路面底基层或基层的主要材料类型已经取得了良好的使用效果。

3. *有机结合料及其混合料*

有机结合料主要是指沥青类材料如石油沥青、煤沥青等。这些材料与不同粒径的集料组配，可以修筑成各种类型的沥青混凝土路面。现代高速公路路面绝大部分是采用沥青混凝土修筑，所以沥青混合料是现代路面工程中极为重要的一种材料。

4. *钢材和木材*

钢材是桥梁、钢结构及钢筋混凝土或预应力钢筋混凝土结构的重要材料。木材是土木工程施工拱架、模板及装饰的主要材料。

5. *新型材料*

随着现代材料科学的进步，在这些常用材料的基础上，又发展了新型的复合材料、改性材料等。复合材料是两种或两种以上不同化学组成或不同组织相的物质，以微观和宏观的物质形式组合而成的材料。复合材料可以克服单一材料的弱点，而发挥其综合的性能。改性材料是通过物理或化学的途径对其使用性能进行综合处理，使其更能满足实际的使用要求，如改性沥青等。同时一些添加剂材料也在不断出现，为工程建设服务。

1.2　建筑材料在建筑工程中的地位

建筑材料和建筑设计、建筑结构、公路、城市道路、建筑经济及建筑施工等学科分支一样，是土木和交通运输工程学科极为重要的一部分。因为建筑材料是土木工程的物质基础，所以一个优秀的土木工程师总是把建筑艺术和以最佳方式选用的建筑材料融合在一起。土木工程师只有在很好地了解建筑材料的性能后，才能根据力学计算，准确地确定土建构件的尺寸和创造出先进的结构型。要使土建结构的受力特性和材料特性有机统一，合理地使用建筑材料。目前，在我国土木工程的总造价中，建筑材料的费用占总费用的 50%～60%。而土木工程施工的全过程实质上是按设计要求把建筑材料逐步变成建筑物的过程，它涉及材料的选用、运输、储存以及加工等诸多方面。总之，从事工程的技术人员都必须了解和掌握建筑材料有关技术知识，并使所采用的材料最大限度地发挥其效能，合理、经济地满足工程的各种要求。

设计、施工、管理三者是密切相关的。从根本上说，材料是基础，材料决定了土建构造物的形式和施工方法。新材料的出现，可以促使土建构造物形式的变化、设计方法的改进和施工技术的革新。

1.3　我国建筑材料的发展

材料科学和材料(含建筑材料)本身都是随着社会生产力和科技水平的提高而逐渐发展的。自古以来，我国劳动者在建筑材料的生产和使用方面曾经取得了许多重大成就，如始建于公元前 7 世纪的万里长城，所使用的砖石材料就达 1 亿立方米；福建泉州的洛阳桥是 900 多年前用石材建造的，其中一块石材就达 200 余吨；山西五台山木结构的佛光寺大殿已有千余年历史仍完好无损，等等。这些都有力证明了中国人民在建筑材料生产、施工和使用方面的智慧和技巧。

新中国成立以来，特别是改革开放以后，我国建筑材料生产得到了更迅速的发展。钢材已跻身于世界生产大国之列；水泥工业已由新中国成立前年产量不足百万吨的单一品种，发展为品种、标号齐全，年产量突破 4 亿吨的水平；陶瓷材料也由过去的单一白色瓷器发展到有上千种花色品种的陶瓷产品，而且生产的高档配套建筑卫生陶瓷已可满足高标准建筑的需要；我国的玻璃工业也发展很快，普通玻璃已由新中国成立初期年产仅 108 万标箱发展到 1 亿余标箱，且能生产功能各异的新品种；随着生活水平的提高和住房条件的改善，装饰材料更是丰富多彩，产业蓬勃兴旺。

我国道路沥青的生产从无到有，目前有三个方面的生产力量。①中国石油化工集团公司系统所属的炼油厂，这是主要的沥青供应渠道，生产的沥青约占全国的 3/4，其中道路沥青占 2/3；②中国石油天然气总公司系统的沥青厂，分属于各个油田，主要是几个稠油处理厂。10 年来沥青总产量增长了 10 倍，道路沥青增长了 20 倍，已占全国的 1/3；③地方化工部门及其他沥青厂(包括辽宁交通厅所属盘锦市沥青厂)。

到 1995 年，我国的水泥、平板玻璃、建筑卫生陶瓷和石墨、滑石等部分非金属矿产品的产量已跃居世界第一。我国的水泥产量已占世界总产量的24%，建筑陶瓷占25%，卫生陶瓷占16.7%，是名副其实的建筑材料生产大国。但是，必须看到，我国建筑材料企业的总体科技水平、管理水平还是比较落后的，主要表现在：能源消耗大，劳动生产率低，产业结构落后、污染环境严重，集约化程度低，市场应变能力差等。因此，我国建筑材料工业还处于“大而不强”的状态。针对此情况，我国建筑材料主管部门提出了建筑材料工业“由大变强，靠新出强”的发展战略。其总目标是：从现在起力争用30～40年的时间，逐步把建筑工业建设成具有国际竞争能力，适应国民经济高度发展的现代化原材料及制品工业，与交通土建及建筑工程一起，成为国民经济的支柱产业。这个总目标的内容包括：①建设有我国特色的现代化的新技术结构，着力发展新技术、新工艺、新产品；②建设高效益的新产业结构，实现由一般产品向高质量产品，低档产品向中、高档产品，单一产品向配套产品的转变，使产品结构适应需求变化；③建设起新的现代化管理体制；④塑造一支适应现代化建设要求的新队伍。因此，我国的建筑材料必将会发展更快，其产品的品种、质量和产量可极大地满足我国建设事业蓬勃发展的需要。

人类从穴居的山洞走出来，住进了自己利用简单的天然材料搭建的简陋房屋，这标志着建筑的形成。人类从本能的遮风避雨到改善生存条件，材料的使用也从本性化进展到根据需求去选择和使用。这也说明了人类的历史发展也是建筑和建筑材料发展的历史。秦砖汉瓦标志了古代建筑材料的一个新的时期，而且国外水泥的发明也更说明了建筑材料的发展进入了一个更新的历史阶段。不同年代的建筑反映了当时建筑业发展的水平，在某种程度上建筑业的发展受到了建筑材料发展的影响。

建筑材料是一切建筑工程中不可或缺的物质基础，各种建筑物与构筑物是由各种建筑材料经合理设计、精心施工而成的。建筑材料的品种、规格及质量都直接关系建筑物的形式，建筑施工的质量和建筑物的适用性、艺术性及耐久性。

建筑材料是随着人类社会生产力的发展而发展的。古代人类最初是“穴居巢处”，火的利用使人类学会了烧制砖瓦及石灰。随着人类会使用工具以后，建筑材料(木材、砖、石等)由天然材料阶段进入了人工生产阶段，从而为较大规模地建造房屋和人类所需要的其他建筑物建立了基本条件。在漫长的封建社会中，生产力停滞不前，长期以来只限于以砖、石、木材作为结构材料，建筑材料的发展极其缓慢。随着资本主义的兴起，工业的迅速发展，交通的日益发达，人们需要建造大规模的建筑物及设施，如大跨度的工业厂房、高层的公用建筑、桥梁及港口等。因此，钢材、水泥、混凝土及钢筋混凝土在18、19世纪相继出现，并成为主要的结构材料。

我国在建筑材料的生产和应用上有着悠久的历史。在公元前200年以前就有了相当发达的砖瓦业，并修建了举世闻名的万里长城。公元7世纪隋代李春在河北赵县建造的安济石拱桥，和已有1100多年历史的山西五台山佛光寺大殿的木结构至今仍然完好。明代宋应星的《天工开物》一书对我国古代劳动人民制造砖瓦、陶瓷、钢铁器具、烧制石灰及生产等成就进行了总结，是我国建筑材料的宝贵历史资料。

近20年来，我国建筑材料业得到了迅速发展，从少品种到多品种，从单功能到多功能。从单一材料到复合材料，功能不断增多，质量不断提高。随着我国现代科学技术迅猛发展，尤其是加入WTO以后，经济建设水平日益提高，经济发展已转到依靠科技、信息发展的轨道上来。建筑材料业必须以信息化带动工业化、现代化，走科技含量高、经济效益好、资源消耗低、环境污染少、人力资源优势充分发挥的新型道路，以发展具有节约能源、减少资源消耗、有利于生态环境为特征，科技含量高、经济附加值高的新型建筑材料。

建筑材料目前的发展主要在墙体材料、装饰材料、防水材料三大领域。现在全国范围内已取缔了黏土砖，出台了“装饰材料十项规定”和“防水材料质量保证期规定”，表明我国建筑业已走上了可持续发展、开发绿色建材之路。墙体材料必须向节能、利废、隔热、高强、空心、大块方向发展；装饰材料必须向装饰性、功能性、适用性、耐久性方向发展；防水材料必须向耐候性好、高弹性、环保性好方向发展，同时大力发展仿生学，从形式模仿向组成模仿、生物机能模仿发展。

今后，建筑材料发展的总体趋势是：努力研制质量轻、强度高，同时具有多种建筑功能的建筑材料。由单一材料向复合材料及其制品发展。扩大装配式预制构件的生产，并力求制品大型化、标准化，便于实现设计标准化、结构装配化、预制工厂化和施工机械化。利用工农业废料、废渣、尾矿等作为建筑材料的原料以代替自然资源，生产大量廉价、低能耗的建筑材料及制品。为了满足人们生活水平不断提高的需求，研制更多花色品种的、环保的装饰材料，美化人们的生活环境。

1.4 建筑材料的分类

1.4.1 建筑材料的分类

建筑材料是土木工程和建筑工程中使用的材料的统称，可分为结构材料、装饰材料和某些专用材料。

结构材料包括木材、竹材、石材、水泥、混凝土、金属、砖瓦、陶瓷、玻璃、工程塑料、复合材料等；装饰材料包括各种涂料、油漆、镀层、贴面、各色瓷砖、具有特殊效果的玻璃等；专用材料指用于防水、防潮、防腐、防火、阻燃、隔声、隔热、保温、密封等的材料。建筑材料长期承受风吹、日晒、雨淋、磨损、腐蚀等，性能会逐渐变化，建筑材料的合理选用至关重要，首先应当安全、经久耐用。建筑材料用量很大，直接影响工程的造价，通常建材费用占工程总造价的一半以上，因此在考虑技术性能时，必须兼顾经济性。

1.4.2 建筑材料的定义及其分类

1. 建筑材料的定义

定义：建筑工程中使用的所有材料通称为建筑材料。

知识点滴：万里长城(体现我国古代建筑工程的高度成就，表现我国古代劳动人民的聪明才智。)总长度有十万里以上！所用建筑材料为土、石、木料、砖、石灰。关外有关、城外有城，其材料运输量之浩大、工程之艰巨世所罕见。

知识点滴：河北赵州石桥建于1300多年前(桥长约51m，净跨37m)，建造该桥的石材为青白色石灰岩。比意大利人建石拱桥晚400多年，但在主拱肋与桥面间设计“敞肩拱”，比外国早了1200多年。

2. 建筑材料的分类

按化学成分分类，可参照表1.1。

表 1.1　建筑材料按化学成分分类

分类			实例
无机材料	金属材料	黑色金属	普通钢材，非合金钢，低合金钢，合金钢
		有色金属	铝，铝合金，铜及其合金
	非金属材料	天然石材	毛石，料石，石板材，碎石
		烧土制品	烧结砖，瓦，陶器
		玻璃及熔融制品	玻璃，玻璃棉，岩棉
		凝胶材料	气硬性：石灰，石膏，水玻璃 水硬性：各类水泥
		混凝土类	砂浆，混凝土，硅酸盐制品
有机材料	植物质材料		木材，竹板，植物纤维及其制品
	合成高分子材料		塑料，橡胶，胶凝剂，有机涂料
	沥青材料		石油沥青，沥青制品
复合材料	金属-非金属复合		砼及其混凝土，预应力混凝土
	非金属-有机复合		沥青混凝土，聚合物混凝土

按使用功能分类，可参照表 1.2。

表 1.2　建筑材料按使用功能分类

分类	定义	实例
建筑结构材料	构成基础，柱梁板等承重结构材料	砖，石材，钢材，钢筋混凝土
墙体材料	构成建筑物内、外承重墙体及内分割墙体	石材，砖，加气混凝土，砌块
建筑功能材料	不作为承受荷载，且具有某种特殊功能的材料	保温隔热材料：加气混凝土 吸声材料：毛毡，泡沫塑料 采光材料：各种玻璃 防水材料：沥青及其制品 防腐材料：煤焦油，涂料 装饰材料：石材，陶瓷，玻璃
建筑器材	为满足使用要求，而与建筑物配套使用的各种设备	电工器材及灯具，水暖及空调器材，环保材料，建筑五金

3. 建筑材料技术标准简介

建筑材料技术标准：针对原材料、产品以及工程质量、规格、检验方法、评定方法、应用技术等作出的技术规定。包括内容：如原材料、材料及其产品的质量、规格、等级、性质、要求以及检验方法；材料以及产品的应用技术规范；材料生产以及设计规定；产品质量的评定标准。

材料技术标准的分级可参照表 1.3，材料技术标准分类可参照表 1.4。

表 1.3　材料技术标准的分类

材料技术标准的分级	发布单位	适用范围
国家标准	国家技术监督局	全国
行业标准(部颁标准)	中央部委标准机构	全国性的某行业
企业标准与地方标准	工厂、公司、院所等单位	某地区内，某企业内

表 1.4　材料技术标准的分类

分 类 方 法	种　　类
必要时	试行标准，正式标准
按权威程度	强制性标准，推荐性标准
按特性	基础标准，方法标准，原材料标准，能源标准，环保标准，包装标准等

每个技术标准都有自己的代号、编号、名称如(表 1.5)所示。

代号：反映该标准的等级或发布单位，用汉语拼音表示。

标号：表示标准的顺序号，颁布年代号，用阿拉伯数字表示。

表 1.5　技术标准所属行业及其代号

技术标准所属行业	标 准 代 号	技术标准所属行业	标 准 代 号
国家标准	GB	石油	SY
建材	JC	冶金	YB
建设工程	JG	水利水电	SD
交通	JT		

名称：反映该标准的主要内容，以汉字表示。

例如：　GB 175　　—　　1999　　　硅酸盐水泥，普通硅酸盐水泥

　　代号 顺序号　　　批准年代号　　　　　名称

意义：表示国家标准 175 号，1999 年颁布执行，其内容是硅酸盐水泥和普通硅酸盐水泥。

又如，GB/T 14684—2001 建筑用砂，表示国家推荐性标准 14684 号，2001 年颁布的建筑用砂标准。

注意：一方面，技术标准反映一个时期的技术水平，具有相对稳定性；另一方面，所有技术标准应根据技术发展的速度与要求不断进行修订。

1.5　建筑材料的发展趋势

最早使用的建筑材料是石材、木材和泥土，后来发展为石灰、砖瓦等，再到后来就是钢筋混凝土，还发展了各种新型的墙体材料等。建筑材料的发展趋势是：

(1)轻质、高强。

(2)发展多功能材料。

(3)廉价、低耗能。

(4)由单一材料向复合材料及制品发展。

(5)扩大装配式预制构件的工厂化生产。

(6)用工农业废料、废渣等代替自然资源作为原料，向环保方向发展；发展更多花色品种的装饰材料。

1.6　本课程的内容和任务

本课程是土木工程或其他有关专业的一门技术基础课，并兼有专业课的性质。课程的任务是使学生通过学习，获得建筑材料的基础知识，掌握建筑材料技术性能和应用方法及其试

验检测技能，同时对建筑材料的储运和保护也有所了解，以便于今后的工作实践中能正确选择与合理使用建筑材料，同时亦为进一步学习其他有关的专业课打下基础。

本书各章分别讲述各类土建结构的品种、基本组成、组成设计、技术性能和技术指标。为了教学方便，将按下述顺序对各种常用的建筑材料进行讲授：建筑材料的基本性质、石材与集料、烧土制品与玻璃、无机胶凝材料、沥青材料、建筑钢材与木材、高分子材料、建筑砂浆、水泥混凝土、沥青混合料、无机结合料稳定材料、功能材料等。

实验和试验课是本课程的重要教学环节。为了加深了解材料的性能和掌握试验方法，培养科学研究能力以及严谨的科学态度，必须结合课堂讲授的内容，加强对材料试验的实践。本课程根据课堂教学，安排了有关课外试验内容，并要求学生进行试验设计，取得相应的试验成果。

1. 目的

为其他专业课程提供建筑材料的基本知识，为从事技术时能合理选择和正确使用建筑材料打下基础。

2. 任务

获得常用材料的性质与应用的基本知识和必要的基本理论，了解建筑材料的标准，并获得主要建筑材料检验方法的基本技能训练。

3. 学习方法

运用好事物内因与外因的关系、共性与特性的关系，掌握建筑材料的基本试验方法。

第 2 章　建筑材料的性能

学习目的：掌握建筑材料的基本物理性能；掌握建筑材料的力学性质；掌握建筑材料耐久性的基本概念；了解建筑材料的环境协调性。

建筑材料在使用条件下要承受一定载荷和经受周围介质的物理与化学的作用，为此，要求建筑材料必须具备相应的性质。例如，建筑结构材料必须具备良好的力学性能；墙体材料应具有绝热、隔声性能；屋面材料应具有抗渗防水性能；地面材料应具有耐磨损性能等。在这些性质中，有些是大多数建筑材料均应具备的性能，即基本性质。这些基本性质主要包括物理性质、力学性质、化学性质、耐久性、装饰性、防火性等。

2.1　建筑材料的基本物理性质

2.1.1　密度、表观密度和堆积密度

1. 密度

密度是指材料在绝对密实状态下单位体积的质量。其计算式为

$$\rho=\frac{m}{V} \tag{2-1}$$

式中，ρ 为密度(g/cm^3)；m 为材料在干燥状态下的质量(g)；V 为材料在绝对密实状态下的体积(cm^3)。

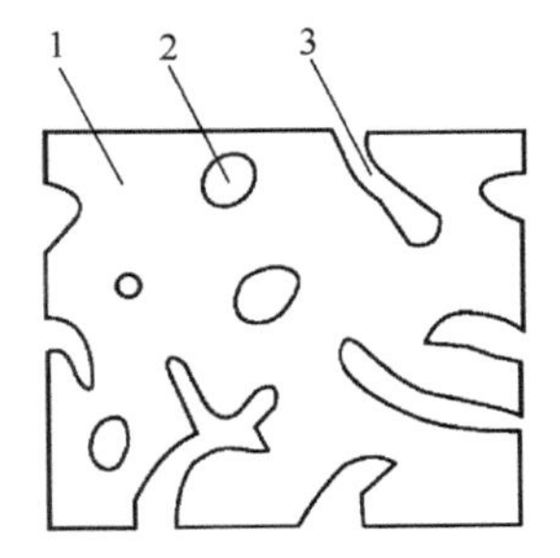

图 2.1　多孔材料的空隙示意图

1-固体物质；2-封闭气孔；3-开口气孔

材料在绝对密实状态下的体积是指不包含材料孔隙在内的体积。在建筑材料中，除了钢材、玻璃等极少数材料可认为不含孔隙外，绝大多数材料，如砖、混凝土等，内部都存在孔隙，多孔材料示意图如图 2.1 所示。

为了测定有孔材料的密实体积，通常把材料磨成细粉(粒径小于 0.20mm)，以便去除其内部孔隙，干燥后用李氏瓶(也称密度瓶)通过排液体法测定其密实体积。材料磨得越细，细粉体积越接近其密实体积，所测得的密度值也就越精确。

密度是材料的基本物理性质，与材料的其他性质存在着密切关系。

2. 表观密度(ρ_0)

表观密度是指材料在自然状态下单位体积的质量，亦称体积密度。其计算式为

$$\rho_0 = \frac{m}{V_0} \tag{2-2}$$

式中，ρ_0 为表观密度或体积密度(kg/m^3)；m 为材料的质量(kg)；V_0 为材料在自然状态下的体积，亦称表观体积(m^3)。

材料在自然状态下的体积是指构成材料的固体物质体积与全部孔隙体积(包括封闭孔隙体积和开口孔隙体积)之和。对于形状规则的体积可以直接量测计算而得；形状不规则的体积可将其表面用蜡封以后用排水法测得。

工程中常用的散粒状材料，如砂、石，其颗粒内部孔隙极少，用排水法测出的颗粒体积(材料的密实体积与封闭孔隙体积之和，不包括开口孔隙体积)与其密实体积基本相同，因此，砂、石的表观密度可近似地当作其密度，故称视密度，用 ρ' 表示，又称颗粒表观密度。

当材料孔隙内含有水分时，其质量和体积均有所变化，因此测定材料表观密度时，必须注明其含水状态。通常所说的表观密度是指干表观密度。

3. 堆积密度(ρ_0')

一些材料经常处在堆积状态下，如砂、石、石灰、黏土等，为了方便运输、储存或堆放，通常需要知道材料堆积状态下单位体积的质量，即堆积密度。

堆积密度是指粉状、颗粒状材料在堆积状态下单位体积的质量。其计算式为

$$\rho_0' = \frac{m}{V_0'} \tag{2-3}$$

式中，ρ_0' 为堆积密度(kg/m^3)；m 为材料质量(kg)；V_0' 为材料的堆积体积(m^3)。

材料的堆积体积包括颗粒体积和颗粒间空隙的体积，如图 2.2 所示。砂、石等散粒状材料的堆积体积，可通过在规定条件下用所填充容量筒的容积来求得。材料在自然堆积状态下的堆积密度称为松散堆积密度，在振实、压实状态下的堆积密度称为紧密堆积密度。除此之外，材料的含水程度也影响堆积密度，通常指的堆积密度是在气干状态下的。

以上几个基本概念的区别与联系如表 2.1 所示。

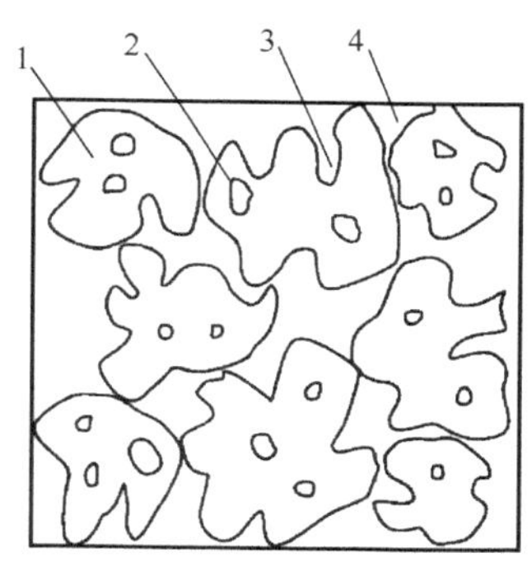

图 2.2　散粒材料的堆积体积示意图

1-颗粒中固体物质体积；2-颗粒中的封闭孔隙；3-颗粒中的开口孔隙；4-颗粒间空隙

表 2.1　密度、视密度、表观密度、堆积密度的比较

比较项目	(实际)密度	视密度	表观密度	堆积密度
材料状态	绝对密实状态	近似绝对密实状态	自然状态	堆积状态
材料体积	V	V'	V_0	V_0'
计算公式	$\rho = \frac{m}{V}$	$\rho' = \frac{m}{V'}$	$\rho_0 = \frac{m}{V_0}$	$\rho_0' = \frac{m}{V_0'}$
应用	判断材料性质		判断材料性质、用量计算、体积计算	

常用建筑材料的密度、视密度、表观密度和堆积密度如表 2.2 所示。

表 2.2　常用建筑材料的密度、视密度、表观密度和堆积密度数值

材料名称	密度/(g/cm³)	视密度/(g/cm³)	表观密度/(kg/m³)	堆积密度/(kg/m³)
钢材	7.85	—	7850	—
花岗岩	2.6～2.9	—	2500～2850	—
石灰岩	2.4～2.6	—	2000～2600	—
普通玻璃	2.5～2.6	—	2500～2600	—
烧结普通砖	2.5～2.7	—	1500～1800	—
建筑陶瓷	2.5～2.7	—	1800～2500	—
普通混凝土	2.6～2.8	—	2300～2500	—
普通砂	2.6～2.8	2.55～2.75	—	1450～1700
碎石或卵石	2.6～2.9	2.55～2.85	—	1400～1700
木材	1.55	—	400～800	—
泡沫塑料	1.0～2.6	—	20～50	—

2.1.2　材料的孔隙率与空隙率

1. 密实度与孔隙率(D, P)

密实度是指材料体积内，固体物质的体积占总体积的比例。其计算式为

$$D=\frac{V}{V_0}\times 100\%=\frac{\dfrac{m}{\rho}}{\dfrac{m}{\rho_0}}\times 100\%=\frac{\rho_0}{\rho}\times 100\% \tag{2-4}$$

式中，D 为材料的密实度(%)。

对于绝对密实材料，因 $\rho=\rho_0$，故 $D=100\%$，对于大多数建筑材料，因 $\rho_0<\rho$，故 $D<100\%$。

孔隙率是指材料体积内，孔隙体积占总体积的比例。其计算式为

$$P=\frac{V_0-V}{V_0}\times 100\%=\left(1-\frac{V}{V_0}\right)\times 100\%=\left(1-\frac{\rho_0}{\rho}\right)\times 100\%=1-D \tag{2-5}$$

式中，P 为材料的孔隙率。

孔隙率由开口孔隙率和封闭孔隙率两部分组成。

密实度和孔隙率是从两个不同侧面反映材料的密实程度，通常用孔隙率来表示材料的密实程度，材料的孔隙率高，则表示材料的密实程度小。

建筑材料的许多性质如强度、吸水性、抗渗性、抗冻性、导热性及吸声性都与材料的孔隙率有关。这些性质除取决于孔隙率的大小外，还与孔隙的构造特征密切相关。孔隙的构造特征主要指孔的形状(连通孔与封闭孔)、孔径的大小及分布是否均匀等。连通孔不仅彼此贯通且与外界相通，而封闭孔则彼此不连通且与外界相隔绝。孔隙按孔径大小分为细孔和粗孔。一般来说，孔隙越大，其危害越大，在孔隙率相同的情况下，孔隙尺寸减小，材料的各项性能都明显提高。提高材料的密实度，改变材料孔隙特征可以改善材料的性能。例如，提高混凝土的密实度可以达到提高混凝土强度的目的；加入引气剂增加一定数量的微小封闭孔，可改善混凝土的抗渗性能及抗冻性能。

2. 填充率与空隙率

填充率是指散粒材料在其堆积体积中，颗粒体积占总体积的比例。其计算式为

$$D' = \frac{V_0}{V_0'} \times 100\% = \frac{\rho_0'}{\rho_0} \times 100\% \tag{2-6}$$

式中，D' 为材料的填充率(%)。

空隙率是指散粒材料在其堆积体积中，颗粒之间空隙体积占总体积的比例。其计算式为

$$P' = \frac{V_0' - V_0}{V_0'} \times 100\% = \left(1 - \frac{\rho_0'}{\rho_0}\right) \times 100\% = 1 - D' \tag{2-7}$$

式中，P' 为材料的空隙率(%)。

填充率和空隙率是从两个不同侧面反映散粒材料的颗粒互相填充的疏密程度。空隙率可以作为控制混凝土骨料级配及计算砂率的依据。

【例 2-1】 已知某卵石的密度为 2.65g/cm^3，表观密度为 2610kg/m^3，堆积密度为 1680kg/m^3。求石子的孔隙率和空隙率。

解： 孔隙率为

$$P = \left(1 - \frac{\rho_0}{\rho}\right) \times 100\% = \left(1 - \frac{2.61}{2.65}\right) \times 100\% = 1.5\%$$

空隙率为

$$P' = \left(1 - \frac{\rho_0'}{\rho_0}\right) \times 100\% = \left(1 - \frac{1680}{2610}\right) \times 100\% = 35.6\%$$

2.1.3　材料与水有关的性质

1. 亲水性和憎水性

材料在与水接触时，根据材料表面被水润湿的情况，分为亲水性材料和憎水性材料。

润湿是水在材料表面被吸附的过程。当材料在空气中与水接触时，在材料、水、空气三者交点处，沿水表面的切线与水和固体接触面所成的夹角 θ 称为润湿角，如图 2.3 所示。当润湿角 $\theta \leqslant 90^\circ$ 时，材料分子与水分子之间的相互作用力大于水分子之间的作用力，材料表面就会被水润湿，这种材料称为亲水性材料(图 2.3(a))。反之，当润湿角 $\theta > 90^\circ$ 时，材料分子与水分子之间的相互作用力小于水分子之间的作用力，则认为材料不能被水润湿，这种材料称为憎水性材料(图 2.3(b))。

多数建筑材料，如石材、砖、混凝土、木材、金属材料等都属于亲水性材料；沥青、石蜡、塑料等属于憎水性材料，这类材料能阻止水分渗入材料内部，降低材料的吸水性。因此，憎水性材料经常作为防水、防潮材料或用作亲水性材料表面的憎水处理，如屋面采用防水卷材防水。

2. 吸水性和吸湿性

1) 吸水性

材料的吸水性是指材料在水中吸收水分的性质。吸水性的大小用吸水率表示，吸水率有质量吸水率和体积吸水率两种表示方法。

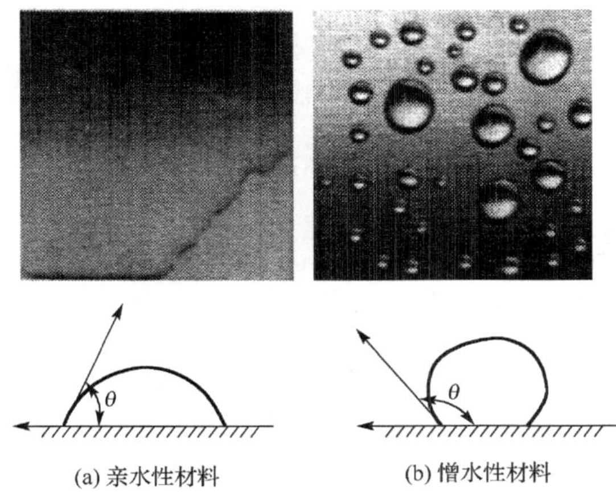

图 2.3　材料的润湿角

质量吸水率是指材料在吸水饱和状态下，所吸收水分的质量占材料干燥质量的百分率。其计算式为

$$W_{质} = \frac{m_{饱} - m_{干}}{m_{干}} \times 100\% \tag{2-8}$$

式中，$W_{质}$ 为材料的质量吸水率(%)；$m_{饱}$ 为材料吸水饱和后的质量(g)；$m_{干}$ 为材料在干燥状态下的质量(g)。

体积吸水率是指材料在吸水饱和状态下，所吸收水分的体积占干燥材料自然体积的百分率。其计算式为

$$W_{体} = \frac{m_{饱} - m_{干}}{V_{0干}} \cdot \frac{1}{\rho_w} \times 100\% \tag{2-9}$$

式中，$W_{体}$ 为材料的体积吸水率(%)；ρ_w 为水的密度(通常情况下 $\rho_w = 1\text{g/cm}^3$)；$V_{0干}$ 为干燥材料在自然状态下的体积(cm^3)。

计算材料吸水率时，一般用质量吸水率。但对于某些轻质多孔材料如加气混凝土、软木等，由于具有很多开口且微小的孔隙，其质量吸水率往往超过 100%，此时常用体积吸水率来表示其吸水性。若无特别说明，吸水率通常指质量吸水率。

材料吸水率不仅与材料的亲水性、憎水性有关，而且与材料的孔隙率和孔隙构造特征有密切的关系。一般来说，密实材料或具有封闭孔隙的材料是不吸水的；具有粗大孔隙的材料因其水分不易存留，吸水率不高；而孔隙率较大且具有细小开口连通孔隙的材料，吸水率较大。各种材料因其化学成分和结构构造不同，其吸水能力差异极大，如致密岩石的吸水率只有 0.5%～0.7%，普通混凝土为 2.0%～3.0%，普通黏土砖为 8.0%～20.0%，木材及其他多孔轻质材料的吸水率则通常超过 100%。

2) 吸湿性

材料在潮湿空气中吸收空气中水分的性质，称为吸湿性。吸湿性一般是可逆的，也就是说材料既可吸收空气中的水分，又可向空气中释放水分。

吸湿性大小用含水率表示，含水率是指材料中所含水的质量占材料干燥质量的百分率。其计算式为

$$W_{含}=\frac{m_{含}-m_{干}}{m_{干}}\times 100\% \tag{2-10}$$

式中，$W_{含}$ 为材料的含水率(%)；$m_{含}$ 为材料含水时的质量(g)；$m_{干}$ 为材料干燥至恒质量时的质量(g)。

材料含水率的大小，除了与本身的性质，如孔隙率大小及孔隙构造特征有关，还与周围空气的温度、湿度有关，当空气湿度大且温度较低时，材料的含水率就大，反之则小。当材料的湿度与空气湿度相平衡时，其含水率称为平衡含水率。

材料吸水或吸湿后，不仅表观密度增大、强度降低，保温、隔热性能降低，且更易受冰冻破坏，因此，材料的含水状态对材料性质有很大的影响。如图 2.4 所示为建筑物砖墙吸收地基土中的水分示意图，这对于建筑物的使用功能以及墙体本身的强度和耐久性都是极为不利的。

图 2.4　建筑物中墙体吸水示意图

【例 2-2】　烧结普通砖的尺寸为 240mm×115mm×53mm，已知其孔隙率为 37%，干燥质量为 2487g，浸水饱和后质量为 2984g。求该砖的密度、干表观密度和质量吸水率。

解：密度为

$$\rho=\frac{m}{V}=\frac{2487}{24\times 11.5\times 5.3\times(100\%-37\%)}=2.7(\text{g}/\text{cm}^3)$$

干表观密度为

$$\rho_0=\frac{m}{V_0}=\frac{2487}{24\times 11.5\times 5.3}=1.7(\text{g}/\text{cm}^3)$$

质量吸水率为

$$W_{质}=\frac{m_{饱}-m_{干}}{m_{干}}\times 100\%=\frac{2984-2487}{2487}\times 100\%=20\%$$

3) 水饱和度

为了说明材料的吸水程度(吸入水的体积与孔隙体积之比)或孔隙特征(开口孔隙体积与总孔隙体积之比)，引入水饱和度(或吸水饱和系数)这一概念，其表达式为

$$K_B=\frac{W_{体}}{P} \tag{2-11}$$

式中，K_B 为水饱和度；$W_{体}$ 为材料的体积吸水率(%)；P 为材料的孔隙率(%)。

K_B 在 0～1 波动。若 $K_B=0$，即 $W_{体}=0$，说明该材料所有的孔隙均未充水，或者说该材料的孔隙全部是闭口孔隙；若 $K_B=1$，即 $W_{体}=P$，说明该材料所有孔隙全部被水充满，或者说该材料的孔隙全部为开口孔隙。

3. 耐水性

材料长期在水作用下不被破坏，其强度也不显著降低的性质，称为耐水性。水对材料的破坏是多方面的，如对材料的力学性质、光学性质、装饰性等都会产生破坏作用。材料的耐水性用软化系数来表示，计算式为

$$K_{软} = \frac{f_{饱}}{f_{干}} \tag{2-12}$$

式中，$K_{软}$ 为软化系数；$f_{饱}$ 为材料在饱和水状态下的强度(MPa)；$f_{干}$ 为材料在干燥状态下的强度(MPa)。

一般材料浸水后，水分侵入材料内部，减弱了材料内部的结合力，使其强度不同程度上有所降低，软化系数的波动范围为 0～1。软化系数值越大，耐水性越好，通常认为软化系数大于 0.80 的材料为耐水材料。不同建筑材料的耐水性差别很大，钢、玻璃、沥青等材料的软化系数基本为 1，花岗岩等密实石材的软化系数接近于 1，而未经处理的生土软化系数为 0。工程中，当需要考虑材料的耐水性时，软化系数就是选择材料的重要依据之一。用于严重受水侵蚀或潮湿环境的材料，如位于水中的桥墩(图 2.5)，其软化系数应不低于 0.85；用于受潮较轻的或次要结构物的材料，则不宜小于 0.7。

图 2.5　长期处于水中的桥墩

4. 抗渗性

抗渗性是指材料抵抗压力水或其他液体渗透的性质。如图 2.6 所示为液体渗透材料的示意图。材料的抗渗性可以用渗透系数 *K* 或抗渗等级 PN 来表示。

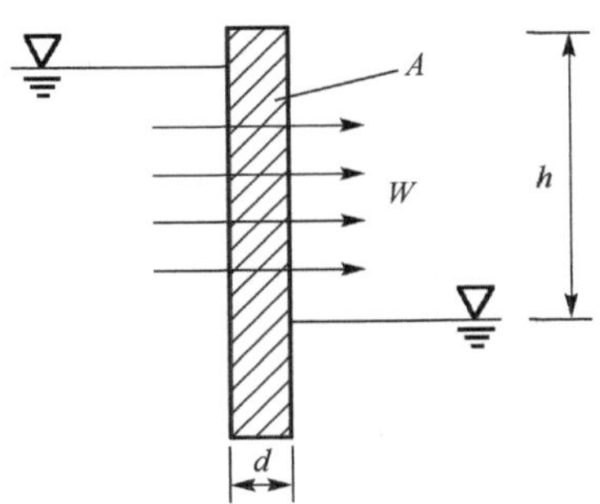

图 2.6　液体渗透材料示意图

A–渗水面积；*h*–材料两侧的水压差；*d*–试件厚度；*W*–渗水量

渗透系数 *K* 反映了材料在单位时间内，在单位水头作用下通过单位面积及厚度的渗透水量。*K* 值越大，材料的抗渗性越差。

达西定律表明，在一定时间内，透过材料试件的水量与试件的断面积及水头差(液压)成正比，与试件的厚度成反比，即

$$W = K\frac{h}{d}At \text{ 或 } K = \frac{Wd}{Ath} \tag{2-13}$$

式中，K 为渗透系数(cm/h)；W 为透过材料试件的水量(cm^3)；t 为透水时间(h)；A 为透水面积(cm^2)；h 为静水压力水头(cm)；d 为试件厚度(cm)。

抗渗系数反映了材料抵抗压力水渗透的性质，材料的抗渗性也可以用抗渗等级 PN 来表示。抗渗等级常用于混凝土和砂浆等材料，是指在规定试验条件下，材料所能承受的最大水压力(按 MPa 计)。如 P4，P6，P8 分别表示材料能承受 0.4MPa，0.6MPa，0.8MPa 的水压力而不被渗透。

材料的抗渗性与材料的孔隙率及孔隙特征有关。开口孔隙率越大，粗大孔越多，则抗渗性越差。材料的抗渗性还与材料的憎水性和亲水性有关，憎水性材料的抗渗性优于亲水性材料。

抗渗性是决定建筑材料耐久性的重要因素。在设计地下建筑、压力管道、容器等结构时，要求其所使用材料必须具有良好的抗渗性。抗渗性还是检验防水材料产品质量的重要指标。

5. 抗冻性

抗冻性是指材料在吸水饱和状态下，经过多次冻融循环作用而不破坏，强度也不显著降低的性质。一次冻融循环是指材料吸水饱和后，先在−15℃的温度下(水在微小的毛细管中低于−15℃才能冻结)冻结后，然后再在 20℃的水中融化。材料经过多次冻融循环作用后，表面将出现裂纹、剥落等现象，造成质量损失及强度降低。这是由于材料孔隙内水结冰时，其体积增大约 9%，在孔隙内产生很大的冰胀应力使孔壁受到相应的拉应力，当拉应力超过材料的抗拉强度时，孔壁将出现局部裂纹或裂缝。随着冻融循环次数的增多，裂纹或裂缝不断扩展，最终使材料受冻破坏。

材料的抗冻性常用抗冻等级 FN 来表示，如混凝土。其中，N 表示材料试件在强度及质量损失不超过国家规定标准值时，所能承受的最大冻融循环次数。如 F50 表示材料在规定条件下，最多能承受 50 次冻融循环。

材料的抗冻性取决于材料的孔隙率、孔隙构造特征、吸水饱和程度以及材料的强度。如果材料具有细小的开口孔隙，孔隙率大且处于饱和水状态下，则容易受冻破坏；若孔隙中含水，但并未饱和，仍有足够的自由空间时，则可缓解冰冻的破坏作用。一般来说，密实的材料和具有封闭孔隙且强度较高的材料，有较强的抗冻能力。我国北方地区一些海港码头(图 2.7)潮涨潮落部位的混凝土，每年要受数十次冻融循环，在结构设计和材料选用时，必须考虑材料的抗冻性。

抗冻性虽是衡量材料抵抗冻融循环作用的能力，但经常作为无机非金属材料抵抗大气物理作用的一种耐久性指标。抗冻性良好的材料，对于抵抗温度变化、干湿交替等风化作用的能力也强。所以，对于温暖地区的建筑物，虽无冰冻作用，但为抵抗大气的作用，确保建筑物耐久，对材料往往也提出一定的抗冻性要求。

图 2.7　码头

2.1.4　材料与热有关的性质

在建筑中，建筑材料除了满足必要的强度及其他性能的要求外，为了节约建筑物的使用能耗，以及为生产和生活创造适宜的条件，常要求材料具有一定的热学性质，以维持室内温度。常考虑的热性质有材料的导热性、热容量和热变形等。

1. 导热性

当材料两侧存在温度差时，热量将由温度高的一侧通过材料传递到温度低的一侧，材料这种传导热量的能力称为导热性，如图 2.8 所示。

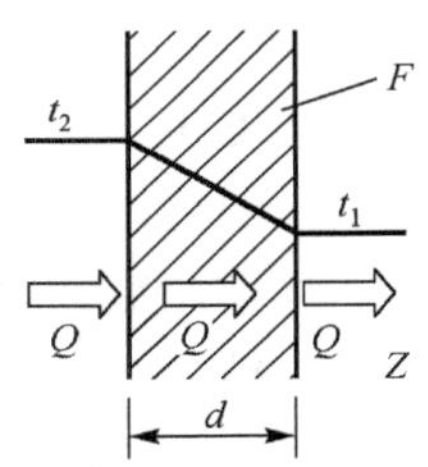

图 2.8　材料导热示意图

Q–传导的热量；d–材料厚度；F–热传导面积；Z–热传导时间；(t_2-t_1) –材料两面温度差

导热性可以用导热系数λ表示，λ的物理意义为：表示单位厚度的材料，当两侧温差为 1K 时，在单位时间内通过单位面积的热量。导热系数是评定建筑材料保温隔热性能的重要指标，导热系数越小，材料的保温隔热性能越好。工程中通常把$\lambda < 0.23$W/(m·K)的材料称为绝热材料。

影响材料导热系数的主要因素如下。

1) 材料的化学组成与结构

通常金属材料、无机材料、晶体材料的导热系数大于非金属材料、有机材料、非晶体材料。

2) 材料的孔隙率、孔隙构造特征

材料的孔隙率越大，导热系数越小。这是由于材料的导热系数大小取决于固体物质的导热系数和孔隙中空气的导热系数，而空气的导热系数又几乎是材料导热系数中最低的(在 0℃时静态空气的导热系数为 0.023W/(m·K))。因此孔隙率大小对材料的导热系数起着非常重要的作用。大多数保温材料均为多孔材料，如泡沫玻璃(图 2.9)、泡沫铝吸声板(图 2.10)等。

图 2.9　泡沫玻璃

图 2.10　泡沫铝吸声板

材料孔隙率一定时，随着开口孔和大孔的增多，材料的导热系数会增大。原因是此时孔隙中的空气容易发生流动，而增加对流的传热方式。

3) 材料的含水率、温度

材料受气候、施工等环境因素的影响，容易受潮，这将会增大材料的导热系数。其原因是材料受潮后，材料中原有的空气变成水分，而水的导热系数$\lambda_水 = 0.58$W/(m·K)，比静态空气的导热系数大 20 倍；当受潮材料再受冻后，水又变成冰，冰的导热系数$\lambda_冰 = 2.20$W/(m·K)，又是水的 4 倍，导热系数进一步增大。由此可知，保温材料在其储存、运输、施工等过程中应特别注意防潮、防冻。

2. 热容量

材料在受热时吸收热量，冷却时放出热量的性质，称为材料的热容量。

质量一定的材料，温度发生变化时，材料吸收或放出的热量与质量成正比，与温差成正比，用公式表示为

$$Q = m \cdot c \cdot (t_2 - t_1) \tag{2-14}$$

式中，Q 为材料吸收或放出的热量(J)；c 为材料的比热容(J/(g·K))；m 为材料质量(g)；$(t_2 - t_1)$为材料受热或冷却前后的温差(K)。

比热容 c 表示 1g 材料温度升高或降低 1K 时所吸收或放出的热量，反映了材料吸热和放热能力的大小。比热容与材料质量的乘积为材料的热容量，由公式可看出，热量一定的情况下，热容量值越大，温差越小。

材料的导热系数和比热容是设计建筑物围护结构(墙体、屋面)进行热工计算时的重要参数，应采用导热系数小、比热容大的材料，这对于维护室内温度稳定，减少热损失，节约能源起着重要的作用。常用建筑材料的热工性质指标见表 2.3。

表 2.3　常用建筑材料的热工性质指标

材　料	导热系数/[W/(m·K)]	比热容/[J/(g·K)]	材　料	导热系数/[W/(m·K)]	比热容/[J/(g·K)]
铜	370	0.38	泡沫塑料	0.03	1.70
钢	58	0.46	水	0.58	4.20
花岗岩	2.90	0.80	冰	2.20	2.05
普通混凝土	1.80	0.88	密闭空气	0.023	1.00
普通黏土砖	0.57	0.84	石膏板	0.30	1.10
松木顺纹	0.35	2.50	绝热纤维板	0.05	1.46
松木横纹	0.17				

3. 温度变形性

材料的温度变形性是指温度升高或降低时材料的体积变化程度。多数材料在温度升高时体积膨胀，温度降低时体积收缩。这种变化在单向尺寸上表现为线膨胀或线收缩，对应的技术指标为线膨胀系数(α)。材料的单向线膨胀量或线收缩量计算公式为

$$\Delta L = (t_1 - t_2) \cdot \alpha \cdot L \tag{2-15}$$

式中，ΔL 为线膨胀或线收缩量(mm)；$(t_1 - t_2)$为材料升降温前后的温度差(K)；α 为材料在常温下的平均线膨胀系数(l/K)；L 为材料原来的长度(mm)。

材料线膨胀系数α表示在单向尺寸上，单位长度温度变化1K时材料的线膨胀量或线收缩量。

材料线膨胀系数的大小与建筑物温度变形的产生有着直接的关系，在工程中需选择合适的材料来满足工程对温度变形的要求。几种常见建筑材料的线膨胀系数见表2.4。

表2.4　常用建筑材料的线膨胀系数

材　　料	线膨胀系数/($\times10^{-6}$/K)	材　　料	线膨胀系数/($\times10^{-6}$/K)
钢	10～20	大理石	4.41
普通混凝土	5.8～15	花岗岩	5.5～8.5
烧结普通砖	5～7	沥青混凝土	20(负温下)

4. 耐燃性和耐火性

材料对火焰和高温的抵抗能力称为材料的耐燃性。耐燃性是影响建筑物防火、建筑结构耐火等级的一项因素。根据材料的耐燃性，建筑材料可分为以下三类。

1) 非燃烧材料

非燃烧材料是指在空气中受到火烧或高温高热作用不起火、不碳化、不微燃的材料，如钢铁、砖、石等。用非燃烧材料制作的构件称为非燃烧体。钢铁、铝、玻璃等材料受到火烧或高热作用会发生变形、熔融，所以虽然是非燃烧材料，但不是耐火的材料。

2) 难燃材料

难燃材料是指在空气中受到火烧或高温高热作用时难起火、难微燃、难碳化，当火源移走后，已有的燃烧或微燃立即停止的材料，如经过防火处理的木材和刨花板。

3) 可燃材料

可燃材料是指在空气中受到火烧或高温高热作用时立即起火或微燃，且火源移走后仍继续燃烧的材料，如木材。用这种材料制作的构件称为燃烧体，使用时应作防燃处理。

材料抵抗长期高温的性质称为耐火性。如用于窑炉、壁炉、烟囱等高温部分的耐火材料，按耐火度可分为以下几种。

(1) 耐火材料——在1580℃以上不熔化，如耐火砖。

(2) 难熔材料——在1350～1580℃不熔化，如耐火混凝土等。

(3) 易熔材料——在1350℃以上熔融，如普通砖瓦。

2.1.5　材料的声学性质

1. 吸声性

当声波传播到材料表面时，一部分声波被反射，另一部分穿透材料，还有一部分则传给材料。对于含有大量开口孔隙的多孔材料，传递给材料的声能在材料的孔隙引起空气分子与孔壁的摩擦等作用，使相当一部分的声能转化为热能而被吸收或消耗掉；对于含有大量封闭孔隙的柔性多孔材料，传递给材料的声能在空气振动的作用下孔壁也产生振动，使声能在振动时因克服内部摩擦而被消耗掉。声能穿透材料和被材料消耗的性质称为材料的吸声性，用吸声系数α来表示。吸声系数α越大，材料的吸声性越好。

吸声系数α与声音的入射方向和频率有关。通常采用125Hz、250Hz、500Hz、1000Hz、2000Hz、4000Hz六个频率的平均吸声系数$\bar{\alpha}$表示。$\bar{\alpha}\geqslant0.2$的材料称为吸声材料。

最常用的吸声材料大多为多孔材料。影响材料吸声效果的主要因素如下。

1) 材料的孔隙率和体积密度

对同一吸声材料，孔隙率越低或体积密度越小，则对低频声音的吸收效果有所提高，而对高频声音的吸收有所降低。

2) 材料的孔隙特征

开口孔隙越多、越细小，则吸声效果越好。当材料中的孔隙大部分为封闭的孔隙时，因空气不能进入，则不属于多孔吸声材料。当在多孔吸声材料的表面涂刷能形成致密层的涂料(如油漆)时或吸声材料吸湿时，由于表面的开口孔隙被涂料膜层或水所封闭，吸声效果大大降低。

3) 材料的厚度

增加多孔材料的厚度，可提高对低频声音的吸收效果，而对高频声音没有多大效果。

2. 隔声性

声波在建筑结构中的传播主要通过空气和固体来实现，因而隔声分为隔空气声和隔固体声。

1) 隔空气声

透射声功率与入射声功率的比值称为声透射系数，用τ表示，该值越大则材料的隔声性越差。材料的隔声能力用隔声量 $R(R=10\lg(1/\tau))$ 来表示，单位为 dB。

与声透射系数τ相反，隔声量越大，材料的隔声性能越好。

对于均质材料，材料单位面积的质量越大或材料的体积密度越大，隔声效果越好。轻质材料的质量较小，隔声性较密实材料差。

2) 隔固体声

固体声是由于振源撞击固体材料，引起固体材料受迫振动而发声，并向四周辐射声能。固体声在传播过程中，声能的衰减极少。弹性材料如地毯、木板、橡胶片等具有较高的隔固体声的能力。

2.2　建筑材料的力学性质

2.2.1　材料的强度

1. 材料受力情况

材料的强度是材料在外力作用下抵抗破坏的能力(不破坏时能承受的最大应力)。根据外力作用方式的不同，材料强度有抗拉、抗压、抗剪、抗弯强度等。

材料在建筑物上所承受的力，主要有拉力、压力、弯曲力及剪应力等。材料抵抗上述外力破坏的能力，分别称为抗拉、抗压、抗弯和抗剪强度(图 2.11)。

材料的抗压强度、抗拉强度、抗剪强度的计算：

$$f=\frac{F_{\max}}{A} \tag{2-16}$$

式中，f 为材料的抗拉、抗压或抗剪强度(MPa)；$F_{\max}$ 为材料破坏时的最大荷载(N)；A 为试件的受力面积(mm^2)。

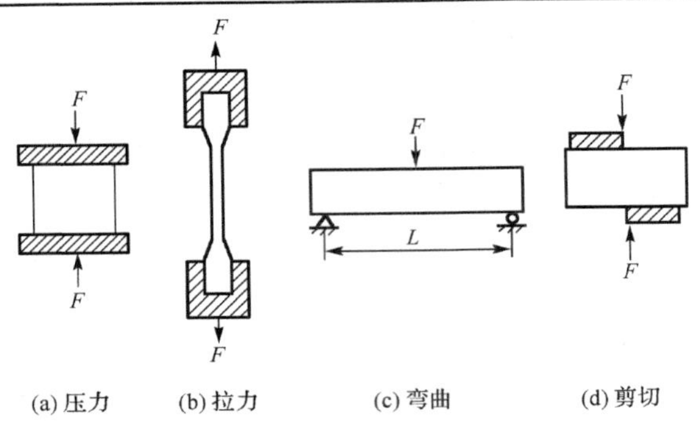

图 2.11　力在材料上的几种施加方式

材料的抗弯强度与试件受力情况、截面形状及支撑条件有关。试验时是将矩形截面的条形试件放在两支点上，中间作用一集中力，对材料进行试验(如水泥、砖的强度试验)，其抗弯强度用式(2-17)计算。

抗弯强度的计算：

$$f_w = \frac{3F_{max}L}{2bh^2} \tag{2-17}$$

式中，f_w 为材料的抗弯强度(MPa)；F_{max} 为材料受弯破坏时的最大荷载(N)；L,b,h 为两支点的间距，试件横截面的宽及高(mm)。

2. 材料的强度等级

大部分建筑材料，根据极限强度的大小，把材料划分为若干不同的等级，称为材料的强度等级；材料的强度与材料本身的组成、结构和构造等有很大关系。钢材的抗拉、抗压强度都很高，材料强度等级划分的标准如下。

(1) 脆性材料主要根据其抗压强度来划分强度等级，如混凝土、水泥、黏土砖等。例如，普通混凝土按其抗压强度标准值划分为 C7.5，C10 等 16 个强度等级。

(2) 韧性材料主要根据其抗拉强度来划分强度等级，如钢材分为 Q195, Q215, Q235, Q255, Q275 等。

(3) 塑性材料(钢材、沥青)主要以抗拉强度来划分。

强度值与强度等级不能混淆，强度值是表示材料力学性质的指标，强度等级是根据强度值划分的级别。

3. 比强度

对于不同强度的材料进行比较时，一般采用比强度这个指标。比强度是指材料的强度与其表观密度的比值。

比强度意义如下。

(1) 衡量材料轻质高强性能的一项重要指标。

(2) 选用比强度高的材料或者提高材料的比强度，对大跨度、高高度建筑十分有利。

2.2.2　弹性和塑性

材料在外力作用下产生变形，当外力取消后，材料变形即可消失并能完全恢复原来形状的性质，称为弹性。这种当外力取消后瞬间即可完全消失的变形，称为弹性变形。这种变形属于可逆变形，其数值的大小与外力成正比。其比例系数 E 称为弹性模量。

$$E=\frac{\sigma}{\varepsilon} \tag{2-18}$$

式中，E 为材料的弹性模量(MPa)；σ 为材料的应力(MPa)；ε 为材料的应变。

反之，当外力取消后仍保持变形后的形状和大小，并且不产生裂缝及破坏的性质称为塑性。这种不能恢复的变形称为塑性变形。

实际上，单纯的弹性和塑性材料都是不存在的。材料在一定限度荷载作用下表现出弹性，当荷载超出这一限度后就出现塑性，常见材料(如建筑钢材和混凝土)的受力变形都是这样的。

2.2.3　脆性和韧性

材料在外力作用下，达到一定程度时，突然发生破坏，并无明显的塑性变形，材料的这种性质称为脆性。大部分无机非金属材料均属脆性材料，如天然石材、烧结普通砖、陶瓷、玻璃、普通混凝土、砂浆等。脆性材料的特点是塑性变形小，抗冲击和振动荷载的能力差，抗压强度高。

材料在冲击或振动荷载作用下，能吸收较大能量，并产生较大变形而不发生破坏，材料的这种性质称为韧性，如钢材、木材、橡胶等。脆性材料的特点是塑性变形大，抗冲击和振动荷载的能力好，抗压和抗拉强度都高。

2.2.4　材料的硬度和耐磨性

1. 硬度

硬度指材料表面的坚硬程度，是抵抗其他物体刻划、压入其表面的能力。硬度的测定方法有刻划法、回弹法、压入法，不同材料其硬度的划定方法不同。

回弹法用于测定混凝土表面硬度，并间接推算混凝土的强度，也用于测定砖、砂浆等的表面硬度。刻划法用于测定天然矿物的硬度，即按滑石、石膏、方解石、萤石、磷灰石、正长石、石英、黄玉、刚玉、金刚石的硬度递增顺序分为 10 级，通过它们对材料的划痕来确定所测材料的硬度，称为莫氏硬度。压入法是用硬物压入材料表面，通过压痕的面积和深度测定材料的硬度。常用的压入法有布氏法、洛氏法和维氏法，相应的硬度称为布氏硬度、洛氏硬度和维氏硬度。钢材、木材常用钢球压入法测定。

通常，硬度大的材料耐磨性较强，但不易加工。在工程中，常利用材料硬度与强度间关系，测定材料强度。

2. 耐磨性

材料受外界物质的摩擦作用而减小质量和体积的现象称为磨损；材料受到摩擦、剪切及撞击的综合作用而减小质量和体积的现象称为磨耗。

试件的磨损率表示一定尺寸的试件，在一定压力作用下，在磨料上磨一定次数后，试件每单位面积上的质量损失。

建筑中用于地面、踏步、台阶、路面等处的材料，应适当考虑耐磨性；道路工程中的路面、过水路面及管墩台等，经常受到车轮摩擦、水流及其挟带泥沙的冲击作用而遭受损失和破坏，这时需要考虑材料抵抗磨损和磨耗的性能。

一般来说，强度较高的材料，其硬度较大，耐磨性较好。耐磨性是材料表面抵抗磨损的能力，常用磨损率表示：

$$K_{\mathrm{m}}=\frac{m_1-m_2}{A}\times 100\% \tag{2-19}$$

式中，m_1 为试件磨损前的质量(kg)；m_2 为试件磨损后的质量(kg)；A 为试件受磨损的面积(m^2)。

2.3　建筑材料的耐久性

材料的耐久性是指材料在长期使用过程中，受到各种内在的或外来的因素的作用，能经久不变质、不破坏，保持原有的性能，不影响使用的性质。材料耐久性是一项综合性质，主要包括抗冻性、抗腐蚀性、抗渗性、抗风化性、耐热性等各方面的内容。

材料在建筑物使用期间，主要受到各种荷载作用、自身和周围环境中各因素的破坏作用，这些破坏因素一般可分为物理作用、化学作用、机械作用和生物作用。

物理作用主要有光、电、热、干湿变化、温度变化和冻融循环等，这些作用使材料发生体积膨胀、收缩或导致内部裂缝的扩展，长期的反复多次的作用使材料逐渐破坏；化学作用主要包括大气、环境以及使用条件下酸、碱、盐等液体或其他有害物质对材料的侵蚀作用，使材料的成分发生质的变化，从而引起材料的破坏。机械作用主要是指使用荷载的持续作用，交变荷载引起材料疲劳、冲击、磨损、磨耗等。生物作用主要包括昆虫、菌类等的作用，导致材料发生虫蛀、腐朽等破坏。

不同的材料在耐久性方面的特点不同。一般情况下，矿物质材料如石材、砖、混凝土、砂浆等主要表现为抗风化性和抗冻性；钢材等金属材料主要考虑抗腐性；木材、竹材等植物纤维质材料常因腐朽、虫蛀等生物作用而遭受破坏；沥青以及塑料等材料容易老化。另外，不同工程环境对材料的耐久性也有不同的要求。当材料处于水中或水位变化区时，主要会受到环境水的化学侵蚀、冻融循环作用以及对材料的渗透作用。

提高材料耐久性应从材料特点、使用环境条件，采取相应措施，以延长使用寿命，减少维修等费用。通常可以从以下几方面考虑。

(1) 设法减轻大气或其他介质对材料的破坏作用，如降低温度、排除侵蚀性物质等。

(2) 提高材料本身的密实度，改变材料的孔隙构造特征。

(3) 适当改变成分，进行憎水处理及防腐处理。

(4) 在材料表面设置保护层，如抹灰、做饰面、刷涂料等。

提高材料的耐久性，对保证建筑物的正常使用、减少使用期间的维修费用、延长建筑物的使用寿命，起着非常重要的作用。

习　　题

2.1　材料的密度、表观密度、堆积密度有什么区别？材料含水后对三者是否会产生影响？

2.2　材料的孔隙率和空隙率有何区别？如何计算？

2.3　怎样区别材料的亲水性和憎水性？

2.4　何谓材料的抗冻性？材料冻融破坏的原因是什么？饱和水程度与抗冻性有何关系？

2.5　评价材料热工性质的常用参数有哪几个？欲保持建筑物室内温度的稳定性并减少热损失，应选用什么样的建筑材料？

2.6　根据材料的耐燃性，建筑材料如何分类？

2.7　有不少住宅的木地板使用一段时间后出现接缝不严，但亦有一些木地板出现起拱，请分析其原因。

2.8　某石灰岩的密度为 2.60g/m^3，孔隙率为 1.20%。今将该石灰岩破碎成碎石，碎石的堆积密度为 1580kg/m^3。求此碎石的表观密度和空隙率。

2.9　一块烧结普通砖的外形尺寸为 240mm×115mm×53mm，吸水饱和后质量为 2950g，烘干至恒重为 2500g，今将该砖磨细并烘干后取 50g，用李氏瓶测量得其体积为 18.58cm^3。试求该砖的密度、表观密度、孔隙率、质量吸水率、开口孔隙率及闭口孔隙率？

2.10　已测得陶粒混凝土的导热系数为 0.35W/(m·K)，普通混凝土的导热系数为 1.40W/(m·K)，若在传热面积为 0.4m^2、温差为 20℃、传热时间为 1h 的情况下，问要使普通混凝土墙与厚 20cm 的陶粒混凝土所传导的热量相等，则普通混凝土墙需要多厚？

第 3 章　无机气硬性胶凝材料

学习目的： 掌握石灰的技术性质与应用；石灰熟化与硬化，干燥结晶与碳化的机理；建筑石膏的特性与石膏的水化、凝结、硬化过程，石膏的技术性质与应用。水玻璃的生产、硬化特点及应用。

建筑材料中，凡是自身经过一系列物理、化学作用，或与其他物质(如水等)混合后一起经过一系列物理、化学作用，能由浆体变成坚硬的固体，并能将散粒材料(如砂、石等)或块、片状材料(如砖、石块等)胶结成整体的物质，称为胶凝材料。根据胶凝材料的化学组成，一般可分为有机胶凝材料与无机胶凝材料。无机胶凝材料以无机化合物为基本成分，常用的有石膏、石灰、各种水泥等。

根据无机胶凝材料凝结硬化条件的不同，其可分为气硬性胶凝材料与水硬性胶凝材料。气硬性胶凝材料只能在空气中(即在干燥条件下)凝结、硬化并继续发展和保持其强度，如石灰、石膏、水玻璃等。下面将介绍几种在建筑工程中常用的气硬性胶凝材料。

3.1　石　　灰

石灰是人类使用较早的无机胶凝材料之一。由于其原料分布广，生产工艺简单，成本低廉，在土木工程中应用广泛。

3.1.1　石灰的原料及生产

凡是以碳酸钙为主要成分的天然岩石，如石灰岩、白垩、白云质石灰岩等，都可用来生产石灰。

1. 生石灰和熟石灰

将主要成分为碳酸钙的天然岩石，在适当温度下煅烧，排除分解出的二氧化碳后，所得的以氧化钙为主要成分的产品即石灰，又称生石灰。它的原料是石灰石，主要成分为碳酸钙，常含有一定的碳酸镁。因其原料分布广泛，生产工艺简单，使用方便，成本低廉，所以目前广泛用于建筑工程中。

石灰石经过煅烧生成石灰(亦称生石灰)反应如下：

$$CaCO_3 \xrightarrow{900\sim1100℃} CaO + CO_2\uparrow$$

$$MgCO_3 \xrightarrow{900\sim1100℃} MgO + CO_2\uparrow$$

在实际生产中，为加快分解，煅烧温度常提高到 1000～1100℃。由于石灰石原料的尺寸大或煅烧时窑中温度分布不匀等，石灰中常含有欠火石灰和过火石灰。欠火石灰中的碳酸钙未完全分解，使用时缺乏黏结力。过火石灰结构密实，表面常包覆一层熔融物，熟化很慢。

由于生产原料中常含有碳酸镁，因此生石灰中还含有次要成分氧化镁，根据氧化镁含量的多少，生石灰分为钙质石灰($MgO \leqslant 5\%$)和镁质石灰($MgO > 5\%$)。

生石灰呈白色或灰色块状，为便于使用，块状生石灰常需加工成生石灰粉、消石灰粉或石灰膏。生石灰粉是由块状生石灰磨细而得到的细粉，其主要成分是 CaO；消石灰粉是块状生石灰用适量水熟化而得到的粉末，又称熟石灰，其主要成分是 $Ca(OH)_2$；石灰膏是块状生石灰用较多的水(为生石灰体积的 3～4 倍)熟化而得到的膏状物，也称石灰浆，其主要成分也是 $Ca(OH)_2$。

2. 石灰的熟化与硬化

生石灰(CaO)与水反应生成氢氧化钙的过程，称为石灰的熟化或消化。反应生成的产物氢氧化钙称为熟石灰或消石灰。

$$CaO + H_2O \rightarrow Ca(OH)_2 + 64.88kJ$$

石灰熟化时放出大量的热，体积增大 1～2.5 倍。煅烧良好、氧化钙含量高的石灰熟化较快，放热量和体积增大也较多。

根据加水量的不同，石灰可熟化成消石灰粉或石灰膏。石灰熟化的理论需水量为石灰重量的 32%。在生石灰中，均匀加入 60%～80%的水，可得到颗粒细小、分散均匀的消石灰粉。若用过量的水熟化，将得到具有一定稠度的石灰膏。石灰中一般都含有过火石灰，过火石灰熟化慢，若在石灰浆体硬化后再发生熟化，会因熟化产生的膨胀而引起隆起和开裂。为了消除过火石灰的这种危害，石灰在熟化后，还应“陈伏”2 周左右。

石灰浆体的硬化包括干燥结晶和碳化两个同时进行的过程。石灰浆体因水分蒸发或被吸收而干燥，在浆体内的孔隙网中，产生毛细管压力，使石灰颗粒更加紧密而获得强度。这种强度类似于黏土失水而获得的强度，其值不大，遇水会丧失。同时，由于干燥失水，引起浆体中氢氧化钙溶液过饱和，结晶出氢氧化钙晶体，产生强度；但析出的晶体数量少，强度增长也不大。在大气环境中，氢氧化钙在潮湿状态下会与空气中的二氧化碳反应生成碳酸钙，并释放出水分，即发生碳化。碳化所生成的碳酸钙晶体相互交叉连生或与氢氧化钙共生，形成紧密交织的结晶网，使硬化石灰浆体的强度进一步提高。但是，由于空气中的二氧化碳含量很低，表面形成的碳酸钙层结构较致密，会阻碍二氧化碳的进一步渗入，因此，碳化过程是十分缓慢的。

3.1.2　石灰的性能及技术标准

1. 石灰的特性

(1) 良好的保水性。生石灰熟化成的熟石灰膏具有良好的保水性能，因此可掺入水泥砂浆中，提高砂浆的保水能力，便于施工。

(2) 凝结硬化慢、强度低。由于石灰浆在空气中的碳化过程十分缓慢，所以导致氢氧化钙和碳酸钙结晶的生成量少，且缓慢，其最终的强度也不高。

(3) 耐水性差。氢氧化钙易溶于水，若长期受潮或被水浸泡会使已硬化的石灰溃散。如果石灰浆体在完全硬化之前就处于潮湿的环境中，由于石灰中水分不能蒸发出去，则其硬化就会被阻止，所以石灰不宜在潮湿的环境中使用。

(4) 体积收缩大。石灰浆体硬化过程中，由于蒸发出大量的水分而引起体积收缩，则会使石灰制品开裂，因此石灰除调成石灰乳作粉刷外不宜单独使用。

2. 石灰的技术性质

生石灰熟化后形成的石灰浆中，石灰粒子形成氢氧化钙胶体结构，颗粒极细(粒径约为1μm)，比表面积很大(达10～30m²/g)，其表面吸附一层较厚的水膜，可吸附大量的水，因而有较强保持水分的能力，即保水性好。将它掺入水泥砂浆中，配成混合砂浆，可显著提高砂浆的和易性。

石灰依靠干燥结晶以及碳化作用而硬化，由于空气中的二氧化碳含量低，且碳化后形成的碳酸钙硬壳阻止二氧化碳向内部渗透，也妨碍水分向外蒸发，因而硬化缓慢，硬化后的强度也不高，1∶3的石灰砂浆28d的抗压强度只有0.2～0.5MPa。在处于潮湿环境时，石灰中的水分不蒸发，二氧化碳也无法渗入，硬化将停止；加上氢氧化钙易溶于水，已硬化的石灰遇水还会溶解溃散。因此，石灰不宜在长期潮湿和受水浸泡的环境中使用。

石灰在硬化过程中，要蒸发掉大量的水分，引起体积显著收缩，易出现干缩裂缝。所以，石灰不宜单独使用，一般要掺入砂、纸筋、麻刀等材料，以减少收缩，增加抗拉强度，并能节约石灰。

石灰具有较强的碱性，在常温下，能与玻璃态的活性氧化硅或活性氧化铝反应，生成有水硬性的产物，产生胶结。因此，石灰还是建筑材料工业中重要的原材料。

3. 石灰的质量要求

石灰中产生胶结性的成分是有效氧化钙和氧化镁，它们的含量是评价石灰质量的主要指标。石灰中的有效氧化钙和氧化镁的含量可以直接测定，也可以通过氧化钙与氧化镁的总量和二氧化碳的含量反映。除了有效氧化钙和氧化镁这一主要指标外，生石灰还有未消化残渣含量的要求；生石灰粉有细度的要求；消石灰粉则还有体积安定性、细度和游离水含量的要求。

国家建材行业标准根据有关指标，将建筑生石灰、建筑消石灰和生石灰分为优等品、一等品和合格品三个等级，其技术指标按JC/T 479—1992规定，应分别满足表3.1、表3.2和表3.3。

表3.1　生石灰的主要技术指标

项　目	钙质生石灰			镁质生石灰		
	优等品	一等品	合格品	优等品	一等品	合格品
有效氧化钙加有效氧化镁含量/%	≥90	≥85	≥80	≥85	≥80	≥75
未消化残渣含量(5mm圆孔筛筛余)/%	≤5	≤10	≤15	≤5	≤10	≤15
CO_2含量/%	≤5	≤7	≤8	≤6	≤8	≤10
产浆量/(L/kg)	≥2.8	≥2.3	≥2.0	≥2.8	≥2.3	≥2.0

表3.2　消石灰的主要技术指标　(单位：%)

项　目	钙质消石灰			镁质消石灰			白云石消石灰		
	优等品	一等品	合格品	优等品	一等品	合格品	优等品	一等品	合格品
有效氧化钙加有效氧化镁含量	≥70	≥65	≥60	≥65	≥60	≥55	≥65	≥60	≥55
游离水	0.4～2	0.4～2	0.4～2	0.4～2	0.4～2	0.4～2	0.4～2	0.4～2	0.4～2
体积安定性	合格	合格	—	合格	合格	—	合格	合格	—
0.9mm筛筛余	0	0	≤0.5	0	0	≤0.5	0	0	≤0.5
0.125mm筛筛余	≤3	≤10	≤15	≤3	≤10	≤15	≤3	≤10	≤15

表 3.3　生石灰粉的主要技术性能指标

（单位：%）

项目		钙质生石灰			镁质生石灰		
		优等品	一等品	合格品	优等品	一等品	合格品
(CaO+MgO)含量		≥85	≥80	≥75	≥80	≥75	≥70
CO_2含量		≤7	≤9	≤11	≤8	≤10	≤12
细度	0.9mm 筛筛余	≤0.2	≤0.5	≤1.5	≤0.2	≤0.5	≤1.5
	0.125mm 筛筛余	≥7.0	≥12.0	≥18.0	≥7.0	≥12.0	≥18.0

建筑消石灰粉按氧化镁的含量分为钙质消石灰粉(CaO 含量<4%)、镁质消石灰粉(MgO 含量为 4%～24%)和白云石消石灰粉(MgO 含量为 24%～30%)，并按其技术标准划分为优等品、一等品和合格品三个等级。

3.1.3　石灰的应用

石灰在土木工程中应用范围很广，主要用途如下。

1. 石灰乳和砂浆

将消石灰粉或石灰膏掺加大量水搅拌稀释成为石灰乳，是一种廉价易得的涂料。石灰砂浆是将石灰膏、砂加水拌制而成的。

2. 石灰稳定土

将消石灰粉或生石灰粉掺入各种粉碎或原来松散的土中，经拌和、压实及养护后得到的混合料，称为石灰稳定土，其包括石灰土、石灰稳定砂砾土、石灰碎石土等。石灰稳定土具有一定的强度和耐水性。广泛用作建筑物的基础、地面的垫层及道路的路面基层。

3. 硅酸盐制品

以石灰(消石灰粉或生石灰粉)与硅质材料(砂、粉煤灰、火山灰、矿渣等)为主要原料，经过配料、拌和、成形和养护后可制得砖、砌块等各种制品。因内部的胶凝物质主要是水化硅酸钙，所以称为硅酸盐制品，常用的有灰砂砖、粉煤灰砖等。

3.1.4　石灰的验收、运输及保管

生石灰会吸收空气中的水分和二氧化碳，生成白色粉末状的碳酸钙，从而失去黏结力。所以，在工地上储存生石灰时要防止受潮，而且不宜放置太多、太久。一般采用符合标准规定的牛皮纸袋、复合纸袋或塑料编织包装，袋上应标明厂名、产品名称、商标、净重、批量编号，放在干燥的仓库内且不宜长期储存。运输、储存时不得受潮和混入杂物。另外，由于生石灰熟化时有大量的热放出，因此应将生石灰与可燃物分开保管，以免引起火灾。通常运进工地后应立即陈伏，将储存期变为熟化期。

3.2　建筑石膏

我国的石膏资源丰富，分布广。石膏可以用于生产各种建筑制品，如石膏板、石膏装饰品等。石膏也可以用于水泥、水泥制品及硅酸盐制品的重要外加剂。

3.2.1 石膏的原料、分类及生产

石膏是以硫酸钙为主要成分的矿物，当石膏中含有结晶水不同时可形成多种性能不同的石膏。

根据石膏中含有结晶水的多少不同可分为以下几种。

(1) 无水石膏 ($CaSO_4$)。

也称硬石膏，它结晶紧密，质地较硬，是生产硬石膏水泥的原料。

(2) 天然石膏 ($CaSO_4 \cdot 2H_2O$)。

也称生石膏或二水石膏，大部分自然石膏矿为生石膏，是生产建筑石膏的主要原料。

(3) 建筑石膏 ($CaSO_4 \cdot 1/2\ H_2O$)。

也称熟石膏或半水石膏。它是由生石膏加工而成的，根据其内部结构不同可分为α型半水石膏和β型半水石膏。

建筑石膏通常是由天然石膏经压蒸或煅烧加热而成的。常压下煅烧加热到 107～170℃，可产生β型建筑石膏：

$$CaSO_4 \cdot 2H_2O \xrightarrow{107\sim170℃} \beta\text{-}CaSO_4 \cdot \frac{1}{2}H_2O + 1\frac{1}{2}H_2O$$

124℃条件下压蒸 (1.3 大气压) 加热可产生α型建筑石膏：

$$CaSO_4 \cdot 2H_2O \xrightarrow{\text{压蒸}124℃} \alpha\text{-}CaSO_4 \cdot \frac{1}{2}H_2O + 1\frac{1}{2}H_2O$$

α型半水石膏与β型半水石膏相比，结晶颗粒较粗，比表面积较小，强度高，因此又称为高强石膏。当加热温度超过 170℃时，可生成无水石膏，只要温度不超过 200℃，此无水石膏就具有良好的凝结硬化性能。

3.2.2 建筑石膏的水化与硬化

建筑石膏与适量水拌和后，能形成可塑性良好的浆体，随着石膏与水的反应，浆体的可塑性很快消失而发生凝结，此后进一步产生和发展强度而硬化。

建筑石膏与水之间产生化学反应的反应式为

$$CaSO_4 \cdot \frac{1}{2}H_2O + 1\frac{1}{2}H_2O = CaSO_4 \cdot 2H_2O \downarrow$$

此反应实际上也是半水石膏的溶解和二水石膏沉淀的可逆反应，因为二水石膏溶解度比半水石膏的溶解度小得多，所以此反应总体表现为向右进行，二水石膏以胶体微粒自水中析出。随着二水石膏沉淀的不断增加，就会产生结晶，结晶体的不断生成和长大，晶体颗粒之间便产生了摩擦力和黏结力，造成浆体的塑性开始下降，这一现象称为石膏的初凝；而后随着晶体颗粒间摩擦力和黏结力的增大，浆体的塑性很快下降，直至消失，这种现象称为石膏的终凝。

石膏终凝后，其晶体颗粒仍在不断长大和连生，形成相互交错且孔隙率逐渐减小的结构，其强度也会不断增大，直至水分完全蒸发，形成硬化后的石膏结构，这一过程称为石膏的硬化。石膏浆体的凝结和硬化，实际上是交叉进行的。

3.2.3 建筑石膏的性能特点

建筑石膏主要性能特点随煅烧温度、条件以及杂质含量不同而异，一般来说具有以下特点。

(1) 凝结硬化快，强度较高。

建筑石膏一般在加水以后经 30min 左右凝结。实际操作时，为了延缓凝结时间，往往加入缓凝剂。常用的缓凝剂有硼砂、柠檬酸、亚硫酸盐、纸浆废液、聚乙烯醇等。若要加速石膏的硬化，也可加入促凝剂。常用的促凝剂有氟硅酸钠、氯化钠、氯化镁、硫酸钠、硫酸镁等，或加入少量二水石膏作为晶胚，也可加速凝结硬化过程。

(2) 硬化后石膏的抗拉和抗压强度比石灰高，在凝结硬化时显现膨胀性。

建筑石膏凝结硬化是石膏吸收结晶水后的结晶过程，其体积不仅不会收缩，还稍有膨胀(0.2%～1.5%)，这种膨胀不会对石膏造成危害，还能使石膏的表面较为光滑饱满，棱角清晰完整，避免了普通材料干燥时的开裂。

(3) 成形性能优良。

建筑石膏浆体在凝结硬化早期体积略有膨胀，因此有优良的成形性。在浇筑成形时，可以制得尺寸准确且表面致密光滑的制品、装饰图案和雕塑品。

(4) 表观密度小。

建筑石膏在使用时，为获得良好的流动性，常加入的水分要比水化所需的水量多，建筑石膏与水反应的理论需水量为石膏质量的 15.6%，而实际用水量为理论用水量的 3～5 倍，因此，石膏在硬化过程中由于水分的蒸发，使原来的充水部分空间形成孔隙，造成石膏内部的大量微孔，使其重量减轻，但是抗压强度也因此下降。通常石膏硬化后的表观密度为 800～1000kg/m^3，抗压强度为 3～5MPa。石膏硬化体中大量的微孔，使其传热性显著下降，因此具有良好的绝热能力；石膏的大量微孔，特别是表面微孔对声音传导或反射的能力也显著下降，使其具有较强的吸声能力。大热容量和大的孔隙率及开口孔结构，使石膏具有呼吸水蒸气的功能。

(5) 防火性好。

当石膏遇火时，二水石膏的结晶水会析出，一方面可吸收热量，同时又在石膏制品表面形成水蒸气汽幕，阻止火的蔓延，因此具有很好的防火性。

(6) 耐水性差。

建筑石膏有很强的吸湿性，吸湿后的石膏晶体粒子间的黏结力减弱，强度显著下降，如果吸水后再受冻，则会产生崩裂。

(7) 有良好的装饰性和可加工性。

石膏表面光滑饱满，颜色洁白，质地细腻，建筑石膏洁白细腻，加入颜料可以调配成各种色彩的石膏浆，调色性好，具有良好的装饰性。微孔结构使其脆性有所改善，硬度也较低，所以硬化石膏可锯、可刨、可钉，具有良好的可加工性。

3.2.4 建筑石膏的质量标准

1. 分类

按原材料种类不同分成三类，见表 3.4。

表 3.4　建筑石膏

类别	天然建筑石膏	脱硫建筑石膏	磷建筑石膏
代号	N	S	P

2. 质量等级

建筑石膏按 Z_h 强度(抗折)不同，可分为 3.0、2.0 和 1.6 三个等级。

3. 标记

按产品名称、代号、等级及标准编号的顺序标记。例如，等级为 2.0 的天然建筑石膏标记为建筑石膏 N2.0GB/T 9776—2008。

4. 技术要求

建筑石膏组分中 β 型半水硫酸钙的含量应不小于 60.0%。

建筑石膏的物理力学性能应符合表 3.5 的要求。

表 3.5　建筑石膏的物理力学性能

等级	细度(0.2mm 方孔筛筛余)/%	凝结时间/min		Z_h 强度/MPa	
		初凝	终凝	抗折	抗压
3.0	≤10	≥3	≤30	≥3.0	≥6.0
2.0				≥2.0	≥4.0
1.6				≥1.6	≥3.0

注：指标中有一项不合格，应予降级或报废

3.2.5　建筑石膏制品的应用

石膏具有上述诸多优良性能，因而是一种良好的建筑功能材料。当前应用较多的是在建筑石膏中掺入各种填料加工制成各种石膏装饰制品和石膏板材，用于建筑物的内隔墙、墙面和顶棚的装饰装修等。

1. 石膏板

我国目前生产的石膏板主要有纸面石膏板、纤维石膏板、石膏空心条板、石膏装饰板、石膏砌块和石膏吊顶板等。

1) 纸面石膏板

纸面石膏板是用石膏作芯材，两面用纸做护面而成，规格为：宽度 900～1200mm，厚度 9～12mm，长度可根据需要而定。纸面石膏板主要用于建筑内墙、隔墙和吊顶板等。

2) 石膏装饰板

石膏装饰板是以建筑石膏为主要原料制成的平板、多孔板、花纹板、浮雕板及装饰薄板等，规格为边长 300mm、400mm、500mm、600mm、900mm 的正方形。装饰板的主要特点是花色品种多样、颜色鲜艳、造型美观，主要用于大型公共建筑的墙面和吊顶罩面板。

3)纤维石膏板

纤维石膏板以建筑石膏为主要原料，掺入适量的纸筋和无机短纤维制成。这种板的主要特点是抗弯强度高，一般用于建筑物内墙和隔墙，也可用来替代木材制作一般家具。

4)石膏空心条板

这种板以石膏为主要原料制成。板材的孔洞率为 30%～40%，质量轻、强度高、保温、隔声性能好。板材的规格为(2000～3500)mm×(450～600)mm×(60～100)mm，7～9 孔平行于板的长度方向，一般用于住宅和公共建筑的内墙、隔墙等。

此外，还有石膏蜂窝板、防潮石膏板、石膏矿棉复合板等，可分别用来作绝热板、吸声板、内墙和隔墙板及天花板等。

2. 石膏装饰制品

建筑石膏中掺入适量的无机纤维增强材料和黏结剂等可以制成各种石膏角线、角花、线板、灯圈、罗马柱和雕塑等艺术装饰石膏制品，用于住宅或公共建筑的室内装饰。

3. 室内抹灰及粉刷

建筑石膏加水、缓凝剂调成均匀的石膏浆，再掺入适量的石灰可用于室内粉刷。粉刷后的墙面光滑、细腻、洁白美观。

石膏加水搅拌成石膏浆，再掺入砂子形成石膏砂装，可用于内墙抹灰，这种抹灰层具有隔声、阻燃、绝热和舒适美观的特点，抹灰层还可直接刷涂料或裱糊墙纸、墙布。

建筑石膏在储存过程中要注意防潮，储存期不得超过三个月。

3.3　水　玻　璃

水玻璃是一种能溶于水的硅酸盐。它是由不同比例的碱金属和二氧化硅所组成的。常用的水玻璃分为钠水玻璃和钾水玻璃两类，俗称泡花碱。钠水玻璃为硅酸钠水溶液，分子式为 $Na_2O{\cdot}nSiO_2$。钾水玻璃为硅酸钾水溶液，分子式为 $K_2O{\cdot}nSiO_2$。土木工程中主要使用钠水玻璃。当工程技术要求较高时也可采用钾水玻璃。优质纯净的水玻璃为无色透明的黏稠液体、溶于水。当含有杂质时呈淡黄色或青灰色。

通常把水玻璃组成中的二氧化硅和氧化钠(或氧化钾)的摩尔数之比，称为模数 n。例如，钠水玻璃分子式中的 n 称为水玻璃的模数，代表 Na_2O 和 SiO_2 的摩尔比，是非常重要的参数。n 值越大，水玻璃的黏度越高，但水中的溶解能力下降。当 n 大于 3.0 时，只能溶于热水中，给使用带来麻烦。n 值越小，水玻璃的黏度越低，越易溶于水。土木工程中常用模数 n 为 2.6～2.8，既易溶于水又有较高的强度。

我国生产的水玻璃模数一般为 2.4～3.3。水玻璃在水溶液中的含量(或称浓度)常用密度或者波美度表示。土木工程中常用水玻璃的密度一般为 1.36～1.50g/cm^3，相当于波美度 38.4～48.3。密度越大，水玻璃含量越高，黏度越大。

水玻璃通常采用石英粉(SiO_2)加上纯碱(Na_2CO_3)，在 1300～1400℃的高温下煅烧生成液体硅酸钠 ，从炉出料口流出、制块或水淬成颗粒。再在高温或高温高压水中溶解，制得溶液状水玻璃产品。

3.3.1　水玻璃的原料及生产

1. 水玻璃的原料

1) 碳酸钠

无水碳酸钠(Na_2CO_3)，俗称纯碱，白色粉末或细粒状，密度为 2.532kg/cm^3，熔点 851℃，易溶于水且水溶液呈强碱性；不溶于乙醇，吸湿性很强，能吸湿而结成硬块，并能在潮湿空气中逐渐吸收二氧化碳生成碳酸氢钠。

2) 石英砂

石英砂又称石英粉、硅石粉、硅砂。主要由石英矿石粉碎而成，但亦有天然的砂矿，石英砂主要由晶体二氧化硅(SiO_2)组成，优良的石英砂含 SiO_2 在 99%以上，硅酸钠生产中，所用的石英砂含 SiO_2 大于等于 98%。

石英砂根据颗粒的大小分为以下几种，颗粒大于 0.5mm 为粗砂；小于 0.5mm 为细砂；介于二者之间为中砂；0.1mm 左右的称为粉状砂。石英砂的颜色随杂质氧化物的含量而改变。氧化物含量小于 0.05%的石英砂呈白色，随含铁量的增加，则由白色逐渐向淡红色过渡。若将石英砂加热到 800～1000℃，可使砂中的淡色氧化物变成深色。有些石英砂在煅烧后还会变成棕色。同时，石英砂中的氧化铝、氧化铁、氧化钙、氧化镁等杂质，能显著降低固体硅酸钠的溶解度，并增加液体硅酸钠的沉淀物。用于硅胶、硅溶胶、沸石分子筛精细化工产品的硅酸钠，对含铁量要求十分严格，必须控制在 500mg/kg 以下。石英砂的含水量，一般在 5%以下，含水量以 2%～3%为宜。

2. 水玻璃的生产技术

硅酸钠的生产方法分干法和湿法两种。目前用于干法生产的有纯碱和石英砂以及硫酸钠和石英砂两种工艺路线。湿法生产的有石英砂和苛性钠水溶液为原料的加压法和以硅尘与苛性钠水溶液为原料的常压法工艺路线。干法工艺流程图如图 3.1 所示。

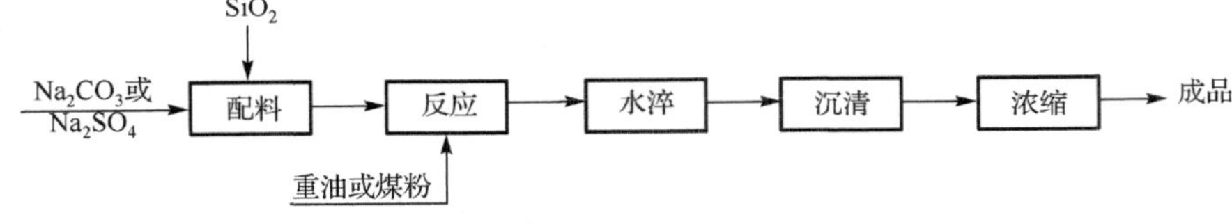

图 3.1　干法工艺流程图

以石英砂和纯碱为原料的干法生产是将石英砂粉碎至 60～80 目细度，与纯碱粉混合，由搅拌熟料器和提升机把混合料加入高位料仓，再定量加入反射窑中，混合料在 1350℃条件下进行熔融反应，其化学反应方程式：

$$Na_2CO_3 + nSiO_2 \xrightarrow[\Delta]{1350℃} Na_2O \cdot nSiO_2$$

以芒硝(Na_2SO_4)和石英砂为原料的干法生产，其特点是由芒硝取代纯碱为原料的生产方法，其反应方程式：

$$2Na_2SO_4 + C + nSiO_2 \xrightarrow[\Delta]{1300\text{~}1350℃} Na_2O \cdot nSiO_2 + 2SO_2 + CO_2$$

由芒硝和煤粉按比例混合再与硅粉混合均匀，配成适当比例的混合料。其关键是还原剂煤粉的掺加量，理论计算占芒硝的 4.22%，考虑氧化损耗，实际加入量占芒硝的 6%。活性 SiO_2 常压生产水玻璃工艺流程图如图 3.2 所示。

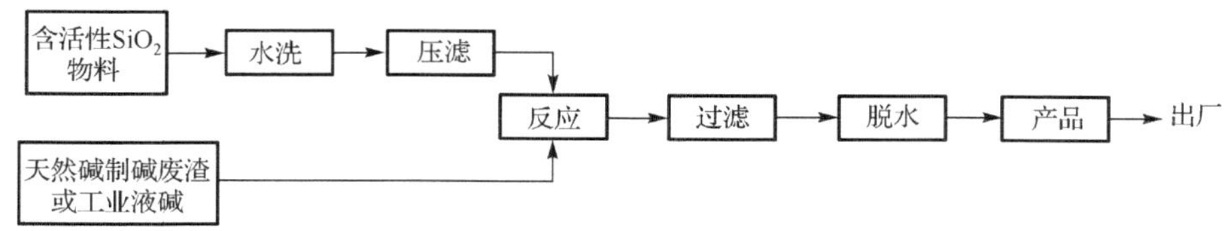

图 3.2　活性 SiO_2 常压生产水玻璃工艺流程图

湿法中的加压法，是由苛性钠溶液与硅石粉在加压锅中进行溶解反应制取硅酸钠溶液，苛性钠溶液浓度是根据产品浓度要求而定。硅石粉要求 100～200 目，越细越好。反应是在加热蒸汽条件下经搅拌反应而成，压力保持在 0.7～0.8MPa，始终保持硅石粉过量为 7%～8%，反应液放出后，经沉淀过滤，即得硅酸钠产品。

常压操作的湿法是用苛性钠溶液与硅尘(即制硅系合金时，集尘设备捕集到的粉尘)，在常压下进行溶解反应制取硅酸钠溶液，这是在加热搅拌情况下进行的。温度在 90～100℃，便能很好地进行反应。例如，在窑中加水 570kg，加硅尘 360kg，加火碱 140kg 的配料，可在 30～40min 完成反应，经冷却到 40℃以下，得到硅酸盐产品。

湿法生产硅酸钠水玻璃是根据石英砂能在高温烧碱中溶解生成硅酸钠的原理进行的，其反应方程式：

$$2NaOH + nSiO_2 \xrightarrow{\Delta} Na_2O \cdot nSiO_2 + H_2O$$

3.3.2　水玻璃的硬化

建筑上通常使用的水玻璃是硅酸钠($Na_2O \cdot nSiO_2$)的水溶液，又称钠水玻璃。其制造方法就是将石英砂粉或石英岩粉加入 Na_2CO_3 或 Na_2SO_4，在玻璃熔炉内 1300～1400℃熔化，冷却后即形成固化水玻璃。然后在压力为 0.18～0.3MPa 的蒸汽锅炉内将其溶解成黏稠状的液体。水玻璃能溶解于水，使用时可以用水稀释。溶解的难易因水玻璃硅酸盐的模数不同而异。模数 n 越大，水玻璃的黏度越大，越难溶于水。建筑上常用的水玻璃 n 值一般为 2.5～2.8。

水玻璃的干燥硬化是由于硅酸钠与空气中的 CO_2 作用生成无定形硅酸凝胶，反应式为

$$Na_2O \cdot nSiO_2 + CO_2 + mH_2O = Na_2CO_3 + nSiO_2 \cdot mH_2O$$

由于空气中的 CO_2 含量有限，这个过程进行得很缓慢。为了加速水玻璃的硬化，可加入固化剂氟硅酸钠，分子式为 Na_2SiF_6。氟硅酸钠的掺量一般为 12%～15%。掺量少，凝结固化慢，且强度低；掺量太多，则凝结硬化过快，不便施工操作，而且硬化后的早期强度虽高，但后期强度明显降低。因此，使用时应严格控制固化剂掺量，并根据气温、湿度、水玻璃的模数、密度在上述范围内适当调整。即气温高、模数大、密度小时选下限，反之亦然。

3.3.3　水玻璃的特征

1. 黏结力和强度较高

水玻璃硬化后的主要成分为硅凝胶和固体，比表面积大，因而具有较高的黏结力。但水玻璃自身质量、配合料性能及施工养护对强度有显著影响。

2. 耐酸性好

可以抵抗除氢氟酸(HF)、热磷酸和高级脂肪酸以外的几乎所有无机和有机酸。

3. 耐热性好

硬化后形成的二氧化硅网状骨架，在高温下强度下降很小，当采用耐热耐火骨料配制水玻璃砂浆和混凝土时，耐热度可达1000℃。因此水玻璃混凝土的耐热度，也可以理解为主要取决于骨料的耐热度。

4. 耐碱性和耐水性差

因为混合后易均溶于碱，故水玻璃不能在碱性环境中使用。同样由于NaF、Na_2CO_3均溶于水而不耐水，但可采用中等浓度的酸对已硬化水玻璃进行酸洗处理，提高耐水性。

3.3.4　水玻璃在建筑工业中的应用

发达工业国的许多工业部门和技术领域都不同程度地使用水玻璃，在诸多工业部门中，使用最早、最广泛的还是建筑业。

1. 用于混凝土养生

将水玻璃溶液喷涂在混凝土表面，可阻止水分蒸发，保持水泥凝结硬化过程中所需水分不减少，从而可省去养生过程中按时浇水这一环节。混凝土在这种条件下，不仅保证水化所需要的水分，而且由于水玻璃中碱金属硅酸盐与水泥制品中的钙、铝氧化物及其水合物组分发生化学反应，从而增强混凝土的强度。

2. 用于修补混凝土材料

在用于混凝土表面损坏修复时可预先将损坏部位用水润湿，涂一层模数为3.3～3.5的浆状水玻璃，再在上面撒上水泥粉。由于碱金属硅酸盐与水泥组分的化学反应进行得很快，在短时间内稠厚膏状涂料即可硬结，硬化后的泥料能坚固地黏附在混凝土表面，起到修补作用。

3. 用于修补砖墙裂缝

由液体水玻璃和粒化高炉矿渣、粉砂以及氟硅酸钠按表3.6比例(重量比)配合，压入砖墙裂缝，可起到修补砖墙裂缝的作用。

表3.6　水玻璃与矿渣粉等的配比

液体水玻璃			矿渣粉重量	砂粉重量	氟硅酸钠重量(Na_2SiF_6)
模数	比重	重量			
2.3	1.52	1.5	1	2	8
3.36	1.36	1.15	1	2	15

其中，活性高炉矿渣粉，不仅有填充和减少砂浆收缩作用，还能与水玻璃反应，成为增强砂浆强度的因素。

4. 用于促进混凝土硬化过程

拌和混凝土时，掺入水玻璃溶液，能起加速凝结硬化作用。在冬季施工中，由于加速凝结硬化，可有效地防止混凝土的冻害损伤。我国 20 世纪 60 年代使用的速凝剂、防冻剂均以水玻璃为主要原料，取得了一定成效。

在混凝土中加入 2%的水玻璃后，其初凝时间可加快 2 倍，终凝时间加快 3 倍。当掺量超过 10%后，对初凝时间影响不大，而终凝时间可加快 5 倍。

5. 用于涂刷建筑材料表面

用水将液体水玻璃稀释至比例为 1.35 的溶液，对多孔性材料多次涂刷或浸渍，可提高材料密实度和强度，并提高其抗风化的能力。对黏土砖、水泥混凝土硅酸盐制品及石灰石等均有良好效果，其化学反应方程式为

$$Na_2O \cdot nSiO_2 + Ca(OH)_2 = Na_2O \cdot (n-1)SiO_2 + CaO \cdot SiO_2 + H_2O$$

水玻璃与制品中的氢氧化钙反应，生成的硅酸钙起增强作用。但对以硫酸钙为主要成分的石膏制品，不能用此法涂刷，因硅酸钠与硫酸钙反应生成的硫酸钠在制品孔隙中结晶膨胀，导致制品破坏，其反应方程式为

$$Na_2O \cdot nSiO_2 + CaSO_4 = Na_2SO_4 + CaO \cdot SiO_2$$

6. 用于软土地基加固

用以水玻璃为主体的混合浆液进行化学加固软土地基的方法称为硅化加固法。新中国成立初期，在天安门城楼前、人民大会堂等处的软土地基，就采用了这种化学加固法，试用至今效果一直很好。

此法是将模数为 2.5～3 的液体水玻璃和氯化钙溶液用金属管注入软土地基中，发生化学反应，生成一种能吸水膨胀的冻状胶体：

$$Na_2O \cdot nSiO_2 + CaCl_2 + mH_2O = nSiO_2 \cdot (m-1)H_2O + Ca(OH)_2 + 2NaCl$$

胶体沉淀后将土粒包裹起来，并将孔隙填实，此过程周而复始，使胶体系统变得密实，并逐渐变为固态胶体结构，使软土强度显著提高。

采用此法处理后的软土地基，其强度、防水性以及地基承载力均能大幅度地提高，其优点是工期短，作用快，并可处理已建工程的隐蔽部分。其缺点是一般市售水玻璃均为碱性水玻璃(pH 为 12)，用它加固地基时，经一段时间后，碱就游离出来，常给水源和环境造成污染。为此，有些国家目前研制出一种 pH 为 9 的弱碱性水玻璃，基本上可以满足加固地基的使用要求。

7. 制造人工块石

用水玻璃和砂、少量石灰石粉或石灰等填充料混匀后，模压成形再浸入加固剂中固化，然后将硬化的块石取出自然干燥后即可使用。常用加固剂有氯化钙($CaCl_2$)、硫酸铝($Al_2(SO_4)_3$)、氟硅酸钠(Na_2SiF_6)等，以比例为 1.4 的氯化钙溶液使用最多。所以水玻璃比例大多为 1.6～1.7。

此外，用水玻璃还可制造很多建筑制品，如多孔性的硅酸盐保温材料、耐酸性水泥以及用于不同场合的灰泥等。

习　　题

3.1　建筑石灰的品种有哪几种？石灰有哪些性质？有哪些用途？

3.2　建筑石膏有哪些特性？

3.3　常用的石膏制品有哪些？

3.4　水玻璃的用途都有哪些？

3.5　什么是石灰的熟化与硬化？熟化与硬化后石灰的性能发生了什么变化？

3.6　什么是石膏的水化与硬化？水化与硬化后的石膏的性能发生了什么变化？

第4章 水 泥

学习目的：掌握硅酸盐水泥熟料矿物组成、特点、技术性质及相应的检测方法、规范要求；掌握影响水泥凝结硬化的因素；掌握水泥石腐蚀的原因、防护及应用；掌握活性混合材料常用的品种，几种常用硅酸盐水泥的共性、特性及其应用；了解水泥的选用、验收、运输及保管；了解其他品种水泥的特点、主要技术性质以及应用。

4.1 硅酸盐水泥

4.1.1 硅酸盐水泥的原料

水泥熟料的质量主要取决于生料的率值、成分是否均齐及有害成分的含量。制备合适的生料，并适应煅烧设备的要求，必须对原料有一定的要求，否则会使配料困难，不易获得符合要求的生料，从而影响窑系统的熟料产量、质量和热耗等多项技术经济指标，甚至不能正常生产。此外，原料的矿物和结晶状态也直接影响生料的反应活性，其对烧成的影响也是不可低估的。因此，在现代干法生产中应根据具体条件，正确合理地选择原料。

硅酸盐水泥熟料的主要矿物组成是硅酸三钙($3CaO{\cdot}SiO_2$，一般缩写为 C_3S)、硅酸二钙($2CaO{\cdot}SiO_2$，一般缩写为 C_2S)、铝酸三钙($3CaO{\cdot}Al_2O_3$，一般缩写为 C_3A)和铁铝酸四钙($4CaO{\cdot}Al_2O_3{\cdot}Fe_2O_3$，一般缩写为 C_4AF)。熟料中对于这些矿物的比例要求，决定了熟料中化学成分中氧化钙(CaO)、氧化硅(SiO_2)、氧化铝(Al_2O_3)和氧化铁(Fe_2O_3)等的比例。这些氧化物一般在表4.1所列的范围内波动。

表4.1 水泥熟料主要的氧化物波动范围

化学成分	CaO	SiO_2	Al_2O_3	Fe_2O_3
波动范围/%	62～68	20～24	4～7	2.5～6.0

水泥熟料中各种氧化物的比例，对水泥熟料的质量有重要的影响，制备生料时，需要寻找合适的原料来满足生料对于化学成分和易烧易磨性的要求，同时从经济的角度出发，又要求进厂的原材料价格低廉。因此在生产中通常都选用分布广泛、来源丰富、开采方便、运输条件好的原料，按一定的比例进行配合制备生料。

熟料中的 CaO 主要来自石灰质原料，SiO_2、Al_2O_3 和 Fe_2O_3 主要来自黏土质原料。为补充某些成分不足，需引入校正原料铁矿石(或铁粉)、矾土、砂页岩等。生料一般由三种或三种以上的原料根据熟料成分的要求配制而成。实际生产过程中，根据具体生产情况有时还需加入一些辅助材料，如矿化剂、助熔剂、晶种、助磨剂等。水泥粉磨过程中还要加入缓凝剂、混合材料等。生产硅酸盐水泥所用的原料见表4.2。

料耗：生产1t熟料约需1.5t生料，其中石灰质原料占80%左右，黏土质原料占10%～15%。

表 4.2　生产硅酸盐水泥的原燃材料一览表

类别		名称	备注
主要原料	石灰质原料	石灰石、白垩、贝壳、泥灰岩、电石渣、糖滤泥等	生产水泥熟料用
	黏土质原料	黏土、黄土、页岩、千枚岩、河泥、粉煤灰等	
校正原料	铁质校正原料	硫铁矿渣(铁粉)、铁矿石、铜矿渣等	生产水泥熟料用
	硅质校正原料	河砂、砂岩、粉砂岩、硅藻土等	
	铝质校正原料	炉渣、煤矸石、铝矾土等	
外加剂	矿化剂	萤石、萤石-石膏、硫铁矿、金属尾矿等	生产水泥熟料用
	晶种	熟料	生产水泥熟料用
	助磨剂	亚硫酸盐纸浆废液、三乙醇胺下脚料、醋酸钠等	生料、水泥粉磨助磨剂
	料浆稀释剂	CL-C 料浆稀释剂、CLT 料浆稀释剂、纸浆黑液等	湿法生产时使用
燃料	固体燃料	烟煤、无烟煤	我国常用的是燃煤
	液体燃料	重油	
缓凝材料		石膏、硬石膏、磷石膏、工业副产石膏等	制成水泥的组分
混合材料		粒化高炉矿渣、石灰石等	制成水泥的组分

1. *石灰质原料*

凡是以碳酸钙为主要成分的原料都称为石灰质原料，如石灰石、白垩、泥灰岩、泥质灰岩、贝壳以及工业废渣中的赤泥、糖滤泥等。石灰质原料是水泥熟料中氧化钙的主要来源，是生产水泥中使用量最多的一种原料。一般生产 1t 熟料用 1.2～1.4t 石灰质原料，在生料中约占原料总量的 80%以上。

目前世界各国生产水泥的天然石灰质原料，大多是石灰石和泥灰岩。石灰石为沉积岩，化学成分以 $CaCO_3$ 为主，主要矿物是方解石，常含有白云石、硅质(如石英、燧石)及黏土质等杂质。用作生产硅酸盐水泥原料的石灰石和泥灰岩，其质量要求见表 4.3。

表 4.3　石灰质原料的质量要求

品位		CaO	MgO	R_2O	SO_3	Cl^-	燧石或石英
石灰石	一级品	>48	<2.5	<1.0	<1.0	<0.015	<4.0
	二级品	45～48	<3.0	<1.0	<1.0	<0.015	<4.0
泥灰岩		35～45	<3.0	<1.2	<1.0	<0.015	<4.0

注：① 石灰石二级品和泥灰岩在一般情况下均需与石灰石一级品搭配使用，当以煤为燃料时，搭配后的 CaO 含量不得小于 48%
② SiO_2、Al_2O_3 和 Fe_2O_3 的含量应满足熟料的配料要求

石灰质原料的选择：搭配使用；限制 MgO 含量(白云石是 MgO 的主要来源，含有白云石的石灰石在新敲开的断面上可以看到粉粒状的闪光)；限制燧石含量(燧石含量高的石灰岩，表面常有褐色的凸出或呈结核状的夹杂物)。新型干法水泥生产，还应限制 K_2O、Na_2O、SO_3、Cl^- 等微量组分。

2. *黏土质原料*

黏土质原料是碱和碱土的铝硅酸盐。主要化学成分是 SiO_2，其次是 Al_2O_3，还有 Fe_2O_3，主要是供给熟料所需要的酸性氧化物 SiO_2、Al_2O_3 和 Fe_2O_3。一般生产 1t 熟料需 0.2～0.4t 黏

土质原料，在熟料中占 11%～17%。水泥工业中采用的天然黏土质原料种类较多，有黄土、黏土、页岩、砂岩等。黏土质原料的技术要求见表 4.4。

表 4.4 黏土质原料的技术要求

品 位	硅酸率 n	铝氧率 p	MgO/%	R_2O/%	SO_3/%
一级品	2.7～3.5	1.5～3.5	<3.0	<4.0	<2.0
二级品	2.0～2.7 3.5～4.0	不限	<3.0	<4.0	<2.0

注：① 当 n = 2.0～2.7 时，一般需要掺用硅质校正原料

② 当 n = 3.5～4.0 时，一般需要与一级品或 n 低的二级品黏土质原料搭配使用或掺用铝质原料

黏土中常常有石英砂等杂质，所以在选用黏土作原料时，除应注意黏土的硅酸率 n 和铝氧率 p 外，还要注意满足化学成分的要求，同时还要求含碱量低，含砂量少，以改善生产条件。如果黏土中含有过多的结晶较粗大的石英砂，将使生料的易磨性和易烧性趋于恶化。

近年来由于技术进步和环境保护意识的提高，更多地采用了页岩、风化砂岩、粉煤灰等工业废渣作为硅质原料，使水泥工业在一定程度上成为与环境友好的工业。

3. 校正原料

在生产中只用石灰质和黏土质两种原料，往往不能满足水泥熟料对于化学成分的要求，为了弥补部分成分的不足，往往选用铁质、硅质和铝质等校正原料。

1) 铁质校正原料

铁矿石或硫铁矿渣，可以用来补充生料中 Fe_2O_3 的含量。铁矿石常用的有赤铁矿、菱铁矿。它们的化学成分分别为 Fe_2O_3 和 $Fe_2(CO_3)_2$。硫铁矿渣是硫铁矿经过煅烧脱硫以后的渣子，是硫酸厂的废渣。另外，铜矿渣、铅矿渣也含有较高的氧化铁，都可作为水泥工业中的铁质校正原料。

铁质校正原料的质量要求 $Fe_2O_3 > 40\%$。

2) 硅质校正原料

通常可采用的有硅藻土、硅藻石、蛋白石，含 SiO_2 高的黏土、硅质渣、砂岩等，但要注意，砂岩要尽可能选取有一定程度风化的，以保证易磨性和易烧性。

硅质校正原料的质量要求：$n > 4.0$，SiO_2 70%～90%，R_2O<4.0%。

3) 铝质校正原料

含 Al_2O_3 比较多的炉渣、煤矸石、铁、铝矾土等，其质量要求一般为 $Al_2O_3 > 30\%$。

4) 缓凝剂

以天然石膏和磷石膏为主，掺加量为 3%～5%。

4. 低品位原料和工业废渣的利用

低品位原料：化学成分、杂质含量、物理性能等不符合一般水泥生产要求的原料。目前水泥原料结构的一个新的技术方向：石灰质原料低品位化；Si、Al 质原料岩矿化；Fe 质原料废渣化。但是使用低品位原料及工业废渣时要注意以下几点：这些原料成分波动大，使用前先要取样分析，且取样要有代表性；使用时要适当调整一些工艺。

1) 低品位石灰质原料

$CaO < 48\%$或含较多杂质。其中白云石质岩不适宜生产硅酸盐水泥熟料，其余均可用。但要与优质石灰质原料搭配使用。

2) 煤矸石和石煤

煤矸石是煤矿生产时的废渣，在采矿和选矿过程中分离出来。其主要成分是 SiO_2、Al_2O_3 以及少量 Fe_2O_3、CaO 等，并含 4180～9360kJ/kg 的热值。

目前煤矸石、石煤在水泥工业中的应用主要有三种途径：代黏土配料；经煅烧处理后做混合材；作沸腾燃烧室燃料，其渣作水泥混合材。

3) 粉煤灰和炉渣

粉煤灰是火力发电厂煤粉燃烧后所得的粉状灰烬。

炉渣是煤在工业锅炉燃烧后排出的灰渣。

粉煤灰、炉渣的主要成分：以 SiO_2、Al_2O_3 为主，但波动较大，一般 Al_2O_3 偏高。

粉煤灰和炉渣的利用途径：部分或全部替代黏土参与配料；作为铝质校正原料使用；作水泥混合材料。

作原料使用时应注意：加强均化；精确计量；注意可燃物对煅烧的影响；因其可塑性差，立窑生产时要搞好成球。

4) 玄武岩

玄武岩是一种分布较广的火成岩，其化学成分类似于一般黏土，主要是 SiO_2、Al_2O_3，但 Fe_2O_3、R_2O 偏高，即助熔氧化物含量较多。可以替代黏土，作水泥的铝硅酸盐组分，以强化煅烧。因其可塑性、易磨性差，使用时要强化粉磨。

5) 珍珠岩

珍珠岩是一种主要以玻璃态存在的火成非晶类物质，富含 SiO_2，也是一种天然玻璃。可用作黏土质原料配料。

6) 赤泥

赤泥是烧结法从矾土中提取氧化铝时所排放出的赤色废渣，其化学成分与水泥熟料的化学成分相比较，Al_2O_3、Fe_2O_3 含量高，CaO 含量低，含水量大，赤泥与石灰质原料搭配配合便可配制出生料。通常用于湿法生产。

7) 电石渣

电石渣是化工厂乙炔发生车间消解石灰排出的含水为 85%～90%的废渣。其主要成分是 $Ca(OH)_2$，可替代部分石灰质原料。常用于湿法生产。

碳酸法制糖厂的糖滤泥、氯碱法制碱厂的碱渣、造纸厂的白泥：其主要成分都是 $CaCO_3$，均可作石灰质原料。

4.1.2 硅酸盐水泥的生产

硅酸盐水泥的生产分为三个阶段：石灰质原料、黏土质原料与少量校正原料经破碎后，按一定比例配合、磨细，并配合为成分合适、质量均匀的生料，称为生料制备；生料在水泥窑内煅烧至部分熔融、所得以硅酸钙为主要成分的硅酸盐水泥熟料，称为熟料煅烧；熟料加适量石膏，有时还加适量混合材料或外加剂共同磨细为水泥，称为水泥粉磨。

1. 生料制备

生料制备方法有干法和湿法两种。将原料同时烘干与粉磨或先烘干后粉磨成生料粉，而后喂入干法窑内煅烧成熟料，称为干法生产。将生料粉加入适量水分制成生料球，而后喂入立窑或立波尔窑内煅烧成熟料的生产方法，亦可归入干法，但也可将立波尔窑的生产方法称为半干法。将原料加水粉磨成生料浆后喂入湿法回转窑煅烧成熟料，则称为湿法生产。将湿法制备的生料浆脱水后，制成生料块入窑煅烧，称为半湿法生产，亦可归入湿法，但一般均称为湿磨干烧。窑外分解窑干法生产的工艺流程图如图 4.1 所示；立窑生产的工艺流程图如图 4.2 所示。

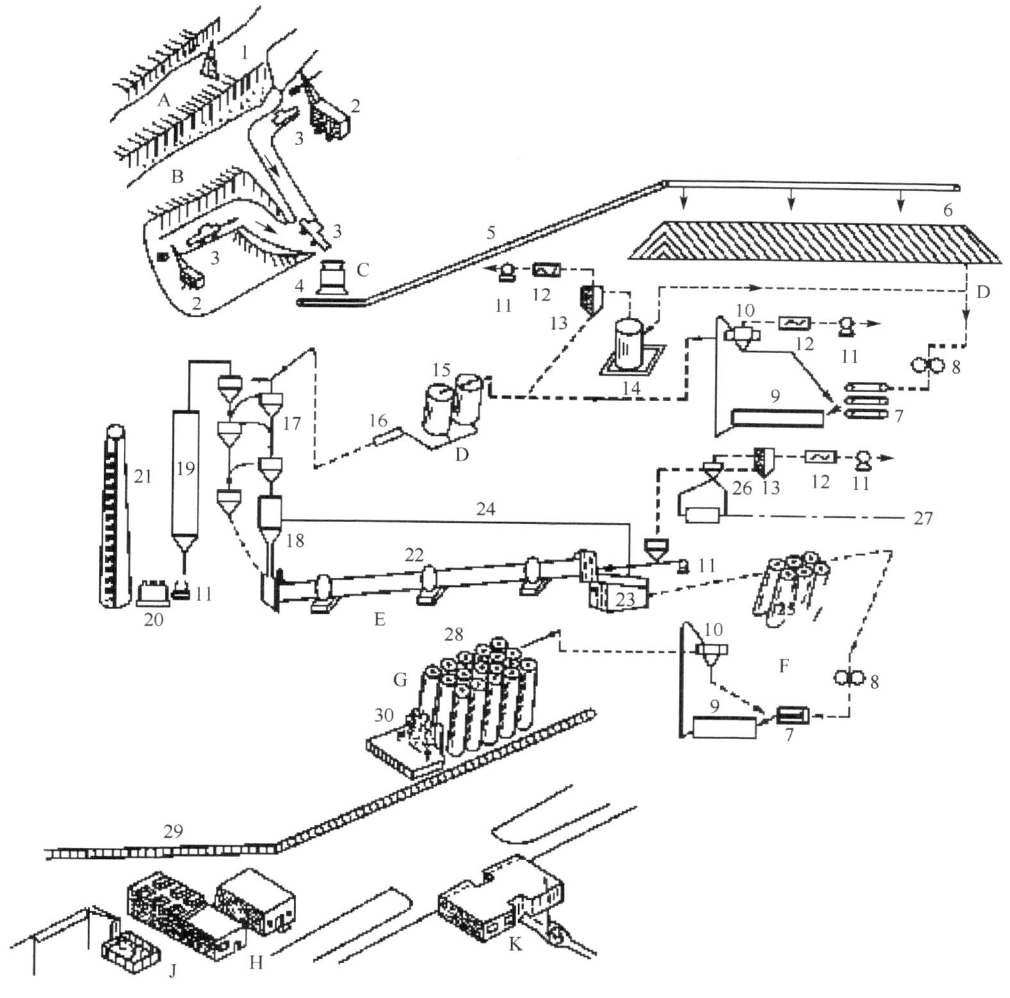

图 4.1　干法(窑外分解窑)生产流程图

A-石灰石矿山；B-黏土矿山；C-破碎车间；D-生料车间；E-烧成车间；F-水泥车间；G-包装车间；H-修理车间与仓库；J-变电所；K-化验室与办公楼；1-钻机；2-电铲；3-自卸汽车；4-破碎机；5-皮带；6-预均化堆场；7-电子计量秤；8-挤压磨；9-球磨机；10-新型高效选粉机；11-排风机；12-电收尘器；13-旋风收尘器；14-立式磨；15-生料均化储存库；16-空气泵；17-五级旋风预热器；18-分解炉；19-增湿塔；20-电收尘器；21-烟囱；22-回转窑；23-冷却机；24-三次风管；25-熟料库；26-煤粉制备；27-燃料；28-水泥库；29-铁路；30-包装机

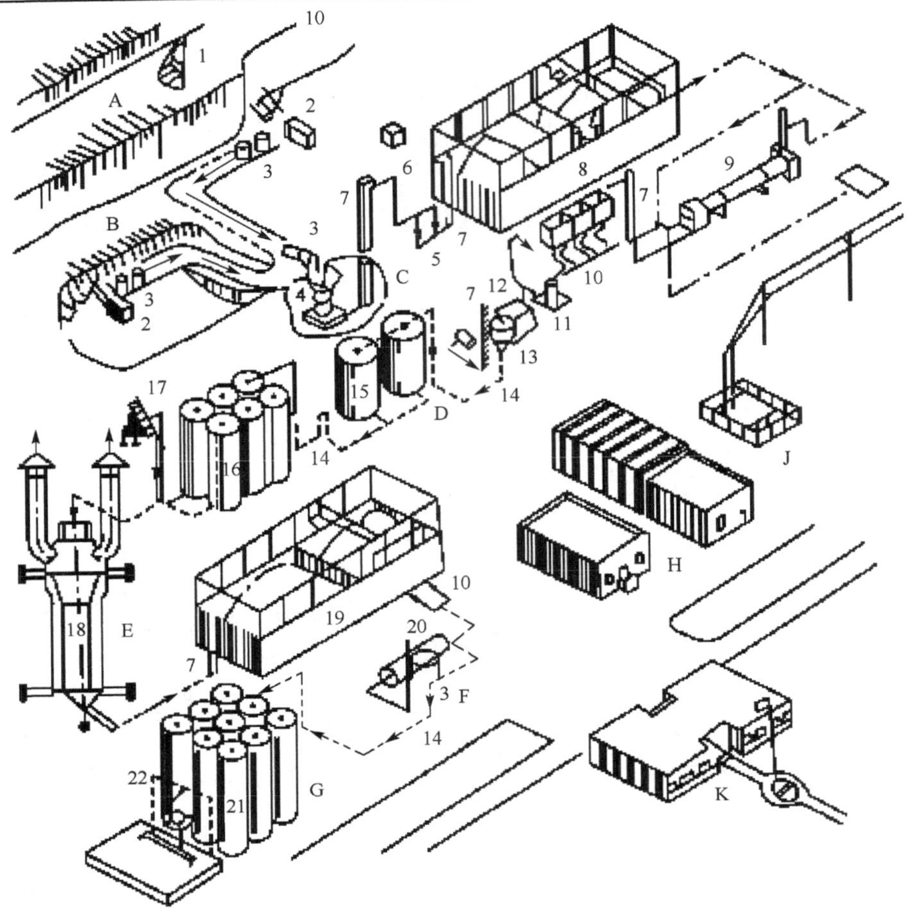

图 4.2　机械立窑生产流程图

A-石灰石矿山；B-黏土矿山；C-破碎车间；D-生料车间；E-烧成车间；F-水泥车间；G-包装车间；H-修理车间与仓库；J-变电所；K-化验室与办公楼；1-钻机；2-电铲；3-自卸汽车；4-一破机；5-二破机；6-振动筛；7-提升机；8-原料联合储库；9-烘干机；10-配料设备；11-立式磨；12-管磨；13-选粉机；14-空气泵；15-生料搅拌库；16-生料储存库；17-成球盘；18-机械立窑；19-熟料、燃料、石膏联合储库；20-水泥磨；21-水泥库；22-包装机

2. 熟料的煅烧

煅烧水泥熟料的窑型主要有两类：回转窑和立窑。窑内煅烧过程虽因窑型不同而有所差别，但基本反应是相同的。现以湿法回转窑为例，说明如下。

湿法回转窑用于煅烧含水 30%～40%的料浆。图 4.3 所示为一台ϕ5/4.5×135m湿法回转窑内熟料煅烧过程。

燃料与一次空气由窑头喷入，和二次空气(由冷却机进入窑头与熟料进行热交换后加热了的空气)一起进行燃烧，火焰温度高达 1650～1700℃。燃烧烟气在向窑尾运动的过程中，将热量传给物料，温度逐渐降低，最后由窑尾排出。料浆由窑尾喂入，在向窑头运动的同时，温度逐渐升高并进行一系列反应，烧成熟料由窑头卸出，进入冷却机。

料浆入窑后，首先发生自由水的蒸发过程，当水分接近零时，温度达 150℃左右，这一区域称为干燥带。随着物料温度上升，发生黏土矿物脱水与碳酸镁分解过程，这一区域称为预热带。物料温度升高至750～800℃时，烧失量开始明显减少，氧化硅开始明显增加，表示同时进行碳酸钙分解与固相反应。物料因碳酸钙分解反应吸收大量热而升温缓慢。当温度升到大约1100℃时，碳酸钙分解速度极为迅速，游离氧化钙数量达到极大值。这一区域称为碳酸盐分解带。

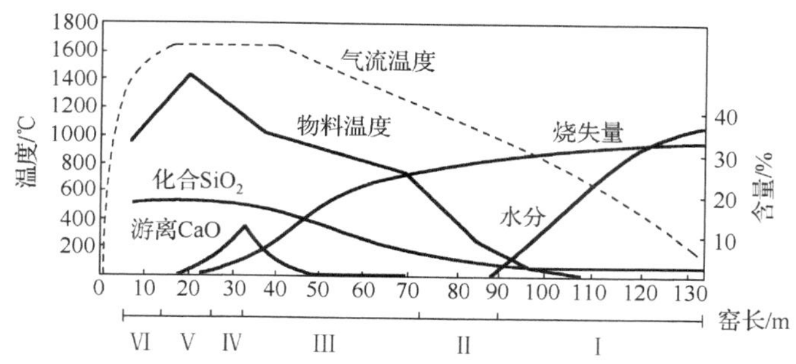

图4.3　ϕ5/4.5×135m湿法回转窑内熟料形成过程

I-干燥带；II-预热带；III-碳酸盐分解带；IV-放热反应带；V-烧成带；VI-冷却带

碳酸盐分解结束后，固相反应还在继续进行，放出大量的热，再加上火焰的传热，物料温度迅速上升300℃左右，这一区域称为放热反应带。在1250～1280℃时开始出现液相，一直到1450℃，液相量继续增加，同时游离氧化钙被迅速吸收，水泥熟料化合物形成，这一区域(1250～1450～1250℃)称为烧成带。熟料继续向前运动，与温度较低的二次空气进行热交换，熟料温度下降，这一区域称为冷却带。

应该指出，上述各带的划分是十分粗略的，物料在这些带中所发生的各种变化往往是交叉或同时进行的。

其他类型的回转窑内物料的煅烧过程，与湿法回转窑基本相同，只是在煅烧过程中将某些过程移到回转窑外的专门设备内进行。

立窑的煅烧过程与回转窑有些不同。含煤湿料球从窑顶喂入，空气由窑下部鼓入，因而其煅烧过程是由窑顶自上而下，从料球表面向内部、与燃料燃烧交织在一起进行。但窑内物料同样经历干燥、黏土矿物脱水、碳酸盐分解、固相反应、熟料烧结反应以及冷却等过程。

3. 煅烧过程中的物理和化学变化

水泥生料入窑后，在加热煅烧过程中发生干燥、黏土脱水与分解、碳酸盐分解、固相反应、熟料烧成和熟料冷却等物理化学反应。这些过程的反应温度、速度及生成的产物不仅和生料的化学成分及熟料的矿物组成有关，也受到其他因素如生料细度、生料均匀性、传热方式等的影响。

1) 干燥

干燥即自由水的蒸发过程。

生料中都有一定量的自由水，生料中自由水的含量因生产方法与窑型不同而异。干法窑生料含水量一般不超过1.0%，立窑、立波尔窑生料需加水12%～14%成球，湿法生产的料浆水分在30%～40%。

自由水的蒸发温度为100～150℃。生料加热到100℃左右，自由水分开始蒸发，当温度升到100～150℃时，生料中自由水全部被排除。自由水的蒸发过程消耗的热量很大，每千克水蒸发潜热高达 2257kJ，例如，湿法窑料浆含水 35%，每生产 1kg 水泥熟料用于蒸发水分的热量高达 2100kJ，占总热耗的 35%以上。降低料浆水分是降低湿法生产热耗的重要途径。

2) 黏土脱水

黏土脱水即黏土中矿物分解放出结合水。

黏土主要由含水硅酸铝所组成，常见的有高岭土和蒙脱土，但大部分黏土属于高岭土。

黏土矿物的化合水有两种：一种是以 OH^- 离子状态存在于晶体结构中，称为晶体配位水(也称结构水)；另一种是以分子状态存在并吸附于晶层结构间，称为晶层间水或层间吸附水。所有的黏土都含有配位水，多水高岭土、蒙脱石还含有层间水，伊利石的层间水因风化程度而异。层间水在 100℃左右即可除去，而配位水则必须高达 400～600℃以上才能脱去，具体温度范围取决于黏土的矿物组成。

3) 碳酸盐分解

碳酸盐分解是熟料煅烧的重要过程之一。碳酸盐分解与温度、颗粒粒径、生料中黏土的性质、气体中 CO_2 的含量等因素有关。

石灰石中的碳酸钙($CaCO_3$)和少量碳酸镁($MgCO_3$)在煅烧过程中都要分解放出二氧化碳，其反应式如下：

$$MgCO_3 \xrightleftharpoons{600℃} MgO + CO_2\uparrow$$

$$CaCO_3 \xrightleftharpoons{900℃} CaO + CO_2\uparrow$$

4) 固相反应

固相反应是指固相与固相之间所进行的反应。在水泥形成过程中，从碳酸盐开始分解起，物料中便出现了性质活泼的 *f*-CaO，它与生料中的 SiO_2、Al_2O_3 和 Fe_2O_3 等通过质点的相互扩散而进行固相反应，形成熟料矿物。其反应大致如下：

室温～800℃

$$CaO + Al_2O_3 \longrightarrow CaO\cdot Al_2O_3 \quad (CA)$$

$$CaO + Fe_2O_3 \longrightarrow CaO\cdot Fe_2O_3 \quad (CF)$$

$$2CaO + SiO_2 \longrightarrow 2CaO\cdot SiO_2 \quad (C_2S)$$

800～900℃

$$7(CaO\cdot Al_2O_3) + 5CaO \longrightarrow 12CaO\cdot 7Al_2O_3 \quad (C_{12}A_7)$$

$$CaO\cdot Fe_2O_3 + CaO \longrightarrow 2CaO\cdot Fe_2O_3 \quad (C_2F)$$

900～1100℃

$$2CaO + Al_2O_3 + SiO_2 \longrightarrow 2CaO\cdot Al_2O_3\cdot SiO_2 \quad (C_2AS)$$

$$12CaO\cdot 7Al_2O_3 + 9CaO \longrightarrow 7(3CaO\cdot Al_2O_3) \quad (C_3A)$$

$$7(2CaO\cdot Fe_2O_3) + 2CaO + 12CaO\cdot 7Al_2O_3 \longrightarrow 7(4CaO\cdot Al_2O_3\cdot Fe_2O_3) \quad (C_4AF)$$

1100～1200℃时，大量形成 C_3A 与 C_4AF，同时 C_2S 含量达最大值。

从以上化学反应的温度，我们不难发现，这些反应温度都小于反应物和生成物的熔点(如 CaO、SiO_2 与 $2CaO\cdot SiO_2$ 的熔点分别为 2570℃、1713℃与 2130℃)，也就是说物料在以上这些反应过程中都没有熔融状态物出现，反应是在固体状态下进行的，这就是固相反应的特点。

5）熟料的烧结

物料加热到最低共熔温度（物料在加热过程中，开始出现液相的温度称为最低共熔温度）时，物料中开始出现液相，液相主要由 C_3A 和 C_4AF 所组成，还有 MgO、Na_2O、K_2O 等其他组成，在液相的作用下进行熟料烧成。

液相出现后，C_2S 和 CaO 都开始溶于其中，在液相中 C_2S 吸收游离氧化钙（*f*-CaO）形成 C_3S，其反应式如下：

$$C_2S(液)+CaO(液)\xrightarrow{1350\sim1450℃}C_3S(固)$$

熟料的烧结包含三个过程：C_2S 和 CaO 逐步溶解于液相中并扩散；C_3S 晶核的形成；C_3S 晶核的发育和长大，完成熟料的烧结过程。即随着温度的升高和时间延长，液相量增加，液相黏度降低，CaO 和 C_2S 不断溶解、扩散，C_3S 晶核不断形成，并逐渐发育、长大，最终形成几十微米大小、发育良好的阿利特晶体。与此同时，晶体不断重排、收缩、密实化，物料逐渐由疏松状态转变为色泽灰黑、结构致密的熟料，这个过程称为熟料的烧结过程，也称石灰吸收过程。

大量 C_3S 的生成是在液相出现之后，普通硅酸盐水泥组成一般在 1300℃左右时就开始出现液相，而 C_3S 形成最快速度约在 1350℃，一般在 1450℃下 C_3S 绝大部分生成，所以熟料烧成温度可写成 1350～1450℃或 1450℃。

任何反应过程都需要有一定时间，C_3S 的形成也不例外。它的形成不仅需要有一定温度，而且需要在烧成温度下停留一段时间，使其能充分反应，在煅烧较均匀的回转窑内时间可短些。而煅烧不均匀的立窑内时间需长些，但时间不宜过长，时间过长易使 C_3S 生成粗而圆的晶体，使其强度发挥慢而且还要降低。一般需要在高温下煅烧 20～30min。

从上述的分析可知，熟料烧成形成阿利特的过程，与液相形成温度、液相量、液相性质以及氧化钙、硅酸二钙溶解液相的溶解速度、离子扩散速度等各种因素有关。阿利特的形成也可以通过固相反应来完成，但需要较高的温度（1650℃以上），因而这种方法目前在工业上没有实用价值。为了降低煅烧温度、缩短烧成时间、降低能耗，阿利特的形成最好通过液相反应来形成。

液相量的增加和液相黏度的减少，都利于 C_2S 和 CaO 在液相中扩散，即有利于 C_2S 吸收 CaO 形成 C_3S。所以，影响液相量和液相黏度的因素，也是影响 C_3S 生成的因素。

6）熟料的冷却

熟料烧成后，就要进行冷却，冷却的目的在于：回收熟料余热，降低热耗，提高热的效率；改进熟料质量，提高熟料的易磨性；降低熟料温度，便于熟料的运输、储存和粉磨。

熟料中矿物的结构取决于冷却速度、固液相中的质点扩散速度、固液相的反应速度等。冷却很快，使液相不能析出晶体成为玻璃体，称为淬冷。淬冷熟料对改善熟料质量有许多优点，主要表现在：①防止或减少β-C_2S 转化成γ-C_2S（几乎无水硬性）；②防止或减少 C_3S 的分解；③改善水泥的安定性；④减少熟料中 C_3A 结晶体；⑤提高熟料易磨性。

4.1.3　硅酸盐水泥的矿物组成

硅酸盐水泥熟料是以适当成分的生料烧到部分熔融，所得以硅酸钙为主要成分的烧结块。因此，在硅酸盐水泥熟料中 CaO、SiO_2、Al_2O_3、Fe_2O_3 不是以单独的氧化物存在，而是以两种或两种以上的氧化物经高温化学反应而生成的多种矿物的集合体。其结晶细小，一般为 30～60μm。由此可见，水泥熟料是一种多矿物组成的结晶细小的人工岩石。它主要有以下四种矿物：

硅酸三钙 $3CaO \cdot SiO_2$，可简写为 C_3S；

硅酸二钙 $2CaO \cdot SiO_2$，可简写为 C_2S；

铝酸三钙 $3CaO \cdot Al_2O_3$，可简写为 C_3A。

铁相固溶体通常以铁铝酸四钙 $4CaO \cdot Al_2O_3 \cdot Fe_2O_3$ 作为代表式，可简写成 C_4AF，此外，还有少量游离氧化钙（*f*-CaO）、方镁石（结晶氧化镁）、含碱矿物及玻璃体。通常熟料中 C_3S 和 C_2S 含量占 75%左右，称为硅酸盐矿物。C_3A 和 C_4AF 的理论含量占 22%左右。在水泥熟料煅烧过程中，C_3A 和 C_4AF 以及氧化镁、碱等在 1250～1280℃会逐渐熔融形成液相，促进硅酸三钙的形成，故称熔剂矿物。

1. 硅酸三钙

C_3S 是硅酸盐水泥熟料的主要矿物。其含量通常为 50%左右，有时甚至高达 60%以上。纯 C_3S 只有在 1250～2065℃温度范围内才稳定。在 2065℃以上不一致熔融为 CaO 和液相；在 1250℃以下分解为 C_2S 和 CaO，但反应很慢，故纯 C_3S 在室温可呈介稳状态存在。C_3S 有三种晶系七种变型：

$$R \xleftrightarrow{1070℃} M_{III} \xleftrightarrow{1060℃} M_{II} \xleftrightarrow{990℃} M_{I} \xleftrightarrow{960℃} T_{III} \xleftrightarrow{920℃} T_{II} \xleftrightarrow{520℃} T_{I}$$

R 型为三方晶系，M 型为单斜晶系，T 型为三斜晶系，这些变型的晶体结构相近。但有人认为，R 型和 M_{II} 型的强度比 T 型的高。

在硅酸盐水泥熟料中，C_3S 并不以纯的形式存在，总含有少量氧化镁、氧化铝、氧化铁等形成固溶液，称为阿利特（Alite）或 A 矿。

纯 C_3S 在常温下，通常只能为三斜晶系（T 型），若含有少量 MgO、Al_2O_3、Fe_2O_3、SO_3、ZnO、Cr_2O_3、R_2O 等氧化物形成固溶体，则为 M 型或 R 型。由于熟料中 C_3S 总含 MgO、Al_2O_3、Fe_2O_3 以及其他氧化物，故阿利特通常为 M 型或 R 型。故认为煅烧温度的提高或煅烧时间的延长也有利于形成 M_{II} 型或 R 型。

C_3S 凝结时间正常，水化较快，粒径 40～50μm 的颗粒 28d 可水化 70%左右。放热较多，早期强度高且后期强度增进率较大，28d 强度可达一年强度的 70%～80%，其 28d 强度和一年强度在四种矿物中均最高。

阿利特的晶体尺寸和发育程度会影响其反应能力，当烧成温度高时，阿利特晶形完整，晶体尺寸适中，几何轴比大（晶体长度与宽度之比 $L/B \geq 2～3$），矿物分布均匀，界面清晰，熟料的强度较高。当加矿化剂或用急剧升温等煅烧方法时，虽然含较多阿利特，而且晶体比较细小，但因发育完整、分布均匀，熟料强度也较高。因此，适当提高熟料中的硅酸三钙含量，并且当其岩相结构良好时，可以获得优质熟料。但硅酸三钙的水化热较高，抗水性较差，若要求水泥的水化热低、抗水性较高，则熟料中的硅酸三钙含量要适当低一些。

2. 硅酸二钙

C_2S 在熟料中含量一般为 20%左右，是硅酸盐水泥熟料的主要矿物之一，熟料中硅酸二钙并不是以纯的形式存在，而是与少量 MgO、Al_2O_3、Fe_2O_3、R_2O 等氧化物形成固溶体，通常称为贝利特（Belite）或 B 矿。纯 C_2S 在 1450℃以下有下列多晶转变：

$$\alpha \xleftrightarrow{1425℃} \alpha'_H \xleftrightarrow{1160℃} \alpha'_L \underset{690℃}{\overset{630\sim680℃}{\longleftrightarrow}} \beta \xrightarrow{<500℃} \gamma$$

$$\alpha'_L \uparrow \underline{\qquad\qquad\qquad} \uparrow \gamma$$

780～860℃

(H-高温型，L-低温型)

在室温下，α、α'_H、α'_L、β等变形都是不稳定的，有转变成γ型的趋势。在熟料中α，α'_H型一般较少存在，在烧成温度较高、冷却较快的熟料中，由于固溶有少量Al_2O_3、MgO、Fe_2O_3等氧化物，可以β型存在。通常所指的硅酸二钙或B矿即β型硅酸二钙。

α，α'_H型C_2S强度较高，而γ型C_2S几乎无水硬性。在立窑生产中，若通风不良、还原气氛严重、烧成温度低、液相量不足、冷却较慢，则硅酸二钙在低于500℃下易由密度为3.28g/cm^{3}的R型转变为密度为2.97g/cm^{3}的γ型，体积膨胀10%而导致熟料粉化。但若液相量多，可使溶剂矿物形成玻璃体将β型硅酸二钙晶体包围住，并采用迅速冷却方法使之越过$\beta \to \gamma$型转变温度而保留下来。

纯硅酸二钙色洁白，当含有Fe_2O_3时呈棕黄色。贝利特水化反应较慢，28d仅水化20%左右，凝结硬化缓慢，早期强度较低但后期强度增长率较高，在一年后可赶上阿利特。贝利特的水化热较小，抗水性较好。在中低热水泥和抗硫酸盐水泥中，适当提高贝利特含量而降低阿利特含量是有利的。

3. 中间相

填充在阿利特、贝利特之间的物质通称中间相，它可包括铝酸盐、铁酸盐、组成不定的玻璃体和含碱化合物以及游离氧化钙和方镁石。但以包裹体形式存在于阿利特和贝利特中的游离氧化钙和方镁石除外。中间相在熟料煅烧过程中，熔融成为液相，冷却时，部分液相结晶，部分液相来不及结晶而凝固成玻璃体。

1) 铝酸钙

熟料中铝酸钙主要是铝酸三钙，有时还可能有七铝酸十二钙。在掺氟化钙作矿化剂的熟料中可能存在 $C_{11}A_7 \cdot CaF_2$，而在同时掺氟化钙和硫酸钙作矿化剂低温烧成的熟料中可以是$C_{11}A_7 \cdot CaF_2$和$C_4A_3\overline{S}$而无C_3A。纯C_3A为等轴晶系，无多晶转化。C_3A也可固溶部分氧化物，如K_2O、Na_2O、SiO_2、Fe_2O_3等，随固溶的碱含量的增加，立方晶体的C_3A向斜方晶体NC_8A_3转变。

C_3A 水化迅速，放热多，凝结很快，若不加石膏等缓凝剂，易使水泥急凝；硬化快，强度3d内就发挥出来，但绝对值不高，以后几乎不增长，甚至倒缩。干缩变形大，抗硫酸盐性能差。

2) 铁相固溶体

铁相固溶体在熟料中的潜在含量为 10%～18%。熟料中含铁相较复杂，有人认为是C_2F-C_8A_3F连续固溶体中的一个成分，也有人认为是C_6A_2F-C_6AF_2连续固溶体的一部分。在一般硅酸盐水泥熟料中，其成分接近C_4AF，故多用C_4AF代表熟料中铁相的组成。也有人认为，当熟料中MgO含量较高或含有CaF_2等降低液相黏度的组分时，铁相固溶体的组成为C_6A_2F。若熟料中$Al_2O_3/Fe_2O_3<0.64$，则可生成铁酸二钙。

铁铝酸四钙的水化速度早期介于铝酸三钙和硅酸三钙之间，但随后的发展不如硅酸三钙。

早期强度类似于铝酸三钙，后期还能不断增长，类似硅酸二钙。抗冲击性能和抗硫酸盐性能好，水化热较铝酸三钙低，但含 C_4AF 高的熟料难磨。在道路水泥和抗硫酸盐水泥中，铁铝酸四钙的含量高为好。

含铁相的水化速率和水化产物性质取决于相的 $A1_2O_3/Fe_2O_3$ 比，研究发现：C_6A_2F 水化速度比 C_4AF 快，这是因为其含有较多的 $A1_2O_3$；C_6AF_2 水化较慢，凝结也慢；C_2F 的水化最慢，有一定水硬性。

3）玻璃体

硅酸盐水泥熟料煅烧过程中，熔融液相若在平衡状态下冷却，则可全部结晶出 C_3A、C_4AF 和含碱化合物等而不存在玻璃体。但在工厂生产条件下冷却速度较快，有部分液相来不及结晶而成为过冷液体，即玻璃体。在玻璃体中，质点排列无序，组成也不定，其主要成分为 $A1_2O_3$、Fe_2O_3、CaO，还有少量 MgO 和碱等。玻璃体在熟料中的含量随冷却条件而异，快冷则玻璃体含量多而 C_3A、C_4AF 等晶体少，反之则玻璃体含量少而 C_3A、C_4AF 晶体多。据认为，普通冷却熟料中，玻璃体含量为 20%～21%；急冷熟料玻璃体为 8%～22%；慢冷熟料玻璃体只有 0%～2%。

4）游离氧化钙和方镁石

游离氧化钙是指经高温煅烧而仍未化合的氧化钙，也称游离石灰。经高温煅烧的游离氧化钙结构比较致密，水化很慢，通常要在 3d 后才明显，水化生成氢氧化钙体积增加 97.9%，在硬化的水泥浆中造成局部膨胀应力。随着游离氧化钙的增加，首先是抗折强度下降，进而引起 3d 以后强度倒缩，严重时引起安定性不良。因此，在熟料煅烧中要严格控制游离氧化钙含量。我国回转窑一般控制在 1.5%以下，而立窑在 2.5%以下。因为立窑熟料的游离氧化物中有一部分是没有经过高温死烧而出窑的生料。这种生料中的游离氧化钙水化快，对硬化水泥浆的破坏力不大。

方镁石是指游离状态的 MgO 晶体。MgO 由于与 SiO_2、Fe_2O_3 的化学亲和力很小，在熟料煅烧过程中一般不参与化学反应。它以下列三种形式存在于熟料中：①溶解于 C_3A、C_4AF 中形成固溶体；②溶于玻璃体中；③以游离状态的方镁石形式存在。据认为，前两种形式的 MgO 含量约为熟料的 2%，它们对硬化水泥浆体无破坏作用，而以方镁石形式存在时，由于水化速度比游离氧化钙要慢，要在 0.5～1 年后才明显。水化生成氢氧化镁时，体积膨胀 148%，也会导致安定性不良。方镁石膨胀的严重程度与晶体尺寸、含量均有关系。尺寸 1μm 时，含量 5%才引起微膨胀，尺寸 5～7μm 时，含量 3%就引起严重膨胀。国家标准规定硅酸盐水泥中氧化镁含量不得超过 5.0%。在生产中应尽量采取快冷措施减小方镁石的晶体尺寸。

4.1.4　硅酸盐水泥的水化、凝结硬化

水泥加水拌成的浆体，起初具有可塑性和流动性，随着水化反应的不断进行，浆体逐渐失去流动能力，转变为具有一定强度的固体，即水泥的凝结和硬化。水化是水泥产生凝结硬化的前提，而凝结硬化则是水泥水化的结果。硬化水泥浆体是一非均质的多相体系，由各种水化产物和残存熟料所构成的固相以及存在于孔隙中的水和空气所组成，所以是固-液-气三相多孔体。它具有一定的机械强度和孔隙率，而外观和其他性能又与天然石材相似，因此通常又称为水泥石。

1. 硅酸盐水泥的水化

水泥颗粒与水接触后，水泥颗粒表面的各种矿物立即与水发生水化作用，生成新的水化物，并放出一定的热量。

水泥是多种矿物的集合体，各种矿物的水化会相互影响。水泥熟料中主要矿物的各自水化过程及产物如下。

1) 硅酸三钙

硅酸三钙在水泥熟料中的含量约占 50%，有时高达 60%，因此它的水化作用、产物及其所形成的结构对硬化水泥浆体的性能有很重要的影响。硅酸三钙在常温下的水化反应，大体上可用下面的方程式表示：

$$3CaO \cdot SiO_2 + nH_2O = xCaO \cdot SiO_2 \cdot yH_2O + (3-x)Ca(OH)_2$$

简写为

$$C_3S + nH = \text{C-S-H} + (3-x)CH$$

上式表明，其水化产物为 C-S-H 凝胶和氢氧化钙，C-S-H 有时也被笼统地称为水化硅酸钙，它的组成不定(其字母之间的横线就表示组成不定)，其 CaO/SiO_2 分子比(简写成 C/S)和 H_2O/SiO_2 分子比(简写为 H/S)都在较大范围内变动。C-S-H 凝胶的组成与它所处的液相的 $Ca(OH)_2$ 浓度有关。当溶液的 CaO 浓度<lmmol/L(0.06g/L)时，生成 $Ca(OH)_2$ 和硅酸凝胶。当溶液的 CaO 浓度<1～2mmol/L(0.06～0.112g/L)时，生成水化硅酸钙和硅酸凝胶。当溶液的 CaO 浓度为 2～20mmol/L(0.112～1.12g/L)时，生成 C/S 比为 0.8～1.5 的水化硅酸钙，其组成可用(0.8～1.5)$CaO \cdot SiO_2 \cdot$ (0.5～2.5)H_2O 表示，称为 C-S-H(Ⅰ)，当溶液中 CaO 浓度饱和(即 CaO ≥ 1.12g/L)时，生成碱度更高(C/S = 1.5～2.0)的水化硅酸钙，一般可用(1.5～2.0)$CaO \cdot SiO_2 \cdot$ (1～4)H_2O 表示，称为 C-S-H(Ⅱ)。C-S-H(Ⅱ)和 C-S-H(Ⅱ)的尺寸都非常小，接近于胶体范畴，在显微镜下，C-S-H(Ⅰ)为薄片状结构；而 C-S-H(Ⅱ)为纤维状结构，像一束棒状或板状晶体，它的末端有典型的扫帚状结构。氢氧化钙是一种具有固定组成的晶体。

2) 硅酸二钙

β-C_2S 的水化与 C_3S 相似，只不过水化速度慢而已。

$$2CaO \cdot SiO_2 + nH_2O = xCaO \cdot SiO_2 \cdot yH_2O + (2-x)Ca(OH)_2$$

简写为

$$C_2S + nH = \text{C-S-H} + (2-x)CH$$

所形成的水化硅酸钙在 C/S 和形貌方面与 C_3S 水化生成的都无大区别，故也称 C-S-H 凝胶。但 CH 生成量比 C_3S 少，结晶也比 C_3S 的粗大些。

3) 铝酸三钙

铝酸三钙与水反应迅速，放热快，其水化产物组成和结构受液相 CaO 浓度和温度的影响很大。在常温下，其水化反应依下式进行：

$$2(3CaO \cdot Al_2O_3) + 27H_2O = 4CaO \cdot Al_2O_3 \cdot 19H_2O + 2CaO \cdot Al_2O_3 \cdot 8H_2O$$

简写为

$$2C_3A + 27H = C_4AH_{19} + C_2AH_8$$

C_4AH_{19} 在低于 85%的相对湿度下会失去 6 个摩尔的结晶水而成为 C_4AH_{13}。C_4AH_{19}、C_4AH_{13} 和 C_2AH_8 都是片状晶体，常温下处于介稳状态，有向 C_3AH_6 等轴晶体转化的趋势。

$$C_4AH_{13} + C_2AH_8 = 2C_3AH_6 + 9H$$

上述反应随温度升高而加速。在温度高于 35℃时，C_3A 会直接生成 C_3AH_6：

$$3CaO \cdot Al_2O_3 + 6H_2O = 3CaO \cdot Al_2O_3 \cdot 6H_2O$$

即

$$C_3A + 6H = C_3AH_6$$

由于 C_3A 本身水化热很大，使 C_3A 颗粒表面温度高于 35℃，因此 C_3A 水化时往往直接生成 C_3AH_6。

在液相 CaO 浓度达到饱和时，C_3A 还可能依下式水化：

$$3CaO \cdot Al_2O_3 + Ca(OH)_2 + 12H_2O = 4CaO \cdot Al_2O_3 \cdot 13H_2O$$

即

$$C_3A + CH + 12H = C_4AH_{13}$$

在硅酸盐水泥浆体的碱性液相中，CaO 浓度往往达到饱和或过饱和，因此可能产生较多的六方片状 C_4AH_{13}，足以阻碍粒子的相对移动，据认为是使浆体产生瞬时凝结的一个主要原因。

在有石膏的情况下，C_3A 水化的最终产物与其石膏掺入量有关(表 4.5)。其最初的基本反应为

$$3CaO \cdot Al_2O_3 + 3(CaSO_4 \cdot 2H_2O) + 26H_2O = 3CaO \cdot Al_2O_3 \cdot 3CaSO_4 \cdot 32H_2O$$

即

$$C_3A + 3C\overline{S}H_2 + 26H = C_3A \cdot 3C\overline{S} \cdot H_{32}$$

表 4.5 C_3A 的水化产物

实际参加反应的 $C\overline{S}H_2 / C_3A$ 摩尔比	水 化 产 物
3.0	钙矾石(Aft)
3.0～1.0	钙矾石+单硫型水化硫铝酸钙(AFm)
1.0	单硫型水化硫铝酸钙(AFm)
<1.0	单硫型固溶体 $[C_3A(C\overline{S}, CH)H_{12}]$
0	水石馏子石(C_3AH_6)

形成的三硫型水化硫铝酸钙，称为钙矾石。由于其中的铝可被铁置换而成为含铝、铁的三硫型水化硫铝酸盐相，故常用 AFt 表示。

若 $CaSO_4 \cdot 2H_2O$ 在 C_3A 完全水化前耗尽，则钙矾石与 C_3A 作用转化为单硫型水化硫铝酸钙(AFm)：

$$C_3A \cdot 3C\overline{S} \cdot H_{32} + 2C_3A + 4H \rightarrow 3(C_3A \cdot C\overline{S} \cdot H_{12})$$

若石膏掺量极少，在所有钙矾石转变成单硫型水化硫铝酸钙后，还有 C_3A，那么形成 $C_3A \cdot C\overline{S} \cdot H_{12}$ 和 C_4AH_{13} 的固溶体。

4) 铁相固溶体

水泥熟料中铁相固溶体可用 C_4AF 作为代表，也可用 F_{SS} 表示。它的水化速率比 C_3A 略慢，水化热较低，即使单独水化也不会引起快凝。

铁相固溶体的水化反应及其产物与 C_3A 很相似。氧化铁基本上起着与氧化铝相同的作用，相当于 C_3A 中一部分氧化铝被氧化铁所置换，生成水化铝酸钙和水化铁酸钙的固溶体：

$$C_4AF + 4CH + 22H = 2C_4(A,F)H_{13}$$

在 20℃以上，六方片状的 $C_4(A,F)H_{13}$ 要转变成 $C_3(A,F)H_6$。当温度高于 50℃时，C_4AF 直接水化生成 $C_3(A,F)H_6$。

掺有石膏时的反应也与 C_3A 大致相同。当石膏充分时，形成铁置换过的钙矾石固溶体 $C_3(A,F)\cdot 3C\overline{S}\cdot H_{32}$，而石膏不足时，则形成单硫型固溶体。并且同样有两种晶型的转化过程。在石灰饱和溶液中，石膏使放热速度变得缓慢。

5) 石膏

为调节凝结时间而掺入的适量石膏，与水化铝酸三钙反应生成高硫型水化硫铝酸钙和单硫型水化硫铝酸钙，前者又称为钙矾石，其反应如下：

$$3CaO\cdot Al_2O_3\cdot 6H_2O + 3(CaSO_4\cdot 2H_2O) + 19H_2O \rightarrow 3CaO\cdot Al_2O_3\cdot 3CaSO_4\cdot 31H_2O$$

（高硫型水化硫铝酸钙）

$$3CaO\cdot Al_2O_3\cdot 6H_2O + CaSO_4\cdot 2H_2O + 4H_2O \rightarrow 3CaO\cdot Al_2O_3\cdot CaSO_4\cdot 12H_2O$$

（单硫型水化硫铝酸钙）

水化硫铝酸钙是难溶于水的针状晶体，它生成后即沉淀在熟料颗粒的周围，阻碍了水化的进行，起到缓凝的作用。

综上所述，如果忽略一些次要的和少量的成分，则硅酸盐水泥与水作用后，生成的主要产物有：水化硅酸钙和水化铁酸钙凝胶，氢氧化钙、水化铝酸钙和水化硫铝酸钙晶体。水泥完全水化后，水化硅酸钙约占 50%，氢氧化钙约占 25%，水化硫铝酸钙约占 7%。

2. 硅酸盐水泥的凝结硬化

从整体来看，凝结与硬化是同一过程中的不同阶段，凝结标志着水泥浆失去流动性而具有一定的塑性强度，而硬化则表示水泥浆固化后所建立的结构具有一定的机械强度。

水泥的凝结硬化过程可分为初始反应期、潜伏期、凝结期、硬化期。

1) 初始反应期

水泥加水拌和成水泥浆的同时，水泥颗粒表面上的熟料矿物立即溶于水，并与水发生水化反应，或者固态的熟料矿物直接与水发生水化反应。这时伴随有放热反应，此即初始反应期，时间很短，仅 5～10min。这时生成的水化物溶于水，但溶解度很小，因而不断地沉淀析出。由于水化物生成的速度很快，来不及扩散，便附着在水泥颗粒表面，形成膜层。膜层是以水化硅酸钙凝胶为主体，其中分布着氢氧化钙等晶体，所以，通常称为凝胶体膜层。凝胶体膜层的形成，妨碍水泥的水化。

2) 潜伏期

初始反应以后，水化反应和放热反应速度缓慢，这是由于水泥颗粒表面覆盖了一层以水化硅酸钙凝胶为主的渗透膜层，阻碍了水泥颗粒与水的接触。在一段时间内（30min～1h），水化产物数量不多，水泥颗粒仍是分散的，水泥浆的流动性基本保持不变，此即潜伏期，见图 4.4（b）。

3) 凝结期

经过 1h 至 6h，放热速率加快，并达到最大值，说明水泥继续加速水化。原因是凝胶体膜层虽然妨碍水分渗入，使水化速度减慢，但它是半透膜，水分向膜层内渗透的速度大于膜层内水化物向外扩散的速度，因而产生渗透压，导致膜层破裂，使水泥颗粒得以继续水化。

由于水化物的增多和凝胶体膜层的增厚，被膜层包裹的水泥颗粒逐渐接近，以致在接触点相互黏结，形成网络结构，水泥浆体变稠，失去可塑性，这就是凝结过程，见图 4.4(c)。

4) 硬化期

经过凝结期后，放热速率缓慢下降，24h 后，放热速率已降到一个很低值，此时，水泥水化仍在继续进行，水化铁铝酸钙形成；由于石膏的耗尽，高硫型水化硫铝酸钙转变为低硫型水化硫铝酸钙，水化硅酸钙凝胶形成纤维状。然后，在这一过程中，水化产物越来越多，它们更进一步地填充孔隙且彼此间的结合亦更加紧密，使得水泥浆体产生强度，这一过程称为水泥的硬化，见图 4.4(d)。硬化期是一个相当长的时间过程，在适当的养护条件下，水泥硬化可以持续很长时间甚至几十年后强度还会继续增长。

水泥石强度发展的一般规律是：3～7d 内强度增长最快，28d 内强度增长较快，超过 28d 后强度将继续发展但增长较慢。

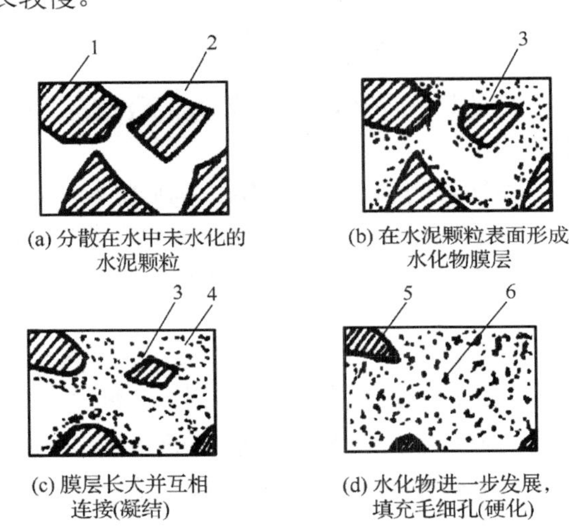

(a) 分散在水中未水化的水泥颗粒　(b) 在水泥颗粒表面形成水化物膜层

(c) 膜层长大并互相连接(凝结)　(d) 水化物进一步发展，填充毛细孔(硬化)

图 4.4　水泥凝结硬化过程示意图

1-水泥颗粒；2-水；3-凝胶；4-晶体；5-未水化的水泥颗粒内核；6-毛细孔

4.1.5　影响硅酸盐水泥凝结硬化的主要因素

水化速率是指单位时间内水泥水化程度或水化深度。水化程度是指在一定时间内，已经水化的水泥量与水泥完全水化量的比值。测量水泥水化程度的方法有 X 射线定量法、岩相法以及测量化学结合水、水化热和析出的 $Ca(OH)_2$ 含量等。水泥水化程度的影响因素很多，主要包括以下几种。

1. *熟料矿物组成*

硅酸盐水泥的熟料矿物组成，是影响水泥的水化速度、凝结硬化过程以及产生强度等的主要因素。不同的测试方法，所得各种单矿的水化速率不完全相同，但一般认为，熟料中的四种主要矿物的水化速率顺序为 $C_2S < C_4AF < C_3S < C_3A$。

改变熟料中矿物组成的相对含量，便可配制出具有不同特性的硅酸盐水泥。提高 C_3S 的含量，可制得快硬高强水泥；减少 C_3S 和 C_3A 的含量，提高 C_2S 的含量，可制得水化热低的低热水泥；降低 C_3A 的含量，适当提高 C_4AF 的含量，可制得耐硫酸盐水泥。

2. 水灰比(拌和加水量)

在拌和水泥泥浆时，水和水泥的质量之比，称为水灰比。拌和水泥浆体时，为了使浆体获得一定的流动性和塑性，加水量通常要远超过水泥充分水化时所需要的水量。水灰比越大，水泥浆体越稀，凝结硬化与强度发展缓慢，且硬化后的水泥石中毛细孔含量越多。当水灰比为 0.40 时，完全水化后，水泥石的总孔隙率为 29.6%，而水灰比为 0.70 时，水泥石的孔隙率高达 50.3%。随着毛细孔隙率的增加，水泥石的强度呈线性关系下降。因此，在能够保证成形质量的前提条件下，要降低水灰比，从而提高水泥石的强度和硬化速度。

3. 细度

水泥颗粒的粗细直接影响水泥的水化、凝结硬化、干缩、水化热和强度等，因为水泥加水后，开始仅在水泥颗粒的表面水化，然后逐渐向颗粒内部扩展，且是一个时间较长的过程。水泥细度越细，与水接触面积越大，水化速度越快；此外，细度越细，水泥晶格扭曲，缺陷越多，也越有利于水化。一般认为，当水泥颗粒被粉磨至粒径<40μm，水化活性较高，技术经济较为合理；当水泥颗粒粒径>100μm 时活性较小，水泥颗粒的粒径通常为 7～200μm。增加水泥细度，能提高其强度和早期水化反应，但对后期强度没有很多益处。

4. 养护温度和湿度

水是参与水泥水化反应的物质，是水泥水化、硬化的必要条件。环境的湿度较大，水分蒸发得慢，水泥浆体可保持水泥水化所需要的水分。若环境干燥，水分将很快蒸发，水泥浆体中缺乏水泥水化所需要的水分，使水化反应不能正常进行，强度也不再增加，还可能使水泥制品或水泥石产生干缩裂纹。因此，用水泥拌制的混凝土和砂浆，在浇筑后应保持潮湿状态，以保证水泥水化所需的化学用水。混凝土在浇筑后两到三周内必须加强洒水养护。

提高温度能够加速硅酸盐水泥的早期水化，使其早期强度发展较快，但后期强度可能会有所降低。在低温下，虽然硬化速率慢，但水化产物较致密，最终强度较高。但是在 0℃以下，水凝结成冰时，水泥的水化、凝结硬化将停止。温度对不同矿物的水化速率的影响程度不尽相同。对水化慢的 β-C_2S，温度的影响最大，而 C_3A 在常温下水化就很快，放热多，故温度对 C_3A 水化速率影响不大。

5. 外加剂

硅酸盐水泥的水化、凝结硬化在很大程度上受到 C_3S、C_3A 的制约，因此凡是对 C_3A、C_3S 的水化能产生影响的外加剂，都能改变硅酸盐水泥的水化、凝结硬化性能。常用的外加剂有促凝剂、促硬剂及缓凝剂等。促凝剂能促进水泥的水化、凝结，并提高水泥的早期强度。而缓凝剂会延缓水泥的水化硬化，影响水泥早期强度的发展。

绝大多数无机电解质都有促进水泥水化的作用，如 $CaCl_2$、Na_2SO_4 等。大多数有机外加剂对水化有延缓作用，最常使用的是各种木质磺酸盐。据认为是由于所含磺酸能吸附到 C_2S 表面，阻碍了 C-S-H 成核。也有人认为是木质磺酸钠使氢氧化钙结晶成长推迟甚至完全受到阻碍。

6. 石膏的掺量

水泥熟料中的 C_3A 水化极快，水化热极大，水泥凝结异常迅速，称为闪凝。在有石膏存在时，C_3A 水化后易与石膏反应而生成难溶于水的钙矾石，会立刻沉淀在水泥颗粒的周围，阻碍了与水的接触，延缓了水化，从而起到延缓水泥凝结的作用。因此水泥中掺入石膏，可调节水泥凝结硬化的速度。

掺入少量石膏，可延缓水泥浆体的凝结硬化速度，但石膏掺量不能过多，过多的石膏不仅缓凝作用不大，还会引起水泥安定性不良。适量的石膏掺入量主要取决于水泥中的 C_3A 的含量和石膏的品种、质量，且也与熟料中的 SO_3 和水泥的细度有关。一般掺入量占水泥质量的 3%～5%，具体掺入量需要通过试验确定。

7. 养护龄期的影响

水泥的水化硬化是一个较长时期不断进行的过程，水泥石的强度随着龄期的增长而不断提高，这是因为随着水泥颗粒内各种熟料矿物水化程度的提高，凝胶体不断增加，毛细孔隙相应减少所致。熟料中的 C_3S 早期强度发展快，对强度起着决定性的作用，所以水泥在 3～14d 内强度增长较快，28d 后增长缓慢。水泥强度的增长可延续几年，甚至几十年。

8. 水泥受潮与久存

水泥受潮后，因表面已经水化发生结块，从而丧失胶凝性，使其强度严重降低。水泥会吸收空气中的二氧化碳和水分，产生缓慢的碳化和水化作用，经过 3 个月后水泥强度降低 10%～30%，6 个月后降低 15%～30%，一年后降低 25%～40%，所以即使在良好的储存条件下，水泥也不可能存储太久。

水泥水化是从颗粒表面开始的，水化过程中水泥颗粒被水化产物 C-S-H 凝结所包裹，随着包裹层厚的增加，反应速率减慢。据测试表明，当包裹层厚达 25μm 时，水化将终止。因此受潮的水泥颗粒只是在表面水化，若将其重新粉磨，可使其暴露出新的表面而重新恢复部分的活性。至于轻微结块的水泥，强度降低 10%～20%，这种水泥可以适当粉碎后用于一些次要的工程。

4.1.6 硅酸盐水泥的技术性质

国家标准(GB 175—2007)对硅酸盐水泥提出如下技术要求。

1. 细度

细度是指水泥颗粒的粗细程度，是鉴定水泥品质的主要项目之一。水泥颗粒越细，其比表面积(单位质量的表面积)越大，水化较快也较为充分，水泥的早期强度和后期强度均较高。但是水泥颗粒过细，易与空气中的水分及二氧化碳反应，导致水泥不宜久存，过细的水泥硬化时产生的收缩也较大，且磨制过细的水泥耗能较多，成本高。

水泥细度通常采用筛析法或比表面法(勃氏法)测定。筛析法以 80μm 方孔筛的筛余量表示。比表面法以 1kg 水泥所具有的总表面积(m^2/kg)表示。国家标准规定，硅酸盐水泥的细度采用比表面测定仪检验。硅酸盐水泥和普通硅酸盐水泥的比表面积不小于 $300m^2/kg$；矿渣硅酸盐水泥、火山灰质硅酸盐水泥、粉煤灰硅酸盐水泥和复合硅酸盐水泥以筛余表示，80μm 方孔筛筛余不大于 10%或 45μm 方孔筛筛余不大于 30%。凡水泥细度不符合规定者为不合格品。

2. 凝结时间

凝结时间是指水泥从加水开始到水泥浆失去塑性的时间。水泥的凝结时间分初凝和终凝。自水泥加水拌和算起直到水泥浆体开始失去可塑性所需要的时间为初凝时间；自水泥加水拌和算起直到水泥浆完全失去可塑性、开始具有一定结构强度所需的时间称为终凝时间。

国家标准规定，硅酸盐水泥初凝不小于 45min，终凝不大于 390min；普通硅酸盐水泥、矿渣硅酸盐水泥、火山灰质硅酸盐水泥、粉煤灰硅酸盐水泥和复合硅酸盐水泥初凝不小于 45min，终凝不大于 600min。凡初凝时间不符合规定者为废品，终凝时间不符合规定者为不合格品。

水泥凝结时间的测定，是以标准稠度的水泥净浆，在规定温度和湿度条件下，用凝结时间测定仪测定。所谓标准稠度用水量是指水泥净浆达到规定稠度时所需的拌和用水量，以占水泥重量的百分率表示。水泥的凝结时间对水泥混凝土和砂浆的施工有重要的意义。初凝时间不宜过短，以便有足够的时间来完成混凝土和砂浆的运输、浇捣或砌筑等操作；终凝时间不宜过长，使混凝土和砂浆在浇捣或砌筑完毕后能尽快凝结硬化，以利于下一道工序的及早进行。

3. 体积安定性

水泥体积安定性指水泥浆体硬化后体积变化的均匀性。若水泥硬化后体积变化不稳定、均匀，会导致混凝土产生膨胀破坏，造成严重的工程质量事故。因此，国标水泥安定性不合格应作废品处理，不得用于任何工程中。

水泥安定性不良的原因是由于水泥熟料的矿物组成中含有过多的游离氧化钙或游离氧化镁，以及水泥粉磨时所掺石膏超量等导致的。熟料中所含的游离氧化钙和氧化镁都是在高温下生成的，属于过烧氧化物，水化很慢，它要在水泥凝结硬化后才慢慢开始发生水化反应：

$$CaO + H_2O \rightarrow Ca(OH)_2$$

$$MgO + H_2O \rightarrow Mg(OH)_2$$

水化时产生体积膨胀，从而引起不均匀的体积变化，破坏已经硬化的水泥石结构，引起龟裂、弯曲、崩溃等现象。

生产水泥时加入过多的石膏，在水泥硬化后还会继续与固态的水化铝酸钙反应生成水化硫铝酸钙，产生体积膨胀。国家标准规定通用水泥用沸煮法检验游离 CaO 安定性；游离 MgO 的水化比游离 CaO 更缓慢，沸煮法已不能检验，国家标准规定通用水泥 MgO 含量不得超过 5%；由石膏造成的安定性不良需经长期浸在常温水中才能发现，所以国标规定硅酸盐水泥中的 SO_3 含量不得超过 3.5%。

4. 强度

水泥的强度是评定其质量的重要指标。国家标准《水泥胶砂强度检验方法(ISO 法)》按 GB/T 17671 进行试验。水泥的强度是由水泥胶砂试件测定的，将水泥、中国 ISO 标准砂按质量计以 1∶3 混合，用 0.5 的水灰比按规定的方法，拌制成塑性水泥胶砂，并按规定方法成形为 40mm×40mm×160mm 的试件，在标准养护条件[(20±1)℃的水中]下，养护至 3d 和 28d，测定各龄期的抗折强度和抗压强度。据此将硅酸盐水泥分为 42.5、42.5R、52.5、52.5R、62.5、

62.5R 六个强度等级。各强度等级硅酸盐水泥各龄期的强度值不得低于表 4.6 中的数值。若强度低于商品强度等级的指标，则为不合格品。

表 4.6　各强度等级硅酸盐水泥各龄期的强度值(GB 175—2007)　　(单位：MPa)

品　种	强度等级	抗压强度		抗折强度	
		3d	28d	3d	28d
硅酸盐水泥	42.5	≥17.0	≥42.5	≥3.0	≥6.5
	42.5R	≥22.0		≥4.0	
	52.5	≥23.0	≥52.5	≥4.0	≥7.0
	52.5R	≥27.0		≥5.0	
	62.5	≥28.0	≥62.5	≥5.0	≥8.0
	62.5R	≥32.0		≥5.5	
普通硅酸盐水泥	42.5	≥17.0	≥42.5	≥3.5	≥6.5
	42.5R	≥22.0		≥4.0	
	52.5	≥23.0	≥52.5	≥4.0	≥7.0
	52.5R	≥27.0		≥5.0	
矿渣硅酸盐水泥 火山灰质硅酸盐水泥 粉煤灰硅酸盐水泥 复合硅酸盐水泥	32.5	≥10.0	≥32.5	≥2.5	≥5.5
	32.5R	≥15.0		≥3.5	
	42.5	≥15.0	≥42.5	≥3.5	≥6.5
	42.5R	≥19.0		≥4.0	
	52.5	≥21.0	≥52.5	≥4.0	≥7.0
	52.5R	≥23.0		≥4.5	

但火山灰质硅酸盐水泥、粉煤灰硅酸盐水泥、复合硅酸盐水泥和掺火山灰质混合材料的普通硅酸盐水泥在进行胶砂强度检验时，其用水量按 0.50 水灰比和胶砂流动度不小于 180mm 来确定。当流动度小于 180mm 时，必须以 0.01 的整倍数递增的方法将水灰比调整至胶砂流动度不小于 180mm。

胶砂流动度试验按 GB/T 2419 进行，其中胶砂制备按 GB/T 17671 进行。

5. 化学指标

化学指标应符合表 4.7 规定。

表 4.7　硅酸盐水泥的化学指标

品　种	代　号	不溶物(质量分数)	烧失量(质量分数)	三氧化硫(质量分数)	氧化镁(质量分数)	氯离子(质量分数)
硅酸盐水泥	P· Ⅰ	≤0.75	≤3.0	≤3.5	≤5.0①	≤0.06③
	P· Ⅱ	≤1.50	≤3.5			
普通硅酸盐水泥	P·O	—	≤5.0			
矿渣硅酸盐水泥	P·S·A	—	—	≤4.0	≤6.0②	
	P·S·B	—	—		—	
火山灰质硅酸盐水泥	P·P	—	—	≤3.5	≤6.0②	
粉煤灰硅酸盐水泥	P·F	—	—			
复合硅酸盐水泥	P·C	—	—			

注：① 如果水泥压蒸试验合格，则水泥中氧化镁的含量(质量含量)允许放宽至 6.0%

② 如果水泥中氧化镁的含量(质量分数)大于 6.0%，需进行水泥压蒸安定性试验并合格

③ 当有更低要求时，该指标有买卖双方协商确定

6. 碱含量(选择性指标)

水泥中碱含量按 $Na_2O+0.658K_2O$ 计算值表示。若使用活性骨料，当用户要求提供低碱水泥时，水泥中的碱含量应≤0.60%或由买卖双方协商确定。

4.1.7　水泥石的腐蚀及预防

1. 水泥石的腐蚀

水泥(水泥石)硬化后，在通常的条件下有较高的耐久性，其强度在几年，甚至几十年后仍在继续增长。但水泥石长期处在侵蚀性介质中时，如流动的软水、酸性溶液、强碱等环境中，会逐渐受到腐蚀。水泥石腐蚀的表现基本有两种情况：一是孔隙率增大，变得疏松，强度降低，甚至破坏；二是内部生成膨胀性物质，导致膨胀开裂、翘曲，甚至破坏。根据腐蚀机理的不同，可将腐蚀分为以下四种主要类型。

1) 软水腐蚀(溶出性腐蚀)

水泥作为水硬性胶凝材料，对于一般江、河、湖水等硬水，具有足够的抵抗能力。但是受到冷凝水、雪水、蒸馏水等含重碳酸盐甚少的软水时，水泥石将遭受腐蚀。

当水泥石长期与软水接触时，氢氧化钙会被溶解(每升水中溶解氢氧化钙 1.3g 以上)。而水泥石中的水化产物必须在一定浓度的氢氧化钙溶液中才能稳定存在，如果溶液中的氢氧化钙浓度小于水化产物所需要的极限浓度，则水化产物将被溶解或分解，从而造成水泥石结构的破坏。

在静水及无压水的情况下，水泥石中的氢氧化钙很快溶于水并达到饱和，使溶解作用中止，此时溶出仅限于表层，危害不大。但在流动的水中，尤其在压力水的作用下或水泥石渗透性较大的情况下，水流不断将氢氧化钙溶出并带走，降低了周围介质中的氢氧化钙浓度，且水越纯净，水压越大，氢氧化钙流失得越多。其结果是一方面使水泥石变得疏松，另一方面也使水泥石的碱度降低，而水泥水化产物只有在一定的碱度环境中才能稳定生存，所以氢氧化钙的不断溶出又导致了其他水化产物的分解溶蚀，最终使水泥石破坏。

随着氢氧化钙浓度的降低，其他水化物如高碱性的水化硅酸钙、水化铝酸钙，将发生分解为低碱性的水化产物，最后会变成胶结能力很差的产物，使水泥石结构遭到破坏，强度不断降低，最后引起整个构筑物的毁坏。有人发现，当氢氧化钙溶出 5%时，强度降低 7%，当溶出 24%时，强度降低 29%。这就是水泥石所谓的“怕动不怕静”。

当环境水的水质较硬时，即水中的重碳酸盐含量较高时，它可以与水泥石中的氢氧化钙作用，生成几乎不溶于水的碳酸钙，其反应式为

$$Ca(OH)_2 + Ca(HCO_3)_2(\text{重碳酸钙}) \rightarrow 2CaCO_3 + 2H_2O$$

生成的碳酸钙集聚在水泥石的空隙内起密实作用，从而可阻止外界水的继续侵入及内部氢氧化钙的扩散析出。所以水的暂时硬度越高，对水泥腐蚀性越小，反之，水质越软，侵蚀性越大。这就是水泥石所谓的“怕软不怕硬”。

对需要与软水接触的混凝土，若预先在空气中硬化，存放一段时间后使之形成碳酸钙外壳，则可对溶出性侵蚀起到一定的保护作用。

2) 酸性腐蚀

在工业废水、地下水、沼泽水中常含有有机酸和无机酸。当水泥石处于酸性溶液中时，

各种酸对水泥石都有不同程度的腐蚀作用。酸与水泥石中的 $Ca(OH)_2$ 反应的生成物，或溶于水，或体积膨胀，使水泥石遭受腐蚀，并且由于氢氧化钙大量被消耗，引起水泥石碱度降低，促使其他水化物分解，使水泥石进一步腐蚀。腐蚀作用最快的无机酸有盐酸、氢氟酸、硝酸和硫酸、蚁酸和乳酸。

例如，盐酸与水泥石中的 $Ca(OH)_2$ 作用生成极易溶于水的氯化钙，导致溶出性化学侵蚀，反应式如下：

$$2HCl + Ca(OH)_2 = CaCl_2 + 2H_2O$$

硫酸与水泥石中的 $Ca(OH)_2$ 作用，反应式如下：

$$H_2SO_4 + Ca(OH)_2 = CaSO_4 \cdot 2H_2O$$

生成的二水硫酸钙或直接在水泥石孔隙中结晶膨胀，或者再与水泥石中的水化铝酸钙作用，生成高硫型水化硫铝酸钙，高硫型水化硫铝酸钙含有大量的结晶水，体积膨胀 1.5 倍以上。高硫型水化硫铝酸钙呈针状晶体，故俗称“水泥杆菌”。

当水中的二氧化碳的浓度较低时，水泥石中的氢氧化钙受其作用，生成碳酸钙。

$$Ca(OH)_2 + CO_2 + H_2O \rightarrow CaCO_3 + 2H_2O$$

显然这不会对水泥石造成腐蚀。但当水中的二氧化碳的浓度较高时，它与生成的碳酸钙进一步反应：

$$CO_2 + H_2O + CaCO_3 \rightarrow Ca(HCO_3)_2$$

生成的重碳酸钙易溶于水。在天然水中常含有一定浓度的重碳酸盐，所以只有当水中的二氧化碳的浓度超过反应平衡浓度时，反应才向右进行。即将水泥中微溶的氢氧化钙转变为易溶的重碳酸钙，加剧了溶失，孔隙率增加，水泥石受到腐蚀。

3) 盐类腐蚀

以镁盐为例。海水及地下水中常含有氯化镁等镁盐，它们可与水泥石中的氢氧化钙起反应生成易溶于水的氯化钙和松软无胶结能力的氢氧化镁，使得水泥石孔隙率增大。其反应式如下：

$$MgCl_2 + Ca(OH)_2 = CaCl_2 + Mg(OH)_2$$

以硫酸盐为例。硫酸钠、硫酸钾等对水泥石的腐蚀同硫酸的腐蚀，而硫酸镁对水泥石的腐蚀包括镁盐和硫酸盐的双重腐蚀作用。

水泥石腐蚀是内外因并存而形成的。内因是水泥石中存在引起腐蚀的组分 $Ca(OH)_2$ 和 $3CaO \cdot Al_2O_3 \cdot 6H_2O$；水泥石本身结构不密实，有渗水的毛细管通道。外因是在水泥石周围存在以液相形式存在的侵蚀性介质。

4) 强碱侵蚀

水泥石本身具有相当高的碱度，因此弱碱溶液一般不会侵蚀水泥石，但当铝酸盐含量较高的水泥石遇到强碱(如氢氧化钠)作用后会被腐蚀破坏。氢氧化钠与水泥熟料中未水化的铝酸三钙作用，生成易溶的铝酸钠。当水泥石被氢氧化钠浸润后又在空气中干燥，与空气中的二氧化碳作用生成碳酸钠，它在水泥石毛细孔中结晶沉积，会使水泥石胀裂。

除了上述四种典型的侵蚀类型外，糖、氨、盐、动物脂肪、纯酒精、含环烷酸的石油产品等对水泥石也有一定的侵蚀作用。

在实际工程中，水泥石的腐蚀常常是几种侵蚀介质同时存在、共同作用所产生的；但干的固体化合物不会对水泥石产生侵蚀，侵蚀性介质必须呈溶液状且浓度大于某一临界值。

水泥的耐蚀性可用耐蚀系数定量表示。耐蚀系数是以同一龄期下，水泥试体在侵蚀性溶液中养护的强度与在淡水中养护的强度之比，比值越大，耐蚀性越好。

2. 水泥石的预防

从以上对侵蚀作用的分析可以看出，水泥石被腐蚀的内因：一是水泥石中存在易被腐蚀的组分，如 $Ca(OH)_2$ 与水化铝酸钙；二是水泥石本身不致密，有很多毛细孔通道，侵蚀性介质易于进入其内部。因此，针对具体情况可采取下列措施防止水泥石的腐蚀。

1) 根据侵蚀环境特点合理选择水泥品种

例如，采用水化产物中氢氧化钙含量少的水泥，可提高对淡水等侵蚀的抵抗能力；采用含水化铝酸钙低的水泥，可提高对硫酸盐腐蚀的抵抗能力；选择混合材料掺入量较大的水泥可提高抗各类腐蚀(除抗碳化外)的能力。

2) 提高水泥的密实度，降低孔隙率

硅酸盐水泥水化理论水灰比约为 0.22，而实际施工中水灰比为 0.40～0.70，多余的水分在水泥石内部形成连通的孔隙，腐蚀介质就易渗入水泥石内部，从而加速了水泥石的腐蚀。在实际工程中，可通过降低水灰比、仔细选择骨料、掺外加剂、改善施工方法等措施，提高水泥石的密实度，从而提高水泥石的抗腐蚀性能。

3) 在水泥石表面加保护层

当侵蚀作用较强且上述措施不能奏效时，可用耐腐蚀的材料，如石料、陶瓷、塑料、沥青等覆盖于水泥石的表面，从而防止侵蚀性介质与水泥石直接接触，达到抗侵蚀的目的。

4.1.8 硅酸盐水泥的性质及在工程中的应用

1. 硅酸盐水泥的性质

(1) 快凝、快硬、高强。与硅酸盐系列的其他品种水泥相比，硅酸盐水泥凝结(终凝)快、早期强度(3d)高、强度等级高(低为 42.5、高为 62.5)。

(2) 抗冻性好。由于硅酸盐水泥未掺或掺杂很少量的混合材料，故其抗冻性好。

(3) 抗腐蚀性差。硅酸盐水泥水化产物中有较多的氢氧化钙和水化铝酸钙，耐软水及耐化学腐蚀能力差。

(4) 碱度高，抗碳化能力强。碳化是指水泥石中的氢氧化钙与空气中的二氧化碳反应生成碳酸钙的过程。碳化对水泥石(或混凝土)本身是有利的，但碳化会使水泥石(混凝土)内部碱度降低，从而失去对钢筋的保护作用。

(5) 水化热大。硅酸盐水泥中含有大量的 C_3A、C_3S，在水泥水化时，放热速度快且放热量大。

(6) 耐热性差。硅酸盐水泥中的一些重要成分在 250℃时会发生脱水或分解，使水泥石强度下降，当受热 700℃以上时，将遭受破坏。

(7) 耐磨性好。硅酸盐水泥强度高，耐磨性好。

2. 硅酸盐水泥在工程中的应用

(1) 适用于早期强度要求高的工程及冬季施工的工程。

(2) 适用于重要结构的高强混凝土和预应力混凝土工程。

(3) 适用于严寒地区，遭受反复冻融的工程及干湿交替的部位。

(4) 不能用于大体积混凝土工程。

(5) 不能用于高温环境的工程。

(6) 不能用于海水和有侵蚀性介质存在的工程。

(7) 不适宜蒸汽或蒸压养护的混凝土工程。

4.2 掺混合材的硅酸盐水泥

凡在硅酸盐水泥熟料中，掺入一定量的混合材料和适量石膏共同磨细制成的水泥，均属于掺混合材料的硅酸盐水泥。掺混合材料的目的是调整水泥强度等级，改善水泥的某些性能，增加水泥的品种，扩大使用范围，降低水泥成本和提高产量，并且充分利用工业废料。按掺入混合材料的品种和数量，掺混合材料的硅酸盐水泥分为普通硅酸盐水泥、矿渣硅酸盐水泥、火山灰质硅酸盐水泥、粉煤灰硅酸盐水泥及复合硅酸盐水泥。

4.2.1 混合材料

水泥混合材料包括活性混合材、非活性混合材和窑灰。活性混合材料是指具有火山灰性或潜在水硬性，以及兼有火山灰性和水硬性的矿物质材料。主要品种有各种工业炉渣(粒化高炉矿渣、钢渣、化铁炉渣、磷渣等)、火山灰质混合材料和粉煤灰三大类，它们的活性指标均应符合有关的国家标准或行业标准。非活性混合材料是指在水泥中主要起填充作用而又不损害水泥性能的矿物质材料，即活性指标达不到活性混合材料要求的矿渣、火山灰材料、粉煤灰以及石灰石、砂岩、生页岩等材料。一般对非活性混合材料的要求是对水泥无害。

本节主要介绍粒化高炉矿渣、火山灰质混合材料和粉煤灰三种活性混合材料。

1. 粒化高炉矿渣

1) 粒化高炉矿渣的定义和分类

凡在高炉冶炼生铁时，所得以硅酸盐与硅铝酸盐为主要成分的熔融物，经冷却成粒后，即粒化高炉矿渣(以下简称矿渣)。

根据矿渣中碱性氧化物($CaO+MgO$)和酸性氧化物($SiO_2+Al_2O_3$)的比值 M 的大小，可将矿渣分为三类：$M>1$ 的矿渣称为碱性矿渣；$M=1$ 的称为中性矿渣；$M<1$ 的称为酸性矿渣。根据冷却方法、物理性能及外形，矿渣可分为缓冷渣(块状、粉状)和急冷渣(粒状、纤维状、多孔状、浮石状)。

2) 矿渣的化学组成

矿渣的化学成分主要为氧化钙、氧化硅、氧化铝，其总量一般在 90%以上，另外，还有少量的氧化镁、氧化亚铁和一些硫化物，如硫化钙、硫化亚锰、硫化亚铁等。在个别情况下，由于矿石成分的关系，还可能含有氧化铁、五氧化二钒和氟化物等。其各组分的作用如下。

(1)氧化钙。

矿渣中的氧化钙在熔体冷却过程中能与氧化硅和氧化铝结合形成具有水硬性的硅酸钙和铝酸钙，所以，对矿渣的活性有利。但是，氧化钙含量较高时，矿渣熔点升高、熔体黏度降低，冷却时析晶能力增加，在慢冷时易发生β-C_2S向γ-C_2S的转变，反而使矿渣活性降低。

(2)氧化硅。

就生成胶凝性组分而言，矿渣中的SiO_2含量相对于CaO、Al_2O_3含量已经过多，SiO_2含量较高时，矿渣熔体的黏度比较大，冷却时，易于形成低碱性硅酸钙和高硅玻璃体，使矿渣活性下降。

(3)氧化铝。

氧化铝在矿渣中一般形成铝酸钙或铝酸钙玻璃体，对矿渣的活性有利。所以，矿渣中Al_2O_3含量高，矿渣的活性就高。

(4)氧化镁。

矿渣中的氧化镁一般都以稳定化合物或玻璃态化合物存在，对水泥体积安定性不会产生不良影响。MgO的存在可以降低矿渣熔体的黏度，有助于提高矿渣的粒化质量，增加矿渣的活性。因此，一般将矿渣中的氧化镁看成对矿渣活性有利的组成。

(5)氧化亚锰。

矿渣中氧化亚锰含量一般不超过1%～3%。冶炼生铁时加入锰矿是为了使铁脱硫。MnO含量较低时对矿渣活性影响不显著；但含量超过4%～5%时，矿渣活性会下降。粒化高炉矿渣中锰化合物的含量，以MnO计，不得超过4%。但冶炼锰铁所得的粒化高炉矿渣，锰化合物含量可以放宽至不超过15%。这是因为锰铁矿渣中Al_2O_3含量较高，而SiO_2含量较低，另外锰铁矿冶炼时出渣温度比较高，锰矿渣经成粒后，形成的玻璃体含量较高，对活性有利。但锰矿渣中的硫化物以硫计，不得超过2%，以限制硫化锰含量。硫化锰会吸水而水解产生体积膨胀，从而使矿渣粉化，降低活性。

(6)氧化钛。

矿渣中的氧化钛以钙钛石(CT)存在。CT是一种惰性矿物，因此，TiO_2含量较高时，矿渣活性会降低。当所用矿石为普通铁矿时，矿渣中TiO_2含量一般不会超过2%；当用钛磁铁矿时，矿渣中TiO_2含量可高达20%～30%，活性很低。我国标准规定，矿渣中TiO_2含量不得超过10%。

(7)氧化铁和氧化亚铁。

当炼铁高炉运转正常时，排出的矿渣中氧化铁和氧化亚铁含量很少，一般不超过1%～3%，对矿渣活性无显著影响。

(8)硫化钙。

矿渣中的硫化钙与水作用，能生成$Ca(OH)_2$，对矿渣自身产生碱性激发作用，因此为有利部分。

(9)其他。

根据所用原料及冶炼生铁种类的不同，矿渣还可能含有少量其他化合物，如氟化物(以氟计，不得超过2%)、P_2O_5(含量过多时会延缓水泥的凝结)、Na_2O、K_2O、V_2O_5等。一般情况下，含量很少，对矿渣质量影响不大。

3) 矿渣的矿物组成和结构

矿渣的矿物组成和结构主要取决于它的化学组成和冷却条件。

(1) 急冷时矿渣的矿物组成和结构。

矿渣熔体经水淬或空气急冷后，冷凝成尺寸为 0.5～5mm 的颗粒状矿渣，即粒化高炉矿渣。粒化高炉矿渣主要由玻璃体组成，而玻璃体含量与矿渣熔体的化学成分及冷却速率有很大关系。一般来说，酸性矿渣的玻璃体含量较碱性矿渣高，这是由于酸性熔体的黏度较碱性熔体高，易于形成玻璃体。此外，冷却速率越快，玻璃体含量也越高。我国钢铁厂产出的粒化高炉矿渣中，玻璃体含量一般在 80%以上，具有较好的水硬活性。

粒化高炉矿渣的活性，除受化学成分的影响外，还取决于玻璃体的数量和性能。实践证明，在矿渣的化学成分大致相同的情况下，其中玻璃体的含量越多，则矿渣的活性也越高。

(2) 慢冷时矿渣的矿物组成和结构。

在慢冷结晶态的矿渣中，碱性矿渣的主要晶相为硅酸二钙和钙铝黄长石，而在酸性矿渣中，则主要为硅酸一钙和钙长石。此外，在慢冷的结晶态高炉矿渣中，还可能存在透辉石、镁方柱石、钙镁橄榄石、铁蔷薇辉石、尖晶石、二硅酸三钙、正硅酸镁和硫化物等。

在结晶态的高炉矿渣中，除特殊的高铝矿渣外，仅 C_2S 具有胶凝性，其他矿物均不具有或仅具有极微弱的胶凝性。因此，慢冷的结晶态矿渣，基本上不具有水硬活性。

4) 矿渣的技术要求

GB/T 203—94《用于水泥中的粒化高炉矿渣》对粒化高炉矿渣做出了有关技术要求。矿渣的质量系数和化学成分应符合表 4.8 要求；矿渣放射性应符合 GB 6763 的规定，具体数值由水泥厂根据矿渣掺加量确定；矿渣的松散容重和粒度要求应符合表 4.9 要求；矿渣中不得混有外来夹杂物，如含铁尘泥、未经充分淬冷矿渣等。

表 4.8　矿渣的质量系数和化学成分要求

技术指标	等级	
	合格品	优等品
质量系数 $\left[\dfrac{w(CaO)+w(MgO)+w(Al_2O_3)}{w(SiO_2)+w(MnO)+w(TiO_2)}\right]$[①]，≥	1.20	1.60
二氧化钛 (TiO_2) 含量/%，≤	10.0	2.0
氧化亚锰 (MnO) 含量/%，≤	4.0 15.0[②]	2.0
氟化物含量 (以 F 计)/%，≤	2.0	2.0
硫化物含量 (以 S 计)/%，≤	3.0	2.0

注：① $w(CaO)$, $w(MgO)$, $w(Al_2O_3)$, $w(SiO_2)$, $w(MnO)$, $w(TiO_2)$ 均为质量分数

② 冶炼锰铁时所得的矿渣

表 4.9　矿渣的松散容重和粒度要求

技术指标	等级	
	合格品	优等品
松散容重/($kg \cdot L^{-1}$)，≤	1.20	1.00
最大粒度/mm，≤	100	50
大于 10mm 颗粒含量 (以质量计)/%，≤	8	3

GB/T 18046—2008《用于水泥和混凝土中的粒化高炉矿渣粉》中规定矿渣粉应符合表4.10的技术指标。

表4.10　矿渣微粉的技术指标

项　　目		级　　别		
		S105	S95	S75
密度/(g/cm³)，≥		2.8		
比表面积/(m²/kg)，≥		500	400	300
活性指数/%	7d	95	75	55
	28d	105	95	75
流动度比/%，≥		95		
含水量(质量分数)/%，≤		1.0		
三氧化硫(质量分数)/%，≤		4.0		
氯离子(质量分数)/%，≤		0.06		
烧失量(质量分数)/%，≤		3.0		
玻璃体含量(质量分数)/%，≥		85		
放射性		合格		

5)矿渣的活性

粒化高炉矿渣多数情况下是一种活性混合材料。其质量系数越高，活性越好。其活性受化学成分影响外，还取决于玻璃体的数量和性能。在化学成分大致相同的情况下，其玻璃体含量越多，则矿渣活性越高。有的研究者认为粒化高炉矿渣是由极度变形的微晶组成的，它们的尺寸极小，仅5～400nm，属于有缺陷、扭曲、处于介稳态的微晶，从而具有较高活性。必须说明的是，当烘干矿渣时，温度不可过高，以免玻璃体转变成晶体，即反玻璃化而影响活性。

2. 火山灰质混合材料

1)定义

凡天然的或人工的以氧化硅、氧化铝为主要成分的矿物质材料，本身磨细加水拌和并不硬化，但与气硬性石灰混合后，再加水拌和，不但能在空气中硬化，而且能在水中继续硬化者，称为火山灰质混合材料。

2)分类

火山灰质混合材料按其成因分为天然的和人工的两类。

(1)天然的火山灰质混合材料。

① 火山灰。火山喷发的细粒碎屑的疏松沉积物。

② 凝灰岩。由火山灰沉积形成的致密岩石。

③ 沸石岩。凝灰岩经环境介质作用而形成的一种以碱或碱土金属的含水铝硅酸盐矿物为主要成分的岩石。

④ 浮石。火山喷出的多孔的玻璃质岩石。

⑤ 硅藻土和硅藻石。由极细致的硅藻外壳聚集、沉积而成的岩石。

(2)人工的火山灰质混合材料。

① 煤矸石。煤层中炭质页岩经煅烧或自燃后的产物。

② 烧页岩。页岩或油母页岩经煅烧或自燃后的产物。

③ 烧黏土。黏土经煅烧后的产物。

④ 煤渣。煤炭燃烧后的残渣。

⑤ 硅质渣。由矾土提取硫酸铝的残渣。

⑥ 硅灰。硅灰是炼硅或硅铁合金过程中得到的副产品。SiO_2 含量通常在 90%以上，主要以玻璃态存在，颗粒平均尺寸在 0.1μm 左右，具有非常高的火山灰活性。

本章所列品种之外的火山灰质混合材料，要用于水泥生产时，必须经检验证明符合本标准技术要求的规定，并报请省级以上行业管理部门审批后方可使用。

3) 技术要求

(1) 烧失量。人工的火山灰质混合材料烧失量不得超过 10%(质量分数)。

(2) 三氧化硫含量。不得超过 3.5%(质量分数)。

(3) 火山灰性试验。按 GB 2847—2005 必须合格。

(4) 水泥胶砂 28d 抗压强度比。不得低于 62%质量分数。

(5) 放射性物质。应符合 GB 6566 的规定。

符合上述质量要求的火山灰质混合材料为活性混合材料；仅符合上述第(1)、(2)、(5)项要求的火山灰质混合材料为非活性混合材料；上述(1)、(2)、(5)项中任何一条不符合要求的火山灰质混合材料不能作为水泥混合材料使用。

火山灰质混合材料的活性即火山灰性，其评定方法通常有两种：一种是化学方法，另一种是物理方法。

化学方法即火山灰试验，依据 GB/T 2847—2005 的方法如下。

首先称取 (20 ± 0.01)g 掺入 30%火山灰质混合材料的水泥与 100mL 蒸馏水制成浑浊液，于 (40 ± 1)℃ 的条件下恒温 8d 后，将溶液过滤。取滤液测定其总碱度(mmol/L)；其次测定滤液的氧化钙含量(mmol/L)；接着以总碱度(OH^- 浓度)为横坐标，以氧化钙含量(CaO 浓度)为纵坐标，将试验结果点在评价火山灰的曲线图(图 4.5)上；最后评定结果：如果试验点在曲线(40℃氧化钙的溶解度曲线)的下方，则认为该混合材料的火山灰性合格；如果试验点

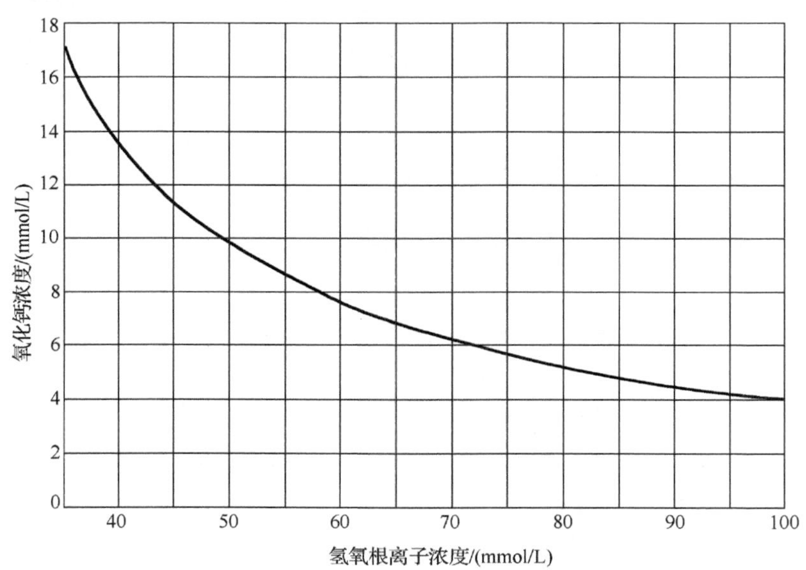

图 4.5　评定火山灰活性的曲线

在曲线上方或曲线上，则重做试验，但恒温为15d。如果此时试验点落在曲线下方，仍可认为火山灰性合格，否则不合格。

物理方法即胶砂28d抗压强度对比法，是利用掺30%火山灰质混合材料的对比水泥(符合GSB 14—1510标准，不加任何混合材料，强度等级大于42.5MPa的硅酸盐水泥)做胶砂28d抗压强度与对比水泥28d抗压强度的比值 R 来评定。具体试验方法按GB/T 12957进行。

3. 粉煤灰

国家标准BG 1596—2005《用于水泥和混凝土中的粉煤灰》对粉煤灰做出了有关规定。

1)定义

从煤粉炉烟道气体中收集的粉末称为粉煤灰。按煤种分为F类和C类。F类粉煤灰是由无烟煤或烟煤煅烧收集的粉煤灰；C类粉煤灰是由褐煤或次烟煤煅烧收集的粉煤灰，其氧化钙含量一般大于10%。在火力发电厂，煤粉在锅炉内经1100～1500℃的高温煅烧后，一般有70%～80%呈粉状灰随烟气排出经收尘器收集，即粉煤灰；20%～30%呈烧结状落入炉底，称为炉底灰或炉渣。

粉煤灰的化学成分随煤种、燃烧条件和收尘方式等条件的不同而在较大范围内波动，但以 SiO_2、Al_2O_3 为主，并含有少量 Fe_2O_3、CaO。其活性取决于可溶性的 SiO_2、Al_2O_3 和玻璃体，以及它们的细度。此外，烧失量的高低(烧失量主要显示含碳量的高低，亦即煅烧的完全程度)也影响其质量。粉煤灰40%，质量密度为2.0～2.3g/cm^3，体积密度为0.6～1.0g/cm^3。

2)技术要求

标准规定了拌制混凝土和砂浆用粉煤灰应符合的技术要求，如表4.11所示。水泥活性混合材料用粉煤灰应符合的技术要求，如表4.12所示。

表4.11 水泥生产中作活性混合材料的粉煤灰的技术要求

项目		技术要求		
		Ⅰ级	Ⅱ级	Ⅲ级
细度(45μm方孔筛筛余)/%	F类粉煤灰	≤12.0	≤25.0	≤45.0
	C类粉煤灰			
需水量比/%	F类粉煤灰	≤95	≤105	≤115
	C类粉煤灰			
烧失量/%	F类粉煤灰	≤5.0	≤8.0	≤15.0
	C类粉煤灰			
含水量/%	F类粉煤灰	≤1.0		
	C类粉煤灰			
三氧化硫/%	F类粉煤灰	≤3.0		
	C类粉煤灰			
游离氧化钙/%	F类粉煤灰	≤1.0		
	C类粉煤灰	≤4.0		
安定性，雷氏夹沸煮后增加距离/mm	C类粉煤灰	≤5.0		

表 4.12　水泥活性混合材料用粉煤灰技术要求

项　目		技术要求
烧失量/%	F 类粉煤灰	≤ 8.0
	C 类粉煤灰	
含水量/%	F 类粉煤灰	≤ 1.0
	C 类粉煤灰	
三氧化硫/%	F 类粉煤灰	≤ 3.5
	C 类粉煤灰	
游离氧化钙/%	F 类粉煤灰	≤ 1.0
	C 类粉煤灰	≤ 4.0
安定性，雷氏夹沸煮后增加距离/mm	C 类粉煤灰	≤ 5.0
强度活性指数/%	F 类粉煤灰	≥ 70.0
	C 类粉煤灰	

需水量比采用 1∶3 的水泥胶砂流动度进行测定计算，将对比水泥（符合 GSB 14—1510 标准，不加任何混合材料，强度等级大于 42.5MPa 的硅酸盐水泥）砂浆和试验水泥（对比水泥加 30%粉煤灰）砂浆分别加一定量的水，使二者的流动度均达到 130～140mm，此时的加水量之比即需水量比。

强度活性指数按 GB/T 17671—2005 测定试验胶砂和对比胶砂的抗压强度，以二者抗压强度之比确定试验胶砂的活性指数。试验胶砂配比为：对比水泥 315g，粉煤灰 135g，标准砂 1350g，水 225mL；对比胶砂配比为：对比水泥 450g，标准砂 1350g，水 225mL。

4.2.2　普通硅酸盐水泥

凡由硅酸盐水泥熟料、适量的活性混合材料和石膏共同磨细制成的水硬性胶凝材料，称为普通硅酸盐水泥（简称普通水泥），代号为 P·O。当掺活性混合材料时，最大掺量不得超过水泥质量的 20%，其中允许用不超过水泥质量 5%的窑灰或不超过水泥质量 8%的非活性混合材料来代替；当掺非活性混合材料时，最大掺量不得超过水泥质量的 10%。

普通硅酸盐水泥的主要组分仍然是硅酸盐水泥熟料，故其特性与硅酸盐水泥相似，但由于掺加了一定的混合材料，所以某些特性又与硅酸盐水泥有所不同，如抗冻性、耐磨性较硅酸盐水泥稍差，早期硬化速度稍慢等。普通硅酸盐水泥是我国目前建筑工程中用量最大的水泥品种之一。

国家标准《通用硅酸盐水泥》（GB 175—2007）对普通硅酸盐水泥的技术要求如下。

1. 细度

以比表面积表示，不小于 300m^2/kg。

2. 凝结时间

初凝时间不早于 45min，终凝时间不得迟于 600min。

3. 强度和强度等级

普通硅酸盐水泥的强度等级及 3d、28d 的抗折和抗压强度要求如表 4.13 所示。

表 4.13 普通硅酸盐水泥各龄期的强度要求

强度等级	抗压强度/MPa		抗折强度/MPa	
	3d	28d	3d	28d
42.5	17.0	42.5	3.5	6.5
42.5R	22.0	42.5	4.0	6.5
52.5	23.0	52.5	4.0	7.0
52.5R	27.0	52.5	5.0	7.0

注：带R的为早强型水泥

4.2.3 矿渣硅酸盐水泥

由硅酸盐水泥熟料、适量的粒化高炉矿渣(大于20%且不超过70%)和石膏共同磨细制成的水硬性胶凝材料称为矿渣硅酸盐水泥，并分为A型与B型，当矿渣掺量大于20%且不超过50%时为A型，代号为P·S·A，当矿渣掺量大于50%且不超过70%时为B型，代号为P·S·B；允许用石灰石、窑灰、粉煤灰和火山灰质混合材料中的一种材料代替矿渣，代替数量不得超过水泥质量的8%，替代后水泥中粒化高炉矿渣不得少于20%。

根据《通用硅酸盐水泥》(GB 175—2007)，矿渣硅酸盐水泥的技术性质和不同强度等级的矿渣硅酸盐水泥各龄期强度要求应如表4.14所示。

表 4.14 矿渣水泥、火山灰水泥、粉煤灰水泥的技术标准

技术性质	细度80μm方孔筛筛余量/%	凝结时间		安定性(煮沸法)	MgO含量/%	SO_3含量/%		碱含量/%
		初凝/min	终凝/min			火山灰、粉煤灰水泥	矿渣水泥	
指标	≤10.0	≥45	≤10	必须合格	≤6.0[①]	≤3.5	≤4.0	供需双方商定[②]

强度等级	抗压强度/MPa		抗折强度/MPa	
	3d	28d	3d	28d
32.5	10.0	32.5	2.5	5.5
32.5R	15.0	32.5	3.5	5.5
42.5	15.0	42.5	3.5	6.5
42.5R	19.0	42.5	4.0	6.5
52.5	21.0	52.5	4.0	7.0
52.5R	23.0	52.5	4.5	7.0

注：① 如果水泥中氧化镁的含量超过6.0%，则应进行水泥蒸压试验并合格，P·S·B型无要求

② 水泥中碱含量按 $Na_2O+0.658K_2O$ 计算值来表示。若使用活性骨料，当用户要求提供低碱水泥时，水泥中碱含量不大于0.60%或由供需双方商定

由于矿渣硅酸盐水泥中掺加了大量的混合材料，故其水化、凝结和固化与硅酸盐水泥有较大差别。由于矿渣硅酸盐水泥中掺加了大量矿渣，水泥熟料相对减少，硅酸三钙(C_3S)和铝酸三钙(C_3A)的含量也相对减少，其水化产物的浓度也相对减少，并且矿渣与氢氧化钙[$Ca(OH)_2$]二次反应，氢氧化钙的浓度降低，因此其水化热较低，抗软水、硫酸盐侵蚀性较强，抗碳化能力较强；由于矿渣硅酸盐水泥中掺加的矿渣主要活性成分是SiO_2和Al_2O_3，熟料磨细比较困难，SiO_2和Al_2O_3需要氢氧化钙激活并且在常温下反应较慢，故矿渣硅酸盐水泥的保水性较差，凝结速度慢、早期强度低、后期强度增长潜力较大，受环境温度影响较大。矿渣水泥耐热性好，可用于高温车间和耐热要求高的混凝土工程，不适用于有抗渗要求的混凝土工程。

4.2.4 火山灰质硅酸盐水泥

凡由硅酸盐水泥熟料和火山灰质混合材料、适量石膏磨细制成的水硬性胶凝材料称为火山灰质硅酸盐水泥(简称火山灰水泥)，代号 P·P 。水泥中火山灰质混合材料掺加量> 20%且≤ 40% 。

根据《通用硅酸盐水泥》(GB 175—2007)，火山灰质硅酸盐水泥的技术性质和不同强度等级的矿渣硅酸盐水泥各龄期强度要求应如表 4.14 所示。

火山灰质硅酸盐水泥的很多特性与矿渣硅酸盐水泥相似，但也有自己的特性。由于火山灰质混合材料内部含有大量的微细孔隙，故火山灰水泥的保水性好；火山灰水泥水化后形成较多的水化硅酸钙凝胶，使水泥石结构致密，因而其抗渗性好；火山灰水泥的干缩大，水泥石易产生微细裂纹，且空气中的二氧化碳能使水化硅酸钙凝胶分解成为碳酸钙和氧化硅的混合物，使水泥石的表面产生起粉现象。

火山灰水泥适用于有抗渗要求的混凝土工程，不宜用于干燥环境中的地上混凝土工程，也不宜用于有耐磨性要求的工程。

4.2.5 粉煤灰硅酸盐水泥

由硅酸盐水泥熟料、适量的粉煤灰 (大于 20%且不超过 40%) 和石膏共同磨细制成的水硬性胶凝材料称为粉煤灰硅酸盐水泥，简称粉煤灰水泥，代号为 P·F。

根据《通用硅酸盐水泥》(GB 175—2007)，粉煤灰硅酸盐水泥的技术性质和不同强度等级的粉煤灰硅酸盐水泥各龄期强度要求应如表 4 .14 所示。

4.2.6 复合硅酸盐水泥

凡由硅酸盐水泥熟料、两种或两种以上规定的混合材料、适量石膏磨细制成的水硬性胶凝材料称为复合硅酸盐水泥(简称复合水泥)，代号 P·C。水泥中混合材料总掺量按质量分数为> 20%且≤ 50%。水泥中允许用不超过 8%的窑灰代替部分混合材料，掺矿渣时混合材料掺量不得与矿渣硅酸盐水泥重复。水泥粉磨时允许加入符合 JC/T 667 规定的助磨剂，加入量不得超过水泥质量的 0.5%。

同时掺两种或两种以上规定的混合材料是其明显的特点，国内外研究表明，水泥中同时存在两种不同种类的混合材料，绝不是简单的混合，而是相互取长补短，产生单一混合材料所不能起到的效果。复合水泥与普通水泥的区别在于混合材料掺加数量不同，普通水泥的混合材料掺量不超过 20%，而复合水泥的混合材料掺量应大于 20%；复合水泥与矿渣水泥、火山灰水泥、粉煤灰水泥的区别有两个方面，其一是复合水泥必须掺加两种或两种以上的混合材料，其二是复合水泥扩大了混合材料品种的范围，给其他可利用的工业废渣开辟了利用途径。

1. 混合材料的种类

复合水泥中可掺入的混合材料很多，它不仅包括矿渣、火山灰质混合材料、粉煤灰、石灰石、砂岩、窑灰混合材料，还包括新开辟的可用于水泥中的作混合材料使用的各种工业废渣。例如，活性混合材料，包括符合 JC/T 417 的精炼铬铁渣、符合 JC/T 454 的粒化增钙液态渣以及按标准 GB 12958—91 附录 A 新开辟的活性混合材料；非活性混合材料，包括活性指标低于 JC/T 417 和 JC/T 454 标准要求的精炼铬铁渣、粒化增钙液态渣，符合 JC/T 417 的粒化碳素铬铁渣、符合 JC/T 418 的粒化高炉钛矿渣以及按标准 GB 12958—91 附录 A 新开辟的非活性混合材料。

2. 混合材料的掺量与复掺

确定复合水泥中各混合材料的掺量与其他掺混合材料的通用水泥一样，应综合考虑所用熟料的质量、混合材料的质量、要求生产水泥的强度等级以及混合材料之间的相互影响等方面，并通过不断的试验，找出其最佳掺量，但掺量应为 20%～50%。

复合水泥中同时掺加两种或两种以上的混合材料，不只是将各类混合材料加以简单的混合，而是有意识地使之相互取长补短，产生单一混合材料不能有的优良效果，明显提高水泥混凝土的性能。矿渣与粉煤灰复掺后，水泥硬化浆体结构更加密实，水泥性能得到改善。若需水性大的火山灰质混合材料与需水性小的混合材料复掺，使水泥的需水量大幅度减小，而和易性仍然很好；若引起水泥早期强度低、后期强度高的混合材料与引起早期强度高而后期强度低的混合材料复掺，水泥的早期强度和后期强度都可以得到提高。

在生产中，有应用碎砖、矿渣双掺，有应用石灰石与沸石双掺，有锰矿渣、石灰石双掺，还有应用矿渣、页岩、石灰石三掺等方式，均有很好的效果。

3. 复合水泥的品种及应注意的问题

我国复合水泥有多种体系、不同品种，主要有含矿渣的复合水泥，硅质渣、铁粉复合水泥，含粉煤灰复合水泥，煤矸石、液态渣(或石灰石)复合水泥，彩色复合水泥等。我国研究、开发、实际生产的各种复合水泥见表 4.15。

表 4.15 我国复合水泥的品种与混合材料掺加实例

分 类	复合水泥品种	混合材料种类、配比/%
含矿渣的复合水泥	矿渣石灰石复合水泥	矿渣：23±3；石灰石：5～9；窑灰：3±1 矿渣：28；石灰石 12～15
	矿渣、煤矸石复合水泥	矿渣：25～27；煤矸石：8.5～12.5；窑灰：5 矿渣 15；煤矸石：15
	矿渣、磷渣复合水泥	矿渣、磷渣：<25
	矿渣、沸石复合水泥	矿渣：25；沸石：10
	其他含矿渣复合水泥	矿渣：20～25；电厂炉渣：15～20 矿渣、钢渣、粉煤灰、煤渣、页岩等
	硅质渣、铁粉复合水泥	硅质渣：15；铁粉：10 硅质渣：10；铁粉：10
含粉煤灰的复合水泥	粉煤灰、磷渣复合水泥	粉煤灰：25；磷渣：25
	粉煤灰、煤渣复合水泥	粉煤灰：12.5～15；煤渣：12.5～15
	粉煤灰、硅锰渣复合水泥	粉煤灰、硅锰渣
	烧黏土、废渣、石灰石复合水泥	烧黏土：12～16；废渣：5～10；石灰石：3～5
	彩色复合水泥	矿渣、钢渣、石灰石、白色硅酸盐水泥熟料
	煤矸石、液态渣复合水泥	煤矸石：15；液态渣：15 煤矸石：20；石灰石：5

生产复合水泥时应根据不同品种、强度等级、可用混合材料等选择合适的复掺混合材料及比例，控制合理的粉磨细度，必要时添加适宜的外加剂。

1) 选择性能优势可互补的复合混合材料并确定适宜掺量

如果能有意识地使掺入的混合材料性能优势互补，必将大大改善复合水泥的性能。当熟料中 C_3A 矿物含量较高时，可考虑多掺入些石灰石，而熟料中碱含量较高则可多掺些火山灰质混合材料。

2) 控制合适的粉磨细度

一定的细度是保证水泥中各矿物组分水化的前提，但过小的细度会增加能耗。实际生产中应根据各种混合材料的易磨性及水泥性能，确定合适的粉磨制度，以获得满足要求的复合水泥细度。

3) 当混合材料掺量较高时可掺入一定量的外加剂

添加外加剂的基本原则是不引入对水泥性能有害的元素，且需要同时兼顾水泥的早期、长期性能，特别是应满足 28d 以后乃至半年及更长时间后的水泥耐久性能，并不应增加对环境的污染。

4. 复合水泥的特点

复合水泥与普通水泥、矿渣水泥、火山灰水泥和粉煤灰水泥一样，都是以硅酸盐水泥熟料为主要成分，从而也决定了这些水泥的基本性能是一致的。但由于复合水泥复掺混合材料，其性能与应用也具有自身的一些特点。

1) 复合水泥的性能与所用复掺混合材料的品种和数量有关

若选用矿渣、化铁炉渣、磷渣或精炼铬铁渣为主，配以其他混合材料，而混合材料的总掺量又较大，则其特性接近矿渣水泥。若选用火山灰质混合材料或粉煤灰混合材料为主，配以其他混合材料，而混合材料的总掺量较大，则其特性接近火山灰水泥或粉煤灰水泥。若选用少量各类混合材料搭配，则其特性接近普通水泥。

2) 复合水泥的性能可以通过混合材料的相互搭配并调整掺加量予以改善

如果选择混合材料及掺量适宜，则可以消除或缓解火山灰需水量和干缩都大、矿渣水泥和粉煤灰水泥早期强度低等弱点，使其各项性能达到或接近普通水泥的性能。例如，矿渣与粉煤灰双掺后，水泥石内表面积由矿渣水泥的 16.16m^2/g 提高到 23.5m^2/g，平均孔半径由矿渣水泥的 10nm 降到 7nm，水泥硬化浆体的结构更加密实，从而有效地提高了水泥的抗渗性，使水泥的性能得到改善。矿渣和粉煤灰双掺的试验表明，混合材料比例在 0%～45%，只掺矿渣的水泥强度较高，只掺粉煤灰的水泥强度最低，而双掺的水泥强度并不是简单地按一条直线由高向低变化，而是双掺的效果要好，有的配比(如粉煤灰 10%、矿渣 35%)还会高出任何单掺的水泥强度。将需水性大的火山灰混合材料与需水性小的混合材料复掺，使水泥需水量大幅度减少，而和易性仍然很好，水泥的各种性能明显改善，例如，矿渣与火山灰双掺复合水泥，其和易性显得格外好。又如，石灰石与沸石双掺试验结果也表明，双掺复合水泥抗压强度较单掺要好，这也说明双掺的效果不是简单的混合，而是不同类型混合材料之间产生了积极的、性能互补的作用。

3) 复合水泥建筑性能良好

单掺矿渣和复掺矿渣、页岩、石灰石的水泥，在相同条件下配制出的混凝土自然养护时的强度与标准养护时的水泥胶砂和混凝土的变化规律基本一致，双掺的效果比单掺的好，而三掺的效果比双掺的好。但也有例外，例如，矿渣、磷渣双掺时就不如单掺矿渣效果好；粉煤灰、煤渣双掺时也不如单掺粉煤灰时效果好，这都是因为所掺混合材料没有优势互补。

4.2.7　掺混合材硅酸盐水泥的特性及在工程中的应用

普通水泥由于混合材掺量较少，其特性与硅酸盐水泥基本相近。这种水泥广泛应用于各种混凝土及钢筋混凝土工程，是我国生产和应用的主要水泥品种之一。

矿渣水泥、火山灰水泥及粉煤灰水泥与硅酸盐水泥或普通水泥相比，它们的共同特点如下。

(1)凝结硬化速度较慢，早期强度低，但后期强度增长较多，甚至能超过同标号的普通水泥。

(2)水化放热速度慢，水化热低。

(3)抗软水及硫酸盐腐蚀能力强。由于混合材料的掺入，水泥中熟料含量相对减少，水化生成的氢氧化钙和水化铝酸钙减少，且混合材料水化时消耗大量氢氧化钙，故水泥石中氢氧化钙及水化铝酸钙含量少，抗介质腐蚀性增强。

(4)湿热敏感性强，对蒸汽养护适应性好。较高的温度(80℃以上)有利于激发混合材料活性，因而水化、硬化速度大大加快，有利于强度的发展。

(5)抗冻性和抗碳化能力均较差。

当然，由于所掺混合材料种类不同及掺加量的区别，矿渣水泥、火山灰水泥、粉煤灰水泥也各有特点，例如，矿渣水泥耐热性好，火山灰水泥的抗渗性好，粉煤灰水泥干缩性小，抗裂性好等。

根据上述特性，这三种水泥除适用于一般地面工程外，特别适用于地下或水中的混凝土工程、大体积混凝土工程以及蒸汽养护的混凝土构件。还适用于一般抗硫酸盐侵蚀的工程。

现将五种常用水泥的性能及应用范围归纳于表4.16。

表4.16　五种水泥的性能及应用

项目		硅酸盐水泥	普通硅酸盐水泥	矿渣水泥	火山灰水泥	粉煤灰水泥	复合水泥
组成	相同	硅酸盐水泥熟料、石膏					
	不同	0%～5%混合材料	5%～20%混合材料	20%～70%矿渣	20%～40%火山灰	20%～40%粉煤灰	20%～50%混合材料
特性		凝结硬化快；早期、后期强度高；水化热大、放热快；抗冻性好；耐磨性好；抗碳化性好；干缩小；耐腐蚀性差；耐热性差	基本同硅酸盐水泥，早期强度、水化热、抗冻性、耐磨性和抗碳化性略有降低，耐腐蚀性和耐热性略有提高	温度敏感性好、水化热低、耐腐蚀性好、抗冻性差、耐磨性差、抗碳化性差			
				耐热性好、泌水性大、抗渗性差、干缩较大	保水性好、抗渗性好、干缩大	干缩小、抗裂性好、泌水性大、抗渗较好	与掺入种类比例有关
适用范围		地上、地下和水中的混凝土、高强混凝土、预应力混凝土和有早期强度要求的混凝土工程；受冻融循环的混凝土工程；有耐磨要求的混凝土工程	与硅酸盐水泥相同	(1)大体积混凝土工程 (2)有耐热要求的混凝土工程 (3)有耐腐蚀要求较高的混凝土工程 (4)蒸汽养护的构件 (5)一般地上、地下和水中的混凝土和钢筋混凝土工程	(1)地下、水中的大体积混凝土工程 (2)有抗渗要求的混凝土工程 (3)有耐腐蚀要求的混凝土工程 (4)蒸汽养护的构件 (5)一般的混凝土和钢筋混凝土	(1)地下、水中的大体积混凝土工程 (2)有抗裂性要求较高的构件 (3)有耐腐蚀要求的混凝土 (4)蒸汽养护的构件 (5)一般混凝土工程	可参照矿渣、火山灰、粉煤灰水泥，但其性能受所用混合材料性能的影响，所以使用时应针对工程的性质加以选用

4.3 专 用 水 泥

4.3.1 砌筑水泥

我国目前的住宅建筑中，砖混结构仍占很大的比例，相应地砌筑砂浆就成为需求量很大的一种建筑材料。因而，如何在砖混结构的建筑中，节约水泥、节约能源、降低造价，就具有十分重要的现实意义。

我国在建筑施工中配制的建筑砂浆，往往采用强度等级为 32.5 和 42.5 的水泥，而常用的砂浆等级为 M5(5.0MPa)，对强度等级要求不高，水泥强度和砂浆强度的比值大大超过了一般应为 4～5 倍的技术经济原则。但是，为了满足砌筑砂浆和易性的要求，又往往需要多用水泥，结果造成砌筑砂浆强度偏高、浪费水泥的现象。因此，生产强度等级的水泥仍然十分必要。

砌筑水泥的生产方法与通用水泥相同，只是熟料掺量较少，混合材掺量较高。砌筑水泥的粉磨方式，可采用分别粉磨后再混合，也可以先进行分别粉磨，然后再进行混合粉磨，或直接混合粉磨。具体采用哪种方式，要根据各组分物料的性能和粉磨设备而定。当生产粉煤灰砌筑水泥时，采用两级粉磨流程比较合理，即水泥熟料和石膏首先粉磨至 0.080mm 方孔筛筛余 35%左右，再与粉煤灰一起粉磨成成品。

砌筑水泥适用于工业与民用建筑的砌筑砂浆、内墙抹面砂浆及基础垫层等；允许用于生产砌块及瓦等；一般不用于配制混凝土，但通过试验，允许用于配制低强度等级混凝土，但不得用于钢筋混凝土等承重结构。

目前，砌筑水泥有两个标准可以使用，一个是《砌筑水泥》(GB/T 3183—2003)标准，另一个是《钢渣砌筑水泥》(JC/T 1090—2008)标准。

1. *《砌筑水泥》*(GB/T 3183—2003)

GB/T 3183—2003《砌筑水泥》规定：凡由一种或一种以上的水泥混合材料，加入适量硅酸盐水泥熟料和石膏，经磨细制成的工作性能较好的水硬性胶凝材料，称为砌筑水泥，代号 M。

混合材料可采用符合 GB/T 203 要求的矿渣、GB/T 1596 要求的粉煤灰、GB/T 2847 要求的火山灰、GB/T 6645 要求的磷渣、JC/T 417 要求的粒化铬铁渣、JC/T 418 要求的粒化高炉钛矿渣、JC/T 545 要求的粒化增钙液态渣、JC/T 742 要求的回转窑窑灰和 YB/T 022 要求的钢渣，若采用其他混合材料，必须经过试验。

水泥中混合材料的掺加量按质量百分比计应大于 50%，允许掺入适量的石灰石或窑灰，石灰石中的 Al_2O_3 含量不得超过 2.5%。水泥粉磨时允许加入助磨剂，其掺入量不应超过水泥质量的 1%。

砌筑水泥主要用于砌筑和抹面砂浆、垫层混凝土等，不应用于结构混凝土。

砌筑水泥分 12.5 和 22.5 两个强度等级，其各龄期的强度不低于表 4.17 中的数据。砌筑水泥中的三氧化硫含量不大于 4.0%；细度要求 80μm 方孔筛筛余不大于 10.0%；凝结时间要求初凝不早于 60min，终凝不迟于 12h；安定性要求用沸煮法检验合格；保水率应不低于 80%。砂浆的保水率是指吸水后砂浆中保留的水的质量，并用原始水量的质量分数来表示。

表 4.17　砌筑水泥各龄期强度要求

强度等级	抗压强度/MPa		抗折强度/MPa	
	7d	28d	7d	28d
12.5	7.0	12.5	1.5	3.0
22.5	10.0	22.5	2.0	4.0

2. 《钢渣砌筑水泥》(JC/T 1090—2008)

JC/T 1090—2008 标准规定：以转炉钢渣或电炉钢渣、粒化高炉矿渣为主要成分，加入适量硅酸盐水泥熟料和石膏，经磨细制成的工作性较好的水硬性胶凝材料，称为钢渣砌筑水泥。

钢渣砌筑水泥中的钢渣应符合 YB/T 022 的规定；粒化高炉矿渣应符合 YB/T 203 的规定；硅酸盐水泥熟料应符合 GB/T 21372 的规定；石膏应符合 GB/T 5483 的规定。

钢渣砌筑水泥中的 SO_3 含量应不超过 4.0%，若水浸安定性合格，则 SO_3 含量允许放宽至 6.0%；钢渣砌筑水泥的比表面积应不小于 $350m^2/kg$；初凝时间应不早于 60min，终凝时间应不迟于 12h，钢渣砌筑水泥安定性用沸煮法检验必须合格，用 MgO 含量大于 5%的钢渣制成的水泥，经压蒸安定性检验，必须合格。钢渣中的 MgO 含量为 5%～13%时，若粒化高炉矿渣的掺量大于 40%，则制成的水泥可不作压蒸法检验；若水泥中 SO_3 含量超过 4.0%，必须进行水浸安定性检验；水泥保水率应不低于 80%。钢渣砌筑水泥分 17.5、22.5 和 27.5 三个强度等级，各等级水泥的各龄期强度应不低于表 4.18 中的数值。

表 4.18　钢渣砌筑水泥各龄期强度

水泥等级	抗压强度/MPa		抗折强度/MPa	
	7d	28d	7d	28d
17.5	7.0	17.5	1.5	3.0
22.5	10.0	22.5	2.0	4.0
27.5	12.5	27.5	2.5	5.0

4.3.2　道路水泥

1. 道路硅酸盐水泥

水泥混凝土路面经常受到高速行驶车辆的摩擦、循环不已的负荷、载重车辆的振荡冲击、冻融交替、路面与路基温度和干湿所产生的膨胀应力等多种影响，使通用水泥修建的混凝土路面的耐久性下降。为适应混凝土路面的实际要求，对道路水泥的性能要求是：耐磨性好，收缩小，抗冻性好，抗冲击性好，有高的抗折强度和良好的耐久性。

1) 道路硅酸盐水泥的定义

GB 13693—2005 标准规定：由道路硅酸盐水泥熟料，适量石膏，可加入本标准规定的混合材料，磨细制成的水硬性胶凝材料，称为道路硅酸盐水泥，简称道路水泥。

2) 道路水泥的组分材料

(1) 道路硅酸盐水泥熟料。

铝酸三钙($3CaO·Al_2O_3$)的含量应不超过 5.0%；铁铝酸四钙($4CaO·Al_2O_3·Fe_2O_3$)的含量应不低于 16.0%；游离氧化钙的含量，旋窑生产应不大于 1.0%，立窑生产应不大于 1.8%。

(2) 混合材料。

道路硅酸盐水泥中活性混合材料的掺加量按质量分数计为 0%～10%。

混合材料应力符合 GB/T 1596 规定的 F 类粉煤灰、符合 GB/T 203 规定的粒化高炉矿渣、符合 GB/T 6645 规定的粒化电炉磷渣或符合 YB/T 022 规定的钢渣。

(3) 石膏。

天然石膏：符合 GB/T 5483 的规定。

工业副产石膏：工业生产中以硫酸钙为主要成分的副产品。采用工业副产石膏时，应经过试验，证明对水泥性能无害。

(4) 外加剂。

水泥粉磨时允许加入助磨剂，其加入量不得超过水泥质量的 1%，助磨剂应符合 JC/T 667 的规定。

3) 道路硅酸盐水泥熟料的矿物组成设计

对道路硅酸盐水泥的熟料矿物组成的共同要求是：C_3S 和 C_4AF 含量要高，而 C_2S 和 C_3A 的含量要低。这是因为提高 C_3S 和 C_4AF 含量，有利于提高水泥的早期强度、黏结力和耐动压、耐磨性，增大应变能力；降低 C_2S 和 C_3A 含量，有利于减小收缩变形的影响。一般熟料矿物的控制范围是：C_3S 50%～70%，C_2S 10%～20%，$C_3A \leqslant 5.0\%$，$C_4AF \geqslant 16.0\%$；f-CaO 按回转窑与立窑分别控制，回转窑烧制的熟料，f-CaO ≤ 1.0%，立窑烧制的熟料，f-CaO ≤ 1.8%。

影响水泥混凝土路面干缩率和耐磨性的主要因素是混凝土的拌和水灰比、单位体积混凝土的水泥用量，故一切降低混凝土水灰比和水泥用量的措施均有利于提高混凝土的耐磨性和减少干缩率。因此生产高等级水泥可以减少混凝土中的水泥用量以及减少水灰比，将有助于混凝土耐磨性的提高。从这一意义上讲，显然希望提高熟料中的 C_3S 含量。C_3S 含量高时，混凝土抗折强度、抗压强度、早期强度均高，耐磨性也得到改善，但脆性增强、干缩性增大、水化热高，故不宜将 C_3S 提高得过高。实际中主要是通过适当提高 C_4AF 含量和控制 C_3A 含量来达到耐磨、抗干缩的目的。

4) 道路硅酸盐水泥的制成

(1) 粉磨细度。

道路硅酸盐水泥粉磨细度增加，可提高强度，但水泥的细度太细会导致水泥硬化体收缩过大，从而易产生微细裂缝，使道路易于破坏。研究表明，比表面积从 272 m^2/kg 增至 325 m^2/kg 时，收缩增加不大，但对强度提高有较大影响，尤其是早期强度。因此，生产道路水泥时，水泥的比表面积一般可控制在 300～320m^2/kg，0.080mm 方孔筛筛余量控制在 5%～10%。

(2) 石膏掺入量。

适当提高水泥中的石膏掺入量可提高道路硅酸盐水泥的强度和减少收缩。这是因为提高石膏掺入量后有部分石膏在水化硬化初期连续与 C_3A 作用，生成水化硫铝酸钙，从而减少水泥的收缩。但道路硅酸盐水泥中的 SO_3 含量不得超过 3.5%，且石膏掺入量必须满足水泥初凝时间不早于 1.5h、终凝时间不迟于 10h 的要求。

此外，可以有选择性地掺入适量的混合材料(如钢渣等)来提高道路水泥的耐磨性。

5) 道路硅酸盐水泥的技术指标

(1) 氧化镁含量。

水泥中 MgO 含量应不大于 5.0%。

(2) 三氧化硫含量。

水泥中 SO_3 含量应不大于 3.5%。

(3) 烧失量。

水泥熟料的烧失量应不大于 3.0%。

(4) 比表面积。

水泥的比表面积应为 350～450m^2/kg。

(5) 凝结时间。

水泥初凝时间不早于 1.5h，终凝时间不迟于 10h。

(6) 安定性。

用沸煮法检验必须合格。

(7) 干缩率。

28d 干缩率应不大于 0.10%。

(8) 耐磨性。

28d 磨耗量应不大于 3.0kg/m^2。

(9) 碱含量。

碱含量由供需双方商定，若使用活性骨料，当用户要求提供低碱水泥时，水泥中的碱含量应不超过 0.60%，碱含量按 Na_2O+0.658K_2O 计算值表示。

(10) 强度。

道路硅酸盐水泥分 32.5、42.5、52.5 三个强度等级。各等级各龄期的强度应不低于表 4.19 中的数值。

表 4.19 道路硅酸盐水泥等级与各龄期强度

强度等级	抗折强度/MPa		抗压强度/MPa	
	3d	28d	3d	28d
32.5	3.5	6.5	16.0	32.5
42.5	4.0	7.0	21.0	42.5
52.5	5.0	7.5	26.0	52.5

6) 道路硅酸盐水泥的性能与用途

(1) 耐磨性好。

与同等级的硅酸盐水泥相比，其磨耗率低 20%～40%。

(2) 强度高。

道路水泥具有早强及抗折强度高的特点，早期强度的增进率相当于或高于同等级 R 型硅酸盐水泥的增长率，且抗折强度的增进率高于抗压强度的增进率。28d 抗折强度指标高于同等级 R 型硅酸盐水泥。

(3) 干缩性小。

道路水泥的干缩率明显优于硅酸盐水泥(约 10%以上)。干缩稳定期短，施工时可以减少路面预留缝的数量，从而提高路面平整度和行车舒适度。

(4) 水化热低，耐久性好。

道路水泥的水化热可以达到中热硅酸盐水泥的要求。在冻融交替环境条件下，具有良好的耐久性。

道路硅酸盐水泥最适宜于各类混凝土路面工程，也适用于对耐磨、抗干缩等性能要求较高的其他工程。

2. 钢渣道路水泥

GB 25029—2010 标准规定：以转炉钢渣或电炉钢渣(简称钢渣)和道路硅酸盐水泥熟料、粒化高炉矿渣、适量石膏磨细制成的水硬性胶凝材料，称为钢渣道路水泥。

钢渣道路水泥中各组分的掺入量(质量百分数)应符合表 4.20 的规定。

表 4.20 钢渣道路水泥的组分要求

熟料+石膏	钢渣或钢渣粉	粒化高炉矿渣或粒化高炉矿渣粉
>50 且<90	≥10 且≤40	≤10

所用的钢渣应符合 YB/T 022 的要求；钢渣粉符合 GB/T 20491 的要求；粒化高炉矿渣应符合 GB/T 203 的要求；粒化高炉矿渣粉应符合 GB/T 18046 的要求；道路硅酸盐水泥熟料应符合 GB 13693 的要求；天然石膏应为符合 GB/T 5483 规定的 G 类或 M 类二级(含)以上的石膏或混合石膏；工业副产石膏应符合 GB/T 21371 规定。水泥粉磨时允许加入助磨剂，其加入量应不大于水泥质量的 0.5%，助磨剂应符合 JC/T 667 的规定。

钢渣道路水泥中的三氧化硫含量(质量百分数)应不大于 4.0%；初凝时间不小于 90min，终凝时间不大于 600min；安定性检验采用压蒸法，压蒸膨胀率应不大于 0.50%，28d 干缩率不得大于 0.10%。28d 磨耗量不得大于 3.0kg/m^2。钢渣道路水泥的细度用比表面积表示。其比表面积应不小于 350 m^2/ kg；钢渣道路水泥中氯离子含量(质量百分数)应不大于 0.06%；钢渣道路水泥中碱含量按(Na_2O+0.658K_2O)计算值表示，若使用活性集料，当用户要求提供低碱水泥时，水泥中碱含量应不超过 0.60%或由买卖双方协商确定；钢渣道路水泥强度等级分为 32.5 级和 42.5 级，各龄期的抗压强度和抗折强度应符合表 4.21 的规定。

表 4.21 钢渣道路水泥各龄期的强度指标

强度等级	抗压强度/MPa		抗折强度/MPa	
	3d	28d	3d	28d
32.5	≥16.0	≥32.5	≥3.5	≥6.5
42.5	≥21.0	≥42.5	≥4.0	≥7.0

4.4 特 种 水 泥

4.4.1 快硬硅酸盐水泥

现代工程建设中，在很多情况下都要求水泥的硬化速度快，早期和长期强度高，凝结时间可任意调节。例如，快速施工和紧急抢修工程以及国防工程等，常要求 1d 强度达到同强度等级普通水泥混凝土 28d 强度的 60%～70%，3d 强度达到 100%；有的更要求特快硬和超早强，在 12h 内达到较高强度。此外，在混凝土预制构件的生产中，采用快硬水泥可以免除蒸汽养护，缩短拆模时间，降低成本。还可使用锚喷工艺，代替传统的模板浇筑施工方法，大幅度降低工程造价。

快硬高强水泥按水泥性能一般可分为两类，一类为快硬水泥，另一类为快凝快硬水泥。而按水泥熟料矿物的组成特征又可分为硅酸盐类、铝酸盐类、硫铝酸盐类和铁铝酸盐类以及氟铝酸盐类等。由于每一类特征矿物组成的水泥往往具备多种特性，其命名方法通常都是将熟料的矿物特征与水泥特性结合起来命名。本节主要介绍快硬硅酸盐水泥。

1. 概述

快硬硅酸盐水泥是以适当组成的硅酸盐熟料为基础，加入适量石膏磨细而成的。它不但具有一般硅酸盐水泥的性能，而且具有快硬特性。其1～3d的强度较高，一般3d即达到普通硅酸盐水泥28d的强度，且后期强度继续增长。该水泥于20世纪50年代试制成功，是我国自行开发的第一个且是目前用量最大的特种水泥。采用这种水泥配制早强高标号混凝土，用于预制构件、抢修工程、低温工程，深受用户欢迎。表4.22为我国现行的快硬硅酸盐水泥标准规定的主要性能。

表4.22 我国现行体系快硬硅酸盐水泥标准规定的主要性能

水泥		筛余/%	凝结时间/(h:min)		抗压强度/MPa		
名称	标号		初凝	终凝	1d	3d	28d
快硬硅酸盐水泥	325	≤10	≥0:45[①]	≤10:00	15.0	32.5	52.5
	375				17.0	37.5	57.5
	425				19.0	42.5	62.5

注：①表示累加时间，即45min，全书同

2. 生产方法

生产快硬硅酸盐水泥的方法与生产普通硅酸盐水泥的方法基本相同。只是较严格地控制生产工艺条件，要求所用原料含有害成分少，矿物组成设计合理。快硬硅酸盐水泥熟料的一个主要特征是饱和比高，因而烧成温度比普通的硅酸盐水泥熟料略高。其熟料矿物组成一般为：C_3S=55%～60%，C_2S=15%～25%，C_3A=4.5%～10%，C_4AF=12%～20%。一般希望C_3S和C_3A的含量高些，根据原料情况，也可以提高C_3S的含量，不提高C_3A的含量。因为同时提高C_3S和C_3A，烧成过程黏度较大，不利于C_3S的形成。采用矿化剂时，可适当提高熟料中的C_3S含量，但一般不得超过70%。

生产快硬硅酸盐水泥时，生料要求均匀，比表面积大，一般生料细度要求在0.080mm方孔筛筛余不大于5%。熟料要求快速冷却，避免阿利特分解和硅酸二钙的晶型转换。

水泥的比表面积对水泥的强度(尤其是早期强度)影响很大。表4.23为同一熟料粉磨至不同比表面积时的抗压强度值。

表4.23 比表面积对水泥抗压强度的影响

水泥比表面积/(cm^2/g)	抗压强度/MPa			
	1d	3d	7d	28d
2980	10.5	27.9	38.6	43.6
4640	25.3	43.7	47.8	53.3
6300	26.1	44.0	52.6	61.2

水泥的比表面积相同时，颗粒大小均齐时水泥强度较高。为了加快硬化速度，快硬硅酸盐水泥的比表面积一般控制在3300～4500cm^2/g。宜采用闭路粉磨工艺，若采用开流磨，则磨机产量下降30%左右。

水泥粉磨过程中不掺任何混合材料，石膏的最佳掺量根据熟料中 C_3A 的含量及水泥的粉磨细度而定。一般地，水泥中 SO_3 的含量控制在 2.5%～3.5%，细度控制在 0.080mm 方孔筛筛余不超过 10%。适当增加石膏的含量，也是生产快硬水泥的重要措施之一。这可以保证在水泥石硬化之前形成足够的钙矾石，有利于水泥强度的发展。

3. 主要技术性能

快硬硅酸盐水泥的主要技术特点是凝结时间正常，早期强度发展快，后期强度持续增长。但快硬硅酸盐水泥的水化热较高，是因为水泥细度高，水化活性高，硅酸三钙和铝酸三钙的含量较高。快硬硅酸盐水泥的早期干缩率较大，但水泥石比较致密，不透水性和抗冻性往往优于普通水泥。

4. 快硬硅酸盐水泥的水化与硬化

快硬硅酸盐水泥的水化与硬化过程和机理与普通硅酸盐水泥基本相同。

4.4.2 膨胀水泥

水泥在凝结硬化过程中一般会产生收缩，使水泥混凝土出现裂纹，影响其强度和其他性能。而膨胀水泥却克服了这一弱点，在硬化过程中能够产生一定的膨胀，可提高水泥石的密实度，消除由收缩带来的不利影响。

膨胀水泥产生膨胀的原因是水泥中比一般水泥多了一种膨胀组分，在水泥的凝结硬化过程中，膨胀组分使水泥产生一定量的膨胀值。膨胀水泥在水化硬化过程中产生的体积膨胀能够实现补偿收缩、增加结构密实度和获得预加应力。由于这种预加应力来自水泥本身的水化，所以称为自应力水泥。并以“自应力值”(MPa)来表示其大小，膨胀水泥可分为两类：当自应力值≥2.0MPa 时为自应力水泥；当自应力值< 2.0MPa 时称为膨胀水泥。

膨胀水泥按主要成分划分为以下几类。

1. 硅酸盐膨胀水泥

硅酸盐膨胀水泥是由一定比例的硅酸盐水泥熟料、钒土水泥熟料和天然二水石膏共同粉磨而成的一种膨胀性胶凝材料。我国生产的硅酸盐膨胀水泥大致配比为：硅酸盐水泥熟料 72%～78%；矾土水泥熟料 14%～18%；天然二水石膏 7%～10%。硅酸盐膨胀水泥的比表面积大于 420m^2/kg。其膨胀值的大小通过改变铝酸盐水泥和石膏的含量来调节。

硅酸盐膨胀水泥主要用于制造防水混凝土；加固结构、浇筑机器底座或固结地脚螺栓；还可用于接缝和修补工程。不能用于有硫酸盐侵蚀介质存在的工程。

2. 铝酸盐膨胀水泥

铝酸盐膨胀水泥由铝酸盐水泥熟料，二水石膏为膨胀组分混合磨细或分别磨细后混合而成，具有自应力值高以及抗渗、气密性好等优点。铝酸盐膨胀水泥的工艺参数为：高铝水泥熟料含量为 70%～73%；二水石膏含量为 27%～30%；助磨剂含量为 1.5%～2.0%；水泥比表面积>450m^2/kg；SO_3 含量为 11%～13%。

1）铝酸盐水泥的物理性能

（1）凝结时间。

初凝大于20min，终凝不迟于4h。

（2）1：3硬练胶砂试体硬练强度要求见表4.24。

表4.24　铝酸盐膨胀水泥的强度要求

标号	抗压强度/MPa			抗折强度/MPa		
	1d	3d	28d	1d	3d	28d
400	20.0	30.0	40.0	1.6	1.8	2.0
500	30.0	40.0	50.0	2.0	2.2	2.4

（3）净浆线膨胀率。

1d≥0.15%；28d≥0.3%，≤1.0%。

（4）不透水性。

净浆试体水中养护1d后，在1MPa（10atm）下完全不透水。

2）特性

（1）强度性能。

该水泥砂浆和混凝土在常温下硬化，早期强度较高，其1d强度为28d的50%，3d为70%，7d为80%～90%。铝酸盐膨胀水泥混凝土的早期强度增进率比同标号硅酸盐水泥混凝土大25%～35%。

（2）抗渗性。

该水泥砂浆经3d养护，抗渗标号大于S_{10}，$C=350$～$400kg/m^3$的混凝土，抗渗标号大于S_{30}。它具有很高的抗渗能力，最适于地下和水中的防水工程。

（3）抗冻性。

比普通混凝土差。

（4）黏结力。

与普通混凝土相当。但在限制膨胀下，铝酸盐膨胀水泥混凝土与钢筋的黏结力会得到较大提高。

（5）耐蚀性。

铝酸盐膨胀水泥的抗硫酸性能是良好的，但不宜用于与碱介质接触的工程中。

（6）水化热。

铝酸盐膨胀水泥的水化热较高，3d为250kJ/kg，7d为272 kJ/kg，不宜用于大体积混凝土工程，但对冬季施工有好处。

3. 硫铝酸盐膨胀水泥

硫铝酸盐膨胀水泥是以无水硫铝酸钙和硅酸二钙为主要成分，以石膏为膨胀组分配制而成的。主要用于配制结点、抗渗和补偿收缩的混凝土工程。

硫铝酸盐膨胀水泥的配比大致为：硫铝酸盐水泥熟料75%～85%，石膏15%～25%。硫铝酸盐膨胀水泥中不允许出现游离氧化钙，比表面积控制在400m^2/kg以上，初凝不得早于30min，终凝不得迟于3h，以水泥自由膨胀率值划分为硫铝酸盐微膨胀水泥和硫铝酸盐膨胀水泥，两类硫铝酸盐膨胀水泥28d抗压强度只有525一个标号，各龄期强度不得低于表4.25

的数值。硫铝酸盐微膨胀水泥净浆试体 1d 自由膨胀率不得小于 0.05%，28d 不得大于 0.5%；硫铝酸盐膨胀水泥净浆试体 1d 自由膨胀率不得小于 0.10%，28d 不得大于 1.00%。

表 4.25　硫铝酸盐膨胀水泥的强度值

分　类	抗压强度/MPa			抗折强度/MPa		
	1d	3d	28d	1d	3d	28d
微膨胀水泥	31.4	41.2	51.5	4.9	5.9	6.9
膨胀水泥	27.5	39.2	51.5	4.4	5.4	6.4

硫铝酸盐膨胀水泥及其制品的特性如下。

(1) 硫铝酸盐膨胀水泥试体在水中养护，净浆膨胀率为 0.5%～1.0%，最终不大于 1.0%，自应力为 1.5～3.0MPa。

(2) 硫铝酸盐膨胀水泥较快硬硫铝酸盐水泥的早强(12h～1d)略低，后期强度相似。

(3) 抗渗性和耐腐蚀性能高，抗渗标号可达 S_{40}。

(4) 在干空气下(或自然条件下)自应力值保留率较高，一般可达 50%。

4. 铁铝酸盐膨胀水泥

铁铝酸盐膨胀水泥是以铁相、无水硫铝酸钙和硅酸二钙为主要成分，以石膏为膨胀组分配制而成的。该水泥的配比大致如下：早强铁铝酸盐水泥熟料 75%～85%，二水石膏 15%～25%。铁铝酸盐净浆试体在水中养护的膨胀率，1d≥0.1%，28d≤1.0%；具有较早的早强和后期强度，铁铝酸盐膨胀水泥的强度与早强水泥相当；自应力较高，自由膨胀较小，稳定期较短；抗腐蚀性较好，尤其是对抗硫酸钠、氯化镁复合介质及各种铵盐的腐蚀更佳；抗渗性好，1.96～2.94MPa 水压下不渗漏；抗冻性好，并具有负温下施工的特性；具有良好的耐磨与抗海水冲刷的特性，表面不起砂；对钢筋无锈蚀。

以上四种膨胀水泥通过调整各种组分的配合比例，就可以得到不同的膨胀值，制成不同类型的膨胀水泥。膨胀水泥的膨胀作用基于硬化初期，其膨胀源均来自于水泥水化形成的钙矾石，会产生体积膨胀。由于这种膨胀作用发生在硬化初期，水泥浆体尚具备可塑性，因而不至于引起膨胀破坏。

4.4.3　自应力水泥

自应力混凝土是采用自应力水泥或在普通水泥中掺加较大量的膨胀剂而制备的混凝土。它是一种膨胀能较高的膨胀混凝土，在配筋的有效限制下产生预压应力(自应力)，其大小和分布能够抵消给定外荷引起的应力的全部或大部分，足以满足结构物安全承载的要求。

作为自应力水泥的基本条件，应包括以下几点：①应有一个宜于控制的较宽的膨胀量范围；②一种适宜的膨胀速度；③一个最低限度的强度值，常温水养护前夕强度不应低于 10MPa，常温水养护 7d 后的强度不应低于 15MPa；④应有一个低限度的自应力值；⑤长期接触水分，后期稳定性好；⑥在允许的膨胀期内，膨胀组分应基本耗尽，膨胀基本完成；⑦在使用过程中增加的膨胀量不得超过 0. 15%(砂浆或混凝土)和 0.3%(纯水泥浆)。

1. 自应力硅酸盐水泥

自应力硅酸盐水泥是由二水石膏、矾土水泥和硅酸盐水泥配制而成的一种水硬性的膨胀性胶凝材料，属于硅酸盐膨胀水泥系列的强膨胀性水泥。自应力硅酸盐水泥的比表面积为380～450m^2/kg，SO_3含量随着自应力水泥用途的不同而在5.5%～8.0%波动。

自应力硅酸盐水泥及其混凝土性能如下。

(1)凝结时间。初凝不得早于30min，终凝不得迟于390min。

(2)28d自由膨胀率不得大于3%。每一能级的自应力值应符合表4.26的要求。膨胀稳定期不得迟于28d。

表4.26　每一能级的自应力值

能　　级	S_1	S_2	S_3	S_4
自应力/MPa	$1.0 \leq S_1 < 2.0$	$2.0 \leq S_2 < 3.0$	$3.0 \leq S_3 < 4.0$	$4.0 \leq S_4 < 5.0$

(3)抗压强度。脱模强度为(12±3)MPa，28d强度不得低于10MPa。

(4)水中长期养护的稳定性。自应力硅酸盐水泥膨胀基本稳定后，在水中养护，尚能增加一些膨胀，增加的膨胀率：自应力水泥泥浆不超过0.3%，1∶1的自应力水泥砂浆不超过0.15%。

(5)干缩性能。在干空气中的自应力硅酸盐水泥会发生干缩。其干缩率：1∶1水泥砂浆为0.14%～0.16%，1∶0.8∶1.2的混凝土为0.03%～0.06%。

(6)膨胀-干缩-膨胀的可靠性。水中养护，自应力硅酸盐水泥发生膨胀，置于干空气中就会干缩，若重新浸水，则又会剧烈吸水而重新膨胀，恢复干缩失去的膨胀和自应力值。

(7)抗冻性。自由膨胀的1∶1水泥砂浆，经150次冻融循环，其膨胀行为与常温水中养护时相同，强度在冻融过程中不断提高。

(8)堵塞与接缝性能良好。

(9)对钢筋的保护作用良好。

(10)裂缝闭合和愈合性能好。自应力硅酸盐水泥混凝土试件产生新的小裂缝后，继续入水养护，裂缝自行闭合和愈合。裂缝愈合处的抗拉强度甚至会超过未发生裂缝的强度。

2. 明矾石自应力水泥

明矾石自应力水泥是用一定比例的硅酸盐水泥熟料、天然明矾石、硬石膏和矿渣共同粉磨而制成的。

明矾石自应力水泥及其制品的性能如下。

(1)明矾石自应力水泥1∶2砂浆28d自应力值为2.94～3.92MPa，自由膨胀率小于1.0%，强度为49.0～58.8MPa。用其制造的ϕ300～600mm口径的压力管检验力为0.78～1.47MPa，可以在输水压力低于0. 59MPa的工作条件下使用。

(2)明矾石自应力水泥1∶2砂浆的自由膨胀率与限制膨胀率的比值$\varepsilon_1/\varepsilon_2$为1～4.5，而自应力硅酸盐水泥1∶2砂浆$\varepsilon_1/\varepsilon_2$为5～20。这说明明矾石自应力水泥制成的压力管可避免由于局部膨胀过大而造成的保护层脱落。

(3)明矾石自应力水泥的稳定期较长，一般在3～6个月稳定，个别达一年之久，但其强度仍继续发展，自由膨胀率不大，大部分压力管使用2～3年仍不裂不渗。

(4)明矾石自应力水泥制品大气稳定性好，对钢筋也无锈蚀作用。

3. 自应力铝酸盐水泥

自应力铝酸盐水泥是由高铝水泥熟料和二水石膏经粉磨而成的大膨胀率胶凝材料。目前主要用途是制造口径较大、工作压力较高的压力管。自应力铝酸盐水泥的技术指标见表 4.27 和表 4.28。

表 4.27 自应力铝酸盐水泥的技术指标

项目		指标
水泥中三氧化硫含量/%，≤		17.5
细度(80μm 筛筛余)/%，≤		10
凝结时间/h	初凝，≥	0.5
	终凝，≤	4

表 4.28 自应力铝酸盐水泥的技术指标

			7d	28d
自由膨胀率/%，≤			1.0	2.0
抗压强度/MPa，≤			28.0	34.0
自应力/MPa	≥	3.0 级	2.0	3.0
		4.5 级	2.8	4.5
		6.0 级	3.8	6.0

自应力铝酸盐水泥及其混凝土的主要特性如下。

(1) 膨胀率。1∶2 软练标准砂的自由膨胀率 7d≤1.0%，28d≤2.0%。

(2) 自应力。1∶1 砂浆为 8.0MPa；1∶2 砂浆或混凝土为 5.0MPa；1∶3 砂浆或混凝土为 3.6MPa。

(3) 抗渗性。自应力铝酸盐水泥 1∶1 砂浆(硬练标准砂) ϕ50mm×30mm 的抗渗试件在 4.9MPa 水压下恒压 2h 不透水。

(4) 干缩性能。自应力铝酸盐水泥石结构致密，在空气中失水较硅酸盐水泥和自应力硅酸盐水泥来得慢，因此干缩值较小。

(5) 抗硫酸盐性。自应力铝酸盐水泥不受 0.5%的 Na_2SO_4 溶液的侵蚀，但在 3%的 Na_2SO_4 溶液中，经 6 个月浸泡的自由膨胀试件胀裂。

(6) 保护钢筋免受锈蚀的能力。自应力铝酸盐水泥混凝土的水泥石结构非常致密，有效地阻止了导致锈蚀的 O_2、CO_2 和 H_2O 的渗透，因此其保护钢筋免受锈蚀的能力非常强。

(7) 自愈性能。自应力铝酸盐水泥压力管有很好的治愈性能。蒸养后出现的凝缩、风干裂缝、水压检验和运输过程中产生的裂缝，以及存放过程中产生的干缩裂缝，都可以通过水养消除。

4. 自应力硫铝酸盐水泥

在膨胀硫铝酸盐水泥的基础上，进一步提高二水石膏掺量，即可制成自应力硫铝酸盐水泥。该水泥的大致配比为：硫铝酸盐水泥熟料 50%～75%，石膏 25%～50%。自应力硫铝酸盐水泥的比表面积不小于 370m^2/kg，初凝不早于 40min，终凝不迟于 4h，自由膨胀率 7d 不大于 1.30%，28d 不大于 1.75%，抗压强度 7d 不小于 32.5MPa，28d 不小于 42.5MPa，各级别各龄期自应力值应符合表 4.29 的要求。

表 4.29　自应力硫铝酸盐水泥的自应力　　（单位：MPa）

级别	7d（≥）	28d	
		≥	≤
30	2.3	3.0	4.0
40	3.1	4.0	5.0
50	3.7	5.0	6.0

自应力硫铝酸盐水泥及制品的主要特性如下。

(1) 自由膨胀较小（28d 1∶2 砂浆自由膨胀 ＜2%），自应力较高（28d 自应力可达 5～6MPa）。

(2) 自应力硫铝酸盐水泥具有稳定期较短的特点。

(3) 自应力硫铝酸盐水泥制品由于其硬化水泥浆体结构比较致密，因而其抗渗性和气密性较好。

(4) 耐化学侵蚀性能优越。

5. 自应力铁铝酸盐水泥

自应力铁铝酸盐水泥的品质指标与自应力硫铝酸盐水泥的相同。其水泥及制品的主要特性如下。

(1) 强度高，28d 强度可达 49.0～68.6MPa。

(2) 自应力可达 3.9～5.9MPa，自由膨胀<1.5%。

(3) 稳定期较短，一般在 7～14d 内就稳定。

(4) 对钢筋不锈蚀，其制品表面不起砂。

(5) 耐腐蚀性良好。

(6) 抗渗性好。

(7) 具有优越的抗冻性。

(8) 耐磨性能高。

4.4.4　白色硅酸盐水泥和彩色硅酸盐水泥

1. 白水泥

由白色硅酸盐水泥熟料加入适量石膏，磨细制成的水硬性胶凝材料称为白色硅酸盐水泥（简称白水泥）。该熟料是以适当成分的生料烧至部分熔融，所得以硅酸钙为主要成分，氧化铁含量少的熟料。

硅酸盐水泥的颜色主要由氧化铁引起。当 Fe_2O_3 含量为 3%～4%时，熟料呈暗灰色；为 0.45%～0.7%时，带淡绿色：而降低到 0.35%～0.40%后，接近白色。因此，白色硅酸盐水泥的生产主要是降低 Fe_2O_3 含量。此外，氧化锰、氧化钴和氧化钛也对白水泥的白度有显著影响，故其含量也应尽量减少。

采用铁含量很低的铝酸盐或硫铝酸盐水泥生料也可生产出白色铝酸盐或硫铝酸盐水泥。

我国白色硅酸盐水泥国家标准（GB 2015）规定，白度值不得低于 87，强度指标见表 4.30。国家标准要求白水泥粉磨时细度为 0.08mm 方孔筛筛余不超过 10%；水泥中 SO_3 含量≤3.5%，

MgO 含量≤4.5%。标准中还允许加入不超过水泥质量 5%的石灰石或窑灰作为混合材料。我国几个主要白水泥生产厂产品的物理性能见表 4.31。

表 4.30　白色硅酸盐水泥的强度指标

强度等级	抗压强度/MPa		抗折强度/MPa	
	3d	28d	3d	28d
32.5	12.0	32.5	3.0	6.0
42.5	17.0	42.5	3.5	6.5
52.5	22.0	52.5	4.0	7.0

表 4.31　白水泥的主要物理性能

编号	白度/%	SO_3 含量/%	细度/%	安定性	凝结时间/(h:min)		(抗压/抗折强度)/MPa		
					初凝	终凝	3d	7d	28d
GH	87	2.1	3.0	合格	1:29	2:19	26.6/4.8	38.6/6.3	56.2/8.0
HX	85	1.39	3.3	合格	1:53	2:30	24.0/4.3	31.6/5.3	48.0/6.9
SH	84	1.37	5.8	合格	1:45	2:24	23.1/4.9	31.4/6.3	48.2/8.3
CX	83	1.68	3.7	合格	1:41	2:29	29.1/5.1	39.5/6.2	52.0/7.6

2. 彩色硅酸盐水泥

凡由硅酸盐熟料及适量石膏(或白色硅酸盐水泥)、混合材料及着色剂磨细或混合制成的带有色彩的水硬性胶凝材料称为彩色硅酸盐水泥。

1) 间接法生产

间接法生产是指在粉磨白色硅酸盐水泥或普通硅酸盐水泥时掺入颜料来生产彩色水泥。彩色硅酸盐水泥所用颜料要求对光和大气能耐久，能耐碱而又不对水泥性能起破坏作用。常用于配制彩色水泥的颜料种类及掺量见表 4.32。

表 4.32　彩色水泥常用颜料的种类及掺量

颜色	色泽	颜料名称及掺量(外掺)/%	适用场所
红色	大红	大红粉或立索尔宝红，0.05～1.2	室内
	砖红	氧化铁红，0.15～0.8	室内、外
	页岩红	页岩(抚顺产)，内掺 20	室内、外
黄色	米黄	氧化铁黄，0.2～1.0	室内、外
	樱黄	汉撒黄或耐晒黄，1.0	室内
	浅橘黄	铁黄，0.13；铁红，0.15	室内
	杏黄	铁黄，1；铁红，0.15	室内
	黄	TiO_2、Fe_2O_3、Cr_2O_3 组成色料，1.5	室内
绿色	浅绿	氧化铬绿，1.0	室内、外
	深绿	氧化铬绿，1；酞菁蓝，0.5～0.6；氧化铁黄，0.4～0.5	室内、外
	浅湖绿	氧化铬绿，0.5；酞菁蓝，0.1；铁黄，0.25	室内
蓝色	浅蓝	酞菁蓝，0.02～0.2	室内
	深蓝	酞菁蓝，1.0	室内、外
	孔雀蓝	酞菁蓝，0.6；氧化铬，1；铁黄，0.5	室内、外
灰色	浅灰	氧化铁黑，0.1～0.2	室内、外
	深灰	氧化铁黑，0.3～0.5	室内、外
赭色	深赭	铁黄，0.7；铁红，1.5；群青，2	室内、外
	浅赭	铁红，1；铁黄，1	室内、外
	古铜	铁黄，1；铁红，2；群青，2；炭黑，0.6	室内、外
藕荷色	藕荷	立索尔宝红，0.25；群青，1.95	室内

为了减少彩色水泥因 $Ca(OH)_2$ 与空气中的 CO_2、SO_2 反应产生“泛白”现象，许多厂家在生产中除掺颜料外，还掺入占水泥质量 0.5%～5%的添加物。这些添加物有的能增加水泥的强度和密实度，有的能与 $Ca(OH)_2$ 反应生成新的物质，以保持水泥着色的鲜艳持久。

2) 直接法生产

直接法生产彩色水泥是在水泥生料中加入着色物质直接煅烧成彩色水泥熟料，再加石膏磨细制成彩色水泥。

(1) 加入 Cr_2O_3，熟料呈黄绿色、绿宝石色及青绿色。

(2) 加入 MnO，熟料呈蓝色、绿色、黑色。

(3) 加入 Co_2O_3，熟料呈深黄色至红褐色。

(4) 加入 Ni_2O_3，熟料呈淡黄色至紫褐色。

目前国内外用直接法生产彩色水泥，较为成熟和生产量较大的仅为绿色水泥。采用的着色物质，苏联为铬矿渣，国内为铬铁矿及氧化铬颜料。熟料的煅烧要求还原气氛，但不得采用水急冷，而采用高冷风机冷却。另外，在用铬化物为原料时要注意避免对环境造成铬公害。

3) 白水泥和彩色水泥的应用

(1) 水泥净浆的用途。

① 水泥涂料，以白水泥为主要原料的水硬性饰面材料。表 4.33 是美国标准规定的白水泥涂料的组成。

表 4.33　白水泥涂料的组成

(单位：%)

成分	I 型	II 型
白水泥	<65	<80
消石灰	<25	<10
碳酸盐	<3	<3
硬脂酸铝	0.5～1.0	0.5～1.0
TiO_2 或 ZnS	3～5	3～5
$CaCl_2$ 或 CaCl	3～5	3～5

② 净浆喷涂，以白水泥为主要原料，加上颜料配成彩色水泥浆，用喷枪、弹力器喷弹在涂刷了底浆的基层面上，成为有色点和花色的装饰饰面。

③ 白水泥和彩色水泥可代替普通水泥制造石棉水泥板、纸浆水泥板和水泥刨花板等饰面用高档制品。

(2) 水泥砂浆的用途。

① 干黏石，以白水泥、107 胶、颜料、石灰膏和水拌和，铺设在基底上，待初凝后，以 3mm 以下的石屑、彩色玻璃碎粒或粒度均匀的石子用机械喷射或人工甩打在面层上，即可分别成为干黏砂、干黏玻璃和干黏石的装饰面。

② 用 1∶1 白水泥砂浆作瓷砖接缝胶结材料，为提高黏接力和防止白霜产生，可以加入 15%～20%的聚醋酸乙烯塑料乳液。

(3) 混凝土的用途。

① 人行道用彩色水泥板，其灰砂比为 1∶(2～2.5)，制造方法有浇筑成形和压制成形两种。

② 彩色水泥面砖，将水泥和白石子(质量比 1.18～3.5)及适量颜料加水拌和后浇在普通水泥砂浆底层上，待硬化后反复打磨、修补，最后抛光，俗称水磨石。

③ 各种饰面墙板，灰砂比为 1∶(1.5～2.0)，加入树脂乳液，用玻璃板或镀铬加工模板浇筑成形，可制得表面具有光泽的饰面板。

4.4.5 中低热硅酸盐水泥

1. 中热硅酸盐水泥

凡以适当成分的硅酸盐水泥熟料加入适量的石膏，经磨细制成的具有中等水化热的水硬性胶凝材料，称为中热硅酸盐水泥，简称中热水泥。强度等级为 42.5。中热水泥在水工水泥中的比例约为 30%，是我国目前用量最大的特种水泥之一，是三峡工程水工混凝土的主要胶凝材料。

1) 生产工艺

中热水泥的生产工艺与硅酸盐水泥基本相同。二者的主要区别在于根据水工的特点，中热水泥熟料的某些成分和矿物组成有其特殊的要求。国家标准对 C_3S、C_3A、*f*-CaO、MgO 等都有具体要求。表 4.34 所列为我国及美国国家标准对中热水泥熟料成分和矿物组成的要求以及我国实际生产控制的一般范围。

表 4.34　有关标准规定以及实际生产中热水泥熟料组成的一般范围

项　目	C_3S	C_2S	C_3A	C_4AF	C_3S+ C_3A	MgO	*f*-CaO	R2O
我国标准	≤55	—	≤6	—	—	≤5.0①	≤1.0	≤0.6②
ASTM 标准	—	—	≤8	—	≤58	≤6.0	—	—
实际生产	50～55	17～25	2.7～5.1	14～19	—	<5.0	<1.0	<0.6

注：① 表示若水泥经压蒸安定性试验合格，熟料中 MgO 允许放宽到 6%

② 表示碱含量由供需双方商定，若水泥在混凝土中与骨料可能发生有害反应，用户可提出低碱要求。熟料的碱含量以 Na_2O 当量百分比(Na_2O+0.658K_2O)表示

合理控制水泥细度也是生产中热水泥的关键之一。一般在保证足够强度和水化热符合标准的情况下，水泥比表面积控制在 280～350m^2/kg。

2) 水泥性能

水化热低是中热水泥的主要特征之一。一般其放热高峰发生在水化 7h 左右，但其放热速率仅及硅酸盐水泥的 60%左右。中热水泥凝结时间正常，通常其初凝为 2～4h，终凝为 3～6h。但就强度性能而言，中热水泥的早期强度略低于同标号的硅酸盐水泥。

此外，由于中热水泥熟料中相对较低的 C_3S 和 C_3A，中热水泥还具有抗硫酸盐性能强、干缩低、耐磨性能好等优点。

3) 应用注意事项

一方面，中热水泥应用过程中，一定要重视其碱含量的问题，以防可能产生碱-集料反应而危害混凝土工程。此外，中热水泥使用过程中为了进一步降低水化热，改善抗侵蚀性能，减少碱-集料反应的影响，还可在制备混凝土时加入细磨矿渣、粉煤灰等具有潜在胶凝性或活性的掺和材料。

2. 低热硅酸盐水泥

凡以适当成分的硅酸盐水泥熟料加入适量的石膏，经磨细制成的具有低水化热的水硬性胶凝材料，称为低热硅酸盐水泥，简称低热水泥，强度等级为 42.5。

1) 生产工艺

低热水泥是以 C_2S 为主导矿物的低钙水泥，是中国建筑材料科学研究院的专利技术，其生产工艺与硅酸盐水泥基本相同。但低热水泥对熟料的某些成分和矿物组成有其特殊的要求。按国家标准规定，熟料中的 C_2S 含量不得低于 40%，此外对 C_3A、*f*-CaO、MgO 等也都有具体要求。通常其熟料烧成温度为 1350℃，一般可节煤 20%。

2) 水泥性能

水化热低是低热水泥的主要特征之一。低热水泥的 3d、7d 水化热比中热水泥低 15%～20%，比通用硅酸盐水泥的水化热值低得更多，而且水化放热平缓，峰值温度低，如图 4.6 所示。

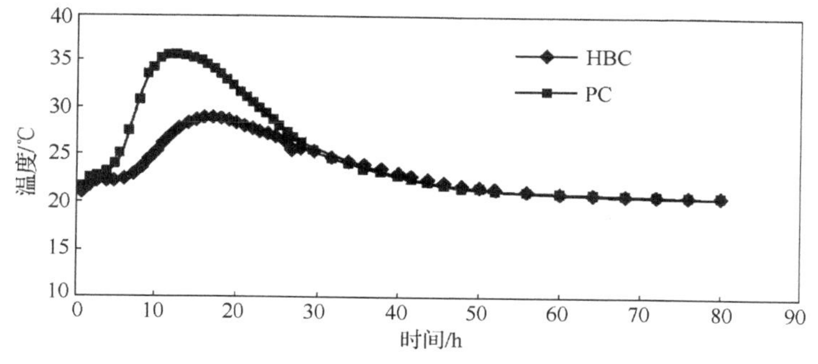

图 4.6 HBC、PC 的水化温升对比

低热水泥凝结时间正常，通常其初凝为 1～3h，终凝为 2～5h，水泥标准稠度需水量较通用硅酸盐水泥略低，胶砂流动度高，与外加剂的适应性好。就强度性能而言，低热水泥的早期(3d、7d)强度低于同标号的硅酸盐水泥，但后期强度增进率大，28d 强度与硅酸盐水泥相当，3～6 个月龄期强度高于硅酸盐水泥 10～20MPa，实现了水泥性能的低热高强。

此外，由于低热水泥熟料中的 C_3S 和 C_3A 都相对较低，因而低热水泥还具有优异的抗硫酸盐性能，而且干缩低，耐磨性能好，尤其适用于高性能混凝土、高强高性能混凝土、水工大体积混凝土的制备。

3. 低热矿渣硅酸盐水泥

低热矿渣硅酸盐水泥是由适当成分的硅酸盐水泥熟料，加入矿渣、适量石膏磨细制成的具有低水化热的水硬性胶凝材料，简称低热矿渣水泥。按质量分数计，低热矿渣水泥中矿渣掺加量为 20%～60%，允许用不超过混合材总量 50%的磷渣或粉煤灰代替部分矿渣。强度等级为 32.5。

低热矿渣硅酸盐水泥主要是以掺加混合材料来达到降低水化热目的的。低热水泥与中热水泥在大体积混凝土中的使用部位不同，坝体内部一般来说都是使用低热矿渣水泥，而坝体外部表层大多使用中热水泥。

1) 生产工艺

低热矿渣水泥的生产工艺与矿渣硅酸盐水泥和中热水泥基本一致。矿渣、磷渣或粉煤灰要求符合国家标准。但生产低热矿渣水泥时，对熟料的技术要求与中热水泥有所不同，按我国中、低热水泥国家标准的要求，所采用的硅酸盐水泥熟料中，$C_3A \leqslant 8.0\%$，*f*-CaO ≤ 1.2%，$R_2O \leqslant 1.0\%$。水泥粉磨比表面积一般控制在 280～300m^2/kg。

2) 水泥性能

低热矿渣水泥初凝一般为 3～6h，终凝 4～7h；早期强度较中热硅酸盐水泥约低 25%，较同强度等级的矿渣硅酸盐水泥低 10%左右；水化热很低，其 3d 和 7d 水化热均比中热水泥降低 20%以上；抗硫酸盐性能良好，干缩小。

3) 应用注意事项

低热矿渣水泥主要用于对水化热有严格要求，而对抗冲击、耐磨和抗冻性要求不高的场合，如大坝或大体积混凝土内部及水下工程等。

4. 低热粉煤灰硅酸盐水泥

低热粉煤灰硅酸盐水泥是由适当成分的硅酸盐水泥熟料加入粉煤灰和适量的石膏，经磨细制成的具有低水化热的水硬性胶凝材料，简称低热粉煤灰水泥。按质量分数计，低热粉煤灰水泥中粉煤灰掺加量为 20%～40%，允许用不超过混合材总量 50%的矿渣或磷渣代替部分粉煤灰。

与低热矿渣水泥类似，低热粉煤灰硅酸盐水泥也主要是通过掺加混合材料来达到降低水化热的目的，适于大坝等大体积混凝土的内部用，是一种性能较好、成本低，又可大量利用工业废弃物的水工水泥。

低热粉煤灰水泥凝结时间较长，初凝一般为 5～8h，终凝为 6～10h；早期强度发展较慢，后期强度较高，尤其是 28d 以后强度的增长较快；水化热很低，其最终值与水泥中粉煤灰的掺量大小有关；抗硫酸盐性能良好，干缩较小。

4.4.6 硫铝酸盐水泥

JC 933—2003 标准规定：凡以适当成分的生料，经煅烧所得以无水硫铝酸钙和硅酸二钙为主要矿物成分的水泥熟料和石灰石、适量石膏共同磨细制成的，其具有早期强度高的水硬性胶凝材料，称为快硬硫铝酸盐水泥。要求熟料和石膏的总含量不高于 90%，石灰石含量不高于 10%。其熟料是以铝质原料(如矾土)、石灰质原料(如石灰石)和石膏，经适当配合后，煅烧而成。

快硬硫铝酸盐水泥的主要矿物为无水硫铝酸钙（$C_4A_3\overline{S}$）和β-C_2S。其矿物组成大致范围为 $C_4A_3\overline{S}$ 36%～44%，C_2S 23%～34%，C_2F 10%～27%，$CaSO_4$ 4%～17%。熟料煅烧温度为 1250～1350℃，不宜超过 1400℃，要防止还原气氛，否则 $CaSO_4$ 将分解成 CaS、CaO 和 SO_2。由于烧成温度低，主要是固相反应，出现液相少，窑中不易结圈，熟料易磨性好，热耗较低。

水泥水化过程主要是 $C_4A_3\overline{S}$ 和石膏形成钙矾石和 $Al(OH)_3$ 凝胶，使早期强度增长较快。另外，较低温度烧成的β-C_2S 水化较快，生成 C-S-H 凝胶填充在水化硫铝酸钙之间，使水泥后期强度增大。改变水泥中石膏掺量，可制得快硬不收缩、微膨胀、膨胀和自应力水泥。JC 933—2003《快硬硫铝酸盐水泥》规定，快硬硫铝酸盐水泥的强度等级以 3d 抗压强度表示，强度指标见表 4.35。比表面积不低于 380m^2/kg，初凝不得早于 25min，终凝不得迟于 3h。

快硬硫铝酸盐水泥早期强度高，长期强度稳定，低温硬化性能好，在 5℃时仍能正常硬化。水泥石致密，抗硫酸盐性能良好，抗冻性和抗渗性好，可用于抢修工程、冬季施工工程、地下工程以及配制膨胀水泥和自应力水泥。由于水泥浆体液相碱度低，pH 只有 9.8～10.2，对玻璃纤维腐蚀性小。

表 4.35　快硬硫铝酸盐水泥强度指标

强度等级	抗压强度/MPa			抗折强度/MPa		
	1d	3d	28d	1d	3d	28d
42.5	33.0	42.5	45.0	6.0	6.5	7.0
52.5	42.0	52.5	55.0	6.5	7.0	7.5
62.5	50.0	62.5	65.0	7.0	7.5	8.0
72.5	56.0	72.5	75.0	7.5	8.0	8.5

4.4.7　铝酸盐水泥

1. 铝酸盐水泥的定义和矿物组成

铝酸盐水泥是以石灰石和铝矾土为主要原料，经煅烧至全部或部分熔融，得到以铝酸钙为主要矿物的熟料，经磨细而成的水硬性胶凝材料，代号为 CA。按 Al_2O_3 的含量铝酸盐水泥分为 CA-50[50%≤C(Al_2O_3)<60%]、CA-60[60%≤C(Al_2O_3)<68%]、CA-70[68%≤C(Al_2O_3)<77%]和 CA-80[77%≤C(Al_2O_3)]四类。铝酸盐水泥是一类快硬、高强、耐腐蚀、耐热的水泥，又称高铝水泥。

铝酸盐水泥的主要矿物成分为铝酸一钙($CaO·Al_2O_3$，简写 CA)和二铝酸一钙($CaO·2Al_2O_3$，简写 CA_2)，还有少量的其他铝酸盐，如 $2CaO·Al_2O_3·SiO_2$(简写 C_2AS)、$12CaO·7Al_2O_3$(简写 $C_{12}A_7$)等，有时还含有很少量的 $2CaO·SiO_2$ 等。

CA 是高铝水泥的主要矿物，有很高的水硬活性，凝结时间正常，水化硬化迅速；CA_2 水化硬化慢，后期强度高，但早期强度却较低，具有较好的耐高温性能。

2. 铝酸盐水泥的性能特点

国家标准 GB 201—2000《铝酸盐水泥》规定，铝酸盐水泥的细度、凝结时间(胶砂)及强度应符合表 4.36 的要求。

表 4.36　铝酸盐水泥的细度、凝结时间(胶砂)及强度要求

性能指标		水泥类型			
		CA-50	CA-60	CA-70	CA-80
细度		比表面积≥300m²/kg 或 0.045mm 筛筛余≤20%			
凝结时间	初凝时间/min，不早于	30	60	30	30
	终凝时间/h，不迟于	6	18	6	6
抗压强度/MPa	6h	20①	—	—	—
	1d	40	20	30	25
	3d	50	45	40	30
	28d	—	85	—	—
抗折强度/MPa	6h	3.0	—	—	—
	1d	5.5	2.5	5.0	4.0
	3d	6.5	5.0	6.0	5.0
	28d	—	10.0	—	—

注：① 表示当用户需要时，生产厂应提供结果

铝酸盐水泥的早期强度发展迅速，适用于工期紧急的工程，如国防、道路和特殊抢修工程等。

铝酸盐水泥的放热量与硅酸盐水泥大致相同，但其放热速率特别快，1d之内即可放出水化热总量的 70%～80%。使用时应特别注意，不能用于大体积混凝土工程。由于早期的水化放热量大，铝酸盐水泥在较低的气温下也能很好地硬化，可用于冬季施工的工程。

铝酸盐水泥硬化后，密实度较大，不含有铝酸三钙和氢氧化钙，因此，耐磨性很好，对矿物水和硫酸盐的侵蚀作用具有很高的抵抗能力。适用于耐磨要求较高的工程和受软水、海水和酸性水腐蚀及受硫酸盐腐蚀的工程。

铝酸盐水泥有较高的耐热性，如采用耐火粗细集料(如铬铁矿等)可制成使用温度达1300～1400℃的耐热混凝土。

铝酸盐水泥与硅酸盐水泥或石灰相混不但产生闪凝，而且由于生成高碱性的水化铝酸钙，使混凝土开裂破坏。因此，施工时除不得与石灰和硅酸盐水泥混合外，也不得与尚未硬化的硅酸盐水泥接触使用。铝酸盐水泥耐碱性极差，与碱性溶液接触，甚至在混凝土集料内含有少量碱性化合物，都会引起不断的侵蚀。因此，不得用于接触碱性溶液的工程。

铝酸盐水泥中的水化产物在温度发生变化时会发生晶型转变，晶型转变同时释放出大量游离水，孔隙率急剧增加，使得高铝水泥的长期强度特别是在湿热环境下会明显下降，甚至引起工程破坏，因此，许多国家限制高铝水泥应用于结构工程，也不宜用于处于高温高湿环境的工程。

3. 铝酸盐水泥的应用

(1) 适用于紧急抢修、抢建工程和需要早期强度的工程，如军事工程、桥梁、道路、机场跑道、码头、堤坝的紧急施工与抢修，经济建设中的紧急项目施工，设备基础的抢修，二次灌浆等，不宜用于长期承重的工程。

(2) 适用于冬季及低温下施工。铝酸盐水泥在 5～10℃下养护时，经常温时 1d 强度只降低 30.6%，3d 强度只降低 1.6%，而普通水泥在这种低温下必须采取保温养护。

(3) 适用于制作耐热和隔热混凝土及砌筑用耐热砂浆，如各种锅炉、窑炉所用的混凝土和耐热砂浆等。

(4) 适用于含硫酸盐的地下水、矿物水侵蚀的工程。与普通水泥相比较，铝酸盐水泥的耐硫酸性是突出的。

(5) 适用于油井和气井工程以及受交替冻融和交替干湿的构筑物，但不适于大体积工程。

(6) 铝酸盐水泥和石膏等配合，还可制成特殊用途的膨胀水泥和自应力水泥。

4.5 水泥的选用、验收、运输及保管

4.5.1 水泥的选用原则

水泥作为混凝土和砂浆中的胶结材料，其选用分为品种和标号等级的选用。水泥品种主要是根据工程的特点及所处的环境及气候加以选择。水泥标号的选用要根据混凝土和砂浆的设计强度等级来选用。

常用水泥的特性见表 4.37。

表 4.37　常用水泥的主要特性

品　　种	主 要 特 性
硅酸盐水泥	凝结硬化快，早期强度高，水化热大，抗冻性好，干缩性小，耐蚀性差，耐热性差
普通水泥	凝结硬化比较快，早期强度较高，水化热较大，抗冻性较好，干缩性较小，耐蚀性较差，耐热性较差
矿渣水泥	凝结硬化慢，早期强度低，后期强度增长较快，水化热较低，抗冻性差，干缩性大，耐蚀性较好，耐热性好，泌水性大
火山灰水泥	凝结硬化慢，早期强度低，后期强度增长较快，水化热较低，抗冻性差，干缩性大，耐蚀性较好，耐热性较好；抗渗性较好
粉煤灰水泥	凝结硬化慢，早期强度低，后期强度增长较快，水化热较低，抗冻性差，干缩性较小，抗裂性较好，耐蚀性较好，耐热性较好
复合水泥	与所掺两种或两种以上混合材料的种类、掺量有关，其特性基本上与矿渣水泥、火山灰水泥、粉煤灰水泥的特性相似

各类建筑工程，可针对其工程性质、结构部位、施工要求和使用环境条件等，按照表 4.38 进行选用。

表 4.38　常用水泥的选用

混凝土工程特点及所处环境条件			优 先 选 用	可 以 选 用	不 宜 选 用
普通混凝土	1	在一般气候环境中的混凝土	普通水泥	矿渣水泥、火山灰水泥、粉煤灰水泥、复合水泥	
	2	在干燥环境中的混凝土	普通水泥	矿渣水泥	火山灰水泥、粉煤灰水泥
	3	在高湿度环境中或长期处于水中的混凝土	矿渣水泥、火山灰水泥、粉煤灰水泥、复合水泥	普通水泥	
	4	厚大体积的混凝土	矿渣水泥、火山灰水泥、粉煤灰水泥、复合水泥		硅酸盐水泥、普通水泥
有特殊要求的混凝土	1	要求快硬、高强(>C40)的混凝土	硅酸盐水泥	普通水泥	矿渣水泥、火山灰水泥、粉煤灰水泥、复合水泥
	2	严寒地区的露天混凝土，寒冷地区处于水位升降范围内的混凝土	普通水泥	矿渣水泥(强度等级>32.5MPa)	火山灰水泥、粉煤灰水泥
	3	严寒地区处于水位升降范围内的混凝土	普通水泥(强度等级>42.5MPa)		矿渣水泥、火山灰水泥、粉煤灰水泥、复合水泥
	4	有抗渗要求的混凝土	普通水泥、火山灰水泥		矿渣水泥
	5	有耐磨性要求的混凝土	硅酸盐水泥、普通水泥	矿渣水泥(强度等级>32.5MPa)	火山灰水泥、粉煤灰水泥
	6	受侵蚀性介质作用的混凝土	矿渣水泥、火山灰水泥、粉煤灰水泥、复合水泥		硅酸盐水泥、普通水泥

4.5.2　水泥的验收

水泥是一种有效期短、质量极容易变化的材料，同时又是工程结构最重要的胶凝材料。水泥质量对建筑工程的安全性有十分重要的意义。因此，对进入施工现场的水泥必须进行验收、检查出厂合格证和实验报告、复试、仲裁检验等四个方面。

1. 包装标志和数量的验收

1)包装标志的验收

水泥的包装方法有袋装和散装两种。散装水泥一般采用散装水泥输送车运输至施工现场，采用气动输送至散装水泥储仓中储存。散装水泥与袋装水泥相比，免去了包装，可减少纸或塑料的使用，符合绿色环保，且能节约包装费用，降低成本。散装水泥直接由水泥厂供货，质量容易保证。

袋装水泥采用多层纸袋或多层塑料编织袋进行包装。在水泥包装袋上应清楚地标明产品名称，代号，净含量，强度等级，生产许可证编号，生产者名称和地址，出厂编号，执行标准号，包装年、月、日等主要包装标志。掺火山灰质混合材料的普通硅酸盐水泥，必须在包装上标上“掺火山灰”字样。包装袋两侧应根据水泥的品种，采用不同的颜色印刷水泥名称和强度等级：硅酸盐水泥和普通硅酸盐水泥采用红色；矿渣硅酸盐水泥采用绿色；火山灰质硅酸盐水泥、粉煤灰硅酸盐水泥和复合硅酸盐水泥采用黑色或蓝色。

散装发运时应提交与袋装标志相同内容的卡片。

2)数量的验收

水泥可以散装或袋装，袋装水泥每袋净含量为50kg，且应不少于标志质量的99%；随机抽取20袋总质量(含包装袋)应不少于1000kg。其他包装形式由供需双方协商确定，但有关袋装质量要求，应符合上述规定。

包装水泥在车上或卸入仓库后点袋计数，同时对包装水泥实行抽检，以防每袋重量不足。破袋的要灌袋计数并过秤，防止重量不足而影响混凝土和砂浆强度，产生质量事故。

罐车运送的散装水泥，可按出厂秤码单计量净重，但要注意卸车时要卸净，检查的方法是看罐车上的压力表是否为零及拆下的泵管是否有水泥。压力表为零、管口无水泥即表明卸净，对怀疑重量不足的车辆，可采取单独存放，进行检查。

2. 质量的验收

1)检查出厂合格证和出厂检验报告

水泥出厂应有水泥生产厂家的出厂合格证，内容包括厂别、品种、出厂日期、出厂编号和试验报告。试验报告内容应包括相应水泥标准规定的各项技术要求及试验结果，助磨剂、工业副产品石膏、混合材料的名称和掺加量，属旋窑或立窑生产。当用户需要时，生产者应在水泥发出之日起7d内寄发除28d强度以外的各项检验结果，32d内补报28d强度的检验结果。

水泥交货时的质量验收可抽取实物试样以其检验结果为依据，也可以水泥厂同编号水泥的试验报告为依据。采用何种方法验收由买卖双方商定，并在合同或协议中注明。

以水泥厂同编号水泥的试验报告为验收依据时，在发货前或交货时，买方在同编号水泥中抽取试样，双方共同签封后保存三个月；或委托卖方在同编号水泥中抽取试样，签封后保存三个月。在三个月内，买方对质量有疑问时，则买卖双方应将签封的试样送交有关监督检验机构进行仲裁检验。

以抽取实物试样的检验结果为验收依据时，买卖双方应在发货前或交货地共同取样和签封。取样方法按GB 12573—1990《水泥取样方法》进行，取样数量为20kg，缩分为二等份。一份由卖方保存40d，一份由买方按本标准规定的项目和方法进行检验。在40d以内，买方检验认为产品质量不符合GB 175—2007标准中的规定要求，而卖方又有异议时，则双方应将卖方保存的另一份试样送省级或省级以上国家认可的水泥质量监督检验机构进行仲裁检验。水泥安定性仲裁检验时，应在取样之日起10d以内完成。

以生产者同编号水泥的检验报告为验收依据时，在发货前或交货时买方在同编号水泥中取样，双方共同签封后由卖方保存90d，或认可卖方自行取样、签封并保存90d的同编号水泥的封存样。在90d内，买方对水泥质量有疑问时，则买卖双方应将共同认可的试样送省级或省级以上国家认可的水泥质量监督检验机构进行仲裁检验。

2)复验

按照《混凝土结构工程施工质量验收规范》(GB 50204—2002)以及工程质量管理的有关规定，用于承重结构的水泥，用于使用部位有强度等级要求的混凝土用水泥，或水泥出厂超过三个月(快硬硅酸盐水泥为超过一个月)和进口水泥，在使用前必须进行复验，并提供试验报告。水泥的抽样复验应符合见证取样送检的有关规定。

水泥复验的项目，在水泥标准中作了规定，包括不溶物、氧化镁、三氧化硫、烧失量、细度、凝结时间、安定性、强度和碱含量等九个项目。水泥生产厂家在水泥出厂时已经提供了标准规定的有关技术要求的试验结果，通常复验项目只检测水泥的安定性、凝结时间和胶砂强度三个项目。

3)仲裁检验

水泥出厂后三个月内，若购货单位对水泥质量提出疑问或施工过程中出现与水泥质量有关问题需要仲裁检验，则用水泥厂同一编号水泥的封存样进行。

若用户对体积安定性、初凝时间有疑问要求现场取样仲裁，则生产厂应在接到用户要求后，7d内会同用户共同取样，送水泥质量监督检验机构检验。生产厂在规定时间内不去现场，用户可单独取样送检，结果同等有效。仲裁检验由国家指定的省级以上水泥质量监督机构进行。

4.5.3 水泥的运输及保管

1. 运输与储存

水泥在运输与储存时不得受潮和混入杂物，不同品种和强度等级的水泥应分别储运，不得混杂。

2. 水泥的保管

进厂的水泥按不同生产厂家、不同品种、标号、批号分别存运，严禁混杂；施工中不应将品种不同的水泥随意换用或混合使用；水泥在储藏中必须注意防潮和防止空气的流动。若水泥保管不当，会使水泥因风化而影响水泥品质。即使是良好的储存条件，水泥也不宜久存。一般存放三个月以上的水泥，其强度降低10%～20%，六个月降低15%～30%，一年后降低25%～40%。五种水泥有效存放期规定为三个月(自出厂日期算起)。水泥的保质期只有三个月。

为节约资源，保护环境，建设卫生城市，应提倡使用商品混凝土和商品砂浆。国家规定在商品混凝土和商品砂浆中全部使用散装水泥。

3. 水泥运输与储存过程中的注意事项

(1)水泥在运输与储存时不得受潮和混入杂物，不同品种和强度等级的水泥在储运中避免混杂。

(2)储存水泥的库房应注意防潮、防漏。存放袋装水泥时，地面垫板要离地 30cm，四周离墙 30cm；袋装水泥堆垛不宜太高，以免下部水泥受压结硬，一般 10 袋为宜，若存放期短、库房紧张，亦不宜超过 15 袋。

(3)水泥的储存应按照水泥到货先后，依次堆放，尽量做到先存先用。

(4)水泥储存期不宜过长，以免受潮而降低水泥强度。储存期通用硅酸盐水泥为 3 个月，铝酸盐水泥为 2 个月，快硬水泥为 1 个月。通用硅酸盐水泥存放 3 个月以上为过期水泥，强度将降低 10%～20%，存放期越长，强度降低值也越大。过期水泥使用前必须重新检验强度等级，否则不得使用。

(5)水泥受潮程度的鉴别、处理和使用见表 4.39。

表 4.39　受潮水泥的鉴别、处理和使用

受潮情况	处理方法	使用
有粉块，用手可捏成粉	将粉块压碎	经试验后，根据实际强度使用
部分结成硬块	将硬块筛除，粉块压碎	经试验后，根据实际强度使用，用于低等级混凝土或砂浆中
大部分结成硬块	将硬块粉碎磨细	不能作为水泥使用，可当混合材料使用，掺量≤25%

习　　题

4.1　水泥的生产有哪些原料，对各种类的原料有何要求？

4.2　硅酸盐水泥的主要矿物组成是什么？它们对水泥的性能(如强度、水化反应速度和水化热等)有何影响？

4.3　硅酸盐水泥的主要水化产物是什么？硬化水泥石的结构怎样？

4.4　影响硅酸盐水泥凝结硬化的因素有哪些？如何影响？

4.5　评价水泥的主要技术指标有哪些？各自反应水泥的什么性质？

4.6　水泥石腐蚀的主要原因是什么？腐蚀的类型有哪几种？各自的腐蚀机理如何？防止水泥石腐蚀的措施有哪些？

4.7　制造硅酸盐水泥时为什么必须掺入适量的石膏？石膏掺得太少或过多，将产生什么情况？

4.8　矿渣水泥、粉煤灰水泥、火山灰水泥与硅酸盐水泥和普通硅酸盐水泥相比，三种水泥的共同特性是什么？

4.9　什么是铝酸盐水泥？铝酸盐水泥的特性及应用如何？

4.10　水泥的验收内容包括哪几个方面？其中数量的验收内容如何？

4.11　水泥在保管时需要注意哪些方面？

第 5 章　混　凝　土

学习目的： 了解普通混凝土基本组成材料的技术要求；掌握混凝土拌和物与硬化混凝土的主要技术性质及影响因素；掌握混凝土配合比计算和试验调整的方法；具备进行混凝土主要性能指标检测的能力。

5.1　概　　述

5.1.1　混凝土的定义

从广义上来讲，混凝土是由胶凝材料、粗细骨料(或称集料)和水及其他外掺材料按适当比例配合，经拌制、成形、养护及硬化而成的人工石材，简写为“砼”。目前，工程上使用最多的是普通混凝土，即以水泥为胶凝材料，砂石为集料，加水并掺入适量外加剂和掺合料拌制而成的混凝土。

5.1.2　混凝土的分类

混凝土可以从不同角度进行分类。

1. 按表观密度分类

(1) 重混凝土。干表观密度大于 2500kg/m^3，采用密度很大的重晶石、铁矿石、钢屑等重骨料和钡水泥、锶水泥等重水泥配制而成。重混凝土具有防射线性能，又称防辐射混凝土。主要用作核能工程的屏障结构材料。

(2) 普通混凝土。干表观密度为 1950～2500kg/m^3，用普通的天然砂石为骨料配制而成，为建筑工程中常用的混凝土。主要用作各种建筑的承重结构材料。

(3) 轻混凝土。干表观密度小于 1950kg/m^3，是采用陶粒等轻质多孔的骨料，或者不采用骨料而掺入加气剂或泡沫剂，形成多孔结构的混凝土。主要用作轻质结构材料和绝热材料。

2. 按所用胶凝材料分类

可分为水泥混凝土、沥青混凝土、石膏混凝土、水玻璃混凝土及聚合物混凝土等。

3. 按用途分类

可分为结构混凝土、防水混凝土、道路混凝土、防辐射混凝土、耐热混凝土、耐酸混凝土、大体积混凝土及膨胀混凝土等。

4. 按生产和施工方法分类

可分为泵送混凝土、喷射混凝土、碾压混凝土、挤压混凝土、离心混凝土、压力灌浆混凝土及预拌混凝土(商品混凝土)等。

5.1.3 混凝土的特点

混凝土是世界上用量最大的一种工程材料。应用范围遍及建筑、道路、桥梁、水利、国防工程等领域。近代混凝土基础理论和应用技术的迅速发展有力地推动了土木工程的不断创新。

混凝土具有原材料丰富，来源广泛，成本低，符合就地取材和经济原则；在凝结前具有良好的可塑性，可以按工程结构的要求，浇筑成各种形状和任意尺寸的整体结构或预制构件；硬化后有较高的力学强度(抗压强度可达 120MPa)和良好的耐久性；与钢筋有牢固的黏结力，两者复合成钢筋混凝土之后，能互补优缺点，大大扩展了混凝土的应用范围；可根据不同要求，通过调整配合比指出不同性能的混凝土；可充分利用工业废料作骨料或掺合料，有利于环境保护。所以，混凝土在土木工程中得到广泛应用。

混凝土除上述优点外，也存在自重大、养护周期长、导热系数较大、不耐高温、拆除废弃物再生利用性较差等缺点。随着混凝土新功能、新品种的不断开发，这些缺点正被不断克服和改进。例如，采用轻质骨料可显著降低混凝土的自重，提高比强度；掺入纤维或聚合物，可提高抗拉强度，大大降低混凝土的脆性；掺入减水剂、缓凝剂等外加剂，可显著缩短硬化周期，改善力学性能。

5.2 普通混凝土的组成材料

普通混凝土的基本组成材料是水泥、水、天然砂和石子，还常掺入适量的掺合料和外加剂。在普通混凝土中，砂、石起骨架作用，称为骨料。水泥和水组成的水泥浆填充在砂、石空隙中起填充作用，使混凝土获得必要的密实性；同时水泥浆又包裹在砂、石的表面，起润滑作用，使新拌混凝土具有成形时所必需的和易性；水泥浆还起胶结剂的作用，硬化后将砂石牢固地胶结成为一个整体(图 5.1)，成为坚硬的人造石材，并产生力学强度。

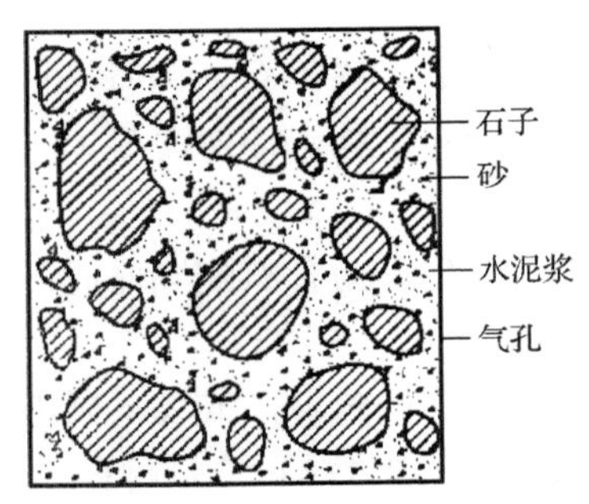

图 5.1 混凝土的结构

混凝土是一个宏观均质、微观非均质的堆聚结构，混凝土的质量和技术性能在很大程度上是由原材料的性质及其相对含量所决定的，同时也与施工工艺(配料、搅拌、捣实成形、养护等)有关。因此，首先必须了解混凝土原材料的性质、作用及质量要求，合理选择原材料，以保证混凝土的质量。

5.2.1 水泥

水泥在混凝土中起胶结作用，是最重要的材料，正确、合理地选择水泥的品种和强度等级，是影响混凝土强度、耐久性及经济性的重要因素。

1. 水泥品种的选择

配制混凝土用的水泥品种，应当根据工程性质及特点、工程所处环境及施工条件，依据各种水泥特性，合理选择。常用水泥品种的选用见表 5.1。

表 5.1　常用水泥的选用参考表

混凝土工程特点或所处环境条件		优先选用	可以选用	不得使用
环境条件	在普通气候条件环境中的混凝土	普通水泥	矿渣水泥、火山灰水泥、粉煤灰水泥、复合水泥	
	在干燥环境中的混凝土	普通水泥	矿渣水泥	火山灰水泥、粉煤灰水泥
	在高湿环境中或永远处在水下的混凝土	矿渣水泥	普通水泥、火山灰水泥、粉煤灰水泥、复合水泥	
	严寒地区的露天混凝土、寒冷地区的处在水位升降范围内的混凝土	普通水泥	矿渣水泥	火山灰水泥、粉煤灰水泥
	严寒地区处在水位升降范围内的混凝土	普通水泥(强度等级 ≥ 42.5)		矿渣水泥、火山灰水泥、粉煤灰水泥
	受侵蚀性环境水或侵蚀性气体作用的混凝土	根据侵蚀性介质的种类、浓度等具体条件按专门(或设计)规定选用		
工程特点	厚大体积的混凝土	矿渣水泥、粉煤灰水泥	火山灰水泥	快硬硅酸盐水泥、硅酸盐水泥
	要求快硬的混凝土	快硬硅酸盐水泥、硅酸盐水泥	普通水泥	矿渣水泥、火山灰水泥、粉煤灰水泥
	高强的混凝土	硅酸盐水泥	普通水泥	火山灰水泥、粉煤灰水泥
	有抗渗性要求的混凝土	普通水泥、火山灰水泥		矿渣水泥
	有耐磨性要求的混凝土	硅酸盐水泥、普通水泥		

2. 水泥强度等级的选择

水泥的强度应与要求配制的混凝土强度等级相适应。原则上是配制高强度等级的混凝土选用高强度等级的水泥，低强度等级的混凝土选用低强度等级的水泥。若用低强度等级的水泥配制高强度等级的混凝土，不仅会使水泥用量过多而不经济，还会降低混凝土的某些技术品质(如收缩率增大等)；反之，用高强度等级的水泥配制低强度等级的混凝土，若只考虑强度要求，会使水泥用量偏小，从而影响耐久性；若兼顾耐久性等要求，又会导致超强而又不经济。通常，配制一般混凝土时，水泥强度为混凝土设计强度等级的 1.5～2.0 倍；配制高强度混凝土时，水泥强度为混凝土设计强度等级的 0.9～1.5 倍。

但是，随着混凝土强度等级不断提高，以及采用了新的工艺和外加剂，高强度和高性能混凝土不受此比例约束。表 5.2 是建筑工程中水泥强度等级对应宜配制的混凝土强度等级的参考表。

表 5.2　水泥强度等级可配制的混凝土强度等级参考表

水泥强度等级	宜配制的混凝土强度等级	说　明
32.5	C15、C20、C25、C30	配制 C15 时，若仅满足混凝土强度要求，则水泥用量偏少，混凝土拌和物的和易性较差；若兼顾和易性，则混凝土强度会超标。配制 C30 时，水泥用量偏大
42.5	C30、C35、C40、C45	—
52.5	C40、C45、C50、C55、C60	—
62.5	≥ C60	—

5.2.2 骨料

骨料是混凝土的主要组成材料之一，在混凝土中起骨架作用。按其粒径大小不同，骨料可分为细骨料和粗骨料。粒径为 0.16～5mm 的岩石颗粒称为细骨料；粒径大于 5mm 的岩石颗粒称为粗骨料。粗细骨料的总体积占混凝土体积的 70%～80%，因此骨料的性能对所配制的混凝土性能有很大影响。为保证混凝土的质量，对骨料技术性能的要求主要有：有害杂质含量少；具有良好的颗粒形状，适宜的颗粒级配和细度；表面粗糙，与水泥黏结牢固；性能稳定、坚固耐久等。骨料性质与混凝土的性能的相互关系见表 5.3。

表 5.3　骨料性质与混凝土性能的相互关系

序号	骨 料 性 质	混凝土性能
1	颗粒表观密度、粒形、级配、颗粒最大尺寸	表观密度
2	强度、粒形、颗粒最大尺寸、表面状况、洁净度	强度
3	弹性模量、泊松比	弹性模量
4	弹性模量、粒形、颗粒最大尺寸、表面状况、洁净度	收缩、徐变
5	弹性模量、热膨胀系数	热膨胀系数
6	导热系数	导热系数
7	比热容	比热容
8	(1) 孔隙率、孔结构、渗透性、含泥量、安定性、抗拉强度、饱水度 (2) 孔结构、弹性模量 (3) 热膨胀系数、比热容 (4) 硬度、抗冲击韧性 (5) 含活性 SiO_2 成分	(1) 耐久性、抗冻性、安定性 (2) 抗干湿变化 (3) 抗冷热变化 (4) 耐磨性 (5) 抗碱-骨料反应

1. 细骨料

1) 细骨料的分类

细骨料分为天然砂、人工砂和工业灰渣砂。

天然砂指河砂、海砂和山砂，是在自然条件作用下形成的、粒径在 5mm 以下的颗粒。河砂、海砂由于受水流的冲刷作用，颗粒多呈圆形，表面较光滑，拌制混凝土时需水量较少，但砂粒与水泥间的胶结力较弱，而且海砂中常含有贝壳碎片及可溶性盐类等有害杂质；山砂颗粒多具棱角、表面粗糙，需水量较大，和易性差，但砂粒与水泥间的胶结力强，有时含较多的黏土等有害杂质。一般情况下不直接使用。

人工砂是岩石破碎后筛选而成的，棱角多，片状颗粒多，且石粉多，成本也高。在缺乏天然砂时，可考虑使用人工砂。细石屑、石英砂以及陶砂、膨胀珍珠岩、膨胀蛭石、聚苯乙烯膨珠等，都是人工砂或人工细骨料。

工业灰渣砂是指某些工业废渣或灰渣，在试验合格后，也可代替砂使用，化害为利。

2) 砂的表观密度、堆积密度

河砂的表观密度（ρ_{os}）为 2.50～2.70g/cm^3。ρ_{os} 大的砂结构致密，吸水率小。如 ρ_{os} 为 2.46、2.54、2.62、2.70 时，其吸水率分别为 6%、3.5%、2%、1%。干燥状态下砂的堆积密度（ρ'_{os}）为 1350～1650kg/m^3，一般可取 1450kg/m^3。干燥状态下砂的空隙率 P' 为 35%～45%。

3) 砂的含水状态

砂在实际使用时，一般是露天堆放的，受到环境温湿度的影响，往往处于不同的含水状态。在混凝土的配合比计算中，需要考虑砂的含水状态的影响。

砂的含水状态，从干到湿可分为以下 4 种状态。

(1) 全干状态。或称为烘干状态，是砂在烘箱中烘干至恒重，达到内、外部均不含水的状态，如图 5-2 (a) 所示。

(2) 气干状态。即在砂的内部含有一定水分，而表层和表面是干燥无水的。砂在干燥环境中自然堆放达到干燥往往是这种状态，如图 5.2(b) 所示。

(3) 饱和面干状态。即砂的内部和表层均含水达到饱和状态，而表面的开口孔隙及面层却处于无水状态，如图 5.2(c) 所示。拌和混凝土的砂处于这种状态时，与周围水的交换最少，对配合比中水的用量影响最小。

(4) 湿润状态。不同砂的内部含水饱和，其表面还被一层水膜覆裹，颗粒间被水所充盈。如图 5.2(d) 所示。

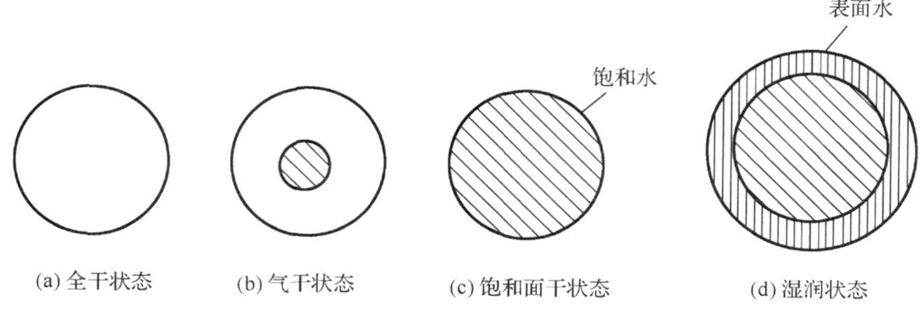

图 5.2　砂的含水状态

应指出的是，砂的含水湿润状况与其堆积体积变化有关，即砂具有湿胀特性。这是因为砂被水润湿后颗粒表面会形成一层水膜，引起松散砂子体积膨胀。湿胀量取决于砂的表面含水量和砂的细度。一般是砂表面含水率 5%～9%时，湿胀量可高达 20%～25%。当含水率再增加时，吸附的水膜便不复存在，水分发生迁移，砂子体积又逐渐缩小。当砂完全被水浸泡时，其体积又与干燥时的体积相同。在工程应用中，按体积比例配料时，砂的湿胀现象需加以注意。

4) 砂的颗粒级配及粗细程度

砂的粗细程度是指不同粒径的砂粒，混合在一起后的总体砂的粗细程度。砂子通常分为粗砂、中砂和细砂 3 种规格。在相同砂用量条件下，细砂的总表面积较小。在混凝土中砂子表面需用水泥浆包裹，赋予流动性和黏结强度，砂子的总表面积越大，则需要包裹砂粒表面的水泥浆就越多。一般用粗砂配制的混凝土比用细砂所用水泥量要省。

砂的颗粒级配是指不同大小颗粒和数量比例的砂子的组合或搭配情况。在混凝土中砂粒之间的空隙由水泥浆所填充，为达到节约水泥和提高强度的目的，应尽量减少砂粒之间的空隙。从图 5.3 可以看出：如果用同样粒径的砂，空隙率最大，如图 5.3(a) 所示；两种粒径的砂搭配起来，空隙率就减小，如图 5.3(b) 所示；三种粒径的砂搭配，空隙就更小，如图 5.3(c) 所示。因此，要减小砂粒间的空隙，就必须由大小不同的颗粒搭配。

在拌制混凝土时，砂的粗细和颗粒级配应同时考虑。若砂中含有较多的粗颗粒，并以适当的中颗粒及少量的细颗粒填充其空隙，则该种颗粒级配的砂，其空隙率及总表面积均较小，是比较理想的，不仅水泥用量少，还可以提高混凝土的密实性和强度。

砂的颗粒级配及粗细程度常用筛分析方法进行测定。用级配区表示砂的级配，用细度模数表示砂的粗细。筛分析方法，是用一套孔径为 0.15mm、0.30mm、0.60mm、1.18mm、2.36mm、4.75mm 的 6 个标准方孔筛，将 500g 干砂试样由粗到细一次过筛，然后称量余留在各筛上的砂量，并计算出各筛上的分计筛余百分率 $\alpha1$、$\alpha2$、$\alpha3$、$\alpha4$、$\alpha5$、$\alpha6$ (各筛上的筛余量占砂样总质量的百分率）及累计筛余百分率 A1、A2、A3、A4、A5、A6（各筛和比该筛粗的所有分计筛余百分率之和）。累计筛余百分率与分计筛余百分率的关系见表 5.4。

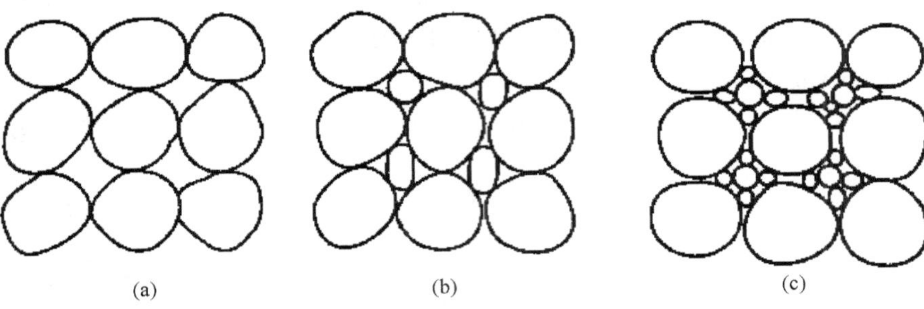

(a)　(b)　(c)

图 5.3　骨料的颗粒级配

表 5.4　累计筛余百分率与分计筛余百分率的关系

筛孔尺寸/mm	分计筛余/%	累计筛余/%
4.75	$\alpha 1$	$A1=\alpha 1$
2.36	$\alpha 2$	$A2=\alpha 1+\alpha 2$
1.18	$\alpha 3$	$A3=\alpha 1+\alpha 2+\alpha 3$
0.60	$\alpha 4$	$A4=\alpha 1+\alpha 2+\alpha 3+\alpha 4$
0.30	$\alpha 5$	$A5=\alpha 1+\alpha 2+\alpha 3+\alpha 4+\alpha 5$
0.15	$\alpha 6$	$A6=\alpha 1+\alpha 2+\alpha 3+\alpha 4+\alpha 5+\alpha 6$

砂的粗细程度用细度模数（M_x）表示，其计算公式为

$$M_x=[(A2+A3+A4+A5+A6)-5A1]/(100-A1)$$

细度模数（M_x）越大，表示砂越粗，普通混凝土用砂的细度模数范围为 1.6～3.7。其中，M_x 为 1.6～2.2 时为细砂，M_x 为 2.3～3.0 时为中砂，M_x 为 3.1～3.7 时为粗砂。

砂的级配曲线用级配区表示，以级配区或筛分曲线判定砂级配的合格性。对细度模数为 1.6～3.7 的普通混凝土用砂，根据 0.60mm 孔径筛（控制粒级）的累积筛余百分率，划分为 1 区、2 区、3 区共 3 个级配区，见表 5.5。

表 5.5　颗粒级配

级配区 / 累计筛余/% / 方筛孔径/mm	1 区	2 区	3 区
9.50	0	0	0
4.75	10～0	10～0	10～0
2.36	35～5	25～0	15～0
1.18	65～35	50～10	25～0
0.60	85～71	70～41	40～16
0.30	95～80	92～70	85～55
0.15	100～90	100～90	100～90

注：① 砂的实际颗粒级配与表中所列数字相比，除 4.75mm 和 0.60mm 筛孔外，可以略有超出，但超出总量应小于 5%

② 1 区人工砂中 0.15mm 筛孔的累积筛余可以放宽到 100～85，2 区人工砂中 0.15mm 筛孔的累积筛余可以放宽到 100～80，3 区人工砂中 0.15mm 筛孔的累积筛余可以放宽到 100～75

普通混凝土用砂的颗粒级配，应处于表 5.5 的任何一个级配区中，才符合级配要求。

以累计筛余百分率为纵坐标，以筛孔尺寸为横坐标，根据表 5.5 的数值可以画出砂 1、2、3 共 3 个级配区的筛分曲线，如图 5.4 所示。通过观察所计算的砂的筛分曲线是否完全落在 3 个级配区的任一区内，即可判定该砂级配的合格性。同时也可根据筛分曲线偏向情况大致判断砂的粗细程度，当筛分曲线偏向右下方时，表示砂较粗，筛分曲线偏向左上方时，表示砂较细。

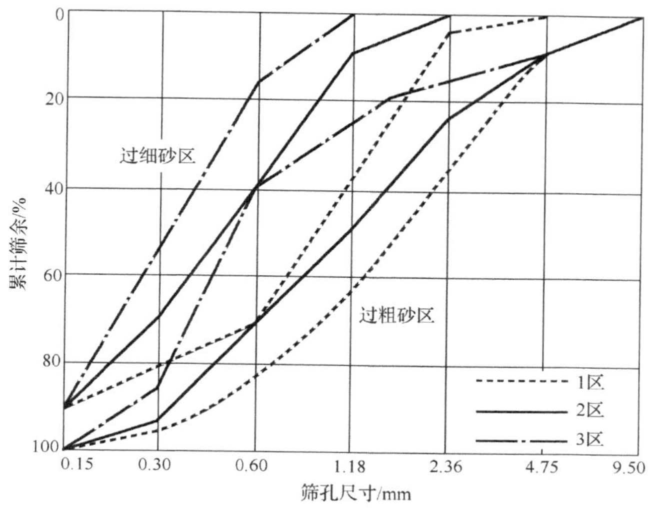

图 5.4　1、2、3 级配区的筛分曲线

配制混凝土时宜优先选用 2 区砂。当采用 1 区砂时，应适当提高砂率，并保证足够的水泥用量，以满足混凝土的和易性；当采用 3 区砂时，宜适当降低砂率，以保证混凝土的强度。在实际工程中，若砂的级配不合适，可采用人工掺配的方法来改善，即将粗、细砂按适当的比例进行掺合使用；或将砂过筛，筛除过粗或过细颗粒。

5) 对砂中有害杂质的限量

表 5.6　砂、石子中杂质及石子中针片状颗粒含量的规定(JG J 52—2006)

项　目		质量标准		
		≥ C60 混凝土	C30～C55 混凝土	≤ C25 混凝土
含泥量(泥块含量)，按重量计/%，不大于	砂	2.0(0.5)	3.0(1.0)	5.0(2.0)
	卵石或碎石	0.5(0.2)	1.0(0.5)	2.0(0.7)
硫化物，硫酸盐含量(折算为 SO_3)，按重量计/%，不大于	砂	1.0		
	卵石或碎石			
有机物含量(用比色法试验)	砂	颜色不应深于标准色，若深于标准色，则应进行水泥胶砂强度对比试验，抗压强度比应<0.95		
	卵石或碎石	颜色不应深于标准色，若深于标准色，则应进行水泥胶砂强度对比试验，抗压强度比应<0.95		
云母含量，按重量计/%，不大于	砂	2.0		
轻物质含量，按重量计/%，不大于	砂	1.0		
针片状颗粒含量，按重量计/%，不大于	卵石或碎石	8	15	25

泥黏附在骨料的表面，妨碍水泥石与骨料的黏结，降低混凝土强度，还会加大混凝土的干缩，降低混凝土的抗渗性和抗冻性。泥块在搅拌时不易散开，对混凝土性质的影响更为严重。所以，对于高强混凝土或有抗冻、抗渗、抗腐蚀方面要求时，对砂中含泥量，特别是块状黏土含量应严格限量。砂的含泥量是现场经常检验项目之一。

有机物是指天然砂中混杂的动植物的腐殖质或腐殖土等。有机物减缓水泥的凝结，影响混凝土的强度。

云母为层状构造，表面光滑，其有害作用主要是使混凝土内部出现未能胶结的软弱面，降低混凝土胶结能力，尤其是抗拉强度的减小更显著。砂中云母含量超过 2%时，混凝土的需水量几乎是直线增加，致使抗冻性、抗渗性和耐磨性明显降低。对有抗冻、抗渗要求的混凝土用砂的云母含量要从严控制。

砂中轻物质，一般指密度小于 2.0g/cm^3 的物质，如煤粒、贝壳、软岩粒等，它们会引起钢筋腐蚀或使混凝土表面因膨胀而剥离破坏。

海砂中氯盐含量，限值为水泥质量的 2%。预应力混凝土结构严格控制氯离子含量，不大于 0.02%。砂中硫酸盐含量大，易产生对混凝土中水泥石的膨胀性腐蚀。含量规定见表 5.6 所示。

6) 坚固性

砂的坚固性是指砂在自然风化和其他外界物理化学因素作用下抵抗破裂的能力。骨料坚固性与原岩的解理、孔隙率、孔分布、孔结构及其吸水能力等因素有关。

(1) 天然砂采用硫酸钠溶液法进行试验，砂样经 5 次循环后其质量损失应符合表 5.7 的规定。

表 5.7　坚固性指标

项　目	指　标		
	Ⅰ类	Ⅱ类	Ⅲ类
质量损失(小于)/%	8	8	10

(2) 人工砂采用压碎指标法进行试验，压碎指标值应小于表 5.8 中的规定。

表 5.8　压碎指标

项　目	指　标		
	Ⅰ类	Ⅱ类	Ⅲ类
单级最大压碎指标(小于)/%	20	25	30

一般的河砂和海砂都能满足这项要求。对同一产源的砂，在类似气候条件下已有使用的可靠经验时，可不作坚固性检验。

2. 粗骨料

粒径大于 5mm 的骨料称为粗骨料。粗骨料有天然形成、人工制造与利用工业灰渣之分。其中应用最广泛的仍属于天然岩石骨料。天然岩石骨料中使用最普遍的是卵石与碎石，它们用于配置密度为 2400kg/m^3 左右的水泥混凝土。

卵石即砾石，是岩石经多年的风化、冰川活动、岩石破碎，被水流冲刷、搬运， 在湖、河、海等水域或特定地域沉积的，外形浑圆、光洁，大小不等的石粒。

碎石是将坚硬的天然大块岩体(原岩)经爆破、机械破碎、过筛而得的，表面粗糙、多棱角的 5～80mm 的石粒。将卵石与碎石统称为“石子”。

对用于配制普通混凝土的卵石和碎石有以下技术要求。

1)表观密度、堆积密度、吸水率

石子的密度 $\rho_g \geqslant 2.55\text{g/cm}^3$，表观密度 ρ_{og} 为 2.50～2.90g/cm^3。吸水率 $W_g < 3\%$。石子的表观密度大，表明其结构致密，孔隙率小，吸水率也小，耐久性也好。而 $\rho_g < 2.55\text{g/cm}^3$ 的往往质地差，孔隙、层理较明显。石子的表观密度与吸水率的相关性如图 5.5 所示。

卵石的堆积密度 $\rho_0 = 1500～1800\text{kg/m}^3$，空隙率 P_0=37%～44%。

2)最大粒径、颗粒级配

与细骨料相同，混凝土对粗骨料的基本要求也是颗粒的总表面积要小，颗粒大小搭配要合理，以节约水泥，逐级填充形成最大的密实度。这两项要求分别用最大粒径和颗粒级配来表示。

(1)最大粒径。

骨料公称粒径的上限称为该粒级的最大粒径。如公称粒级 5～20mm 的石子，其最大粒径即 20mm。最大粒径反映了粗骨料的平均粗细程度。拌和混凝土中粗骨料的最大粒径加大，总表面积减小，单位用水量有效减少。在用水量和水灰比固定不变的情况下，最大粒径加大，骨料表面包裹的水泥浆层加厚，混凝土拌和物可获较高的流动性。若在工作性一定的前提下，可减小水灰比，使强度和耐久性提高。通常加大粒径可获得节约水泥的效果，但最大粒径过大(大于 100mm)时不但节约水泥的效率不再明显，而且会降低混凝土的抗拉强度，会对施工质量，甚至对搅拌机械造成一定的损害。

根据《混凝土结构工程施工质量验收规范》(GB 50204—2002)的规定，混凝土用的粗骨料的最大粒径不得超过构件截面最小尺寸的 1/4，且不得超过钢筋最小净间距的 3/4；对混凝土的实心板，骨料的最大粒径不宜超过板厚的 1/3，且不得超过 40mm。

(2)颗粒级配。

石子颗粒级配是表示构成粗骨料的不同粒径组之间的相互比例关系。它是混凝土材料科学中重要的一个技术问题。石子颗粒级配的优劣，关系混凝土拌和物的流动性、离析、泌水特性，以及水泥用量、混凝土强度、耐久性等。

粗骨料的级配也是通过筛分试验来确定的，其标准筛的孔径为 2.36mm、4.75mm、9.50mm、16.0mm、19.0mm、26.5mm、31.5mm、37.5mm、53.0mm、63.0mm、75.0mm、90.0mm 共 12 个筛。分计筛余百分率及累计筛余百分率的计算与砂相同。依据标准 GB/T 14685—2001，普通混凝土用碎石及卵石的颗粒级配范围应符合表 5.9 的规定。

表 5.9　碎石或卵石的颗粒级配

公称粒径/mm（累计筛余/%；方筛孔径/mm）		2.36	4.75	9.50	16.0	19.0	26.5	31.5	37.5	53.0	63.0	75.0	90
连续粒级	5～10	95～100	80～100	0～15	0								
	5～16	95～100	85～100	30～60	0～10	0							
	5～20	95～100	90～100	40～80	—	0～10	0						
	5～25	95～100	90～100	—	30～70	—	0～5	0					
	5～31.5	95～100	90～100	70～90	—	15～45	—	0～5	0				
	5～40	—	95～100	70～90	—	30～65	—	—	0～5	0			

续表

公称粒径/mm \ 累计筛余/% \ 方筛孔径/mm		2.36	4.75	9.50	16.0	19.0	26.5	31.5	37.5	53.0	63.0	75.0	90
单粒粒级	10～20		95～100	85～100		0～15	0						
	16～31.5		95～100		85～100			0～10	0				
	20～40			95～100		80～100			0～10	0			
	31.5～63				95～100			75～100	45～75		0～10	0	
	40～80					95～100			70～100		30～60	0～10	0

粗骨料的级配按供应情况不同，有连续级配和间断级配两种。连续级配是按颗粒尺寸由小到大连续分级（5mm～D_{max}），每级骨料都占有一定比例，如天然卵石。连续级配颗粒级差小（D/d≈2），配制的混凝土拌和物和易性好，不宜发生离析，目前利用较广泛。间断级配是人为剔除某些中断粒级颗粒，大颗粒的空隙直接由比其小得多的颗粒去填充，颗粒级差大（D/d≈6），空隙率的降低比连续级配要快得多，可最大限度地发挥骨料的骨架作用，减小水泥用量。但混凝土拌和物和易性产生离析现象，增加施工困难，工程应用较少。

单粒级宜用于组合成具有所要求级配的连续粒级，也可与连续粒级配合使用，以改善骨料级配或配成较大粒级的连续粒级。工程中不宜采用单一的单粒级粗骨料配制混凝土。

3）有害杂质含量

石子中含有黏土、淤泥、有机物、硫化物及硫酸盐和其他活性氧化硅等杂质。有的杂质影响黏结力，有的能和水泥产生化学作用而破坏混凝土结构。此外，针片状颗粒的含量也不宜过多。碎石和卵石中各种杂质的控制含量见表 5.10。

表 5.10　碎石或卵石的有害杂质含量表

项　　目	指　　标		
	Ⅰ类	Ⅱ类	Ⅲ类
含泥量（按质量计）/%	<0.5	<1.0	<1.5
泥块含量（按质量计）/%	0	<0.5	<0.7
针片状颗粒（按质量计）/%	<5	<15	<25
有机物	合格	合格	合格
硫化物及硫酸盐（按 SO_3 质量计）/%	0.5	1.0	1.0

4）强度

为保证混凝土强度，粗骨料必须有足够的强度。碎石和卵石的强度，采用岩石立方体强度和压碎指标两种方法检验。

岩石立方体强度检验是将碎石的母岩制成边长为 5cm 的立方体或直径与高均为 5cm 的圆柱体试件，浸水饱和后，测定其极限抗压强度。根据标准规定，岩石抗压强度：火成岩应不小于 80MPa；变质岩应不小于 60MPa；水成岩应不小于 30MPa。

压碎指标是石子抵抗压碎的能力，压碎指标值越小，表示石子抵抗受压破坏的能力越强，间接地表示了石子强度的高低。

5）坚固性

骨料颗粒在气候、外力及其他物理学因素作用下抵抗碎裂的能力称为坚固性。骨料的坚固性，采用硫酸钠溶液浸泡法来检验。该种方法是将骨料颗粒在硫酸钠溶液中浸泡若干次，取出烘干后，测其在硫酸钠结晶晶体的膨胀作用下骨料的质量损失率，来说明骨料的坚固性，其指标符合表 5.11。

表 5.11 碎石和卵石的坚固性指标(GB/T 14685—2001)

项 目	指 标		
	I 类	II 类	III类
质量损失(小于)/%	<5	<8	<12

5.2.3 混凝土拌和及养护用水

水是混凝土的主要组分之一。对混凝土用水的质量要求为：不影响混凝土的凝结和硬化；无损于混凝土强度发展及耐久性；不加快钢筋锈蚀；不引起预应力钢筋脆断；不污染混凝土表面。因此，《混凝土拌和用水标准》(JGJ 63—2006)对混凝土用水提出了具体的质量要求。

混凝土用水按水源不同，可分为饮用水、地表水、地下水、海水以及适当处理后的工业废水。拌制及养护混凝土宜采用饮用水。地表水和地下水常溶有较多的有机质和矿物盐类，必须按标准规定检验合格后方可使用。海水中含有较多的硫酸盐和氯盐，影响混凝土的耐久性和加速混凝土中钢筋的锈蚀，因此对于钢筋混凝土和预应力混凝土结构，不得采用海水拌制；对有释面要求的混凝土，也不得采用海水拌制，以免因表面产生盐析而影响装饰效果。工业废水经检验合格后方可用于拌制混凝土。生活污水的水质比较复杂，不能用于拌制混凝土。

对水质有怀疑时，应将待检验水与蒸馏水分别作水泥凝结时间和砂浆或混凝土强度对比试验。对比试验测得的水泥初凝时间差和终凝时间差，均不得超过 30min，且其初凝时间及终凝时间符合国家水泥标准的规定。用待检验水配制的水泥砂浆或混凝土的 28d 抗压强度不得低于用蒸馏水配制的对比砂浆或混凝土强度的90%。混凝土用水中各种物质含量限值见表5.12。

表 5.12 水中物质含量限值(JGJ 63—2006)

项 目	预应力混凝土	钢筋混凝土	素混凝土
pH	≥4	≥4.5	≥4.5
不溶物/(mg/L)	≤2000	≤2000	≤5000
可溶物/(mg/L)	≤2000	≤5000	≤10000
氯化物(以 Cl^- 计)/(mg/L)	≤500	≤1000	≤3500
硫酸盐(以 SO_4^{2-} 计)/(mg/L)	≤600	≤2000	≤2700
碱含量/(mg/L)	≤1500	≤1500	≤1500

注：① 使用钢丝或经热处理的预应力混凝土，氯化物含量不得超过 350mg/L

② 对于涉及使用年限为 100 年的结构混凝土，氯离子含量不得超过 500mg/L

5.2.4 混凝土掺合料

混凝土矿物掺合料是指在配制混凝土时加入的能改变新拌混凝土和硬化混凝土性能的粉体外加剂，也称为矿物外加剂，是混凝土的第六组分。混凝土常用的矿物掺合料有粉煤灰、粒化高炉矿渣粉、硅灰、沸石粉、燃烧煤矸石等，其中粉煤灰应用最普遍。矿物掺合料，俗称矿物超细粉，它以各种矿物掺合料为主要成分，可以同时复合一些化学物质，用以代替部分水泥、改善混凝土性能的外加剂。高质量的超细粉必须具有如下三大特征：以氧化硅、氧化铝或氧化钙、熟料矿物、石膏等磨细矿渣粉为基本组成材料；矿渣粉具有一定反应活性，在混凝土中可代替部分水泥，改善混凝土性能；一般掺量超过水泥总量的 5%，细度与水泥细度相同或比水泥更细。根据不同用途，矿物外加剂可由矿物掺合料加化学外加剂配制成多种功能的粉体外加剂，如泵送剂、早强剂、速凝剂、防冻剂、防水剂、膨胀剂等。

1. 粉煤灰

粉煤灰又称飞灰，是由燃烧煤粉的锅炉烟气中收集到的细粉末，其颗粒多呈球形，表面光滑，大部分由直径以微米计的实心或中空玻璃微珠以及少量的莫来石、石英等结晶物质所组成。粉煤灰质量要求和等级根据国家标准《用于水泥和混凝土中的粉煤灰》(GB 1596—2005)的规定，按煤种分为 F 类和 C 类。F 类粉煤灰是指由无烟煤或烟煤煅烧收集的粉煤灰。C 类粉煤灰是由褐煤或次烟煤煅烧收集的粉煤灰，其氧化钙含量一般大于 10%。拌制混凝土和砂浆用粉煤灰分为三个等级：Ⅰ级、Ⅱ级、Ⅲ级，其技术要求见表 5.13。

表 5.13　拌制混凝土和砂浆用粉煤灰技术要求

项　目	粉煤灰类别	技术要求		
		Ⅰ级	Ⅱ级	Ⅲ级
细度(45μm 方孔筛筛余)/%	F 类	≤12.0	≤25.0	≤45.0
	C 类			
需水量比/%	F 类	≤95	≤105	≤115
	C 类			
烧失量/%	F 类	≤5.0	≤8.0	≤15.0
	C 类			
含水量/%	F 类	1.0		
	C 类			
三氧化硫/%	F 类	≤3.0		
	C 类			
游离氧化钙/%	F 类	≤1.0		
	C 类	≤4.0		
雷氏夹沸煮后增加距离/mm	C 类	≤5.0		

2. 硅灰

硅灰又称硅粉或硅烟灰，是从生产硅铁合金或硅钢等所排放的烟气中收集到的颗粒极细的烟尘，色呈浅灰到深灰。硅灰的颗粒是微细的玻璃球体，部分粒子凝聚成片或球状的粒子。其平均粒径为 0.1～0.2μm，是水泥颗粒粒径的 1/100～1/50，比表面积高达 $2.0\times10^4 m^2/kg$。其主要成分是 SiO_2(占 90%以上)，它的活性要比水泥高出 1～3 倍。以 10%硅灰等量取代水泥，混凝土强度可提高 25%以上。由于硅灰具有高比表面积，因而其需水量很大，将其作为混凝土掺合料，必须配以减水剂，方可保证混凝土的和易性。硅粉混凝土的特点是特别早强和耐磨，很容易获得早强，而且耐磨性优良。硅粉使用时掺量较少，一般为胶凝材料总重的 5%～10%，且不高于 15%，通常与其他矿物掺合料复合使用。

3. 磨细矿渣粉

磨细矿渣粉是指将粒化高炉矿渣经干燥、磨细达到相当细度且符合相应活性指数的粉状材料，细度大于 350m^2/kg，一般为 400～600m^2/kg，其活性比粉煤灰高。磨细矿渣粉和粉煤灰复合掺入时，矿渣粉弥补了粉煤灰的先天“缺钙”的不足，而粉煤灰又可起到辅助减水作用，掺粉煤灰的混凝土的自干燥收缩和干燥收缩都很小，上述问题可以得到缓解。而且复掺可改善颗粒级配和混凝土的孔结构，进一步提高混凝土的耐久性，是未来商品混凝土发展的趋势。

4. 沸石粉

沸石粉是天然的沸石岩磨细而成的，具有很大的内表面积。沸石岩是经天然煅烧后的火山岩质铝硅酸盐矿物，含有一定量活性 SiO_2 和 Al_2O_3，能与水泥水化析出的氢氧化钙作用，生成 C-S-H 和 C-A-H。

5. 煅烧煤矸石

煤矸石是煤矿开采或洗煤过程中所排除的夹杂物，主要成分是 SiO_2 和 Al_2O_3，其次是 Fe_2O_3 及少量的 CaO 和 MgO 等，经过高温煅烧后，使所含黏土矿物脱水分解，并去除碳分，烧掉有害物质，使其具有较好的活性。

矿物外加剂与绿色高性能混凝土概念紧密联系，研究混凝土矿物外加剂的目的在于合理使用工业废弃物，如粉煤灰、矿渣、硅粉、火山灰及沸石粉等，尽可能降低资源与能源消耗，其重要性还在于减少混凝土缺陷，提高混凝土质量和耐久性，特别是提高混凝土在严酷自然条件下的使用寿命。

5.3 混凝土拌和物的技术性质

新拌和的混凝土在凝结之前称为混凝土拌和物，又称新拌混凝土，混凝土拌和物必须具有良好的和易性，才能便于施工和获得均匀密实的混凝土，从而保证混凝土的强度和耐久性。

5.3.1 混凝土拌和物的和易性

1. 和易性的概念

和易性是指混凝土拌和物易于施工操作(搅拌、运输、浇筑、捣实)，并能获得质量均匀、成形密实的混凝土的性能。和易性是一项综合性的技术指标，包括流动性、黏聚性和保水性等三方面的性能。

流动性是指混凝土拌和物在自重或外力作用下，能产生流动并均匀密实地填满模型的性能。流动性的大小，反映混凝土拌和物的稀稠程度，直接影响浇捣施工的难易和混凝土质量。

黏聚性是指混凝土拌和物内组分之间具有一定的凝聚力，在运输和浇筑过程中不致发生分层离析现象，使混凝土保持整体均匀的性能。

保水性是指混凝土拌和物具有一定保持内部水分的能力，在施工过程中不致产生严重的泌水现象。保水性差的混凝土拌和物，在施工过程中，一部分水易从内部析出至表面，在混凝土内部形成泌水通道，使混凝土的密实性变差，降低混凝土的强度和耐久性。

混凝土拌和物的流动性、黏聚性、保水性三者之间互相关联又相互矛盾。若黏聚性好，则往往保水性也好，但流动性可能较差；当增大流动性时，黏聚性和保水性往往变差。因此，拌和物的和易性良好，就是要使这三方面的性能在某种条件下得到统一，达到均匀良好的状况。

2. 和易性的测定方法

混凝土拌和物的和易性的测定方法常用的有坍落度试验法和维勃稠度测定法两种。

1) 坍落度试验法

坍落度试验法是将按规定配合比配制的混凝土拌和物按规定方法分层装填至坍落度筒内，并分层用捣棒插捣密实，然后提起坍落度筒，最后测量筒高与坍落后混凝土试体最高点之间的高度差，即坍落度值(以 mm 计)，以 SL 表示，如图 5.5 所示。坍落度是流动性(亦称稠度)的指标，坍落度值越大，流动性越大。

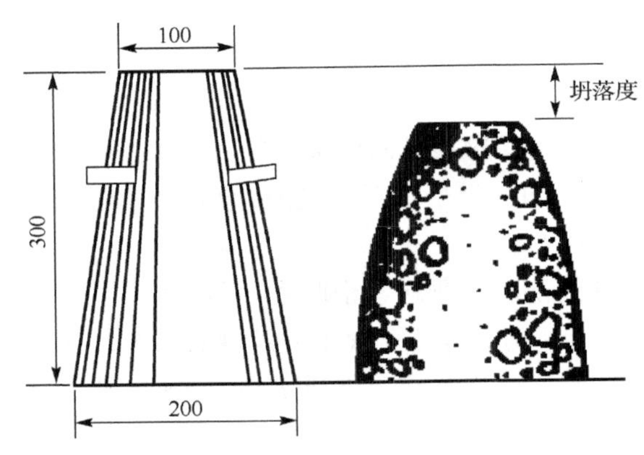

图 5.5　混凝土拌和物坍落度测定示意图(单位：mm)

在测定坍落度的同时，观察确定黏聚性。用捣棒侧击混凝土拌和物的侧面，若其逐渐下沉，则表示黏聚性良好；若混凝土拌和物发生坍塌，部分崩裂，或出现离析，则表示黏聚性不好。保水性以在混凝土拌和物中稀浆析出的程度来评定。坍落度筒提起后若有较多稀浆自底部析出，部分混凝土因失浆而骨料外露，则表示保水性不好；若坍落度筒提起后无稀浆或仅有少量稀浆自底部析出，则表示保水性好。

采用坍落度试验法测定混凝土拌和物的和易性，操作简便，故应用广泛。但该种方法的结果受操作技术的影响较大，尤其是黏聚性和保水性，主要靠试验者的主观观测而定，人为因素影响较大。

根据《普通混凝土配合比设计规程》(JGJ 55—2000)，由坍落度的大小可将混凝土拌和物分为干硬性混凝土(SL < 10mm)、塑性混凝土(SL = 10～90mm)、流动性混凝土(SL = 100～150mm)和大流动性混凝土(SL ≥ 160mm)4 类。坍落度试验法一般仅适用于骨料最大粒径不大于 40mm，坍落度值不小于 10mm 的混凝土拌和物流动性的测定。

2) 维勃稠度试验法

该种方法主要适用于干硬性混凝土。若采用坍落度试验法，测出的坍落度值过小，不易准确说明其工作性。维勃稠度试验法是将坍落度筒置于一振动台的圆桶内，按规定方法将混凝土拌和物分层装填，然后提起坍落度筒，启动振动台，如图 5.6 所示。从起振开始到混凝土拌和物在振动作用下逐渐下沉变形直到其上部的透明圆盘的底面被水泥浆布满时的时间为维勃稠度(单位为 s)。维勃稠度值越大，说明混凝土拌和物的流动性越小。根据国家标准，该种方法适用于骨料粒径不大于 40mm，维勃稠度值在 5～30s 的混凝土拌和物和易性的测定。

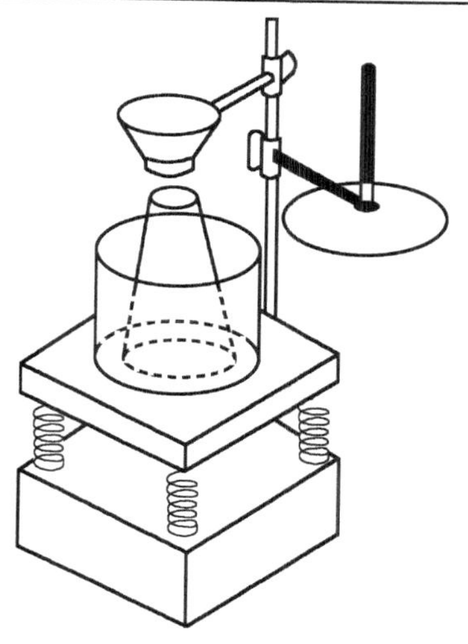

图 5.6 混凝土拌和物维勃稠度测定示意图

5.3.2 影响混凝土拌和物和易性的主要因素

1. 水泥浆的影响

水泥浆是混凝土中的润滑剂。在水灰比不变时，增加水泥浆的数量可以有效地提高流动性，但水泥浆过多将会出现流浆现象，使拌和物的黏聚性变差。在水泥浆数量不变的情况下，若水灰比减小，则水泥浆变稠，拌和物的黏聚性改善而流动性减小；若增大水灰比，则拌和物流动性提高而黏聚性、保水性变差。

2. 砂率的影响

混凝土中砂子的用量占砂石骨料总用量的百分率称为砂率。砂率过大，意味着骨料的总表面很大，在水泥浆不变的情况下，水泥浆的包裹层将很薄，减弱了润滑作用，致使流动性降低。若砂率过小，说明砂量很少，而粗骨料很多。这时，很少的水泥砂浆量难以充分地包裹粗骨料表面，将使流动性下降。为了保证混凝土拌和物具有良好的和易性，应选用最佳砂率。在水泥浆数量不变的情况下，采用最佳砂率可使拌和物具有较大的流动性。当保持坍落度不变的条件下，采用最佳砂率能减少水泥用量。

3. 水泥品种和细度的影响

一般来说，普通水泥拌制的混凝土拌和物的流动性和保水性较好。火山灰水泥需水量较大，密度小，在用水量小的条件下，所配制的混凝土拌和物的黏聚性好而流动性差，矿渣水泥配制的混凝土拌和物易泌水，流动性大。

4. 骨料的影响

级配良好的骨料，具有较小的空隙率，在水泥浆数量一定的条件下，可形成较厚的水泥浆包裹层，润滑作用大，拌和物流动性提高。另外，骨料的颗粒形状、表面粗糙度、含泥量大小均会影响拌和物的和易性。

5. 混凝土外加剂的影响

在混凝土拌和物中掺入适量的外加剂，如减水剂、引气剂，可改善其和易性。

5.3.3 改善混凝土和易性的主要措施

根据上述影响混凝土拌和物工作性的因素，可采取以下相应的技术措施来改善混凝土拌和物的工作性。

(1) 在水灰比不变的前提下，适当增加水泥浆的用量。

(2) 通过试验，采用合理砂率。

(3) 改善砂、石料的级配，一般情况下尽可能采用连续级配。

(4) 调整砂、石料的粒径。若要加大流动性，可加大粒径；若欲提高黏聚性和保水性，可减小骨料的粒径。

(5) 掺加外加剂。采用减水剂、引气剂、缓凝剂都可有效地改善混凝土拌和物的工作性。

(6) 根据具体环境条件，尽可能缩小新拌混凝土的运输时间。若不允许，可掺缓凝剂、流变剂，减小坍落度损失。

5.3.4 混凝土拌和物的凝结时间

凝结是混凝土拌和物固化的开始，由于各种因素的影响，混凝土的凝结时间与配制混凝土所用水泥的凝结时间不一致。凝结快些的水泥配制出的混凝土拌和物，在用水量和水泥用量比不一样的情况下，未必比凝结慢些的水泥配出的混凝土凝结时间短。

混凝土拌和物的凝结时间通常是用贯入阻力法进行测定的。所使用的仪器为贯入阻力仪。先用 5mm 筛孔的筛从拌和物中筛取砂浆，按一定方法装入规定的容器中，然后每隔一定时间测定砂浆灌入一定深度时的贯入阻力，绘制贯入阻力与时间关系的曲线，以贯入阻力 3.5MPa 及 28.0MPa 划两条平行于时间坐标的直线，直线与曲线交点的时间即分别为混凝土的初凝和终凝时间。这是从实用角度人为确定用该初凝时间表示施工时间的极限，终凝时间表示混凝土力学强度的开始发展。了解凝结时间所表示的混凝土特性的变化，对制定施工进度计划和比较不同种类外加剂的效果很有用。

5.4 混凝土的强度

混凝土的强度有抗压强度、抗拉强度、抗剪强度、疲劳强度等多种，但以抗压强度最为重要。一方面，抗压是混凝土这种脆性材料最有利的受力状态；另一方面，抗压也是判定混凝土质量的最主要的依据。

5.4.1 普通混凝土受压破坏的特点

混凝土受压一般有三种破坏形式：一是骨料先破坏；二是水泥石先破坏；三是水泥石与粗骨料的结合面发生破坏。在普通混凝土中，第一种破坏形式不可能发生，因拌制普通混凝土的骨料强度一般都大于水泥石。第二种破坏形式仅会发生在骨料少而水泥石过多的情况下，在一般配合比正常时也不会发生。最可能发生的受压破坏形式是第三种，即最早的破坏在水泥石与粗骨料的结合面上。水泥石与粗骨料的结合面由于水泥浆的泌水及水泥石的干缩而存在早期微裂缝，随着所加外荷载的逐渐加大，这些微裂缝逐渐加大、发展，并迅速进入水泥石，最终造成混凝土的整体贯穿开裂。由于普通混凝土这种受压破坏特点，水泥石与粗骨料结合面的黏结强度就成为普通混凝土抗压强度的主要决定因素。

5.4.2　混凝土的轴心抗压强度(f_{cp})

确定混凝土强度等级采用立方体试件，但实际工程中钢筋混凝土构件形式极少是立方体的，大部分是按柱体形或圆柱体形。为了使测得的混凝土强度接近于混凝土构件的实际情况，在钢筋混凝土结构计算中，计算轴心受压构件(如柱子、桁架的腹杆等)时，都采用混凝土的轴心抗压强度 f_{cp} 作为设计依据。

根据国家标准(GB/T 50081—2002)的规定，轴心抗压强度采用 150mm×150mm×300mm 的棱柱体作为标准试件，若有必要，也可采用非标准尺寸的棱柱体试件，尺寸为 100mm×100mm×300mm 和 200mm×200mm×400mm，当混凝土的强度等级低于 C60 时，应分别乘以尺寸换算系数 0.95 和 1.05。轴心抗压强度值比同截面的立方体抗压强度值小，按柱体试件高宽比(h/a)越大，轴心抗压强度越小，但当 h/a 达到一定值后，强度不再降低。在立方体抗压强度为 10～55MPa 时，轴心抗压强度 $f_{cp}\approx(0.70\sim0.80)f_{cc}$。

5.4.3　混凝土的抗压强度及强度等级

我国采用立方体抗压强度作为混凝土的强度特征值。

我国现行规范《混凝土结构设计规范》(GB 50010—2002)规定：普通混凝土按立方体抗压强度标准值划分为 C15、C20、C25、C30、C35、C40、C45、C50、C55、C60、C65、C70、C75 和 C80 共 14 个等级。

混凝土的立方体抗压强度标准值系按标准方法制作和养护的边长为 150mm 的立方体试件，龄期为 28d 时，用标准试验方法测得的抗压强度总体分布中的一个值，强度低于该值的百分率不超过 5%。

测定混凝土立方体试块的抗压强度，可根据粗骨料最大粒径，按表 5.14 选择试块尺寸。其中，边长为 150mm 的立方体试块为标准试块，边长为 100mm、200mm 的立方体试块为非标准试块。当采用非标准尺寸试块确定强度时，应将其抗压强度乘以相应的系数，折算成标准试块强度值，以此确定其强度等级。折算系数见表 5.14。

表 5.14　试件尺寸换算系数

骨料最大粒径/mm	试件尺寸/mm	折算系数
≤31.5	100×100×100	0.95
40	150×150×150	1.00
60	200×200×200	1.05

5.4.4　混凝土的抗拉强度(f_{ts})

混凝土的抗拉强度只有抗压强度的 1/20～1/10，并且这个比值随着混凝土强度等级的提高而降低。由于混凝土受拉时呈脆性断裂，破坏时无明显残余应变，故在钢筋混凝土结构设计中，不考虑混凝土承受拉力，而是在混凝土中配以钢筋，由钢筋来承受结构中的拉力。但是混凝土抗拉强度对于混凝土抗裂性具有重要作用，它是结构设计中确定混凝土抗裂度的主要指标，有时也用它来间接衡量混凝土与钢筋间的黏结强度，并预测由于干湿变化和温度变化而产生裂缝的情况。

用轴向拉伸试件测定混凝土的抗拉强度，荷载不易对准轴线，夹具处常发生局部破坏，致使测值很不准确，故我国目前采用由劈裂抗拉强度试验法间接得出混凝土的抗拉强度，称为劈裂抗拉强度(f_{ts})。标准规定，劈裂抗拉强度采用边长为150mm的立方体试件，在试件两个相对的表面上加上垫条，如图5.7所示。当施加均匀分布的压力时，就能在外力作用的竖向平面内，产生均匀分布的拉应力，如图5.8所示，该应力可以根据弹性理论计算得出。这个办法不但大大简化了抗拉试件的制作，并且能较正确地反映试件的抗拉强度。

劈裂抗拉强度计算公式为

$$f_{ts}=\frac{2F}{\pi A}=0.637A$$

式中，f_{ts}为混凝土劈裂抗压强度(MPa)；F为破坏荷载(N)；A为试件劈裂面积(mm^2)。

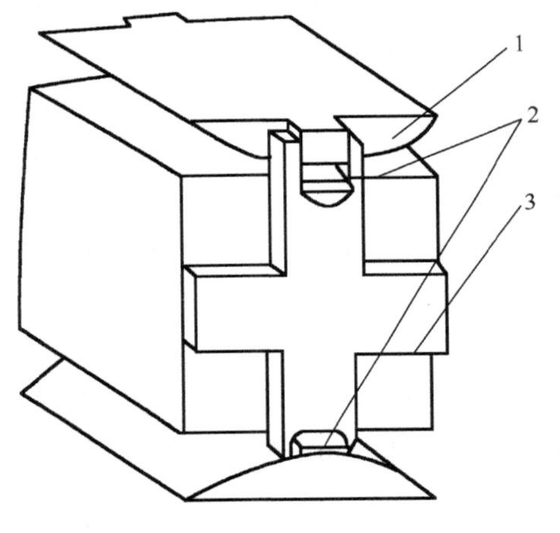

图5.7　支架示意图

1-垫块；2-垫条；3-支架

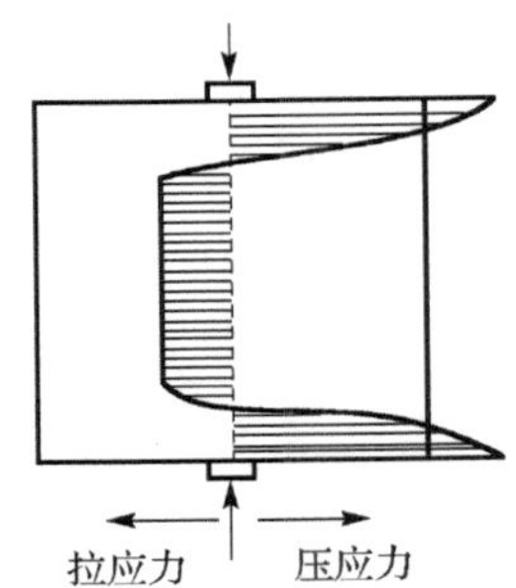

图5.8　劈裂试验时垂直于受力面积的应力分布

混凝土的劈裂抗拉强度与混凝土标准立方体抗压强度之间的关系，可用经验公式表达如下：

$$f_{ts}=0.35f_{cc}^{3/4}$$

5.4.5　提高混凝土强度的措施

现代混凝土的强度不断提高，C40、C50强度等级的普通混凝土应用已很普遍，提高混凝土强度的技术措施主要有以下几点。

1) 采用高强度等级的水泥

提高水泥的强度等级可有效增加混凝土的强度，但由于水泥强度等级的增加受到原料、生产工艺的制约，故单纯靠提高水泥强度来达到提高混凝土强度的目的，往往是不现实的，也是不经济的。

2) 降低水灰比

这是提高混凝土强度的有效措施，混凝土拌和物的水灰比降低，可降低硬化混凝土的孔隙率，明显增加水泥与骨料间的黏结力，使强度提高，但降低水灰比，会使混凝土拌和物的工作性下降，因此，必须有相应的技术措施配合，如采用机械强力振捣，掺加提高工作性的外加剂等。

3) 湿热养护

除采用蒸气养护、蒸压养护、冬季骨料预热等技术措施外，还可利用蓄存水泥本身的水化热来提高强度的增跃速度。

4) 龄期调整

如前所述，混凝土随着龄期的延续，强度会持续上升。实践证明，混凝土的龄期在 3～6 个月时，强度较 28d 会提高 25%～50%。工程某些部位的混凝土若在 6 个月后才能满载使用，则该部位的强度等级可适当降低，以节约水泥。但具体应用时，应得到设计、管理单位的批准。

5) 改善施工工艺

采用机械搅拌和强力振捣，都可使混凝土拌和物在低水灰比的情况下更加均匀、密实地浇筑，从而获得更高的强度。近年来，国外研制的高速搅拌法、二次投料搅拌法及高频振捣法等新的施工工艺在国内的工程中得到应用，取得了较好的效果。

6) 掺加外加剂

掺加外加剂是提高混凝土强度的有效方法之一，减水剂和早强剂都对混凝土的强度发展起到明显的作用。尤其是在高强混凝土(强度等级大于 C60)的设计中，采用高效减水剂已成为关键的技术措施。但需指出的是，早强剂只可提高混凝土的早期(≤10d)强度，而对 28d 的强度影响都不大。

5.4.6　影响混凝土强度的因素

在荷载作用下，混凝土破坏形式通常有三种，最常见的是骨料与水泥石的界面破坏；其次是水泥石本身的破坏；第三种是骨料的破坏，在普通混凝土中，骨料破坏的可能性较小，因为骨料的强度通常大于水泥石的强度及其骨料表面的黏结强度。而水泥石的强度及其与骨料的黏结强度与水泥的强度等级、水灰比及骨料的性质有很大关系，另外，混凝土强度还受施工质量、养护条件及龄期的影响。

1. 水泥强度等级及其水灰比的影响

对于传统混凝土，水泥强度等级及其水灰比是影响混凝土强度最主要的因素。水泥石混凝土的活性组分，其强度大小直接影响混凝土强度。在水灰比不变的前提下，水泥强度等级越高，硬化后的水泥石强度和胶结能力越强，混凝土的强度也就越高。当采用同一品种、统一强度等级的水泥时，混凝土的强度取决于水灰比。水泥石的强度来源于水泥的水化反应，按照理论计算，水泥水化所需的结合水一般只占水泥质量的 23%左右，即水灰比为 0.23；但为了使混凝土具有一定的流动性，以满足施工的要求，以及在施工过程中水分蒸发等过程中，形成毛细管通道及在大颗粒骨料下部形成水隙，大大减少了混凝土抵抗荷载的有效界面，受力时，在水泡周围产生应力集中，降低水泥石与骨料的黏结强度。但是如果水灰比过小，混凝土拌和物流动性很小，很难保证浇灌、振实的质量，混凝土中将出现过多的蜂窝与孔洞，强度也将下降。试验证明，混凝土的强度随着水灰比的增加而降低，呈曲线关系，而混凝土强度与灰水比呈直线关系，如图 5.9 所示。根据工程经验，常用的混凝土强度公式，即鲍罗米公式为

$$f_{\mathrm{cu},0}=\alpha_a f_{\mathrm{ce}}\left(\frac{c}{w}-\alpha_b\right)$$

式中，$f_{\mathrm{cu},0}$ 为混凝土 28d 抗压强度(MPa)；f_{ce} 为水泥的 28d 实际强度测定值(MPa)；c 为 $1\mathrm{m}^3$ 混凝土中水泥用量(kg)；w 为 $1\mathrm{m}^3$ 混凝土中水的用量(kg)；α_a、α_b 为回归系数，与骨料品种、水泥品种有关。

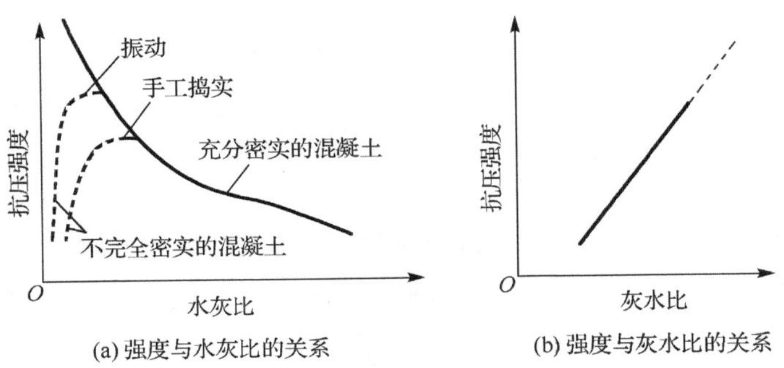

图 5.9　混凝土强度与水灰比及灰水比的关系

《普通混凝土配合比设计规程》(JGJ 55—2000) 提供的数据如下。

采用碎石：$\alpha_a=0.46,\alpha_b=0.07$。

采用卵石：$\alpha_a=0.48,\alpha_b=0.33$。

$$f_{\mathrm{ce}}=\gamma_c f_{\mathrm{ce},g}$$

式中，$f_{\mathrm{ce},g}$ 为水泥强度等级值(MPa)；γ_c 为水泥强度富余系数，可按实际统计资料确定。

2. 水胶比的影响

对于掺加矿物掺合料的混凝土，混凝土的强度不是取决于水灰比，而是取决于水胶比。在现代混凝土中，低水胶比意味着低孔隙率和高强度。

3. 矿物掺合料和外加剂的影响

现代混凝土掺加外加剂和矿物掺合料，此时，矿物掺加料的活性、掺量对混凝土的强度尤其是早期强度有显著的影响。外加剂的选择和掺量也直接影响混凝土的强度。

4. 温度和湿度的影响

养护温度和湿度是决定水泥水化速度的重要条件。混凝土养护温度越高，水泥的水化速度越快，达到相同龄期时混凝土的强度越高，但是，初期温度过高将导致混凝土的早期强度发展较快，引起水泥凝胶体结构发育不良，水泥凝胶分布不均匀，对混凝土后期的强度发展不利，有可能降低混凝土的后期强度。较高温度下水化的水泥凝胶多孔，水化产物来不及自水泥颗粒向外扩散和在间隙空间内均匀地沉淀，结果水化产物在水化颗粒附近位置堆积，分布不均匀影响后期强度的发展。

湿度对水泥的水化能否正常进行有着显著的影响。湿度适当，水泥能够顺利进行水化，混凝土强度能够得到充分发展。如果湿度不够，混凝土会失水干燥而影响水泥水化的顺利进行，甚至停止水化，使混凝土结构疏松，渗水性增大，或形成干缩裂缝，降低混凝土的强度和耐久性。

5. 骨料的影响

骨料的有害杂质、含泥量、泥块含量、骨料的形状和表面特征、颗粒级配等均影响混凝土的强度。例如，含泥量较大将使界面强度降低，骨料中的有机质将影响水泥的水化，从而影响水泥石的强度。

6. 龄期的影响

在正常养护条件下，混凝土的强度随龄期的增长而增加。发展趋势可以用下面式子的对数关系来描述：

$$f_n = f_{28}\frac{\lg n}{\lg 28}$$

式中，f_n 为 nd 龄期混凝土的抗压强度(MPa)；f_{28} 为 28d 龄期混凝土的抗压强度(MPa)；n 为养护龄期($n \geqslant 3$)(d)。

随着龄期的延长，强度呈对数曲线趋势增长，开始增长速度快，以后逐渐递减，28d 之后强度基本趋于稳定。虽然 28d 以后强度增长很少，但只要温度、湿度条件合适，混凝土的强度仍有所增长。

5.5 混凝土的耐久性

混凝土的耐久性是指混凝土在所处环境及使用条件下经久耐用的性能。环境对混凝土结构的物理、化学和生物作用以及混凝土结构抵御环境作用的能力，是影响混凝土结构耐久性的因素，如空气、水的作用，温度变化，阳光辐射、侵蚀性介质作用等。在通常的混凝土结构设计中往往忽视环境对结构的作用，许多混凝土结构在未达到预定的设计期限前，就出现了钢筋锈蚀、混凝土劣化剥落等结构性能及外观耐久性破坏现象，需要大量投资进行修复，甚至拆除重建。近年来，混凝土结构的耐久性及耐久性设计受到普遍关注。我国的混凝土结构设计规范把混凝土结构的耐久性设计作为一项重要内容，高性能混凝土的设计以耐久性为依据。把混凝土结构耐久性作为首要的技术指标，目的是通过对混凝土材料硬化前后各种性能的改善，提高混凝土结构的耐久性和可靠性，使混凝土在特定环境下达到预期的使用年限。

混凝土结构耐久性设计的目标是，使混凝土结构在规定期限即设计使用寿命内，在常规的维修条件下，不出现混凝土劣化、钢筋锈蚀等影响结构正常使用和影响外观的损坏。它涉及所建工程的造价、维修费用和使用年限等问题，混凝土的耐久性和强度同样重要，所以必须认真对待。

混凝土的耐久性是一个综合性概念，它包含的内容很多，抗渗性、抗冻性、抗侵蚀性、抗碳化反应和抗碱集料反应等。这些性能都决定着混凝土经久耐用的程度，故统称为耐久性。

5.5.1 混凝土的抗渗性

混凝土的抗渗性是指混凝土抵抗有压介质(水、油、溶液等)渗透作用的能力。它是决定混凝土耐久性最基本的因素，若混凝土的抗渗性差，不仅周围水等液体物质易渗入内部，而且当遇有负温或环境水中含有侵蚀性介质时，混凝土就易遭受冰冻或侵蚀作用而破坏，对钢筋混凝土还将引起其内部钢筋锈蚀，并导致表面混凝土保护层开裂与剥落。因此，对地下建筑、水坝、水池、港工和海工等工程，必须要求混凝土具有一定的抗渗性。

混凝土的抗渗性用抗渗等级表示。抗渗等级是以 28d 龄期的标准试件，在标准试验方法下进行试验，以每组 6 个试件中 4 个试件未出现渗水时，所承受的最大静水压来表示，按照《混凝土质量控制标准》(GB 50164—1992)将混凝土抗渗性划分为 P4、P6、P8、P10、P12 等 5 个等级，表示混凝土能抵抗 0.4MPa、0.6MPa、0.8MPa、1.0MPa、1.2MPa 的静水压力而不渗水。

混凝土渗水的主要原因是由于空隙形成连通的渗水孔道。这些孔道除产生于施工振捣不密实外，主要来源于水泥浆中多余水分的蒸发而留下的气孔，水泥浆泌水所形成的毛细孔，以及粗骨料下部界面水富集所形成的孔穴。这些渗水通道的多少，主要与水灰比大小有关，因此水灰比是影响抗渗性的决定因素，水灰比增大，抗渗性下降，除此之外，粗骨料最大粒径、养护方法、外加剂及水泥品种等对混凝土的抗渗性也有影响。

提高混凝土抗渗性的主要措施是：提高混凝土的密实度和改善混凝土中的孔隙结构，减少连通孔隙。这些可通过降低水灰比、选择好的骨料级配、充分振捣和养护、掺入引气剂等方法来实现。

5.5.2 混凝土的抗冻性

混凝土的抗冻性是指混凝土在饱水状态下，能经受多次冻融循环而不破坏，同时也不严重降低其所具有的性能的能力。在寒冷地区，特别是接触水又受冻的环境下的混凝土，要求具有较高的抗冻性。

混凝土的抗冻性用抗冻等级来表示。抗冻等级是以 28d 龄期的标准试件，在吸水饱和后反复冻融循环，以抗压强度损失不超过 25%且质量损失不超过 5%时，所承受的最大循环次数来确定，如 F10、F15、F25、F50、F100、F150、F200、F250 和 F300 分别表示混凝土能承受冻融循环的最多次数不小于 10 次、15 次、25 次、50 次、100 次、150 次、200 次、250 次和 300 次。

混凝土受冻融破坏的原因是由于混凝土内部孔隙中的水在负温下结冰后体积膨胀形成的静水压力，当这种压力产生的内应力超过混凝土的抗拉强度时，混凝土就会产生裂缝，多次冻融循环使裂缝不断扩展直至破坏。混凝土的密实度、孔隙率和孔隙构造、空隙的充水程度是影响抗冻性的主要因素。密实的混凝土和具有封闭孔隙的混凝土(如引气混凝土)，抗冻性较高。掺入引气剂、减水剂和防冻剂，可有效提高混凝土的抗冻性。

5.5.3 混凝土的抗侵蚀性

当混凝土所处环境中含有侵蚀性介质时，混凝土便会遭受侵蚀，通常有软水侵蚀、硫酸盐侵蚀、镁盐侵蚀、碳酸侵蚀、一般酸侵蚀和强碱侵蚀等。随着混凝土在地下工程及海洋工程等恶劣环境下的大量应用，对混凝土的抗侵蚀性提出了更高的要求。

混凝土的抗侵蚀性与所用水泥品种、混凝土的密实度和孔隙特征有关。密实和孔隙封闭的混凝土，环境水不易侵入，抗侵蚀性较强。提高混凝土抗侵蚀性的主要措施是合理选择水泥品种，降低水灰比，提高混凝土密实度和改善孔结构。

5.5.4 混凝土的碳化

1. 混凝土碳化的含义

混凝土的碳化是指混凝土内水泥石中氢氧化钙和空气中的二氧化碳在湿度相宜时发生化学反应，生成碳酸钙和水，也称混凝土的中性化。碳化过程是二氧化碳由表及里地逐渐向混凝土内部扩散的过程。混凝土碳化深度随时间的延长而增大，但增大速度逐渐减慢。

2. 碳化对混凝土性能的影响

碳化对混凝土弊多利少，其不利影响首先是减弱了对钢筋的保护作用。这是因为本来混凝土中水泥水化生成的大量氢氧化钙，使钢筋处于这种碱性环境中其表面能产生一种钝化膜，保护钢筋不易锈蚀，但当碳化深度穿透混凝土保护层而达到钢筋表面时，使钢筋处在中性环境，于是钢筋钝化膜被破坏而发生锈蚀，此时产生体积膨胀，致使混凝土保护层产生开裂。开裂后的混凝土又促进了碳化的进行和钢筋的锈蚀，因此最后导致混凝土出现顺筋开裂而破坏。另外，碳化作用还会增加混凝土的收缩，引起混凝土表面产生拉应力而出现微细裂缝，从而减小混凝土的抗拉、抗折强度和抗渗能力。

碳化作用对混凝土有一些有利影响，即碳化作用产生的碳酸钙填充了水泥石的孔隙，以及碳化时放出的水分有助于未水化水泥的水化进行，从而可提高混凝土碳化层密实度，对提高抗压强度有利。例如，预制混凝土基桩就常常利用碳化作用来提高桩的表面质量。

3. 影响混凝土碳化速度的主要因素

1) 环境中二氧化碳的浓度

二氧化碳浓度越大，混凝土碳化作用越快。一般室内混凝土碳化速度较室外快，铸工车间建筑的混凝土碳化速度更快。

2) 环境湿度

当环境的相对湿度为50%～75%时，混凝土碳化速度最快，当相对湿度小于25%或达100%时，碳化将停止进行，这是因为前者环境中水分太少，而后者环境使混凝土孔隙中充满水，二氧化碳不得渗入扩散。

3) 水泥品种

普通水泥水化产物碱度较高，故其抗碳化性能优于矿渣水泥、火山灰水泥和粉煤灰水泥，且水泥又随混合材料掺量的增多而碳化速度加快。

4) 水灰比

水灰比越小，混凝土越密实，二氧化碳和水不易渗入，故碳化速度较慢。

5) 外加剂

混凝土中掺入减水剂、引气剂或引气减水剂时由于可降低水灰比或引入封闭小气泡，故可使混凝土碳化速度明显减慢。

6) 施工质量

混凝土施工振捣不密实或养护不良时，致使密实度较差而加快混凝土的碳化。经蒸汽养护的混凝土，其碳化速度较标准养护时的快。

4. 阻滞混凝土碳化的措施

(1) 在可能的情况下，应尽量降低水灰比，采用减水剂，以提高混凝土的密实度，这是根本性的措施。

(2) 根据环境和使用条件，合理选用水泥品种。

(3) 对于钢筋混凝土构件，必须保证有足够的混凝土保护层，以防钢筋易生锈蚀。

(4) 在混凝土表面抹刷涂层(如抹聚合物砂浆、刷涂料等)或黏结面层材料(如贴面砖等)，以防二氧化碳侵入。在设计钢筋混凝土结构，尤其在确定采用钢丝网薄壁结构时，必须要考虑混凝土的抗碳化问题。

5.5.5 混凝土的碱-骨料反应

碱-骨料反应是指混凝土内水泥中的碱性氧化物-氧化钠和氧化钾，与骨料中的活性二氧化硅发生化学反应，生成碱-硅酸凝胶，其吸水后会产生很大的体积膨胀(体积增大可达 3 倍以上)，从而导致混凝土产生膨胀开裂而破坏，这种现象称为碱-骨料反应。

混凝土发生碱-骨料反应必须具备以下 3 个条件。

(1) 水泥中碱含量高。以等当量 Na_2O，即 (Na_2O+0.658K_2O)%大于 0.6%。

(2) 砂、石骨料中含有活性二氧化硅成分。含活性二氧化硅成分的矿物有蛋白石、玉髓、鳞石英等，它们常存在于流纹岩、安山岩和凝灰岩等天然岩石中。

(3) 有水存在。在无水情况下，混凝土不可能发生碱-骨料膨胀反应。

因此，工程中当采用高碱水泥(含碱量大于 0.6%)时，应不同时采用含有活性二氧化硅的骨料，必要时必须对骨料进行检验，当认定骨料无活性时方可进行拌制混凝土。当确认骨料中含有活性二氧化硅又非用不可时，可采用以下预防措施。

(1) 采用含碱量小于 0.6%的低碱水泥。

(2) 在水泥中掺加火山灰质混合材料，因其可吸收溶液中的钠离子和钾离子，使反应产物早期能均匀分布在混凝土中，不致集中于骨料颗粒周围，从而减轻膨胀反应。

(3) 混凝土掺用引气剂或引气减水剂，以使在混凝土中造成许多分散的微小气泡，使碱-骨料反应的产物可渗到这些气孔中去，以降低膨胀破坏应力。

混凝土中的碱-骨料反应通常进行较缓慢，因此由碱-骨料反应引起的破坏往往要经过若干年后才会出现，而且难以修复，故在混凝土施工前就要考虑这个问题。

5.5.6 提高混凝土的耐久性的措施

混凝土所处的环境和使用条件不同，对其耐久性的要求也不相同，但影响耐久性的因素却有许多相同之处。混凝土的密实程度是影响耐久性的主要因素，其次是原材料性质、施工质量等。提高混凝土耐久性的主要措施如下。

(1) 合理选择水泥品种，根据混凝土工程的特点和所处的环境条件，参照表 5.1 来选用。

(2) 采用质量良好、技术条件合格的砂石骨料。

(3) 控制最大水灰比及保证足够的水泥用量，是保证混凝土密实度并提高混凝土耐久性的关键。《普通混凝土配合比设计规程》(JGJ-55—2000) 规定了工业与民用建筑所用混凝土的最大水灰比和最小水泥用量的限值，见表 5.15。《混凝土结构设计规范》(GB 50010—2002) 也规定了不同环境类别下耐久性的要求。除最大水灰比和最小水泥用量要求外，还规定了最大氯离子含量、最大碱含量和最低混凝土强度等级。

表 5.15　混凝土的最大水灰比和最小水泥用量

环境条件		结构物类别	最大水灰比			最小水泥用量/kg		
			素混凝土	钢筋混凝土	预应力混凝土	素混凝土	钢筋混凝土	预应力混凝土
干燥环境		正常的居住或办公用房屋内部件	不作规定	0.65	0.60	200	260	300
潮湿环境	无冻害	高潮湿的室内部件 室外部件 在非侵蚀土和(或)水中的部件	0.70	0.60	0.60	225	280	300
潮湿环境	有冻害	经受冻害的室外部件 在非侵蚀土和(或)水中且经受冻害的部件 高温度且经受冻害的部件	0.55	0.55	0.55	250	280	300
有冻害和除冰剂的潮湿环境		经受冻害和除冰剂作用的室内和室外部件	0.50	0.50	0.50	300	300	300

注：① 当用活性掺合料取代部分水泥时，表中的最大水灰比以及最小水泥用量即代替前的水灰比和水泥用量

② 配置 C15 级及其以下等级的混凝土，可不受本表限制

③ 冬季施工应优先选用硅酸盐水泥和普通硅酸盐水泥。最小水泥用量不应小于 300kg/m³，水灰比不应大于 0.60

④ 掺用减水剂、引气剂等外加剂，以改善混凝土结构。对长期处于潮湿和严寒环境中的混凝土，应掺加引气剂，其掺量应使掺用后的混凝土含气量满足相关的规定但也不宜高于 7%

⑤ 保证混凝土施工质量。即要搅拌均匀、浇捣密实、加强养护，避免产生次生裂缝

5.6　混凝土的变形性能

5.6.1　非荷载作用下的变形

1. 化学收缩

由于水泥水化产物的总体积小于水化前反应物的总体积而产生的混凝土收缩称为化学收缩。化学收缩是不可恢复的，其收缩量随混凝土龄期的延长而增加，大致与时间的对数成正比。一般在混凝土成形后 40d 内收缩量增加较快，以后逐渐趋于稳定。收缩量为 $(4\sim100)\times10^{-6}$mm/mm，可使混凝土内部产生细微裂缝。这些细微裂缝可能会影响混凝土的承载性能和耐久性能。

2. 温度变形

混凝土与其他材料一样，也会随着温度的变化产生热胀冷缩的变形。混凝土的温度线膨胀系数为 $(1.0\sim1.5)\times10^{-5}$mm/(mm·℃)，即温度每升降 1℃，每 1m 胀缩 0.01～0.015mm。

混凝土温度变形，除由于降温和升温影响外，还有混凝土内部和外部的温差影响。在混凝土硬化初期，水泥水化放出较多的热量，混凝土又是热的不良导体，散热较慢，因此在大体积混凝土的内部温度较外部高，有时可达 50～70℃。这将使内部混凝土体积产生较大的相

对膨胀，而外部混凝土将随气温降低而相对收缩。内部膨胀和外部收缩相互制约，在外层混凝土中将产生很大拉应力，严重时使混凝土产生裂缝。

3. 干燥收缩

混凝土在干燥过程中首先发生气孔水和毛细孔水的蒸发。气孔水的蒸发并不引起混凝土的收缩。毛细孔水的蒸发，使毛细孔中形成负压，随着空气湿度的降低，负压逐渐增大，产生收缩力，导致混凝土产生收缩。同时，水泥凝胶体颗粒的吸附水也发生部分蒸发，由于分子引力的作用，粒子间距离变小，使凝胶体产生紧缩。混凝土这种收缩，在重新吸水后大部分可恢复，但仍有残余变形不能完全恢复。通常，残余收缩为收缩量的 30%～60%。当混凝土在水中硬化时，体积不变，甚至轻微膨胀。这是由于凝胶体中胶体粒子间的距离增大所致。

混凝土的湿胀变形量很小，一般无损坏作用。但干缩变形对混凝土危害较大，在一般条件下，混凝土的极限收缩值达$(50\sim90)\times10^{-5}$mm/mm，会使混凝土表面出现拉应力而导致开裂，严重影响混凝土的耐久性。在工程设计中，混凝土的线收缩采用$(15\sim20)\times10^{-6}$mm/mm，即 1m 收缩 0.15～0.20mm。干缩主要是水泥石产生的，因此，降低水泥用量、减小水灰比是减小干缩的关键。

4. 塑性收缩

塑性收缩由沉降、泌水引起，是由于混凝土在新拌状态时表面水分蒸发而引起的变形，一般发生在拌和后 3～12h 以内，在终凝前比较明显。

塑性收缩是在混凝土仍处在塑性状态时发生的。因此也可称为混凝土硬化前或终凝前收缩。塑性收缩一般发生在混凝土路面或板状结构。

在暴露面积较大的混凝土工程中，当表面失水的速率超过混凝土泌水的上升速率时，会造成毛细管负压，新拌混凝土的表面会迅速干燥而产生塑性收缩。此时，混凝土的表面已相当稠硬而不具有流动性。若此时的混凝土强度尚不足以抵抗因收缩受到限制而产生的应力，则在混凝土表面会产生开裂。此种情况往往会在新拌混凝土浇捣以后的几小时之内发生。

典型的塑性收缩裂缝是相互平行的，间距为 2.5～7.5cm，深度为 2.5～5.0cm。当新拌混凝土被基底或模板材料吸去水分时，也会在其接触面上产生塑性收缩而开裂，也可能加剧混凝土表面失水所引起的塑性收缩而开裂。

引起新拌混凝土表面失水的主要原因是水分蒸发速率过大。高的混凝土温度(由水泥水化热所产生)、高的气温、低的相对湿度和高风速等因素，不论是单独作用还是几种因素的综合，都会加速新拌混凝土表面水分的蒸发，增大塑性收缩而开裂的可能性。

5.6.2　荷载作用下的变形

1. 混凝土的弹塑性变形

混凝土内部结构中含有砂石骨料、水泥石(水泥石中又存在凝胶、晶体和未水化的水泥颗粒)、游离水分和气泡，这就决定了混凝土本身的不均质性。它不是完全的弹性体，而是一种弹性塑体。受力时，混凝土既产生可以恢复的弹性变形，又会产生不可恢复的塑性变形，其应力与应变关系不是直线而是曲线。

在应力应变曲线上，任一点的应力σ与应变ξ的比值，称为混凝土在该应力下的变形模量。

它反映混凝土所受应力与所产生应变之间的关系。在计算钢筋混凝土变形、裂缝开展及大体积混凝土的温度应力时，都应知道混凝土此时的变形模量。在混凝土结构或钢筋混凝土结构设计中，常采用一种按标准方法测得的静力受压弹性模量 E_c。

混凝土弹性模量受其组成及其孔隙率影响，并与混凝土的强度有一定的相关性。混凝土强度越高，弹性模量也就越高，当混凝土强度等级由 C10 增加到 C60 时其弹性模量大致由 1.75×10^4MPa 增至 3.6×10^4MPa。

混凝土的弹性模量随其骨料与水泥石的弹性模量而异。由于水泥石的弹性模量一般低于骨料的弹性模量，所以混凝土的弹性模量一般略低于其骨料的弹性模量。在材料质量不变的情况下，混凝土的骨料含量较多、水灰比较小、养护较好及龄期较长时，混凝土的弹性模量较大。蒸汽养护的弹性模量比标准养护的低。

2. 徐变

混凝土在恒定荷载的长期作用下，沿着作用力方向的变形随着时间不断增长，一般要延续 2～3 年才逐渐趋于稳定。这种在长期荷载的作用下产生的变形，称为徐变。图 5.10 表示混凝土的徐变曲线。当混凝土受荷载作用后，即时产生瞬时变形，瞬时变形以弹性变形为主。随着荷载持续时间的增长，徐变逐渐增长，且在荷载作用下初期增长较快，以后逐渐减慢并稳定，一般可达 $(3\sim15)\times10^4$mm/mm，即 0.3～1.5mm/m，为瞬时变形的 2～4 倍。混凝土在变形稳定后，若卸去荷载，则部分变形可以产生瞬时恢复，部分变形在一段时间内逐渐恢复，称为徐变恢复，但仍残余一大部分不可恢复的永久变形，称为残余变形。

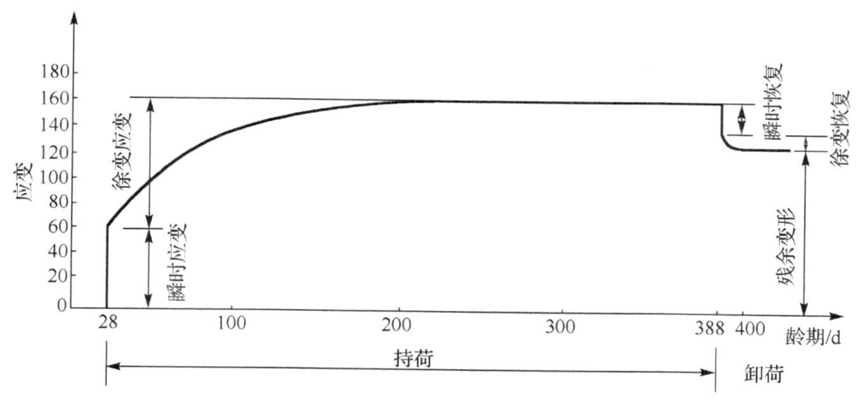

图 5.10　混凝土的徐变与恢复

一般认为，混凝土的徐变是由于水泥石中凝胶体在长期荷载作用下的黏性流动，是凝胶孔水向毛细孔内迁移的结果。在混凝土较早龄期时，水泥尚未充分水化，所含凝胶体较多，且水泥石中毛细孔较多，凝胶体易流动，所以徐变发展较快，在晚龄期时，由于水泥继续硬化凝胶体含量相对减少，毛细孔亦减少，徐变发展较慢。

混凝土徐变可以消除钢筋混凝土内部的应力集中，使应力重新较均匀地分布，对大体积混凝土还可以消除一部分由于温度变形所产生的破坏应力。但在预应力钢筋混凝土结构中，徐变会使钢筋的预加应力受到损失，使结构的承载能力受到影响。

影响混凝土徐变的因素很多，包括荷载大小、持续时间、混凝土的组成特性及环境的温湿度等，而最根本的是水灰比与水泥用量，即水泥用量越大，水灰比越大，徐变越大。

5.7 混凝土外加剂

5.7.1 外加剂的定义及分类

1. 外加剂的定义

在混凝土中加入的除胶凝材料、粗细骨料和水以外的，掺量不大于 5%，能按要求明显改善混凝土性能的材料，称为混凝土外加剂。

混凝土外加剂的使用是近代混凝土技术发展的重要成果，其种类繁多，虽掺量很少，但对混凝土工作性、强度、耐久性、水泥的节约都有明显的改善，常称为混凝土的第五组分。特别是高效能外加剂的使用成为现代高性能混凝土的关键技术，发展和推广使用外加剂具有重要的技术和经济意义。

2. 外加剂的分类

根据国家标准《混凝土外加剂的分类、命名及定义》(GB 8075—1978) 的规定，混凝土外加剂按其主要功能可分为以下四类。

(1) 改善混凝土拌和物流变性能的外加剂，包括各种减水剂、引气剂和塑化剂等。

(2) 调节混凝土凝结时间、硬化性能的外加剂，包括缓凝剂、早强剂和速凝剂等。

(3) 改善混凝土耐久性的外加剂，包括引气剂、防水剂和阻锈剂等。

(4) 改善混凝土其他性能的外加剂，如膨胀剂、发泡剂、泵送剂、着色剂等。

混凝土外加剂大部分为化工制品，还有部分为工业副产品。因其掺量小，作用大，故对掺量(占水泥质量的百分比)、掺入方法和适用范围要严格按产品说明和操作规程执行。以下重点介绍几种工程中常用的外加剂。

5.7.2 常用混凝土外加剂

1. 减水剂

减水剂是指在保持混凝土拌和物流动性的条件下，能减少拌和用水量的外加剂，按其减水作用的大小，可分为普通减水剂和高效减水剂两类。

1) 减水剂的作用效果

根据使用目的的不同，减水剂有以下几个方面的技术经济效果。

(1) 增大流动性。在原配合比不变，即水、水灰比、强度均不变的条件下，增加混凝土拌和物的流动性。

(2) 提高强度。在保持流动性及水泥用量不变的条件下，可减少拌和用水，使水灰比下降，从而提高混凝土的强度。

(3) 节约水泥。在保持强度不变，即水灰比不变以及流动性不变的条件下，可减少拌和用水，从而使水泥用量减少，达到保证强度而节约水泥的目的。

(4) 改善其他性质。掺加减水剂还可改善混凝土拌和物的黏聚性、保水性；提高硬化混凝土的密实度，改善耐久性；降低混凝土的水化热等。

2)减水剂的作用机理

减水剂属于表面活性物质(日常生活中使用的洗衣粉、肥皂都是表面活性物质)，这类物质的分子分为亲水端和疏水端两部分，如图5.11(a)所示。亲水端在水中可指向水，而疏水端则指向气体、非极性液体(油)或固态物质，可降低水-气、水-固相间的界面能，具有湿润、发泡、分散、乳化的作用。

根据表面活性物质亲水端的电离特性，它可分为离子型和非离子型，又根据亲水端电离后所带的电性，分为阳离子型、阴离子型和两性型。

水泥加水拌和后，由于水泥矿物颗粒带有不同电荷，产生异性吸引或由于水泥颗粒在水中的热运动而产生吸附力，使其形成絮凝状结构，如图5.11(b)所示，把拌和用水包裹在其中，对拌和物的流动性不起作用，降低了工作性。因此在施工中就必须增加拌和水量，而水泥水化的用水量很少(水灰比仅0.23左右即可完成水化)，多余的水分在混凝土硬化后，挥发形成较多的空隙，从而降低了混凝土的强度和耐久性。

加入减水剂后，减水剂的疏水端定向吸附于水泥矿物颗粒的表面，亲水端朝向水溶液，形成吸附水膜。由于减水剂分子的定向排列，使水泥颗粒表面带有相同电荷，表现出斥力，如图5.11(c)所示，在电斥力的作用下，使水泥颗粒分散开来，由絮凝状结构变成分散状结构，如图5.11(d)所示，从而把包裹的水分释放出来，达到减水、提高流动性的目的。

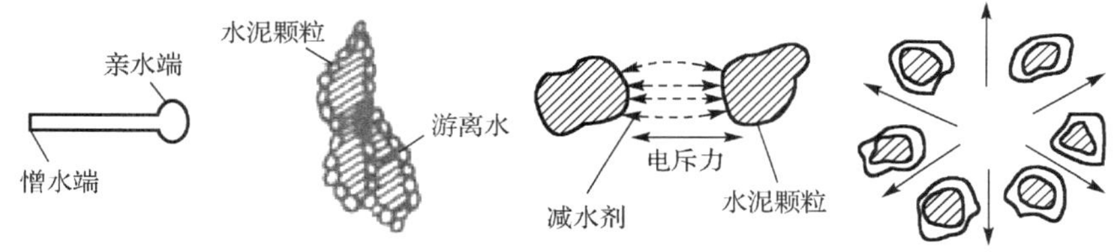

(a) 减水剂分子模型 (b) 水泥浆的絮凝状结构 (c) 减水剂分子的作用 (d) 水泥浆絮凝状结构的解体

图5.11 减水剂的作用机理

3)常用的减水剂

常用的减水剂，按其化学成分，可分为以下几类。

(1)木质素系减水剂。该类减水剂又称木质素磺酸盐减水剂(M型减水剂)，是提取酒精后的木浆废液，经蒸发、磺化浓缩、喷雾、干燥所制成的棕黄色粉状物，木钙是一种传统的阳离子型减水剂，常用的掺量为0.2%～0.3%。由于其采用工业废料，成本低廉，生产工艺简单，曾在我国广泛应用。

M型减水剂的经济技术效果为：在保持工作性不变的前提下，可减水10%左右；在保持水灰比不变的条件下，使坍落度增大100～200mm；在保持水泥用量不变的情况下，提高28d抗压强度10%～20%；在保持坍落度及强度不变的条件下，可节约水泥用量10%。

M型减水剂是缓凝型减水剂，在0.25%的掺量下可缓凝1～3h，故可延缓水化热，但掺量过多时会造成严重缓凝，导致强度下降，M型减水剂不适宜蒸养，也不利于冬季施工。

(2)萘系减水剂。萘系减水剂属芳香族磺酸盐类缩合物，是以煤焦油中提炼的萘或萘的同系物磺酸盐与甲醛的缩合物。国内常用的该类产品很多，常用的有UNF、FDN、NNU、MF等，是一种高效减水剂，常用的适宜掺量为0.2%～1.0%，也是目前广泛应用的减水剂品种。

萘系减水剂的经济效果为：减水率为 15%～20%；混凝土 28d 抗压强度可提高 20%以上；在塌落度及 28d 抗压强度不变的前提下可节约水泥用量 20%左右。

萘系减水剂大部分品种为非引气型，可用于要求早强或高强的混凝土；少量品种(MF、NNU 等型号)属引气型，适用于抗渗性、抗冻性等要求较高的混凝土。该类减水剂具有耐热性，适于蒸养。

(3) 树脂系减水剂。树脂系减水剂(亦称水溶性密胺树脂)，是一种水溶性高分子树脂非引气型高效减水剂。国产品种有 SM 减水剂等，其合适的掺量为 0.5%～2%，因其价格较高，故应用受到限制。

SM 减水剂经济技术效果较优，减水率可达 20%～27%；混凝土 1d 抗压强度提高 30%～100%，28d 抗压强度可提高 30%～40%，强度不变，可节约水泥 25%左右；混凝土的抗渗、抗冻等性能明显改善。

该类减水剂特别适宜配制早强、高强混凝土及泵送混凝土、蒸养预制混凝土。

2. 早强剂

早强剂是提高混凝土早期强度，并对后期强度无显著影响的外加剂，早强剂按其化学组成分为无机早强剂和有机早强剂两类，无机早强剂常用的有氯盐、碳酸盐、亚硝酸盐等，有机早强剂有尿素、乙醇、三乙醇胺等。为更好地发挥各种早强剂的技术特性，实践中常采用复合早强剂、早强剂或对水泥的水化产生催化作用或与水泥成分发生反应生成固相产物，从而有效提高混凝土的早期强度(<7d)。

1) 氯盐早强剂

氯盐早强剂包括钙、钠、钾的氧化物。其中应用最广泛的为氯化钙。

氯化钙的早强机理是与水泥中的 C_3A 作用生成水化氯铝酸钙($3CaO·Al_2O_3·3CaCl_2·32H_2O$)，同时还与水泥的水化产物 $Ca(OH)_2$ 反应生成氧氯化钙($CaCl_2·3Ca(OH)_2·12H_2O$ 和 $CaCl_2·Ca(OH)_2·H_2O$)，以上产物都是不溶性复盐，可从水泥浆中析出，增加水泥浆中固相的比例，形成骨架，从而提高混凝土的早期强度。同时，氯化钙与 $Ca(OH)_2$ 的反应降低了水泥的碱度，从而使 C_3S 水化反应更易于进行，相应地也提高了水泥的早期强度。

氯化钙的掺量为 1%～2%，它可使混凝土 1d 强度增长 70%～100%，3d 强度提高 40%～70%，7d 强度提高 25%，28d 强度便无差别。氯盐早强剂还可同时降低水的冰点，因此适用于混凝土的冬期施工，可作为早强促凝抗冻剂。

在混凝土中加入氯化钙后，可增加水泥浆中 Cl^-离子浓度，从而对钢筋造成锈蚀，从而使混凝土发生开裂，严重影响混凝土的强度及耐久性，国家标准《混凝土质量控制标准》(GB 50164—92) 中对混凝土拌和物中的氯化物总含量作出以下规定。

(1) 对素混凝土，不得超过水泥重量的 2%。

(2) 对处于干燥环境或有防潮措施的钢筋混凝土，不得超过水泥重量的 1%。

(3) 对处在潮湿而不含有氯离子或含有氯离子环境中的钢筋混凝土，应分别不得超过水泥重量的 0.3%或 1%。

(4) 预应力混凝土及处于易腐蚀环境中的钢筋混凝土，不得超过水泥重量的 0.06%。

除以上规定外，在使用冷拉钢筋或冷拔低碳钢筋的混凝土结构及预应力混凝土结构中，不许使用氯化物。

2) 硫酸盐早强剂

硫酸盐早强剂包括硫酸钠、硫代硫酸钠、硫酸钙等，应用最多的硫酸钠(Na_2SO_4)是无机型的早强剂。硫酸钠掺入混凝土中后，会迅速与水泥水化产生的氢氧化钙反应，生成高分散性的二水石膏($CaSO_4 \cdot 2H_2O$)，它比直掺的二水石膏更易与 C_3A 迅速反应生成水化硫铝酸钙的晶体，有效提高混凝土的早期强度。

硫酸钠的掺量为 0.5%～2%，可使混凝土 3d 强度提高 20%～40%，硫酸钠常与氯化钠、亚硝酸钠、三乙醇胺、重铬酸盐等制成复合早强剂，可取得更好的早强效率。

硫酸钠对钢筋无锈蚀作用，可用于不允许使用氯盐早强剂的混凝土中，但硫酸钠与水泥水化产物 $Ca(OH)_2$ 反应后可生成 NaOH，与碱骨料可发生反应，故其严禁用于含有活性骨料的混凝土中。

3) 三乙醇胺复合早强剂

三乙醇胺[$N(C_2H_4OH)_3$]是一种离子型表面活性物质，为淡黄色的油状液体。三乙醇胺可对水泥水化起到“催化作用”，本身不参与反应，但可促进 C_3A 与石膏间生成水化硫铝酸钙的反应，三乙醇胺属碱性，对钢筋无锈蚀作用。

三乙醇胺掺量为 0.02%～0.05%，由于掺量极微，单独使用时早强效果不明显，故常采用与其他外加剂组成三乙醇胺复合早强剂，国内工程实践表明，以 0.05%三乙醇胺、1%亚硝酸钠($NaNO_2$)、2%二水石膏掺配而成的复合早强剂是一种效果较好的早强剂，三乙醇胺不但直接催化水泥的水化，而且能在其他盐类与水泥反应中起到催化作用，它可使混凝土 3d 强度提高 50%，对后期强度也有一定提高，使混凝土的养护时间缩短一半，常用于混凝土的快速低温施工。

3. 引气剂

引气剂是在混凝土搅拌过程中引入大量分布均匀微小气泡，以减少混凝土拌和物泌水离析，改善工作性，并能显著提高混凝土抗冻耐久性的外加剂。引气剂于 20 世纪 30 年代在美国问世，我国在 50 年代后，在海滩、水坝、桥梁等潮湿及长期处于严寒环境中的抗海水腐蚀要求较高的混凝土工程中应用引气剂，取得了很好的效果。引气剂是外加剂中重要的一类，引气剂的种类按化学组成可分为松香树脂类、烷基苯磺酸类、脂肪酸磺酸类等。其中应用较为普遍的是松香类树脂中的松香热聚物和松香皂，其掺量极微，均为 0.005%～0.015%。

引气剂也是一种憎水型表面活性剂，它与减水剂类表面活性剂的最大区别在于其活性不是发生在液-固界面上而是发生在液-气界面上，掺入混凝土中后，在搅拌作用下能引入大量直径在 200μm 以下的微小气泡，吸附在骨料表面或填充于水泥硬化过程中形成的泌水通道中。这些微小气泡从混凝土搅拌一直到硬化都会稳定存在于混凝土中。在混凝土拌和物中，骨料表面的这些气泡会起到滚珠轴承的作用，减小摩擦，增大混凝土拌和物的流动性，同时气泡对水的吸附作用也使黏聚性、保水性得到改善。在硬化混凝土中，气泡填充于泌水开口孔隙中，会阻隔外界水的渗入，而气泡的弹性则有利于释放孔隙中水结冰引起的体积膨胀，因而大大提高混凝土的抗冻性、抗渗性等耐久性指标。

掺入引气剂形成的气泡，使混凝土的有效承载面积减少，故引气剂可使混凝土的强度受到损失，同时，气泡的弹性模量较小，会使混凝土的弹性变形加大。

长期处于潮湿严寒环境中的混凝土，应掺用引气剂或引气减水剂，引气剂的掺量根据混凝土的含气量要求并经试验确定。最小含气量与骨料的最大粒径有关，见表 5.16，最大含气量不宜超过 7%。

表 5.16　长期处于潮湿及严寒环境中混凝土的最小含气量(JGJ 55—2000)

粗骨料最大粒径/mm	最小含气量/%
40	4.5
25	5.0
20	5.5

注：含气量的百分比为体积比

由于外加剂的技术不断发展，近年来，引气剂已逐渐被引气剂型减水剂所代替，引气剂型减水剂不仅能起到引气作用，而且对强度有提高作用，还可节约水泥，因此应用范围逐渐扩大。

4. 缓凝剂

缓凝剂是能延缓混凝土的凝结时间，并对混凝土的后期强度发展无不利影响的外加剂。缓凝剂常用的品种有多羟基碳水化合物、木质素磺酸盐类、羟基酸及盐类、无机盐等四类。其中，我国常用的为木钙(木质素磺酸盐类)和糖蜜(多羟基碳水化合物类)。

缓凝剂因其在水泥及其水化物表面的吸附或水泥矿物反应生成不溶层而延缓水泥的水化，达到缓凝的效果。糖蜜的掺量为 0.1%～0.3%，可缓凝 2～4h。木钙既是减水剂又是缓凝剂，其掺量为 0.1%～0.3%，当掺量为 0.25%时，可缓凝 2～4h。羟基酸及其盐类，如柠檬酸或酒石酸钾钠等，当掺量为 0.03%～0.1%时，凝结时间可达 8～19h。

缓凝剂有延缓混凝土的凝结、保持工作性、延长放热时间、消除或减少裂缝以及减水增强等多种功能，对钢筋也无锈蚀作用，适于高温季节施工和泵送混凝土、滑模混凝土以及大体积混凝土的施工或远距离运输的商品混凝土。但缓凝剂不宜用于日最低气温在 5℃以下施工的混凝土，也不宜单独用于有早强要求的混凝土或蒸养混凝土。

5. 其他品种的外加剂

1) 膨胀剂

膨胀剂是能使混凝土(砂浆)在水化过程中产生一定的体积膨胀，并在有约束的条件下产生适宜自应力的外加剂。它可补偿混凝土的收缩，使抗裂性、抗渗性提高，掺量较大时，可在钢筋混凝土中产生自应力。膨胀剂常用的品种有硫铝酸钙类(如明矾石膨胀剂)、氧化镁类(如氧化镁膨胀剂)、复合类(如氧化钙硫铝酸钙膨胀剂)等。膨胀剂主要应用于屋面刚性防水、地下防水、基础后浇缝、堵漏、底座灌浆、梁柱接头及自应力混凝土。

2) 速凝剂

速凝剂是使混凝土迅速凝结和硬化的外加剂，速凝剂与水泥和水拌和后立即反应，使水泥中的石膏失去缓凝作用，促成 C_3A 迅速水化，并在溶液中析出其化合物，导致水泥迅速凝结。国产速凝剂“711”型和“782”型，当其掺量为 2.5%～4.0%时，可使水泥在 5min 内初凝，10min 内终凝，并能提升早期强度，虽然 28d 强度比不掺加速凝剂时有所降低，但可长期保持稳定值不再下降。速凝剂主要用于道路、隧道、机场的修补、抢修工程以及喷锚支护时的喷射混凝土施工。

3) 防冻剂

防冻剂是指在规定温度下能显著降低混凝土的冰点，使混凝土液相不冻结或仅部分冻结，以保证水泥的水化作用，并在一定时间内获得预期强度的外加剂。防冻剂常由防冻组分、早强组分、减水组分和引气组分组成，形成复合防冻剂。其中防冻组分有以下几种：亚硝酸钠和亚硝酸钙(掺有早强、阻锈功能)，掺量为 1%～8%；氯化钙和氯化钠，掺量为 0.5%～1.0%；尿素，掺量不大于 4%；碳酸钾，掺量不大于 10%；某些防冻剂(如尿素)掺量过多时，混凝土会缓慢向外释放对人产生刺激的气体，如氨气等，使竣工后的建筑室内有害气体含量超标。对此类防冻剂要严格控制其掺量，并要依有关规定进行检测。

4) 加气剂

加气剂是指在混凝土硬化过程中，与水泥发生化学反应，放出气体(H_2、O_2、N_2等)，能在混凝土中形成大量气孔的外加剂。加气剂有铝粉、双氧水、碳化钙、漂白粉等。铝粉可与水泥水化产物$Ca(OH)_2$发生反应，产生氢气，使混凝土体积迅速膨胀，形成大量气孔，虽使混凝土强度明显降低，但可显著提高混凝土的保温隔热性能。加气剂(铝粉)的掺量为 0.005%～0.02%。在工程上主要用于生产加气混凝土和堵塞建筑物的缝隙。引气剂与水泥作用强烈，一般应随拌随用，以免降低使用效果。

5.7.3　外加剂的选用

1. 外加剂使用的注意事项

外加剂掺量虽小，但可对混凝土的性质和功能产生显著影响，在具体应用时要严格按产品说明操作，稍有不慎，便会造成事故，故在使用时应注意以下事项。

1) 对产品质量严格检验

外加剂常为化工产品，应采用正式厂家的产品。粉状外加剂应采用有塑料衬里的编织袋包装，每袋 20～25kg；液体外加剂应采用塑料桶或有塑料袋内衬的金属桶。包装容器上应注明产品名称、型号、净重或体积(包括含量或浓度)、推荐掺量范围、毒性、腐蚀性、易燃性状况、生产厂家、生产日期、有效期和出厂编号等。

2) 外加剂品种的选择

外加剂品种繁多，性能各样，有的能混用，有的严禁互相混用，若不注意，可能会发生严重事故。选择外加剂应依据现场材料条件、工程特点、环境情况，根据产品说明及有关规定，例如，《混凝土外加剂应用技术规范》(GB 50119)及国家有关环境保护的规定等进行品种的选择，有条件的应在正式使用前进行试验检测。

2. 外加剂掺量的选择

外加剂用量微小，有的外加剂掺量才几万分之一，而且推荐的掺量往往是在某一范围内，外加剂的掺量和水泥品种、环境温湿度、搅拌条件等都有关。掺量的微小变化对混凝土的性质会产生明显影响，掺量过小，作用不显著；掺量过大，有时会起反作用，酿成事故。故在大批量使用前要通过基准混凝土(不掺加外加剂的混凝土)与试验混凝土的试验对比，取得实际性能指标的对比后，再确定应采用的掺量。

3. 外加剂的掺入方法

外加剂不论是粉状还是液态状，为保持作用的均匀性，一般不能采用直接倒入搅拌机的方法。合理的掺入方法应该是：可溶解的粉状外加剂或液态状外加剂，应预先配成适宜浓度的溶液，再按所需掺量加入拌和水中，与拌和水一起加入搅拌机内；不可溶解的粉状外加剂，应预先称量好，再与适量的水泥、砂拌和均匀，然后倒入搅拌机中。外加剂倒入搅拌机内，要控制好搅拌时间，以满足混合均匀，时间又在允许范围内的要求。

5.8 混凝土配合比设计

混凝土配合比设计就是根据工程要求、结构形式和施工条件来确定各组成材料数量之间的比例关系，常用的表示方法有两种，一种是以 $1m^3$混凝土中各项材料的质量表示；另一种是以各项材料相互间的质量比来表示，在某种意义上，混凝土是一门试验的科学，要想配制出品质优异的混凝土，必须具备先进的、科学的设计理念，加上丰富的工程实践经验，通过实验室试验完成。但对于初学者首先必须掌握混凝土的标准设计与配置方法。

5.8.1 普通混凝土配合比设计的基本要求

1. 混凝土配合比设计的两个基准

混凝土配合比设计以计算 $1m^3$混凝土中各材料用量为基准，计算时骨料以干燥状态为准。

2. 混凝土配合比设计的四项基本要求

(1) 满足结构设计的强度等级要求。
(2) 满足混凝土施工所要求的和易性。
(3) 满足工程所处环境对混凝土耐久性的要求。
(4) 符合经济原则，即节约水泥以降低混凝土成本。

5.8.2 普通混凝土设计的所需资料

(1) 混凝土的强度等级、施工管理水平。
(2) 对混凝土耐久性要求。
(3) 原材料品种及其物理力学性质。
(4) 混凝土的部位、结构构造情况、施工条件等。

5.8.3 混凝土配合比设计基本参数的确定

水灰比、单位用水量和砂率是混凝土配合比设计的三个基本参数。混凝土配合比设计中确定三个参数的原则是：在满足混凝土强度和耐久性的基础上，确定混凝土的水灰比；在满足混凝土施工要求的和易性的基础上，根据骨料的种类和规格确定单位用水量；砂率应以砂在骨料中的数量填充石子空隙后略有富余的原则来确定。

5.8.4　混凝土配合比设计的步骤

混凝土配合比设计步骤包括配合比计算、试配和调整、施工配合比的确定等。混凝土初步配合比计算应按下列步骤进行计算：①计算试配强度 $f_{cu,0}$，并求出相应的水灰比；②选取 $1m^3$的混凝土的用水量，并计算出 $1m^3$混凝土的水泥用量；③选取砂率，计算粗骨料和细骨料的用量，并提出供试配用的初步配合比。

1. 确定试配强度($f_{cu,0}$)

$$f_{cu,0} = f_{cu,k} + 1.645\sigma$$

混凝土强度标准差σ宜根据同类混凝土统计资料计算确定，当无统计资料计算混凝土强度标准差时，按表 5.17 取值。

表 5.17　σ值

混凝土强度等级	低于 C20	C20～C35	高于 C35
σ/MPa	4.0	5.0	6.0

2. 计算水灰比

根据强度公式计算水灰比：

$$f_{cu,0} = \alpha_a f_{ce}(C/W - \alpha_b)$$

式中，$f_{cu,0}$为混凝土试配强度(MPa)；f_{ce}为水泥 28d 的实测强度(MPa)；α_a、α_b为回归系数，与骨料品种、水泥品种有关，《普通混凝土配合比设计规程》(JGJ 55—2000)提供的数据如下：

采用碎石：$\alpha_a = 0.46$，$\alpha_b = 0.07$；

采用卵石：$\alpha_a = 0.48$，$\alpha_b = 0.33$。

为保证混凝土满足耐久性要求，水灰比不得大于表 5.18 所规定的最大水灰比。如果计算所得的水灰比大于规定的最大水灰比，应取规定的最大水灰比。

表 5.18　混凝土的最大水灰比和最小水泥用量

环境条件		结构物类别	最大水灰比			最小水泥用量		
			素混凝土	钢筋混凝土	预应力混凝土	素混凝土	钢筋混凝土	预应力混凝土
干燥环境		正常的居住或办公用房屋内部件	不作规定	0.65	0.60	200	260	300
潮湿环境	无冻害	高湿度的室内部件；室外部件；在非侵蚀性土和(或)水中的部件	0.70	0.60	0.60	225	280	300
	有冻害	经受冻害的室外部件；在非侵蚀性土和(或)水中且经受冻害的部件；高湿度且经受冻害的室内部件	0.55	0.55	0.55	250	280	300
有冻害和除冰剂的潮湿环境		经受冻害和除冰剂作用的室内和室外部件	0.50	0.50	0.50	300	300	300

注：当用活性掺合料取代部分水泥时，表中的最大水灰比及最小水泥用量即替代前的水灰比和水泥用量；配制 C15 级及其以下等级的混凝土，可不受本表限制

3. $1m^3$混凝土用水量的确定

1) 干硬性和塑性混凝土用水量的确定

水灰比为 0.40～0.80 时，根据粗骨料的品种、粒径及施工要求的混凝土拌和物稠度，其用水量可按表 5.19 和表 5.20 选取。

表 5.19　干硬性混凝土的用水量　　（单位：kg/m^3）

拌和物稠度		卵石最大粒径/mm			碎石最大粒径/mm		
项目	指标	10	20	40	16	20	40
维勃稠度/s	16～20	175	160	145	180	170	155
	11～15	180	165	150	185	175	160
	5～10	185	170	155	190	180	165

表 5.20　塑性混凝土的用水量　　（单位：kg/m^3）

拌和物稠度		卵石最大粒径/mm				碎石最大粒径/mm			
项目	指标	10	20	31.5	40	16	20	31.5	40
坍落度/mm	10～30	190	170	160	150	200	185	175	165
	35～50	200	180	170	160	210	195	185	180
	55～70	210	190	180	172	220	205	195	185
	75～90	215	195	185	175	230	215	205	195

注：本表用水量系采用中砂时的平均值。采用细砂时，$1m^3$混凝土用水量可增加 5～10kg；采用粗砂时，则可减少 5～10kg

水灰比小于 0.40 的混凝土以及采用特殊成形工艺的混凝土用水量通过试验确定。

2) 流动性和大流动性混凝土的用水量计算

(1) 以表 5.20 中坍落度 90mm 的用水量为基础，按坍落度每增大 20mm 用水量增加 5kg，计算出未掺外加剂时的混凝土用水量。

(2) 掺外加剂时的混凝土用水量可按下式计算：

$$m_{wa} = m_{wo}(1-\beta)$$

式中，m_{wa}为掺外加剂混凝土 $1m^3$混凝土的用水量(kg)；m_{wo}为未掺外加剂混凝土 $1m^3$混凝土的用水量(kg)；β为外加剂的减水率，应经试验确定(%)。

(3) 单位用水量也可按下式计算：

$$m_{wo} = 10/3(T+K)$$

式中，m_{wo}为 $1m^3$混凝土用水量(kg)；T为混凝土拌和物的坍落度(cm)；K为系数，取决于粗料与最大粒径，可参考表 5.21 取用。

表 5.21　混凝土用水量计算公式中的 K 值

系数	最大粒径/mm							
	碎石				卵石			
	10	20	40	80	10	20	40	80
K	57.5	53.0	48.5	44.0	54.5	50.0	45.5	41.0

3) $1m^3$混凝土的水泥用量(m_{co})计算

根据已选定的混凝土用水量 m_{wo}和水灰比(W/C)可求出水泥用量 m_{co}：

$$m_{co} = m_{wo} / (W / C)$$

为保证混凝土的耐久性，由上式计算得出的水泥用量还要满足表5.18中规定的最小水泥用量的要求，若算得的水泥用量少于规定的最小水泥用量，则应取规定的最小水泥用量值。

4) 砂率的确定

合理的砂率值主要根据混凝土拌和物的坍落度、黏聚性及保水性等特征来确定，一般应通过试验来确定合理的砂率，当无历史资料可参考时，混凝土砂率的确定应符合下列要求。

(1) 坍落度为10～60mm的混凝土，其砂率应以试验确定，也可根据粗骨料品种、粒径及水灰比按表5.22选取。

(2) 坍落度大于60mm的混凝土砂率，可经试验确定，也可在表5.22的基础上，按坍落度每增大20mm，砂率增大1%的幅度予以调整。

表5.22　混凝土的砂率

水灰比	卵石最大粒径/mm			碎石最大粒径/mm		
	10	20	40	16	20	40
0.40	26～32	25～31	24～30	30～35	29～34	27～32
0.50	30～35	29～34	28～33	33～38	32～37	30～35
0.60	33～38	32～37	31～36	36～41	35～40	33～38
0.70	36～41	35～40	34～39	39～44	38～43	36～41

注：本表数值系中砂的选用砂率，对细砂或粗砂，可对应地减少或增大砂率，只用一个单粒径粗骨料配制混凝土时，砂率应适当增大；对薄构件，砂率取偏大值；本表中的砂率系指与骨料总量的质量比

另外，砂率也可根据以砂填充石子空隙，并稍有富余，以拨开石子的原则来确定。根据此原则可列出砂率计算公式如下：

$$V'_{so} = V'_{og} P'$$

$$\beta_s = \beta \frac{m_{so}}{m_{so} + m_{go}} = \beta \frac{\rho'_{so} V'_{so}}{\rho'_{so} V'_{so} + \rho'_{go} V'_{go}} = \beta \frac{\rho'_{so} V'_{so} P'}{\rho'_{so} V'_{go} I' + \rho'_{go} V'_{go}} = \beta \frac{\rho'_{so} P'}{\rho'_{so} P' + \rho'_{go}}$$

式中，β_s 为砂率(%)；m_{so}、m_{go} 分别为1m³混凝土中砂及石子用量(kg)；V'_{so}、V'_{go} 分别为1m³混凝土中砂及石子松散体积(m³)；ρ'_{so}、ρ'_{go} 分别为砂和石子堆积密度(kg/m³)；P' 为石子空隙率(%)；β 为砂浆剩余系数，一般取1.1～1.4。

5) 粗骨料和细骨料用量的确定

粗、细骨料的用量可用体积法和质量法求得。

(1) 当采用质量法时，应按下列公式计算：

$$m_{co} + m_{go} + m_{so} + m_{wo} = m_{cp}$$

$$\beta_s = \frac{m_{so}}{m_{so} + m_{go}} \times 100\%$$

式中，m_{co} 为1m³混凝土的水泥用量(kg)；m_{wo} 为1m³混凝土的用水量(kg)；m_{cp} 为1m³混凝土拌和物的假定重量(kg)，其值可取2350～2450kg。

(2) 当采用体积法时，应按下列公式计算：

$$\frac{m_{co}}{\rho_c} + \frac{m_{go}}{\rho_g} + \frac{m_{so}}{\rho_s} + \frac{m_{wo}}{\rho_w} + 0.01\alpha = 1$$

$$\beta_s = \frac{m_{so}}{m_{so} + m_{go}} \times 100\%$$

式中，ρ_c 为水泥密度(kg/m³)，可取 2900～3100kg/m³；ρ_g 为粗骨料的表观密度(kg/m³)；ρ_s 为细骨料的表观密度(kg/m³)；ρ_w 为水的密度(kg/m³)，可取 1000kg/m³；α 为混凝土的含气量百分数，在不使用引气型外加剂时，α 可取 1。

粗骨料和细骨料的表观密度 ρ_g 与 ρ_s 应按现行行业标准《普通混凝土用砂、石质量及检验方法标准》(JGJ 52—2006)规定的方法测定。

6)外加剂和掺合料的掺量

外加剂和掺合料应通过试验确定，并应符合国家现行标准《混凝土外加剂应用技术规范》(GB 50119—2003)、《粉煤灰在混凝土和砂浆中应用技术规程》(JGJ 28—1986)、《粉煤灰混凝土应用技术规程》(GBJ 146—1990)、《用于水泥与混凝土中粒化高炉矿渣粉》(GB/T 18046—2000)等的规定。

4. 实验室配合比的确定

1)配合比的试验、调整

以上求出的各材料的用量是借助于一些经验公式和数据计算出来的或是利用经验资料查得的，因而不一定符合实际情况，必须通过试拌调整，直到混凝土拌和物的和易性符合要求，然后提出供检验混凝土强度用的基准配合比，由基准配合比配制的混凝土其强度是否满足要求还需检验。检验强度时至少用 3 个不同的配合比，其中一个基准配合比，另外两个配合比的水灰比可较基准配合比分别增加和减少 0.05，用水量与基准配合比相同，砂率可分别增加和减少 1%，混凝土拌和物搅拌均匀后应测定坍落度，并检查其黏聚性和保水性能好坏。若坍落度不满足要求或黏聚性不好，则应在保持水灰比不变的条件下，相应调整用水量或砂率。当坍落度低于设计要求时，可保持水灰比不变，增加适量水泥浆，若坍落度太大，则可以保持砂率不变条件下增加骨料。若出现含砂不足、黏聚性和保水性不良，则可适当增大砂率，反之应减少砂率。

当试拌调整工作完成后，应测出混凝土拌和物的表观密度($\rho_{c,t}$)，经过和易性调整试验得出的混凝土基准配合比，其水灰比值不一定选用恰当，其结果是强度不一定符合要求。一般采用 3 个不同的配合比，其中一个为基准配合比，另外两个配合比的水灰比值，应较基准配合比分别增加和减少 0.05，其用水量应该与基准配合比相同，砂率值可分别增加或减少 1%，每种配合比制作一组(3 个)试块，标准养护 28d 进行抗压强度测试，接着用所测得的混凝土强度与相应的灰水比作图，找到满足强度要求的灰水比，然后按以下方法确定 1m³材料用量。

2)实验室配合比的确定

由试验得出的各灰水比值时的混凝土强度，用作图法或计算法求出与 $f_{cu,0}$ 相对应的灰水比值。按下列原理确定 1m³混凝土的材料用量。

用水量(m_w)取基准配合比中的用水量值，并根据制作强度试块时测得的坍落度(或维勃稠度)值，加以适当调整。

水泥用量(m_c)取用水量乘以经试验定出的、为达到 $f_{cu,0}$ 所必需的灰水比值。

粗、细骨料用量(m_g)及(m_s)分别取基准配合比中的粗细骨料用量，并按定出的水灰比值作适当的调整。

3)混凝土表观密度的校正

配合比经试配、调整确定后，还需根据实测的混凝土表观密度 $\rho_{c,t}$ 作必要的校正，其步骤如下。

计算出混凝土的计算表观密度值($\rho_{c,c}$)：

$$\rho_{c,c} = m_c + m_g + m_s + m_w$$

将混凝土的实测表观密度值($\rho_{c,t}$)除以 $\rho_{c,c}$ 得出校正系数δ，即

$$\delta = \frac{\rho_{c,t}}{\rho_{c,c}}$$

当 $\rho_{c,t}$ 与 $\rho_{c,c}$ 之差的绝对值不超过 $\rho_{c,c}$ 的 2%时，由以上定出的配合比，即确定的设计配合比，若二者之差超过 2%，则必须将已定出的混凝土配合比中每项材料用量均乘以校正系数δ，即最终定的设计配合比。

另外，通常简易的做法是通过试压，选出既满足混凝土强度要求，水泥用量又较少的配合比为所需的配合比，再作混凝土表观密度的校正。若对混凝土还有其他的技术性能要求，如抗渗等级不低于 P6 级，抗冻等级不低于 D50 级等要求，混凝土的配合比设计应按《普通混凝土配合比设计规程》(JGJ 55—2000)有关规定进行。总之，通过计算求得的各项材料用量(初步配合比)，通过试调整和易性，确定基准配合比，检验强度和耐久性后，确定实验室配合比。

5.8.5 混凝土配合比设计实例

【例 5-1】 某教学楼现浇钢筋混凝土柱，混凝土柱截面最小尺寸为 300mm，钢筋间距最小尺寸为 60mm。该柱在露天受雨雪影响。混凝土设计等级为 C20。采用 32.5 级普通硅酸盐水泥，实测强度为 38.9MPa，密度为 3.1g/cm³；砂子为中砂，密度为 2.65g/cm³，堆积密度为 1500kg/m³；石子为碎石，表观密度为 2.70g/cm³，堆积密度为 1550kg/m³。混凝土要求坍落度 35～50mm，施工采用机械搅拌，机械振捣，施工单位无混凝土强度标准差的历史统计资料。试设计混凝土配合比。

1. 初步配合比的确定($f_{\text{cu},0}$)

1)配制强度的确定

$$f_{\text{cu},0} \geqslant f_{\text{cu},k} + 1.645\sigma$$

由于施工单位没有σ的统计资料，查表 5.17 可得，$\sigma = 5$，同时 $f_{\text{cu},k} = 20\text{MPa}$，代入上式得

$$f_{\text{cu},0} \geqslant 20 + 1.645 \times 5 = 28.2(\text{MPa})$$

2)确定水灰比(W/C)

$$\frac{W}{C} = \frac{\alpha_a f_{\text{ce}}}{f_{\text{cu},0} + \alpha_a \alpha_b f_{\text{ce}}}$$

采用碎石，则$\alpha_a = 0.46$，$\alpha_b = 0.07$。

实测 $f_{\text{ce}} = 38.9\text{MPa}$，代入上式得

$$W / C = (0.46 \times 38.9) / (28.2 + 0.46 \times 0.07 \times 38.9) = 0.6$$

根据表 5.18 耐久性能要求 W/C 不大于 0.65，取 $W/C = 0.6$。

3) 确定单位用水量(m_{wo})

首先确定粗骨料最大粒径。根据规范，粗骨料最大粒径不超过结构截面最小尺寸的 1/4，并不得大于钢筋最小净距的 3/4。

$$D_{\max} \leqslant (1/4)\times 300 = 75(\text{mm})$$

同时

$$D_{\max} \leqslant (3/4)\times 60 = 45(\text{mm})$$

因此，粗骨料最大粒径按公称粒级应选用 $D_{\max} = 40\text{mm}$。即采用 5～40mm 的碎石骨料，查表 5.20，选用单位用水量 180kg/cm³。

4) 计算水泥用量

$$m_{co} = \frac{m_{wo}}{W/C}$$

则

$$m_{co} = 180/0.6 = 300(\text{kg}/\text{m}^3)$$

对照表 5.18，本工程要求最小水泥用量为 260kg/m³，故选水泥用量为 300kg/m³。

5) 确定砂率

查表 5.22，砂率范围为 33%～38%，采用砂率公式计算得

$$\beta_s = \beta \frac{\rho'_{so}P'}{\rho'_{so}P' + \rho'_{so}}$$

则

$$\beta_s = 1.2\times(1.5\times 0.43)/(1.5\times 0.43 + 1.55)\times 100\% = 35\%$$

根据查表或计算取 35%。

6) 计算砂石用量(采用体积法)

$$\frac{m_{co}}{\rho_c} + \frac{m_{go}}{\rho_g} + \frac{m_{so}}{\rho_s} + \frac{m_{wo}}{\rho_w} + 0.01\alpha = 1$$

$$\beta_s = \frac{m_{so}}{m_{so} + m_{go}}\times 100\%$$

解方程组得 $m_s = 685\text{kg/m}^3$，$m_g = 1268\text{kg/m}^3$。

经初步计算，1m³混凝土材料用量为：水泥 300kg，水 180kg，砂 685kg，石子 1268kg。

2. 配合比的调整

1) 和易性的调整

按初步配合比，称取 12L 混凝土的材料用量，水泥为 3.72kg，水为 2.16kg，砂为 8.18kg，石子为 15.16kg，按规定方法拌和，测得坍落度为 10mm，达不到规定坍落度 30～50mm，增加水泥和水各 5%，即水泥用量为 3.91kg，水为 2.27kg，经拌和测得坍落度为 35mm，混凝土黏聚性、保水性均良好。经调整后的各项材料用量为：水泥 3.91kg，水 2.27kg，砂 8.18kg，石子 15.16kg，材料总量为 29.53kg。

2)强度校核

采用水灰比为 0.55、0.60 和 0.65 共 3 个不同的配合比，配制 3 组混凝土试件，并检验和易性(因 W/C=0.60 的基准配合比已检验，可不再检验)，测混凝土拌和物表观密度，分别制作混凝土试块，标准条件养护 28d，然后测强度，其结果如表 5.23 所示。

表 5.23　混凝土 28d 强度值

水灰比	混凝土配合比/kg				坍落度/mm	表观密度/(kg/m³)	强度/MPa
	水泥	砂	石	水			
0.55	6.5	13.7	35.36	3.6	30	2460	32.3
0.60	6.0	13.7	35.36	3.6	35	2455	28.7
0.65	5.5	13.7	35.36	3.6	42	2450	25.8

根据试验结果，选水灰比为 0.60 的基准配合比为实验室配合比。

3)表观密度的校正

$$\delta = 2455/(6+13.7+25.36) = 50.4$$
$$m_c = 6.0\times 50.4 = 302(\text{kg})$$
$$m_s = 13.7\times 50.4 = 690.5(\text{kg})$$
$$m_g = 25.36\times 50.4 = 1287(\text{kg})$$
$$m_w = 3.6\times 50.4 = 181.4(\text{kg})$$

即确定的混凝土设计配比为：水泥 302kg，砂 690.5kg，石 1278kg，水 181.4kg。

5.9　混凝土的质量控制与强度评定

为了保证生产的混凝土按规定的质量要求来满足设计要求，应加强混凝土的质量控制。混凝土的质量控制包括初步控制、生产控制和合格控制。①初步控制：混凝土生产前对设备的调试、对材料的检验与控制以及混凝土配合比的确定与调整；②生产控制：混凝土生产中对混凝土组成材料的用量、混凝土拌和物的搅拌、运输、浇筑和养护等工序的控制；③合格控制：对浇筑混凝土进行强度或其他技术指标检验评定，主要有批量划分、确定批取样数、确定检测方法和验收界限等项内容，混凝土的质量是由其性能检验结果来评定的。在施工中，力求做到既要保证混凝土所要求的性能，又要保证其质量的稳定性，但实践中，由于原材料、施工条件及试验条件等复杂因素的影响，必然造成混凝土质量的波动，但混凝土的质量波动将直接反映到其最终的强度上，而混凝土的抗压强度与其他性能有较好的相关性，因此，在混凝土生产质量管理中，常以混凝土的抗压强度作为评定和控制其质量的主要指标。

5.9.1　混凝土质量波动的因素

由于引起混凝土质量波动的因素很多(原材料质量、施工质量、试验条件等)，归纳起来可分为以下两类。

1. 正常因素

正常因素是指不可避免的正常变化的因素，如砂、石质量的波动，称量时的微小误差，操作人员技术上的微小差异等，这些因素是不可避免的，不易克服的因素，如果我们把主要精力集中在解决这些问题上，收效很小。在施工中，只是由于受正常因素的影响而引起的质量波动，是正常波动。

2. 异常因素

异常因素是指施工中出现的不正常情况，如搅拌混凝土时随意加水、混凝土组成材料称量错误等。这些因素对混凝土质量影响很大，它们是可避免和克服的因素。受异常因素影响引起的质量波动，是异常波动。

对混凝土质量控制的目的，在于发现和排除异常因素，使质量只受正常因素的影响，质量波动呈正常波动状态。

5.9.2 混凝土强度的质量控制

1. 混凝土强度的波动规律

对某种混凝土随机取样测定强度，其数据经过整理绘成强度概率分布曲线，一般均接近正态分布曲线，如图 5.12 所示。曲线高峰为混凝土平均强度 $\overline{f}_{cu}$ 的概率，以平均强度为对称轴，左右两边曲线是对称的。概率分布曲线窄而高，说明强度测定值比较集中，波动较小，混凝土的平均性好，施工水平高。如果曲线窄而矮，则说明幅度值离散程度大，混凝土的均匀性差，施工水平较低，在数理统计方法中，常用强度平均值、标准差、变异系数和强度保证率等统计参数来评定混凝土质量。

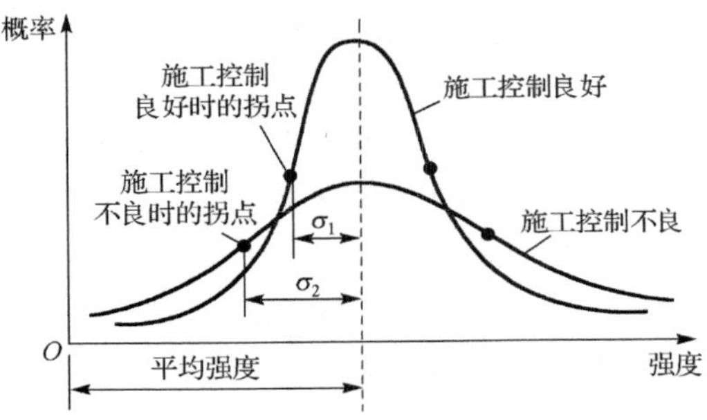

图 5.12　混凝土强度概率分布曲线

1) 强度平均值 $\overline{f}_{cu}$

$$\overline{f}_{cu} = \frac{1}{n}\sum_{i=1}^{n} f_{cu,i}$$

式中，n 为试件组数；$f_{cu,i}$ 为第 i 组抗压强度(MPa)。

强度平均值仅代表混凝土强度总体的平均水平，并不反映混凝土强度的波动情况。

2) 标准差 σ

$$\sigma = \sqrt{\frac{\sum_{i=1}^{n} f_{cu,i}^2 - n\overline{f}_{cu,i}^2}{n-1}}$$

式中，$\overline{f}_{cu,i}$ 为抗压强度平均值(MPa)。

标准差又称均方差，它表明分布曲线的拐点距强度平均值的距离。σ越大，说明其强度离散程度越大，混凝土质量也越不稳定。

3) 变异系数 C_v

变异系数又称离散系数，是混凝土质量均匀性的指标。σ越小，说明混凝土质量越稳定，混凝土生产的质量水平越高。

4) 混凝土强度保证率

在混凝土强度质量控制中，除了必须考虑到所生产的混凝土强度质量的稳定性之外，还必须考虑符合要求的强度等级合格率。它是指在混凝土总体中，不小于设计要求的强度等级标准值（$f_{cu,k}$）的概率 P。

概率度 t 将强度概率分布曲线转换为标准正态分布曲线。如图 5.13 所示，曲线与横轴间的总面积为概率的总和为 100%，阴影部分即混凝土的强度保证率，其计算方法如下。

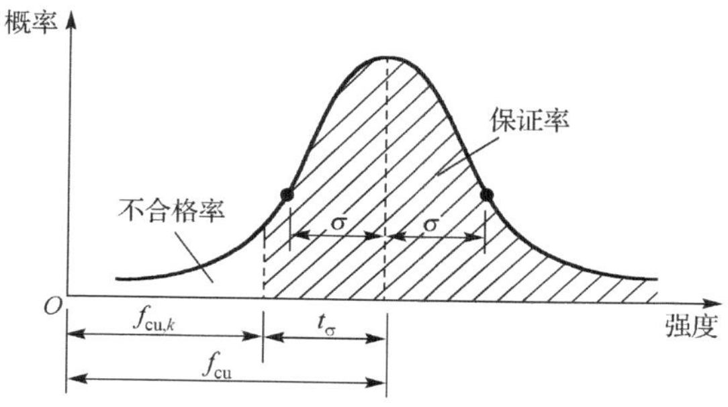

图 5.13　强度标准正态分布曲线

先按下式计算概率度 t：

$$t = \frac{\bar{f}_{cu} - f_{cu,k}}{\sigma} = \frac{\bar{f}_{cu} - f_{cu,k}}{c\bar{f}_{cu}}$$

标准正态分布方程：

$$P(t) = \int_t^{+\infty} \Phi(t)\mathrm{d}t = \frac{1}{\sqrt{2\pi}} \int_t^{+\infty} \mathrm{e}^{-\frac{t^2}{2}} \mathrm{d}t$$

由概率度 t，再根据标准正态分布曲线方程求得概率度 t 与强度保证率 P 的关系，如表 5.24 所示。

表 5.24　不同 t 值的保证率 P

t	0.00	−0.50	−0.84	−1.00	−1.20	−1.28	−1.40	−1.60
P/%	50.0	69.2	80.0	84.1	88.5	90.0	91.9	94.5
t	−1.65	−1.70	−1.81	−1.88	−2.00	−2.05	−2.33	−3.00
P/%	95.0	95.5	96.5	97.0	97.7	99.0	99.4	99.9

工程中 P 值可根据统计周期内混凝土试件强度不低于要求等级的标准值的组数 N_0 与试件总数 N（$N \geqslant 25$）之比求得，即

$$P = N_0 / N \times 100\%$$

我国在《混凝土强度检验评定标准》（GB 107—1987）中规定，根据统计周期内混凝土强

度标准差σ值和保证率 P(%)，可将混凝土生产单位的生产管理水平划分为优良、一般和差三个等级，见表 5.25。

表 5.25　混凝土生产管理水平

		优良		一般		差	
		< C20	≥ C20	< C20	≥ C20	< C20	≥ C20
混凝土强度标准差σ/MPa	预拌混凝土和预制混凝土构件厂	≤ 3.0	≤ 3.5	≤ 4.0	≤ 5.0	> 5.0	> 5.0
	集中搅拌混凝土的施工现场	≤ 3.5	≤ 4.0	≤ 4.5	≤ 5.5	> 4.5	> 5.5
强度等于和高于要求强度等级的百分率/%	预拌混凝土和预制混凝土构件厂及集中搅拌混凝土的施工现场	≥ 9		> 85		≤ 85	

2. 混凝土配置强度

根据混凝土保证率概念可知，如果按设计的强度等级($f_{cu,t}$)配置混凝土，则其强度保证率只有 50%。为使混凝土强度保证率满足规定的要求，在设计混凝土配合比时，必须使配置强度高于混凝土设计要求强度，则有

$$f_{cu,t} = f_{cu,k} - t\sigma$$

可见，设计要求的保证率越大，配置强度要求就越高；强度质量稳定性差，配置强度就越大。根据《普通混凝土配合比设计规程》(JGJ 55—2000)规定，工业与民用建筑及一般构筑物所采用的普通混凝土的强度保证率为 95%，由表 5.24 可知 $t = -1.645$。即得

$$f_{cu,t} = f_{cu,k} + 1.645\sigma$$

式中，$f_{cu,t}$ 为混凝土配置强度(MPa)；$f_{cu,k}$ 为混凝土立方体抗压强度标准值(MPa)；σ 为混凝土强度标准差(MPa)。

5.9.3　混凝土强度的评定

1. 统计方法评定

混凝土强度进行分批检验评定。一个验收批的混凝土应由强度等级相同、龄期相同以及生产工艺条件和配合比基本相同的混凝土组成。当混凝土的生产条件在较长时间内能保持一致，且同一品种混凝土的强度变异性能保持稳定时(即标准差已知时)，应由连续的三组试件组成一个验收批。其强度应满足下列要求：

$$\overline{f}_{cu} \geqslant f_{cu,k} + 0.7\sigma_0$$

当混凝土强度等级不高于 C20 时，其强度的最小值还应满足下式要求：

$$f_{cu,\min} \geqslant 0.85 f_{cu,k}$$

当混凝土强度等级高于 C20 时，其强度的最小值还应满足下式要求：

$$f_{cu,\min} \geqslant 0.9 f_{cu,k}$$

式中，$f_{cu,\min}$ 为统一验收批混凝土立方体抗压强度的最小值(MPa)；σ 为验收批混凝土立方体抗压强度的标准差(MPa)。

强度数据，按下式计算：

$$\sigma = \frac{0.59}{m}\sum_{i=1}^{m}\Delta f_{\mathrm{cu},i}$$

式中，$\Delta f_{\mathrm{cu},i}$ 为第 i 批试件立方体抗压强度最大值与最小值之差(MPa)；m 为用以确定验收批混凝土立方体强度标准差的数据总组数（$m \geqslant 15$）。

当混凝土的生产条件在较长的时间内不能保持一致且混凝土强度变异不能保持稳定时，或在前一个检验期内的同一品种混凝土没有足够的数据用以确定验收批混凝土立方体抗压强度的标准差时，应由不少于 10 组的试件组成一个验收批，其强度应同时满足下列公式的要求：

$$\overline{f}_{\mathrm{cu}} - \lambda_1 S_{f_{\mathrm{cu}}} \geqslant 0.9\overline{f}_{\mathrm{cu},k}$$

$$f_{\mathrm{cu,min}} \geqslant \lambda_2 f_{\mathrm{cu},k}$$

式中，$S_{f_{\mathrm{cu}}}$ 为同一批验收混凝土立方体抗压强度的标准差(MPa)，当 $S_{f_{\mathrm{cu}}}$ 的计算值为 $0.06f_{\mathrm{cu},k}$ 时，取 $S_{f_{\mathrm{cu}}} = 0.06S_{f_{\mathrm{cu}}}$；$\overline{f}_{\mathrm{cu},k}$ 为强度标准平均值(MPa)；λ_1、λ_2 为合格判定系数，按表 5.26 取用。

表 5.26　混凝土强度的合格判定系数

试件组数	10～14	15～24	≥ 25
λ_1	1.70	1.65	1.60
λ_2	0.90	0.85	0.85

混凝土立方体抗压强度的标准差 $S_{f_{\mathrm{cu}}}$ 可按下列公式计算：

$$S_{f_{\mathrm{cu}}} = \sqrt{\frac{\sum_{i=1}^{n} f_{\mathrm{cu},i}^2 - n\overline{f}_{\mathrm{cu}}^2}{n-1}}$$

式中，$f_{\mathrm{cu},i}$ 为第 i 组混凝土试件的立方体抗压强度值(MPa)；n 为验收混凝土试件组数(个)。

2. *非统计方法评定*

若按非统计方法评定混凝土强度，则其强度应同时满足下列要求：

$$\overline{f}_{\mathrm{cu}} \geqslant 1.15 f_{\mathrm{cu},k}$$

$$f_{\mathrm{cu,min}} \geqslant 0.95 f_{\mathrm{cu},k}$$

若按上述方法检验，发现不满足合格条件，则该批混凝土强度判为不合格，对不合格批混凝土制成的结构或构件，应进行鉴定，对不合格的结构或构件必须及时处理。

当对混凝土试件强度的代表性有怀疑时，可采用从结构或构件中钻取试样的方法或采用非破损检验方法，按有关标准的规定对结构或构件中混凝土的强度进行推定。

5.10　有特殊要求的混凝土

5.10.1　高强混凝土

人们常将强度等级达到 C60 和超过 C60 的混凝土称为高强混凝土。强度等级超过 C100 的混凝土称为超高强混凝土。

高强混凝土有以下特点。

(1) 高强混凝土的抗压强度高，变形小，适用于大跨度结构、重载受压构件和高层结构。

(2) 在相同的受力条件下能减小构件体积，降低钢筋用量。

(3) 高强混凝土致密坚硬，耐久性能好。

(4) 高强混凝土的脆性比普通混凝土高。

(5) 高强混凝土的抗拉、抗剪强度随抗压强度的提高而有所增长，但拉压力比和剪压力比都随之降低。

提高混凝土强度的途径很多，通常是同时采用几种技术措施，效果显著。目前常用的配制原理及其措施有以下几种。

(1) 提高混凝土本身的密实度，例如，采用高强水泥；掺加高效减水剂；掺加优质掺合料(如硅灰、超细粉煤灰等)及聚合物，大幅度降低水灰比；加强振捣等。

(2) 提高骨料强度，选用致密坚硬、级配良好的硬质骨料，其最大粒径要小，不应大于31.5mm，针片状颗粒含量不宜大于 5.0%，含泥量(质量比)不宜大于 0.2%。细骨料宜采用中砂，其细度模数不宜大于 2.6，含泥量不应大于 2.0%，泥块含量不应大于 0.5%。此外，还可用各种短纤维代替部分骨料，以改善胶结材料的韧性。

(3) 优化配合比。对于强度等级大于 C60 的混凝土，应按经验选取基准配合比中的水灰比：水泥用量不应大于 550kg/m³；砂率及采用的外加剂和掺合料的总掺量不应大于 600kg/m³。在试配与确定配合比时，其中一个为基准配合比，另外两个配合比的水灰比宜较基准配合比分别增加或减少 0.02～0.03，并有不少于 6 次的重复试验验证。最后将强度试验结果中略超过配制强度的配合比确定为混凝土设计配合比。

(4) 加强生产质量管理，严格控制每个生产环节。

目前，我国实际应用的高强混凝土为 C60～C100，主要用于混凝土桩基、预应力轨枕、电杆、大跨度薄壳结构、桥梁、输水管等。

5.10.2　抗渗混凝土(防水混凝土)

采用水泥、砂、石或掺加少量外加剂、高分子聚合物等材料，通过调整配合比而配置成抗渗压力大于 0.6MPa，并具有一定抗渗能力的刚性防水材料称为防水混凝土。

普通混凝土之所以不能很好地防水，主要是由于混凝土内部存在着渗水的毛细管通道。若能使毛细管减少或将其堵塞，混凝土的渗水现象就会大为减小。

防水混凝土的抗渗等级，应根据防水混凝土的最大作用水头与最小设计壁厚的比值是否符合表 5.27 中的要求来确定。

表 5.27　防水混凝土的抗渗等级

最大作用水头与最小设计壁厚的比值		设计抗渗等级/MPa
$H_a = H / h$	<10	0.6
	10～15	0.8
	15～25	1.2
	25～35	1.6
	>35	2.0

防水混凝土常用的配制方法有普通防水混凝土、外加剂防水混凝土和膨胀水泥防水混凝土 3 种，它们的适用范围见表 5.28。

表 5.28　防水混凝土的适用范围

<table>
<tr><th colspan="2">种　类</th><th>最高抗渗压力/MPa</th><th>特　点</th><th>适 用 范 围</th></tr>
<tr><td colspan="2">普通防水混凝土</td><td>3.0</td><td>施工简便，材料来源广泛</td><td>适用于一般工业、民用建筑及公共建筑的地下防水工程</td></tr>
<tr><td rowspan="4">外加剂防水混凝土</td><td>引气剂防水混凝土</td><td>>2.2</td><td>抗冻性好</td><td>适用于北方高寒地区、抗冻性要求较高的防水工程及一般防水工程，不适于抗压强度大于 20MPa 或耐腐性要求较高的防水工程</td></tr>
<tr><td>减水剂防水混凝土</td><td>>2.2</td><td>拌和物流动性好</td><td>用于钢筋密集或捣固困难的薄壁型防水构筑物；也适用于对混凝土凝结时间和流动性有特殊要求的防水工程</td></tr>
<tr><td>三乙醇胺防水混凝土</td><td>>3.8</td><td>早期强度高，抗渗等级高</td><td>适用于工期紧迫、要求早强及抗渗性较高的防水工程及一般防水工程</td></tr>
<tr><td>氧化铁防水混凝土</td><td>>3.8</td><td>抗渗等级高</td><td>适用于水中结构的无筋、少筋厚大防水混凝土工程及一般地下防水工程。砂浆修补抹面工程；在接触直流电源或预应力混凝土及重要的薄壁机构上不宜使用</td></tr>
<tr><td colspan="2">膨胀水泥防水混凝土</td><td>3.6</td><td>密实性好，抗裂性好</td><td>适用于地下工程和地上防水构筑物、山洞、非金属油罐和主要工程的后浇缝</td></tr>
</table>

1. 普通防水混凝土

普通防水混凝土是以调整配合比的方法来提高自身密实度和抗渗性的一种混凝土。通常普通混凝土主要根据强度配制，石子起骨架作用，砂填充石子的空隙，水泥浆填充骨料空隙并将骨料结合在一起，而没有充分考虑混凝土的密实性。而普通防水混凝土则是根据抗渗要求配制的，以尽量减少空隙为着眼点来调整配合比。在普通防水混凝土内，应保证有一定数量及质量的水泥砂浆，在粗骨料周围形成一定厚度的砂浆包裹层，把粗骨料彼此隔开，从而减少粗骨料之间的渗水通道，使混凝土具有较高的抗渗能力。水灰比的大小影响着混凝土硬化后空隙的大小和数量，并直接影响混凝土的密实性。因此，在保证混凝拌和物工作性的前提下降低水灰比。选择普通防水混凝土配合比时，应符合以下技术规定。

(1) 粗骨料的最大粒径不宜大于 40mm。

(2) 水泥强度等级为 32.5 级以上时，水泥用量不得少于 300kg/m³，当水泥强度等级为 42.5 以上，并掺有活性粉细料时，水泥用量不得少于 280kg/m³，且每立方米混凝土中的水泥和矿物掺合料总量不宜小于 320kg。

(3) 砂率宜为 35%～45%。

(4) 灰砂比宜为 1∶2.50～1∶2.0。

(5) 水灰比宜在 0.55 以下。

(6) 坍落度不宜大于 50mm，以减少渗水率。坍落度值可参见表 5.29。

表 5.29　普通防水混凝土的坍落度要求

结 构 种 类	坍落度/mm
厚度≥350mm 结构	20～30
厚度<250mm 或钢筋稠密结构	30～50
厚度大的少筋结构	<50
大体积的混凝土或墙体	根据其高度逐渐减小坍落度

2. 外加剂防水混凝土

外加剂防水混凝土是在混凝土中掺入适当品种和数量的外加剂，隔断或堵塞混凝土中的各种空隙、裂隙及渗水通路，以达到改善抗渗性能的一种混凝土。常用的外加剂有引气剂、减水剂、三乙醇胺和氯化铁防水剂。

3. 膨胀水泥防水混凝土

用膨胀水泥配制的防水混凝土称为膨胀水泥防水混凝土。由于膨胀水泥在水化的过程中，形成大量体积增大的水化硫铝酸钙，产生一定的体积膨胀，在有约束的条件下，能改善混凝土的孔结构，使总孔隙率减少，毛细孔径减小，从而提高混凝土的抗渗性。

5.10.3 抗冻混凝土

抗冻混凝土，是指在混凝土中采用添加防冻剂的一种特种混凝土，基本跟一般的混凝土配制差不多，也是一样的流程，只是要求不一样。

基本操作流程如下。

(1) 首先进行热工计算，确定拌和水和骨料加热温度，以确保混凝土入模温度。

(2) 由试验确定加入外加剂，如减水剂、防冻剂、早强剂等。

(3) 覆盖蓄热保温，浇筑完混凝土立即覆盖，防止热量散失。

(4) 暖棚法，为混凝土构筑物搭棚子，在棚内保湿加热。

(5) 蒸汽养生法，适合生产混凝土预制构件，用湿热蒸汽加速养护。

混凝土抗冻性一般以抗冻等级表示。抗冻等级是采用龄期 28d 的试块在吸水饱和后，承受反复冻融循环，以抗压强度下降不超过 25%，而且质量损失不超过 5%时所能承受的最大冻融循环次数来确定的。GBJ 50164—92 将混凝土划分为以下抗冻等级：F10、F15、F25、F50、F100、F150、F200、F250、F300 等九个等级，分别表示混凝土能够承受反复冻融循环次数为 10、15、25、50、100、150、200、250 和 300 次。

5.10.4 泵送混凝土

为了使混凝土施工适用于狭窄的施工场地以及大体积混凝土结构物和高层建筑，多采用泵送混凝土。泵送混凝土是指拌和物的坍落度不小于 80mm，并用混凝土输送泵输送的混凝土。它能一次连续完成水平运输和垂直运输，效率高、节约劳动力，因而近年来在国内外引起重视，逐步得到推广。

泵送混凝土拌和物必须具有较好的可泵性。所谓可泵性，即拌和物具有顺利通过管道、摩擦阻力小、不离析、不阻塞和黏聚性良好的性能。

为了保证混凝土具有良好的可泵性，对原材料的要求如下。

1. 水泥

泵送混凝土应选用硅酸盐水泥、普通硅酸盐水泥、矿渣硅酸盐水泥及粉煤灰硅酸盐水泥，不宜采用火山灰质硅酸盐水泥。

2. 骨料

泵送混凝土所用粗骨料最大粒径与输送管径之比，当泵送高度在 50m 以下时，碎石不宜大于 1 : 3，卵石不宜大于 1 : 2.5；泵送高度在 50～100m 时，碎石不宜大于 1 : 4，卵石不宜大于 1 : 3；泵送高度在 100m 以上时，碎石不宜大于 1 : 5，卵石不宜大于 1 : 4；粗骨料应采用连续级配，且针片状颗粒含量不宜大于 10%；宜采用中砂，其通过 0.315mm 筛孔的颗粒含量不应小于 15%，通过 0.160mm 筛孔的含量不应小于 5%。

3. 掺合料与外加剂

泵送混凝土应掺用泵送剂或减水剂，并宜掺用粉煤灰或其他活性掺合料以改善混凝土的可泵性。

5.10.5　大体积混凝土

日本建筑学会标准(JASS5)规定："结构断面最小厚度在 80cm 以上，同时水化热引起混凝土内部的最高温度与外界气温之差预计超过 25℃的混凝土，称为大体积混凝土"。

大型水坝、桥墩及高层建筑的基础等工程所用混凝土，应按大体积混凝土设计和施工，为了减少由于水化热引起的温度应力，在混凝土配合比设计时，应选用水化热低和凝结时间长的水泥，如低热矿渣硅酸盐水泥、中热硅酸盐水泥、矿渣硅酸盐水泥、粉煤灰硅酸盐水泥和火山灰质硅酸盐水泥等；当采用硅酸盐水泥或普通硅酸盐水泥时，应采用相应措施延缓水化热的释放；大体积混凝土应掺用缓凝剂、减水剂和能减少水泥水化热的掺合料。

大体积混凝土在保证混凝土强度及坍落度要求的前提下，应提高掺合料及骨料的含量，以降低每立方米混凝土的水泥用量。粗骨料宜采用连续级配，细骨料宜采用中砂。

大体积混凝土配合比的计算和试配步骤应按《普通混凝土配合比设计规程》(JGJ 55—2000)的规定进行，并宜在配合比确定之后进行水化热的验算或测定。

5.10.6　防辐射混凝土

能遮蔽 X、γ 射线及中子辐射等对人体危害的混凝土，称为防辐射混凝土，它由水泥、水和重骨料配制而成，其表观密度一般在 3000kg/m³以上。混凝土越重，其防护 X、γ 射线的性能越好，且防护结构的厚度可减小。但对中子流的防护，除需要混凝土很重外，还需要含有足够多的最轻元素——氢。

配制防辐射混凝土时，宜采用胶结力强、水化热较低、水化结合水量高的水泥，如硅酸盐水泥，最好使用硅酸钡、硅酸锶等重水泥。采用高铝水泥施工时需采取冷却措施。常用重骨料主要有重晶石($BaSO_4$)、褐铁矿($2Fe_2O_3 \cdot 3H_2O$)、磁铁矿(Fe_3O_4)和赤铁矿(Fe_2O_3)等。另外，掺入硼和硼化物及锂盐等，也可有效改善混凝土的防护性能。

防辐射混凝土用于原子能工业以及国民经济各部门应用放射性同位素的装置中，加反应堆、加速器及放射化学装置等的防护结构。

5.10.7　加气混凝土

加气混凝土是含硅材料(如石英砂、粉煤灰、尾矿粉、粒化高炉矿渣等)和钙质材料(如水泥、生石灰等）加水并加入适量的发气剂和其他附加剂，经混合、搅拌、浇筑发泡、胚体静停与切割，再经蒸压或常规蒸汽养护而制成的一种不含粗骨料的轻混凝土。

蒸压加气混凝土的结构形成包括以下两个过程。

(1) 由于发气剂与碱性水溶液之间反应产生气体使料浆膨胀，以及水泥和石灰的水化凝结而形成多孔结构的过程。

(2) 蒸压条件下钙质材料与含硅材料发生水热反应使强度增长的过程。

常用的发气剂有铝粉和双氧水等。掺铝粉作为发气剂是目前国内外广泛应用的一种方法。铝粉同碱性物质 $Ca(OH)_2$ 的饱和溶液可反应产生氢气，水中氢气溶解度很小，由于气相的增加及氢气受热体积膨胀，而使混合料浆膨胀，内部产生大量封闭或连通的气孔。

加气混凝土属于一种高分散多孔结构的制品。根据孔径的不同，可将气孔分为毫米级（0.1～5mm）的宏观气孔和大小为 0.0075～0.1mm 的细微孔。孔径在很大程度上取决于成形方法、原材料性质、发气剂用量、水料间的比例及发气凝结过程。孔径的大小和孔的均匀性、孔壁厚度与孔壁的性质对加气混凝土的性能有很大影响。一般来说，孔径为 0.2～0.5mm，且主要为球形闭孔结构的加气混凝土技术性能最佳。

加气混凝土的技术指标是表观密度和强度。一般表观密度越大，孔隙率越小，强度越高，但保温隔热性能越差。按颁布标准 JGJ 17—84，加气混凝土按干表观密度（kg/m^3）分为 500 级和 700 级两种，对应的强度（含水率 10%气干工作状态下的立方体抗压强度）分别为 3MPa 和 5MPa，其导热系数为 0.13～0.20W/(m·K)，具有较高的保温隔热性能。加气混凝土宜作屋面板、砌块、配筋墙板和绝热材料。500 级、强度为 3MPa 的砌块用于横墙承重的房屋时，其层数不得超过三层，总高度不超过 10m；700 级、强度为 5MPa 的砌块，一般不宜超过五层，总高度不超过 16m。由于加气混凝土孔隙率高，强度较低，抗渗性较差，故在建筑物基础及处于浸水、高湿和有化学侵蚀的环境中不得采用。加气混凝土外墙面应采用饰面防护措施。当加气混凝土中配有钢筋或钢筋网片时，由于加气混凝土碱度低，且结构多孔，钢筋锈蚀严重，故应在加气混凝土中掺加钢筋防腐剂，如有机溶剂型的苯乙烯、沥青类防腐剂、水泥沥青酚醛树脂防腐剂和以苯乙烯-丙烯酸丁酯-丙烯酸三元共聚乳液为主的乳胶漆防腐剂等。

由于加气混凝土能利用工业废料（粉煤灰等），产品成本较低，能大幅度降低建筑物的自重，保温隔热性能优良，因此具有较好的经济技术效果，得到广泛应用。

5.10.8　轻骨料混凝土

凡干表观密度小于 1950kg/m^3的混凝土称为轻混凝土，主要是指用轻粗骨料、轻细骨料（或普通砂）的混凝土。轻骨料混凝土性质：①轻骨料混凝土的密度为 800～1950kg/m^3；②强度为 CL5～CL50；③弹性模量小，收缩大，徐变大；④导热系数小，热膨胀系数小，保温性能优良；⑤抗渗、抗冻、耐火性能好。轻骨料品种如表 5.30 所示，轻骨料混凝土的用途如表 5.31 所示。

表 5.30　轻骨料品种

人工轻骨料	页岩陶粒、膨胀珍珠岩
天然轻骨料	浮石、火山渣
工业废料轻骨料	粉煤灰陶粒、膨胀矿渣

表 5.31 轻骨料混凝土的用途

混 凝 土	用 途	容重/(kg/m^3)
保温轻混凝土	围护结构	≤800
结构保温轻混凝土	承重与围护结构	800～1400
结构轻混凝土	承重构件	1400～1900

习 题

5.1 解释以下名词。

混凝土；外加剂；减水剂；细度模数；颗粒级配；和易性；流动性；黏聚性；保水性；砂率；徐变；碱-骨料反应；轻骨料混凝土；加气混凝土。

5.2 石子的粒径形状对混凝土的性质有哪些影响？

5.3 何谓混凝土的碳化？碳化对混凝土的性质有哪些影响？

5.4 为什么在配制混凝土时一般不采用细砂或特细砂？

5.5 为什么要严格控制 *W/C*？

5.6 现场浇灌混凝土时，禁止施工人员随意向混凝土拌和物中加水。试从理论上分析加水对混凝土质量的危害。它与成形后的洒水养护有无矛盾？为什么？

5.7 何谓碱-骨料反应？混凝土发生碱-骨料反应的必要条件是什么？防止措施有哪些？

5.8 什么是混凝土材料的标准养护、自然养护、蒸汽养护、蒸压养护？

5.9 混凝土在下列情况下，均能导致其产生裂缝。试解释产生的原因，并指出主要防止措施。

① 水泥水化热大；

② 水泥安定性不良；

③ 大气温度变化较大；

④ 碱-骨料反应；

⑤ 混凝土碳化；

⑥ 混凝土早期受冻；

⑦ 混凝土养护时缺水；

⑧ 混凝土遭到硫酸盐侵蚀。

5.10 什么是混凝土拌和物的和易性？它包含哪些含义？

5.11 影响混凝土拌和物和易性的因素是什么？它们是怎么影响的？

5.12 提高混凝土强度的主要措施有哪些？

5.13 何谓混凝土耐久性？如何提高混凝土耐久性？

5.14 为什么掺引气剂可提高混凝土的抗渗性和抗冻性？

5.15 简述粉煤灰的三个效应。

5.16 简述减水剂的作用机理和种类。

5.17 某混凝土配合比为 1∶2.43∶4.71，$W/C=0.62$，设混凝土表观密度为 2400kg/m^3，求各材料用量。

5.18　某混凝土配合比为 1∶2.20∶4.20，$W/C = 0.58$。已知水泥、砂、石表观密度(kg/m^3)分别为 3.10、2.60 和 2.50，试计算每立方米拌和物所需各材料用量。

5.19　假设混凝土强度随龄期对数而直线增长，已知 1d 强度不等于 0，7d 强度为 22.0MPa，14d 强度为 27.0MPa，求 28d 强度。

5.20　某混凝土配合比为 1∶2.45∶4.68，$W/C = 0.60$，水泥用量为 $280kg/m^3$。若砂含水率为 3%，石子含水率为 1%，求此混凝土的施工材料用量。

第6章 建筑砂浆

学习目的：了解建筑砂浆的分类；了解建筑砂浆的种类及应用。

砂浆是由胶凝材料、细骨料、水按适当比例配制而成的，有时还加入适量掺合料和外加剂，所以可看成一种细骨料混凝土。砂浆在土木工程中用途广泛，而且用量也相当大。砂浆可以起黏结作用，将块状、粒状的材料黏结为整体结构，修建各种建筑物，如桥涵、堤坝和房屋的墙体等；在梁、柱、地面和墙面等结构表面上进行砂浆抹面，起防护、找平装饰作用；在采用各种石材、面砖等贴面时，一般也用砂浆作黏结和镶缝；经过特殊配制，砂浆还可用于保温、防水、防腐、吸声等。

按用途可将砂浆分为砌筑砂浆、普通抹面砂浆、防水砂浆、装饰砂浆和特种砂浆。砂浆按所用的胶凝材料不同，可分为水泥砂浆、混合砂浆、石灰砂浆、石膏砂浆和聚合物砂浆等。按照生产和施工方法可将砂浆分为现场拌制砂浆、预拌砂浆和干粉砂浆等。

6.1 砌筑砂浆

能够将砖、石块、砌块黏结成砌体的砂浆称为砌筑砂浆。在建筑工程中用量很大，起黏结、垫层及传递应力的作用，是砌体的重要组成部分。

6.1.1 砌筑砂浆的组成材料

1. 水泥

常用水泥品种有普通水泥、矿渣水泥、火山灰水泥、粉煤灰水泥及砌筑水泥等。水泥品种应根据使用部位的耐久性要求来选择。

不同品种的水泥不得混用。水泥的强度等级要求：用于水泥砂浆中的水泥不宜超过32.5级；用于水泥混合砂浆中的水泥不宜超过42.5级。水泥强度等级过高，将使砂浆中水泥用量过少，导致保水性不良。1m^3水泥砂浆中水泥的用量不低于200kg，1m^3水泥混合砂浆中水泥与掺合料的总量为300～350kg。

2. 细骨料

砂浆用细骨料主要是天然砂，它应符合混凝土用砂的技术要求。砌筑砂浆用砂宜选用中砂，其中毛石砌体宜选用粗砂；砂的含泥量不应超过5%；强度等级为M2.5的水泥混合砂浆砂的含泥量不应超过10%。

3. 水

拌制砂浆应采用不含有害物质的洁净水或饮用水。

4. 掺合料

掺合料是为改善砂浆的和易性而加入的无机材料。常用的掺合料有石灰膏、黏土膏、粉煤灰、电石膏以及一些工业废料等。为了保证砂浆的质量，需将石灰充分地“陈伏”熟化制成石灰膏，然后再掺入砂浆中搅拌均匀。粉煤灰是拌制砂浆较好的掺合料，掺入后不但能改善砂浆的和易性，而且因粉煤灰具有活性，能显著提高砂浆的强度并节省水泥。

当采用其他工业废料或电石膏等作为掺合料时，必须经过砂浆的技术性质检验，在不影响砂浆质量的前提下才能够使用。

5. 外加剂

外加剂是指在拌制砂浆过程中掺入的，用以改善砂浆性能的物质。外加剂应具有法定检测机构出具的砌体强度型式检验报告，并经砂浆性能试验合格后方可使用。

6.1.2 砌筑砂浆的技术性质

砌筑砂浆的技术性质，主要包括新拌砂浆的和易性、硬化后砂浆的强度和黏结强度以及抗冻性、收缩性等指标。这里主要介绍砌筑砂浆的和易性、强度和强度的黏结力。

1. 和易性

和易性是指新拌砂浆拌和物的工作性，即在施工中易于操作且能保证工程质量的性质，包括流动性和保水性两方面。和易性好的砂浆，在运输和操作时，不会出现分层、泌水等现象，而且容易在粗糙的砖、石、砌块表面上铺成均匀、薄薄的一层，保证灰缝既饱满又密实，能够将砖、砌块、石块很好地黏结成整体。此外，可操作的时间较长，有利于施工操作。

1)流动性

砂浆的流动性，又称稠度，是指砂浆在自重或外力作用下流动的性能。用来表示砂浆流动性大小的指标用沉入度，它是以标准圆锥体在砂浆中自由沉入 10s 的深度来表示的，单位为 mm。砂浆稠度的选择与砌体类型和施工气候条件有关，对空隙率和吸水率较大的砌体材料及干热天气，要求砂浆的流动性大一些；反之，则小一些。砂浆稠度的选择可参考表 6.1［《砌筑砂浆配合比设计规程》（JGJ 98—2000）］。

影响砂浆流动性的因素有砂浆的用水量、胶凝材料的种类和用量、骨料的粒形和级配、外加剂的性质和掺量、拌和的均匀程度等。

表 6.1 砌筑砂浆的稠度

砌 体 种 类	砂浆稠度/mm
烧结普通砖砌体	70～90
70～90 轻骨料混凝土小型空心砌块砌体	60～90
烧结多孔砖、空心砖砌块	60～80
烧结普通砖平拱式过梁空斗墙、筒拱普通混凝土小型空心砌块砌体、加气混凝土砌块砌体	50～70
石砌体	30～50

2)保水性

砂浆的保水性是指砂浆能够保持水分不容易析出的能力，用“分层度”表示。《砌筑砂浆配合比设计规程》(JGJ 98—2000)中规定：砌筑砂浆的分层度不得大于 30mm。其中，水泥混合砂浆的分层度一般不大于20mm。JGJ 890—2001中规定：用于蒸压加气混凝土的水泥砂浆的分层度不得大于20mm。

砂浆的分层度越大，保水性越差，可操作性变差。即运输、存放时，砂浆混合物容易分层而不均匀，上层变稀，下层变得干稠。而且砂浆的保水性太差，会造成砂浆中水分容易被砖、石等吸收，不能保证水泥水化所需水分，影响水泥的正常水化，降低砂浆的强度和黏结强度。为了提高砂浆的保水性，可以加入掺合料，配成混合砂浆，或加入塑化剂。但是分层度接近于零也不好，会使砂浆凝结太慢而影响施工进度；同时容易产生干燥收缩裂缝。

2. 强度

砂浆强度是以边长为70.7mm×70.7mm×70.7mm的立方体试块，在温度为(20±2)℃，一定湿度条件下养护28d，测得的抗压强度。

砌筑砂浆按抗压强度可分为M30、M25、M20、M15、M10、M7.5、M5.0共7个强度等级。符号M25表示养护28d后的立方体试件抗压强度平均值不低于25MPa。

影响砂浆的抗压强度因素有很多，其中主要因素是原材料的性能和用量，以及砌筑层(砖、石、砌块)吸水性，最主要的材料是水泥。砂的质量、掺合料的品种及用量、养护条件等都会影响砂浆的强度和强度增长。

对水泥砂浆，可采用下列公式进行估算强度。

(1)不吸水基层(如致密石材)。这时影响砂浆强度的主要因素与混凝土基本相同，即主要取决于水泥强度和水灰比。计算公式如下：

$$f_{m,0} = 0.29 f_{\mathrm{ce}}(C / W - 0.4)$$

式中，$f_{m,0}$为砂浆28d抗压强度(MPa)；f_{ce}为水泥的实测强度(MPa)；C/W为灰水比。

(2)吸水基层(如黏土砖及其他多孔材料)。这时由于基层能吸水，当其吸水后，砂浆中保留水分的多少取决于其本身的保水性，而与水灰比关系不大。因而，此时砂浆强度主要取决于水泥强度和水泥用量。计算公式如下：

$$Q_c = [1000(f_{m,0} - \beta)] / (\alpha f_{\mathrm{ce}})$$

式中，Q_c为每立方米砂浆中水泥用量(kg/m^3)，精确至1kg/m^3。$f_{m,0}$为砂浆的配制强度(MPa)，精确至0.01MPa；f_{ce}为水泥的实测强度(MPa)，精确至0.01MPa；α、β为砂浆的特征系数，$\alpha = 3.03$，$\beta = -15.09$。

当无法取得水泥的实测强度时，可按下列公式计算：

$$f_{\mathrm{ce}} = \gamma_c \cdot f_c$$

式中，γ_c为水泥强度等级值的富余系数，γ_c值按实际统计数据确定，当无统计数据时取值为1.0；f_c为水泥强度等级对应的强度值(MPa)。

3. 黏结强度

砌筑砂浆必须有足够的黏结力，才能将砖石黏结为坚固的整体，砂浆黏结力的大小将影响砌体的抗剪强度、耐久性、稳定性和抗震能力。通常，黏结力随砂浆抗压强度的提高而增大，砂浆黏结力还与砌筑材料的表面状态、洁净程度、润湿情况、养护条件等有关。所以砌筑砌体前，砖块要浇水润湿，表面不沾泥土，以提高砂浆与砖块之间的黏结力，保证砌筑质量。

6.2　普通抹面砂浆

普通抹面砂浆对建筑物和墙体起到保护作用。它可以抵抗风、雨、雪等自然环境对建筑物的侵蚀，并提高建筑物的耐久性，同时经过抹面的建筑物表面或墙面又可以达到平整、光洁、美观的效果。

常用的普通抹面砂浆有水泥砂浆、石灰砂浆、水泥混合砂浆、麻刀石灰砂浆(简称麻刀灰)、纸筋石灰砂浆(简称纸筋灰)等。

6.2.1　普通抹面砂浆的要求

普通抹面砂浆常分为两层或三层进行施工。

(1) 底层抹灰的作用是使砂浆与基底能牢固地黏结，因此要求底层砂浆具有良好的和易性、保水性和较好的黏结强度。

(2) 中层抹灰主要是找平，有时可省略。

(3) 面层抹灰是为了获得平整、光洁的表面效果。

6.2.2　普通抹面砂浆的使用

(1) 水泥砂浆宜用于潮湿或强度要求较高的部位。

(2) 混合砂浆多用于室内底层或中层或面层抹灰。

(3) 石灰砂浆、麻刀灰、纸筋灰多用于室内中层或面层抹灰。

(4) 水泥砂浆不得涂抹在石灰砂浆层上。

6.3　防 水 砂 浆

用作防水层的砂浆称为防水砂浆。砂浆防水层又称刚性防水层，适用于不受振动和具有一定刚度的混凝土和砖石砌体工程的表面。对于变形较大或可能产生不均匀沉陷的建筑物，不宜采用刚性的防水砂浆。

防水砂浆主要有普通水泥防水砂浆、掺加防水剂的防水砂浆和膨胀水泥与无收缩水泥防水砂浆三种，普通水泥防水砂浆是由水泥、细骨料、掺合料和水拌制成的砂浆。掺加防水剂的水泥砂浆是在普通水泥中掺入一定量的防水剂而制得的防水砂浆，是目前应用广泛的一种防水砂浆。常用的防水剂有硅酸钠类、金属皂类、氯化物金属盐和有机硅类等。膨胀水泥与无收缩水泥防水砂浆是采用膨胀水泥和无收缩水泥制作的砂浆，利用这两种水泥制作的砂浆有微膨胀或补偿收缩性能，从而提高砂浆的密实性和抗渗性。防水砂浆的配合比一般采用水泥：砂＝1：(2.5～3)，水灰比为 0.5～0.55。水泥应采用强度等级 42.5 的普通硅酸盐水泥，砂子应采用级配良好的中砂。防水砂浆对施工操作技术要求很高。制备防水砂浆应先将水泥和砂干拌均匀，再加入水和防水剂溶液搅拌均匀。施工前，应先在润湿清洁的底面上抹一层低水灰比的纯水泥浆(有时也用聚合物水泥浆)，然后再抹一层防水砂浆。在砂浆初凝之前，用木抹子压实一遍，第二、三、四层都是以同样的方法进行操作，最后一层要压光。每层厚度约为 5mm，抹 4～5 层，共 20～30mm 厚。施工完毕后，必须加强养护防止开裂。

6.4 装饰砂浆

装饰砂浆是指涂抹在建筑物内外表面，具有美化装饰、改善功能、保护建筑物作用的抹面砂浆。装饰砂浆施工时，底层和中层抹面砂浆所使用的材料与普通抹面砂浆的基本相同，但装饰砂浆面层材料的要求有所不同，所采用的胶凝材料除普通水泥、矿渣水泥等外，还可应用白水泥、彩色水泥或在常用水泥中掺加耐碱矿物颜料，配制成彩色水泥砂浆；装饰砂浆采用的骨料除普通河砂外，还可使用色彩鲜艳的花岗岩、大理石等色石及细石渣；有时也采用玻璃或陶瓷碎粒；也可加入少量云母碎片、玻璃碎料、长石、贝壳等使表面获得发光效果。掺颜料的砂浆在室外抹灰工程中使用时，总会受到风吹、日晒、雨淋及大气中有害气体的腐蚀，因此，应采用耐碱和耐光晒的矿物颜料。外墙面的装饰砂浆有如下工艺做法。

1. 拉毛

先用水泥砂浆做底层，再用水泥石灰砂浆做面层。在砂浆尚未凝结之前，用抹刀将表面拍拉成凹凸不平的形状。

2. 水刷石

用颗粒细小(约 5mm)的石渣拌成的砂浆做面层，在水泥浆终凝前，喷水冲刷表面，冲洗掉石渣表面的水泥浆，使石渣表面外露。水刷石用于建筑物的外墙面，具有一定的质感，且经久耐用，不需要维护。

3. 干黏石

在水泥砂浆面层的表面黏结粒径 5mm 以下的白色或彩色石渣、小石子、彩色玻璃、陶瓷碎粒等。要求石渣黏结均匀、牢固。干黏石的装饰效果与水刷石的相近，且石子表面更洁净艳丽；避免了喷水冲洗的湿作业，施工效率高，而且节约材料和水。干黏石在预制外墙板的生产中有较多的应用。

4. 斩假石

斩假石，又称斧剁石。砂浆的配制与水刷石基本一致。待砂浆抹面硬化后，用斧刃将表面剁毛并露出石渣。斩假石的装饰效果与粗面花岗岩相似。

5. 假面砖

将硬化的普通砂浆表面用刀斧锤凿刻划出线条或在初凝后的普通砂浆表面用木条、钢片压划出线条；亦可用涂料画出线条，将墙面装饰成仿砖砌体、仿瓷砖贴面、仿石材贴面等艺术效果。

6. 水磨石

用普通水泥、白水泥、彩色水泥、普通水泥加耐碱颜料拌和各种色彩的大理石石渣做面层，硬化后用机械反复磨平抛光表面而成。水磨石多用于地面、水池等工程部位。可事先设计图案色彩，磨平抛光后更具艺术效果。水磨石还可制成预制件或预制块，作楼梯踏步、窗台板、柱面、台度、踢脚板、地面板等构件。室内外的地面、墙面、台面、柱面等，也可用水磨石进行装饰。

装饰砂浆还可采用喷涂、弹涂、辊压等工艺方法做成丰富多彩、形式多样的装饰面层。装饰砂浆的操作方便、施工效率高，与其他墙面、地面装饰相比，成本低、耐久性好。

6.5　其他特种砂浆

1. 绝热砂浆

采用水泥、石灰、石膏等胶凝材料与膨胀珍珠岩砂、膨胀蛭石或陶粒砂等轻质多孔骨料，按一定比例配制的砂浆称为绝热砂浆。绝热砂浆具有体积密度小、轻质和绝热性能好等优点，其导热系数为(0.07～0.10) W/(m·K)，可用于屋面绝热层、绝热墙壁以及供热管道绝热层等。

2. 吸声砂浆

一般绝热砂浆是由轻质多孔骨料制成的，具有良好吸声性能，故也可作吸声砂浆。另外，还可以用水泥、石膏、砂、锯末(其体积比约为 1∶1∶3∶5)配制成吸声砂浆，或在石灰、石膏砂浆中掺入玻璃纤维、矿物棉等松软纤维材料也能获得一定的吸声效果。吸声砂浆用于室内墙壁和顶棚的吸声。

3. 耐酸砂浆

用水玻璃和氟硅酸钠配制成耐酸涂料，掺入石英岩、花岗岩、铸石等粉状细骨料，可拌制成耐酸砂浆。水玻璃硬化之后，具有很好的耐酸性能。耐酸砂浆多用作耐酸地面和耐酸容器的内壁防护层。

4. 防射线砂浆

在水泥浆中掺入重晶石粉、砂可配制成有防 X 射线能力的砂浆。其配合比约为水泥∶重晶石粉∶重晶石砂＝1∶0.25∶4.5。若在水泥浆中掺加硼砂、硼酸等，则可配制有抗中子辐射能力的砂浆。此类防射线砂浆应用于射线防护工程。

5. 膨胀砂浆

在水泥砂浆中掺入膨胀剂，或使用膨胀型水泥可配制膨胀砂浆。膨胀砂浆可在修补工程中及大板装配工程中填充缝隙，达到黏结密封的作用。

6. 自流平砂浆

在现代施工技术条件下，地坪常采用自流平砂浆，从而使施工迅捷方便、质量优良。自流平砂浆中的关键性技术是掺用合适的化学外加剂；严格控制砂的级配、含泥量、颗粒形态；同时选择合适的水泥品种。良好的自流平砂浆可使地坪平整光洁，强度高，无开裂，经济技术效果良好。

习　题

6.1 什么是砂浆？砂浆的用途有哪些？

6.2 什么是砌筑砂浆？对其组成材料有哪些要求？

6.3 砌筑砂浆技术性质有哪些？

6.4 何谓抹面砂浆？抹面砂浆有何用途？其施工有何特点？

第 7 章　建 筑 钢 材

学习目的： 掌握建筑钢材的力学性能及现行国家标准对钢材的要求，测定方法及影响因素；理解建筑工程中钢结构及钢筋混凝土结构采用的主要钢材品种及特点，常用的建筑材料的分类及其选用原则。

建筑钢材是指建筑工程中使用的各种钢材，是一种重要的建筑工程材料，包括钢结构用的各种型钢、钢板，以及钢筋混凝土结构用的钢筋、钢丝、钢铰线等。

钢材具有以下优点：材质均匀，性能可靠，抗拉、抗压、抗弯、抗剪强度都很高，具有一定的塑性和韧性，常温下能承受较大的冲击和振动荷载；具有良好的加工性能，可以铸造、锻压、焊接、铆接或螺栓连接，便于装配等。钢材安全可靠，构件自重小，因此被广泛用于工业与民用建筑结构中。其缺点是易腐蚀，维修费用大，耐火性差。

建筑上由各种型钢组成的钢结构，其安全性大，自重较轻，适用于大跨度和高层结构。钢筋与混凝土组成的钢筋混凝土结构，虽然自重大，但节省钢材，同时由于混凝土的保护作用，很大程度上克服了钢材易腐蚀、维修费用高的缺点。

建筑钢材是建筑工程中的重要材料之一。建筑钢材包括各种型钢(如工字钢、角钢、槽钢、方钢、圆钢、扁钢等)、钢管、钢板、钢筋、钢丝等。

7.1　钢材的分类

7.1.1　钢的分类

钢是将炼钢生铁在炼钢炉中熔炼而成的。在生铁中含有较多的碳(常为 2%～4.5%)和其他杂质。根据用途不同，生铁有炼钢生铁(断口呈白色，又称白口铁)、铸造生铁(断口呈灰色，又称灰口铁)和合金生铁。在熔炼过程中，除去生铁中含有的过多的碳、硫、磷、硅、锰等成分，使含碳量控制在 2%以下，其他成分也尽量除掉或控制在限量之内，即得到钢。为了便于掌握和选用，常将钢以不同方法进行分类。

1. *按冶炼方法分类*

1) 平炉钢

以固态或液态铁、铁矿石、废钢铁等为原料，以煤气或重油为燃料在平炉中所炼制的钢，称为平炉钢。由于炼制时间长，易控制质量，故钢材质量好。

2) 转炉钢

以熔融态的铁水为原料，并向炉中吹入高压热空气(或氧气)，在转炉内所炼制的钢，称为转炉钢。在建筑中常用的是向炉中吹入热氧气炼制的氧气转炉钢，它比平炉钢成本低。

在冶炼钢的过程中，由于氧化作用使部分铁被氧化，致使钢质量降低。为使氧化铁还原成金属铁，常在炼钢的后阶段加入硅铁、锰铁或铝锭，其目的是“脱氧”。按脱氧程度不同，可分为镇静钢、半镇静钢和沸腾钢。

镇静钢脱氧充分，浇筑钢锭时钢水平静，钢的材质致密、均匀、质量好，但成本高。沸腾钢是脱氧不充分的钢，在钢水浇筑后，有大量 CO 气体逸出，引起钢水沸腾，故得名沸腾钢，沸腾钢常含有较多杂质，且致密程度较差，因此品质较镇静钢差。半镇静钢的脱氧程度及钢的质量均介于上述两者之间。

2. 按化学成分分类

按钢的化学成分，主要分为碳素钢和合金钢两大类。

1) 碳素钢

含碳量小于 2%的铁碳合金钢，称为碳素钢。碳素钢除含碳外，还含有限量之内的硅、锰、硫、磷等元素。根据碳在钢中的含量不同，碳素钢可分为以下几种。

(1) 低碳钢，含碳量小于 0.25%。

(2) 中碳钢，含碳量为 0.25%～0.60%。

(3) 高碳钢，含碳量为 0.60%～2.0%。

2) 合金钢

在炼钢中，有意地向钢中引入一定量的某一种或某几种合金元素，如硅、锰、钛、钒、铬、镍等，用于改善钢的某些性质。这种含有一定量合金元素的钢，称为合金钢。按照合金元素的含量多少，合金钢分为：①低合金钢，合金元素总量小于 5%。②中合金钢，合金元素总量为 5%～10%。③高合金钢，合金元素总量大于 10%。

3. 按质量分类

在碳素钢及合金钢中，因含有硫、磷、氧、氮、氢等有害杂质，所以降低了钢的质量。根据在钢中杂质含量控制程度的不同，可分为以下几种。

(1) 普通钢。磷含量≤0.045%～0.085%，硫含量≤0.055%～0.065%。

(2) 优质钢。磷含量≤0.035%～0.04%，硫含量≤0.03%～0.045%。

(3) 高级优质钢。磷含量≤0.035%，硫含量≤0.03%。

4. 按用途分类

(1) 结构钢，用于各类工程结构。

(2) 工具钢，用于各种切削工具等。

(3) 特殊钢，具有某种特殊物理化学性质的钢，如耐酸钢、耐热钢、不锈钢等。目前，在建筑工程中常用的钢种是普通碳素结构钢和普通低合金结构钢。

7.1.2 化学成分对钢材性能的影响

钢中除铁、碳两种基本元素外，还含有其他的一些元素，它们对钢的性能和质量有一定的影响。

1. 碳

碳是决定钢材性能的主要元素。随着含碳量的增加，钢的强度、硬度提高，塑性、韧性降低。但当含碳量大于 1.0%时，由于钢材变脆，抗拉强度反而下降。

2. 硅、锰

硅和锰是钢材中的有益元素。硅和锰是在炼钢时为了脱氧加入硅铁和锰铁而留在钢中的合金元素。硅的含量在 1.0%以内时，可提高钢材的强度，对塑性和韧性没有明显影响。但含硅量超过 1.0%时，钢材冷脆性增加，可焊性变差。

锰的含量为 0.8%～1.0%时，可显著提高钢的强度和硬度，几乎不降低塑性和韧性。当其含量大于 1.0%时，在提高强度的同时，塑性和韧性有所下降，可焊性变差。

3. 硫、磷

硫和磷是钢材中主要的有害元素，炼钢时由原料带入。硫能够引起热脆性，热脆性严重降低了钢的热加工性和可焊性。硫的存在还使钢的冲击韧性、疲劳强度、可焊性及耐蚀性降低。

磷能使钢材的强度、硬度、耐蚀性提高，但显著降低钢材的塑性和韧性，特别是低温状态的冲击韧性下降更为明显，使钢材容易脆裂，这种现象称为冷脆性。冷脆性使钢材的冲击韧性和焊接等性能都下降。

4. 氧、氮

氧和氮是钢材中的有害元素，它们是在炼钢过程中进入钢液的。这些元素的存在降低了钢材的强度、冷弯性能和焊接性能。氧还使钢材的热脆性增加，氮还使钢材的冷脆性和时效敏感性增加。

5. 铝、钛、钒、铌

铝、钛、钒、铌等元素是钢材中的有益元素，它们均是炼钢时的强脱氧剂，也是合金钢中常用的合金元素。适量地加入这些元素，可以改善钢材的组织，细化晶粒，显著提高钢材的强度和改善钢材的韧性。

7.2　建筑钢材技术性能及检测

钢材的性能可分为两类：一类为使用性能，即钢材在使用过程中所反映出来的性能，它包括力学性能、物理性能、化学性能等；另一类为工艺性能，即钢材在被加工制造过程中所表现出来的性能，如焊接性能、冷加工性能和热处理性能等。掌握钢材的性能，才能做到正确、经济、合理地选用钢材。

7.2.1　建筑钢材的力学性能及检测

1. 拉伸性能

拉伸是建筑钢材的主要受力形式，所以拉伸性能是表示建筑钢材性能和选用钢材的重要指标。将低碳钢制成一定规格的试件，放在材料试验机上进行拉伸试验，可以绘出如图 7.1 所示的应力-应变关系曲线。从图 7.1 中可以看出，低碳钢受拉至拉断，经历了四个阶段。

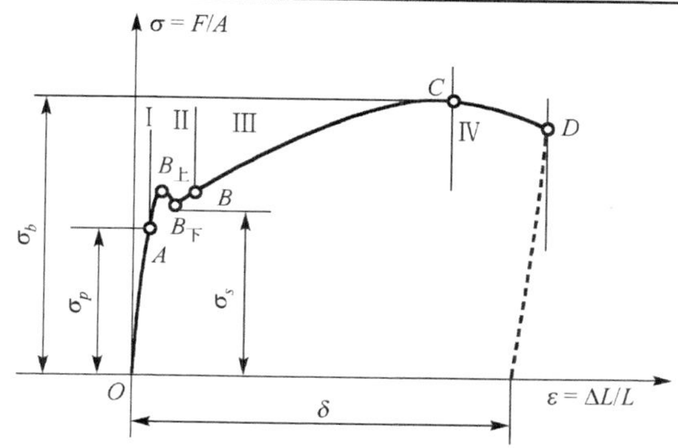

图 7.1　低碳钢应力-应变关系曲线

1) 弹性阶段

曲线中 OA 段是一条直线，应力与应变成正比。若卸去荷载，应力与应变将成比例地降低回到原点，试件中应力消失，并完全恢复原来形状，故此阶段称为弹性阶段。弹性阶段的应力极限值则称为弹性极限。在 OA 线上，应力与应变的比值为一常数，称为弹性模量 E，$E = \sigma / \varepsilon$，它反映了钢材抵抗弹性变形的能力。

2) 屈服阶段 (A, B)

当应力超过弹性极限后，应力和应变不再成正比关系，应力在 $B_{上}$ (上屈服点) 至 $B_{下}$ (下屈服点) 的范围内波动，变形迅速增加，产生明显的塑性变形，似乎钢材不能承受外力而屈服，AB 阶段称为屈服阶段。国家标准规定，屈服点 ($B_{下}$ 点) 所对应的应力值作为钢材的屈服强度，也称为屈服点，用 σ_s 表示。对于在外力作用下屈服现象不明显的钢材，规定以产生残余变形为原标距长度 0.2%时的应力作为屈服强度，用 $\sigma_{0.2}$ 表示，称为条件屈服强度。

屈服强度按下式计算：

$$\sigma_s = \frac{F_s}{A_0} \tag{7.1}$$

式中，σ_s 为钢材的屈服强度 (MPa)；F_s 为钢材拉伸达到屈服点的屈服荷载 (N)；A_0 为钢材试件的初始横截面积 (mm^2)。

屈服强度对钢材的使用有着重要的意义。当钢材的实际应力达到屈服强度时，将产生不可恢复的永久变形，即塑性变形，这在结构上是不允许的，因此屈服强度是确定钢材容许应力的主要依据。

3) 强化阶段

当应力超过屈服强度后，钢材内部组织中的晶格发生了畸变，阻止了晶格进一步滑移，钢材得到强化，抵抗塑性变形的能力又重新提高。图中 BC 段为一段上升曲线，这过程称为强化阶段。对应于最高点 C 点的应力值，称为抗拉强度或强度极限，用 σ_b 表示，抗拉强度是钢材所能承受的最大应力。

抗拉强度按下式计算：

$$\sigma_b = \frac{F_b}{A_0} \tag{7.2}$$

式中，σ_b 为钢材的抗拉强度 (MPa)；F_b 为钢材的极限荷载 (N)；A_0 为钢材试件的初始横截面积 (mm^2)。

屈服强度 σ_s 与抗拉强度 σ_b 的比值 σ_s / σ_b，称为屈强比。屈强比的大小反映了钢材的利用率和结构的安全可靠程度。屈强比小，结构的安全可靠程度高，但屈强比过小，又说明钢材强度的利用率偏低，造成钢材浪费。建筑结构用钢合理的屈强比一般为 0.60～0.75。

4) 颈缩阶段

试件受力达到最高点 *C* 点后，其抵抗变形的能力明显降低，变形迅速发展，应力逐渐下降，试件被拉长，在有杂质或缺陷处，断面急剧缩小，直至断裂，故 *CD* 段称为颈缩阶段，试件颈缩现象如图 7.2 所示。将断裂后的试件拼合起来，如图 7.3 所示，量出标距两端点间的长度，按下式计算伸长率：

$$\delta = \frac{L_1 - L_0}{L_0} \times 100\% \tag{7.3}$$

式中，δ 为伸长率；l_1 为试件拉断后标距间的长度(mm)；l_0 为试件原标距间长度(mm)。

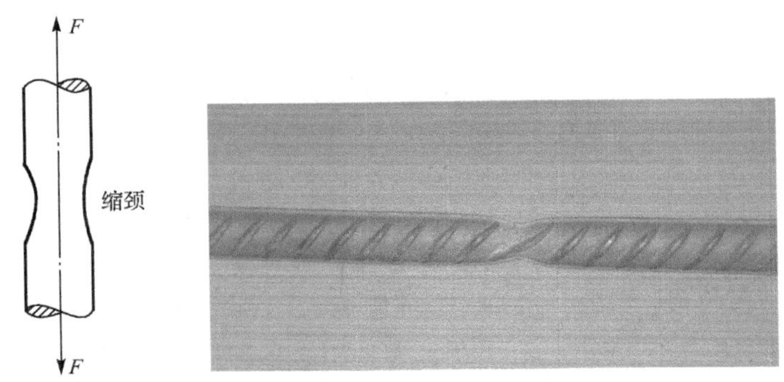

图 7.2　缩颈现象示意图

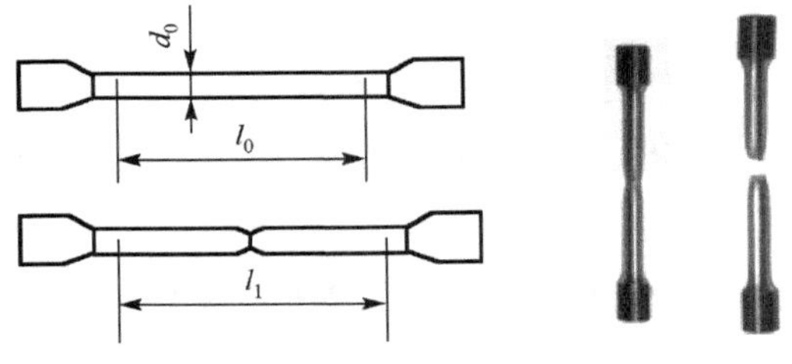

图 7.3　钢材拉伸试件

伸长率是反映钢材塑性变形能力的一个重要指标，δ 越大说明钢材的塑性越好。对于钢材，一定的塑性变形能力，可避免应力集中，保证应力重新分布，从而保证钢材的安全性。钢材的塑性主要取决于其组织结构、化学成分和结构缺陷等，此外还与标距的大小有关。中碳钢与高碳钢(硬钢)的拉伸曲线与低碳钢不同，屈服现象不明显，难以测定屈服点。规定产生残余变形为原标距长度的 0.2%时所对应的应力值，作为硬钢的屈服强度，称为条件屈服点。

7.2.2　建筑钢材的冷弯性能及检测

冷弯性能是指钢材在常温下承受弯曲变形的能力，是建筑钢材重要的工艺性能。将钢材按规定的弯曲角度($\alpha = 180°$ 或 $\alpha = 90°$)与弯心直径 *d* 相对于钢材厚度或直径 α 的比值 $n = d / \alpha$

进行弯曲，并检查受弯部位的外面及侧面，若未发生裂纹、起层或裂断则为合格。可见，弯曲角度大。n 值越小，则表示钢材的冷弯性能越好。

伸长率和冷弯性能都反映钢材的塑性，但冷弯试验是对钢材塑性更严格的检验。因为伸长率是测定钢材在均匀荷载作用下均变形，而冷弯试验是测定钢材在不均匀荷载作用下产生的不均匀变形，更有利于暴露钢材的某些内在缺陷，如内部组织不均匀、夹杂物、裂纹等。同时冷弯试验的焊接质量也是一种严格的检验，能揭示焊件在受弯表面存在的未熔合、微裂纹及夹杂物等缺陷。对于弯曲成形的钢材和焊接结构的钢材，其冷弯性能必须合格。冷弯试验是模拟钢材弯曲加工而确定的，试验装置如图 7.4 所示。

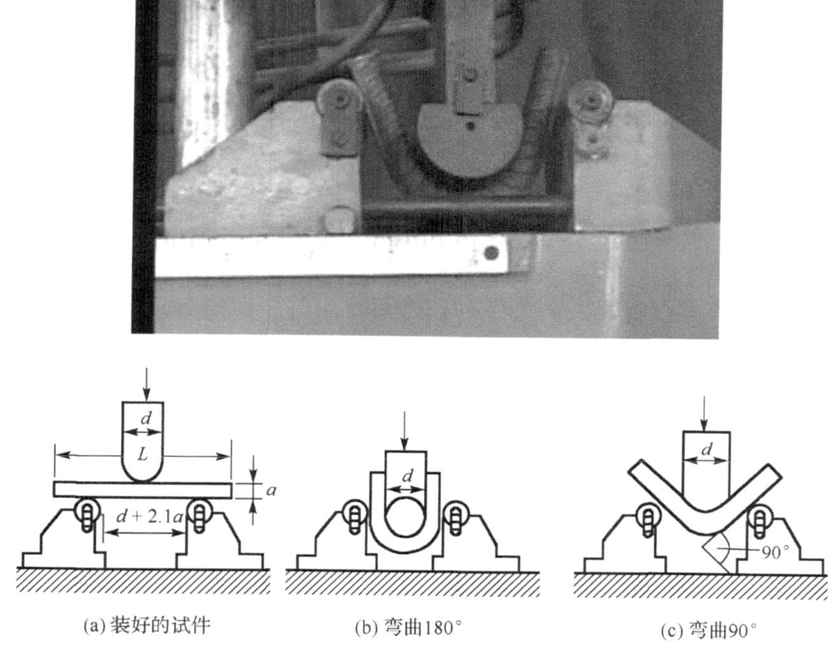

(a) 装好的试件　(b) 弯曲180°　(c) 弯曲90°

图 7.4　钢筋冷弯试验装置

7.2.3　冲击韧性

冲击韧性是指钢材抵抗冲击荷载的能力。用试验机摆锤冲击带有 V 型缺口的标准试件的背面，将其折断后，计算试件单位截面积上所消耗的功，作为钢材的冲击韧性指标，以 a_k(J/cm^2) 表示。a_k 值越大，表明钢材的冲击韧性越好。

影响钢材冲击韧性的因素很多，钢的化学成分、组织状态，以及冶炼、轧制、焊接质量都会影响冲击韧性。如钢中磷、硫含量较高，存在非金属夹杂物，脱氧不完全和焊接中形成的微裂纹等都会使冲击韧性显著降低。

此外，钢材的冲击韧性还受温度的影响。试验表明，冲击韧性随温度的降低而下降，开始时下降缓和，当达到一定温度范围时，突然下降很多而呈脆性，这种性质称为钢材的冷脆性。这时的温度称为脆性转变温度。脆性转变温度的数值越低，说明钢材的低温冲击韧性越好。所以，在负温下使用的结构，应当选用脆性临界温度较使用温度低的钢材。在承受动荷载或在低温下工作的结构(如吊车梁、桥梁等)，应按规范要求检验钢材的冲击韧性。

7.2.4 焊接性能

建筑工程中，无论是钢结构，还是钢筋混凝土结构的钢筋骨架、接头、预埋件等，绝大多数是采用焊接方式连接的，这就要求钢材具有良好的可焊性。

可焊性是指钢材是否能够适应通常的焊接方法与工艺的性能。可焊性好的钢材易于用一般焊接方法和工艺施焊，焊口处不易形成裂纹、气孔、夹渣等缺陷，焊口处的强度与母体相近。

钢材可焊性能的好坏，主要取决于钢的化学成分，即碳及合金元素的含量。有害元素硫、磷也会明显地降低钢的可焊性。可焊性较差的钢，焊接时要采取特殊的焊接工艺。

7.2.5 钢材的冷加工和时效

钢材在常温下，以超过其屈服强度但不超过抗拉强度的应力进行加工，产生一定塑性变形，屈服强度、硬度提高，而塑性、韧性及弹性模量降低，这种现象称为冷加工强化。钢材冷加工的方式有冷拉、冷拔、冷轧、刻痕等。钢材经冷拉后若不是立即重新拉伸，而是将试件在常温下存放或加热至100～200℃保持2h左右，然后重新拉伸，钢材的屈服强度、硬度进一步提高，抗拉强度也得到提高，而塑性和韧性进一步降低，这种现象称为时效。前者称为自然时效，后者称为人工时效。钢材的时效是普遍而长期的过程，未经冷加工的钢材同样存在时效现象，但经冷加工后时效可迅速发展。

工程中常采用对钢筋进行冷拉和对盘条钢丝进行冷拔的方法，以达到节约钢材的目的。钢筋冷拉后屈服强度可提高15%～20%，冷拔后屈服强度可提高40%～60%。

冷拔是将外形为光圆的盘条从硬质合金模孔中强行拉拔，由于模孔直径小于盘条直径，盘条在拔制过程中既受拉力又受挤压力，强度大幅度提高，但塑性显著降低。工程中对钢筋进行冷拉还可以同时起到开盘、矫直、除锈的作用。钢筋的冷拉可采用控制应力和控制冷拉率两种方法。

在建筑工程中，对于承受冲击、振动荷载的钢材，不得采用冷加工钢材。因焊接的热影响会降低钢材的性能，因此冷加工钢材的焊接必须在冷加工前进行，不得在冷加工后进行焊接。

7.3 建筑钢材的技术标准及选用

建筑工程中常用的钢材品种主要有碳素结构钢和低合金高强度结构钢。建筑工程用钢主要有钢结构用钢和钢筋混凝土用钢两类。

7.3.1 建筑常用钢种

1. 碳素结构钢

1)牌号表示方法

国家标准GB 700—2006《碳素结构钢》中规定，牌号由代表屈服点的字母、屈服点数值、质量等级符号、脱氧方法等四部分按顺序组成。其中以“Q”代表屈服点；屈服点数值共分195MPa、215MPa、235MPa、255MPa 和 275MPa 五种；质量等级以硫、磷等杂质含量由多到少，分别以 A、B、C、D 符号表示；脱氧方法以 F 表示沸腾钢、b 表示半镇静钢、Z、TZ 表示镇静钢和特殊镇静钢，Z 和 TZ 在钢的牌号中予以省略。随着牌号的增大，对钢材屈服强度和抗拉强度的要求增大，对拉长率的要求降低。

2)技术要求

碳素结构钢的牌号和化学成分应符合表 7.1 的规定。碳素结构钢的力学性能、牌号、等级指标见表 7.2。其冷弯性能指标见表 7.3。

表 7.1　碳素结构钢化学成分

牌号	统一数学代号	等级	厚度或直径/mm	脱碳方法	化学成分(质量分数)/%，不大于				
					C	S	M	P	S
Q195	U11952		—	F, Z	0.12	0.30	0.50	0.035	
Q215	U12152	A	—	F, Z	0.15	0.35	1.20	0.045	0.040
	U12155	B							0.050
Q235	U12352	A	—	F, Z	0.22	0.35	1.40	0.045	0.045
	U12355	B			0.20				0.050
	U12358	C		Z				0.040	0.045
	U12359	D		TZ				0.035	0.040

表 7.2　碳素结构钢的力学性能

牌号	等级	屈服强度/MPa, ≥						抗拉强度 R_m/MPa	断后伸长率 A/%, ≥					冲击试验	
		厚度(或直径)/mm							厚度(或直径)/mm					温度/℃	冲击功(纵向)/J, ≥
		≤16	>16～40	>40～60	>60～100	>100～150	>150～200		≤40	>40～60	>60～100	>100～150	>150～200		
Q195	—	195	185	—	—	—	—	315～430	33	—	—	—	—	—	—
Q215	A	215	205	195	185	175	165	335～450	31	30	29	27	26	—	—
	B													+20	27
Q235	A	235	225	215	215	195	185	370～500	26	25	24	22	21	—	—
	B													+20	27
	C													0	
	D													–20	

表 7.3　碳素结构钢的冷弯试验指标

牌号	试样方向	冷弯试验 180°(试样宽度 $B=2a$)	
		钢材厚度(或直径)/mm	
		≤60	>60～100
		弯心直径	
Q195	纵	0	—
	横	$0.5a$	

续表

牌号	试样方向	冷弯试验 180°(试样宽度 $B=2a$)	
		钢材厚度(或直径)/mm	
		≤60	>60～100
		弯心直径	
Q215	纵	$0.5a$	$1.5a$
	横	a	$2a$
Q235	纵	a	$2a$
	横	$1.5a$	$2.5a$

3) 碳素结构钢的性能和应用

随着牌号的增大，其含碳量增加，强度提高，塑性和韧性降低，冷弯性能逐渐变差。同一钢号内质量等级越高，钢材的质量越好，如 Q235C、Q235D 级优于 Q235A、Q235B 级。钢结构中，主要应用的是碳素钢 Q235。还有其他几种碳素结构钢常用于土木工程中。

Q195——强度不高，塑性、韧性、加工性能与焊接性能较好，主要用于轧制薄板和盘等。

Q215——与 Q195 钢基本相同，其强度稍高，大量用作管坯、螺栓等。

Q235——强度适中，有良好的承载性，又具有较好的塑性和韧性，可焊性和可加工性也较好，是钢结构常用的牌号，大量制作成钢筋、型钢和钢板用于建造房屋和桥梁等。Q235 良好的塑性可保证钢结构在超载、冲击、焊接、温度应力等不利因素作用下的安全性，因而 Q235 能满足一般钢结构用钢的要求。

Q235-A 一般用于只承受静荷载作用的钢结构。

Q235-B 适用于承受动荷载焊接的普通钢结构。

Q235-C 适用于承受动荷载焊接的重要钢结构。

Q235-D 适用于低温环境使用的承受动荷载焊接的重要钢结构。

Q255——强度高、塑性和韧性稍差，不易冷弯加工，可焊性较差，主要用作铆接或栓接结构，以及钢筋混凝土的配筋。

Q275——强度、硬度较高，耐磨性较好，但塑性、冲击韧性和可焊性差，不宜在建筑结构中使用，主要用于制造轴类、农具、耐磨零件和垫板等。

2. 低合金高强度结构钢

低合金高强度结构钢是在碳素体结构钢的基础上，添加少量的一种或几种合金元素(总量小于 5%)的一种结构钢。所加元素主要有锰、硅、钒、钛、铌、铬、镍和稀土元素。由于合金元素的强化作用，使低合金结构钢不但具有较高的强度，而且具有较好的塑性、韧性和可焊性。

低合金高强度结构钢的牌号的表示方法为：屈服强度-质量等级，它以屈服强度划分成五个等级：Q295、Q345、Q390、Q420、Q460，质量也分为五个等级：E、D、C、B、A。

国家标准 GB 1591—2008《低合金高强度结构钢》规定了各牌号的低合金高强度结构钢的化学成分、力学性能和工艺性能(表 7.4 低合金高强度结构钢的力学性能和冷弯性能)。表 7.5 为低合金高强度结构钢化学成分。

低合金高强度结构钢广泛应用于钢结构和钢筋混凝土结构中，特别是大型结构、重型结构、大跨度结构、高层建筑、桥梁工程、承受动力荷载和冲击荷载的结构。

表7.4 低合金高强度结构钢的力学性能和冷弯性能(GB 1591—2008)

牌号	质量等级	拉伸试验																					
		以下公称厚度(直径、边长)/mm，下屈服强度 R_{el}/MPa									以下公称厚度(直径、边长)/mm，抗拉强度 R_m/MPa							断后伸长率 A/% 公称厚度直径，边长/mm					
		≤16	>16~40	>40~63	>63~80	>80~100	>100~150	>150~200	>200~250	>250~400	≤40	>40~63	>63~80	>80~100	>100~150	>150~250	>250~400	≤40	>40~63	>63~100	>100~150	>150~250	>250~400
Q345	A B	≥345	≥335	≥325	≥315	≥305	≥285	≥275	≥265	—	470~630	470~630	470~630	470~630	450~600	450~600	—	≥20	≥19	≥19	≥18	≥17	—
	C D E									≥265							450~600	≥21	≥20	≥20	≥19	≥18	≥17
Q390	A B C D E	≥390	≥370	≥350	≥330	≥330	≥310	—	—	—	490~650	490~650	490~650	490~650	470~620	—	—	≥20	≥19	≥19	≥18	—	—
Q420	A B C D E	≥420	≥400	≥380	≥360	≥360	≥340	—	—	—	520~680	520~680	520~680	520~680	500~650	—	—	≥19	≥18	≥18	≥18	—	—

续表

牌号	质量等级	拉伸试验																					
		以下公称厚度(直径、边长)/mm，下屈服强度 R_{el}/MPa									以下公称厚度(直径、边长)/mm，抗拉强度 R_m/MPa							断后伸长率 A/% 公称厚度直径，边长/mm					
		≤16	>16~40	>40~63	>63~80	>80~100	>100~150	>150~200	>200~250	>250~400	≤40	>40~63	>63~80	>80~100	>100~150	>150~250	>250~400	≤40	>40~63	>63~100	>100~150	>150~250	>250~400
Q460	C	≥460	≥400	≥420	≥400	≥400	≥380	—	—	—	550~720	550~720	550~720	550~720	530~700	—	—	≥17	≥16	≥16	≥16	—	—
	D																						
	E																						
Q500	C	≥500	≥480	≥470	≥450	≥400	—	—	—	—	610~770	600~760	590~750	540~730	—	—	—	≥17	≥17	≥17	—	—	—
	D																						
	E																						
Q550	C	≥550	≥530	≥520	≥500	≥490	—	—	—	—	670~830	620~810	600~790	590~780	—	—	—	≥16	≥16	≥16	—	—	—
	D																						
	E																						
Q620	C	≥620	≥600	≥590	≥570	—	—	—	—	—	710~880	690~880	670~860	—	—	—	—	≥15	≥15	≥15	—	—	—
	D																						
	E																						
Q690	C	≥690	≥670	≥660	≥640	—	—	—	—	—	770~940	750~920	730~900	—	—	—	—	≥14	≥14	≥14	—	—	—
	D																						
	E																						

表 7.5 低合金高强度结构钢化学成分(GB 1591—2008)

牌号	质量等级	化学成分(质量分数)/%														
		C	Si	Mn	P	S	Nb	V	Ti	Cr	Ni	Cu	N	Mo	B	AlS
					≤											≥
Q345	A	≤0.20	≤0.50	≤1.70	0.035	0.035	0.07	0.15	0.20	0.30	0.50	0.30	0.012	0.10	—	—
	B				0.035	0.035										
	C				0.030	0.030										0.015
	D	≤0.18			0.030	0.025										
	E				0.025	0.020										
Q390	A	≤0.020	≤0.50	≤1.70	0.035	0.035	0.07	0.20	0.20	0.30	0.50	0.30	0.015	0.10	—	—
	B				0.035	0.035										
	C				0.030	0.030										0.015
	D				0.030	0.025										
	E				0.025	0.020										
Q420	A	≤0.020	≤0.50	≤1.70	0.035	0.035	0.07	0.20	0.20	0.30	0.80	0.30	0.015	0.20	—	—
	B				0.035	0.035										
	C				0.030	0.030										0.015
	D				0.030	0.025										
	E				0.025	0.020										
Q460	C	≤0.2	≤0.60	≤1.80	0.030	0.030	0.11	0.20	0.20	0.30	0.80	0.55	0.015	0.20	0.004	0.015
	D				0.030	0.025										
	E				0.025	0.20										
Q500	C	≤0.18	≤0.60	≤1.80	0.030	0.030	0.11	0.12	0.20	0.60	0.80	0.55	0.015	0.20	0.004	0.015
	D				0.030	0.025										
	E				0.025	0.020										

续表

牌号	质量等级	化学成分(质量分数)/%														
		C	Si	Mn	P	S	Nb	V	Ti	Cr	Ni	Cu	N	Mo	B	AlS
					≤											≥
Q550	C	≤0.18	≤0.60	≤2.00	0.030	0.030	0.11	0.12	0.20	0.80	0.80	0.80	0.015	0.30	0.004	0.015
	D				0.030	0.025										
	E				0.025	0.020										
Q620	C	≤0.18	≤0.60	≤2.00	0.030	0.030	0.11	0.12	0.20	1.00	0.80	0.80	0.015	0.30	0.004	0.015
	D				0.030	0.025										
	E				0.025	0.020										
Q690	C	≤0.18	≤0.60	≤2.00	0.030	0.030	0.11	0.12	0.20	1.00	0.80	0.80	0.015	0.30	0.004	0.015
	D				0.030	0.025										
	E				0.025	0.020										

7.3.2　钢结构用钢

钢结构用钢主要是热轧成形的钢板和型钢等；薄壁轻型钢结构中主要采用薄壁型钢、圆钢和小角钢；钢材所用的母材主要是普通碳素结构钢及低合金高强度结构钢。

钢结构构件一般直接选用各种型钢。构件之间可直接或附连接钢板进行连接。连接方式有铆接、螺栓连接或焊接。

1. 热轧型钢

热轧型钢是指用加热钢坯轧成的各种几何断面形状的钢材。我国建筑用热轧型钢主要采用碳素结构钢，其强度适中，塑性和可焊性较好。钢结构常用的型钢有 H 型钢、T 型钢、工字钢、槽钢、角钢(等边和不等边)、L 型钢、Z 型钢、U 型钢等(图 7.5)。

图 7.5　常见的热轧型钢

热轧型钢的截面形式合理，材料在截面上分布对受力最为有利，而且构件间相互连接也较方便。在钢结构设计规范中，推荐使用低合金钢，主要有 Q345 和 Q390 两种，用于大跨度、承受动荷载的钢结构中。在建筑工程中，热轧型钢主要用于工业与民用房屋。

2. 冷弯薄壁型钢

1)结构用冷弯空心型钢

空心型钢是用连续辊式冷弯机组生产的，按形状可分为方形空心型钢(代号为 F)和矩形空心型钢(代号为 J)。

2)通用冷弯开口型钢

冷弯开口型钢是用可冷加工变形的冷轧或热轧钢带在连续辊式冷弯机组上生产的，按形状分为 8 种：冷弯等边角钢、冷弯不等边角钢、冷弯等边槽钢、冷弯不等边槽钢、冷弯内卷边槽钢、冷弯外卷边槽钢、冷弯 Z 型钢、冷弯卷边 Z 型钢。

冷弯薄壁型钢由厚度为 1.5～6mm 的钢板或带钢，经冷加工成形，同一截面部分的厚度都相同，截面各角项处呈圆弧形。在建筑工程中，可用薄壁型钢制作各种屋架、钢架、网架、檩条、墙梁、墙柱等结构和构件。与热轧型钢相比，在同样截面积下，薄壁型钢截面具有较大的回转半径和惯性矩。冷弯型钢在成形过程中因冷加工硬化的影响，钢材屈服点显著提高，对构件受力性能有利，从而可节省钢材。冷弯薄壁型钢结构的重量轻、功能多，能工业化生产，是一种有发展前途的结构。

3. 钢管、板材和棒材

1) 钢管

钢结构中常用的钢管分为无缝钢管和焊接钢管两大类。

无缝钢管根据制造工艺不同，分为热轧(挤压)无缝钢管(图)和冷拔(轧)无缝钢管两种。热轧无缝钢管具有良好的力学性能与工艺性能。冷拔(轧)无缝钢管又分为圆形管和异型管两种。无缝钢管主要用于压力管道，在特定的钢结构中，往往也设计使用无缝钢管。

焊接钢管是用钢板或钢带经过卷曲成形后焊接制成的钢管。焊接钢管生产工艺简单，生产效率高，品种规格多，但一般强度低于无缝钢管。随着优质带钢连轧生产的迅速发展以及焊接和检验技术的进步。焊缝质量不断提高，焊接钢管的品种规格日益增多，并在越来越多的领域代替了无缝钢管。焊接钢管按焊缝的形式分为直缝焊管和螺旋焊管。

2) 板材

用光面轧辊轧制而成的扁平钢材，以平板状态供货的称为钢板；以卷状供货的称为钢带。按生产方法可分为热轧钢板和冷轧钢板两类；按表面特征可分为镀锌板(热镀锌板、电镀锌板)、镀锡板、复合钢板和彩色涂层钢板；按用途可分为桥梁钢板、锅炉钢板、屋面钢板、结构钢板等。按厚度来分，热轧钢板分为厚板(厚度大于 4mm)和薄板(厚度为 0.35～4mm)两种；冷轧钢板只有薄板(厚度为 0.2～0.4mm)一种。厚板可用于焊接结构；薄板可用作屋面或场面等围护结构，或作为涂层钢板的原料，如制作压型钢板等，钢板可用来弯曲型钢。

建筑用钢板及钢带的钢种主要是重型结构、大跨度桥梁、高压容器等多采用低合金钢钢板。

薄钢板经冷压或冷轧成波形、双曲形、V 型等形状，称为压型钢板。制作压型钢板的板材采用有机涂层薄钢板(或称彩色钢板)、镀锌薄钢板、防腐薄钢板或其他薄钢板。压型钢板具有单位质量轻、强度高、抗震性能好、施工快、外形美观等特点，主要用于围护结构、楼板、屋面等。

3) 棒材

常用的棒材主要有六角钢、八角钢、扁钢、圆钢和方钢等(图 7.6)。

热轧六角钢和八角钢是截面为正六角形和正八角形的长条钢材，其规格以对边距离的毫米数表示，分热轧和冷拉两种。热轧六角钢的规格范围为 8～70mm；热轧八角钢的规格范围为 16～40mm。热轧六角钢和八角钢主要用于制造标准件螺母、钢杆等。

热轧扁钢指截面为矩形并稍带钝边的长条钢材，规格用厚度×宽度的毫米数表示，热轧扁钢的规格范围为 3mm×10mm～60mm×150mm。扁钢作为成材可用于制造箍铁、工具及机械零件，建筑上用作房架结构件、扶梯、桥梁和栅栏等。

圆钢是指截面为圆形的实心长条钢材，分热轧、锻制和冷拉 3 种，其规格以直径的毫米数表示。热轧圆钢的规格为 5.5～250mm，其中 5.5～25mm 的小圆钢大多以直条成捆供应，常用作钢筋、螺栓和各种机械零件；大于 25mm 的圆钢，主要用于制造机械零件或作无缝钢管坯。

图 7.6　常见的建筑棒材

方钢指截面为正方形的长条钢材，分热轧、锻制和冷拉 3 种。其规格以正方形的边长毫米数表示。热轧方钢规格范围为 5.5～250mm。热轧方钢主要用于制造各种结构件和机械零件，也可用于轧制其他小型钢材的坯料，如轧制用车轴和道钉等。

7.3.3　混凝土结构用钢

混凝土具有较高的抗压强度，但抗拉强度很低。使用钢筋增强混凝土可大大扩展混凝土的应用范围，而混凝土可对钢筋起保护作用。钢筋混凝土结构用钢材包括钢筋、钢丝和钢绞线，主要品种有钢筋混凝土用热轧钢筋，冷轧带肋钢筋、预应力混凝土用热处理钢筋、低碳钢热轧圆盘条、预应力混凝土用钢丝及钢绞线等。钢筋混凝土结构中使用的钢筋主要由碳素结构钢和优质碳素钢制成，其种类有以下几种。

1. 热轧钢筋

钢筋是现代建筑工程中用量最大的钢材品种之一，根据其生产工艺不同，分为钢筋混凝土用热轧钢筋和由成品钢材再次轧制成的再生钢筋；根据其化学成分不同，又将钢筋分为普通碳素钢钢筋和低合金高强度钢钢筋。

用加热的钢坯轧制成的条形钢筋，称为热轧钢筋。热轧钢筋是建筑工程中用量最大的钢材品种之一，主要用于钢筋混凝土结构和预应力钢筋混凝土结构的配筋。

1) 热轧钢筋的标准与性能

从表面形状来分，热轧钢筋有光圆和带肋两大类。热轧光圆钢筋，其横截面为圆形，表面光滑；带肋钢筋，其横截面通常也为圆形，且表面通常带有两条纵肋和沿长度方向均匀分布的横肋。

根据《钢筋混凝土用钢第 1 部分：热轧光圆钢筋》(GB 1499.1—2008)及《钢筋混凝土用钢第 2 部分：热轧带肋钢筋》(GB 1499.2—2007)的规定：热轧光圆钢筋的牌号由 HPB 与屈服强度特征值构成，有 HPB235、HPB300 两个牌号；热轧带肋钢筋的牌号由 HRB 与屈服强度特征值构成，有 HRB335、HRB400、HRB500 等牌号，热轧钢筋牌号及含义见表 7.6。

表 7.6　热轧钢筋牌号及含义

产品名称	牌号	牌号构成	英文字母含义
热轧光圆钢筋	HPB235	由 HPB+屈服强度特征值构成	HPB 为热轧光圆钢筋的英文缩写(Hot Rolled Plain Bars)
	HPB300		
普通热轧钢筋	HRB335	由 HRB+屈服强度特征值构成	HRB 为热轧带肋钢筋的英文缩写(Hot Rolled Ribbed Bars)
	HRB400		
	HRB500		
细晶粒热轧钢筋	HRBF335	由 HRBF+屈服强度特征值构成	HRBF 为热轧带肋钢筋的英文缩写后加“细”的英文首字母构成(Fine)
	HRBF400		
	HRBF500		

随着牌号的增大，热轧钢筋的屈服强度和抗拉强度相应提高，塑性、冷弯性能相应降低，冲击韧性相应降低。热轧光圆钢筋的强度较低，但塑性和焊接性能很好，便于进行各种冷加工，广泛用作普通钢筋混凝土构件的受力筋和构造筋。HRB335 和 HRB400 钢筋强度较高，塑性和焊接性能也较好，广泛用作大、中型钢筋混凝土结构的受力钢筋。HRB500 钢筋强度高，但塑性和焊接性能较差，可用作预应力钢筋。

2)技术要求

(1)牌号和化学成分。

钢筋牌号和化学成分应符合表 7.7 的规定。

表 7.7　热轧钢筋的化学成分

牌号	化学成分(质量分数)/%					
	C	Si	Mn	P	S	Ceq
HPB235	≤0.22	≤0.30	≤0.65	≤0.045	≤0.050	—
HPB300	≤0.25	≤0.55	≤1.50			
HRB335 HRBF335	≤0.25	≤0.80	≤1.60	≤0.045	≤0.045	≤0.52
HRB400 HRBF400						≤0.54
HRB500 HRBF500						≤0.55

注：Ceq 表示碳当量：Ceq = C + Mn/6 + (Cr + V + Mo)/5 + (Cu + Ni)/15

(2)力学性能和工艺性能。

力学性能和工艺性能见表 7.8。

表 7.8　热轧钢筋的力学性能和冷弯性能

牌号	力学性能指标				冷弯试验 180°	
	屈服强度 R_{el}/MPa	抗拉强度 R_m/MPa	断后伸长率 A/%	最大力纵伸长率 A_{gt}/%	公称直径 a	弯心直径 d
HPB235	≥235	≥370	≥25.0	≥10.0	a	a
HPB300	≥300	≥420				
HRB335 HRBF335	≥335	≥455	≥17	≥7.5	6～25	3a
					28～40	4a
					＞40～50	5a
HRB400 HRBF400	≥400	≥540	≥16		6～25	4a
					28～40	5a
					＞40～50	6a
HRB5500 HRBF500	≥500	≥630	≥15		6～25	6a
					28～40	7a
					＞40～50	8a

2. 冷轧带肋钢筋

冷轧带肋钢筋是使用低碳钢热轧圆盘条钢筋经冷轧后，在其表面有沿长度方向均匀分布的三面或两面横肋的钢筋。

1)冷轧带肋钢筋的牌号表示方法

根据《冷轧带肋钢筋》(GB 13788—2008)的规定：冷轧带肋钢筋的牌号由 CRB 和抗拉强度最小值表示，有 CRB550、CRB650、CRB800、CRB970 四个牌号。

2)冷轧带肋钢筋的性能与应用

与热轧圆盘条相比，冷轧带肋钢筋的强度提高了 17%左右；与冷拔低碳钢丝相比，冷轧带肋钢筋的伸长率高，塑性好。由于表面带肋，冷轧带肋钢筋提高了钢筋与混凝土之间的黏结力，是一种比较理想的预应力钢材。冷轧带肋钢筋 CRB550 宜用于普通钢筋混凝土结构，其他牌号的钢筋宜用于预应力混凝土结构。冷轧带肋钢筋各牌号的力学性能和工艺性能应符合表 7.9 的规定。

表 7.9　冷轧带肋钢筋力学和工艺性能

牌号	$R_{p0.2}$ / MPa ≥	R_m / MPa ≥	伸长率/%		弯曲试验 180°	反复弯曲次数	应力松弛初始应力应相当于公称抗拉强度的 70%
			$A_{11.3}$(≥)	A_{100}(≥)			1000h 松弛率/%(≤)
CRB	500	550	8.0	—	$D=3d$	—	—
CRB	585	650	—	4.0	—	3	8
CRB	720	800	—	4.0	—	3	8
CRB	875	970	—	4.0	—	3	8

对冷轧带肋钢筋进行弯曲试验时，受弯部位表面不得产生裂纹。反复弯曲试验的弯曲半径应符合表 7.10 的规定。

表 7.10　冷轧带肋钢筋反复弯曲试验的弯曲半径　　(单位：mm)

钢筋公称直径	4	5	6
弯曲半径	10	15	15

3. 热处理钢筋

热处理是将钢材可按一定规则加热、保温和冷却，改变其组织，从而获得需要性能的一种工艺过程。热处理钢筋是钢厂将热轧带肋钢筋经淬火和高温回火调质处理而成的钢筋，其特点是塑性降低不大，但强度提高很多，综合性能比较理想。

热处理钢筋主要用于预应力混凝土轨枕，可代替碳素钢筋。由于其具有制作方便、质量稳定、锚固性好、节省钢材等优点，已开始用于预应力混凝土工程中。

4. 冷拔低碳钢丝

冷拔低碳钢丝是将直径为6.5～8mm的Q235圆盘条通过拔丝模引拔而制成。

冷拔低碳钢丝按其力学性能分为甲级和乙级两种。甲级低碳钢丝根据抗拉强度分为I、E两组。甲级低碳钢丝主要用于小型预应力混凝土，而乙级低碳钢丝用作普通钢筋(非预应力钢筋)，也可用于焊接和绑扎骨架、网片和箍筋。

5. 预应力混凝土用钢丝

预应力混凝土用钢丝是以优质碳素结构钢盘条为原料，经淬火奥氏体化、酸洗、冷拉制成的用作预应力混凝土骨架的钢丝。

预应力混凝土用钢丝的抗拉强度比钢筋混凝土用热轧光圆钢筋、热轧带肋钢筋高许多，在构件中采用预应力钢丝有节省钢材、减少构件截面和节省混凝土的效果，主要用在桥梁、吊车梁、大跨度屋架、管桩等预应力钢筋混凝土构件中。

国家标准《预应力混凝土用钢丝》(GB/T-5223—2002)规定冷拉钢丝的力学性能应符合表7.11的要求。

表7.11　冷拉钢丝的力学性能

<table>
<tr><th>公称直径 d_n / mm</th><th>抗拉强度 σ_b / MPa</th><th>规定非比例伸长应力 $\sigma_p 0.2$ / MPa</th><th>最大力下总伸长率(L_o = 200mm) δ_{gt} /% 不小于</th><th>弯曲次数 /(次/180°)</th><th>弯曲半径 R/mm</th><th>断面收缩率 Ψ/%</th><th>每210mm扭矩的扭转次数 n</th><th>初始应力相当于70%公称抗拉强度时，1000h后应力松弛率 r/%</th></tr>
<tr><td>3.00</td><td>≥1470</td><td>≥1100</td><td rowspan="9">1.5</td><td>≥4</td><td>7.5</td><td>—</td><td>—</td><td rowspan="9">≥8</td></tr>
<tr><td>4.00</td><td>≥1570</td><td>≥1180</td><td>≥4</td><td>10</td><td rowspan="3">≥35</td><td>≥8</td></tr>
<tr><td rowspan="2">5.00</td><td>≥1670</td><td>≥1250</td><td rowspan="2">≥4</td><td rowspan="2">15</td><td rowspan="2">≥8</td></tr>
<tr><td>≥1770</td><td>≥1330</td></tr>
<tr><td>6.00</td><td>≥1470</td><td>≥1100</td><td>≥5</td><td>15</td><td rowspan="4">≥30</td><td>≥7</td></tr>
<tr><td>7.00</td><td>≥1570</td><td>≥1180</td><td>≥5</td><td>20</td><td>≥6</td></tr>
<tr><td rowspan="2">8.00</td><td>≥1670</td><td>≥1250</td><td rowspan="2">≥5</td><td rowspan="2">20</td><td rowspan="2">≥5</td></tr>
<tr><td>≥1770</td><td>≥1330</td></tr>
</table>

6. 钢绞线

国家标准《预应力混凝土用钢绞线》(GB/T 5224—2003)规定标准钢绞线由多根圆形断面钢丝捻制而成。钢绞线按左捻制成并经回火处理消除内应力。钢绞线按应力松弛性能可分为两级：I级松弛(代号I)、II级松弛(代号II)。公称直径有9.0mm、12.0mm、15.0mm 3种规格。

1) 钢绞线分类

根据结构不同，可将钢绞线分为 5 类，其代号如下。

用 2 根钢丝捻制的钢绞线：1×2。

用 3 根钢丝捻制的钢绞线：1×3。

用 3 根刻痕钢丝捻制的钢绞线：1×3I。

用 7 根钢丝捻制的标准型钢绞线：1×7。

用 7 根钢丝捻制又经模压的钢绞线：(1×7) C。

2) 钢绞线的力学性能

预应力混凝土工程使用较多的钢绞线构造为 1×3 和 1×7 的，其力学性能分别如表 7.12 和表 7.13 所示。

表 7.12　1×3 结构绞线力学性能

钢绞线结构	钢绞线公称直径 D_n / mm	抗拉强度 R_m / MPa ≥	整根钢绞线的最大力 F_m / kN ≥	规定非比例延伸力 $F_{p0.2}$ / kN ≥	最大力总伸长率（L_o ≥ 400mm）A_{gt} ≥	应力松弛性能	
						初始负荷相当于公称最大力的百分数	1000h 后应力松弛率 R ≤
1×3	6.20	1570	31.1	28.0	对所有规格 3.5%	对所有规格 60% 70% 80%	对所有规格 1.0% 2.5% 4.5%
		1720	34.1	30.7			
		1860	36.8	33.1			
		1960	38.8	34.9			
	6.50	1570	33.3	30.0			
		1720	36.5	32.9			
		1860	39.4	35.5			
		1960	41.6	37.4			
	8.60	1470	55.4	49.9			
		1570	59.2	53.3			
		1720	64.8	58.3			
		1860	70.1	63.1			
		1960	73.9	66.5			
	8.74	1570	60.6	54.5			
		1670	64.5	58.1			
		1860	71.8	64.6			
	10.80	1470	86.6	77.9			
		1570	92.5	83.3			
		1720	101	90.9			
		1860	110	99.0			
		1960	115	104			
	12.90	1470	125	113			
		1570	133	120			
		1720	146	131			
		1860	158	142			
		1960	166	149			
1×3I	8.74	1570	60.6	54.5			
		1670	64.5	58.1			
		1860	71.8	64.6			

表 7.13　1×7 结构绞线力学性能

钢绞线结构	钢绞线公称直径 D_n / mm	抗拉强度 R_m / MPa ≥	整根钢绞线的最大力 F_m / kN ≥	规定非比例延伸力 $F_{p0.2}$ / kN ≥	最大力总伸长率（L_o ≥ 400mm）A_{gt} ≥	应力松弛性能	
						初始负荷相当于公称最大力的百分数	1000h 后应力松弛率 R ≤
1×7	9.50	1720	94.3	84.9	对所有规格 3.5%	对所有规格 60% 70% 80%	对所有规格 1.0% 2.5% 4.5%
		1860	102	91.8			
		1960	107	96.3			
	11.10	1720	128	115			
		1860	138	124			
		1960	145	131			
	12.70	1720	170	153			
		1860	184	166			
		1960	193	174			
	15.20	1470	206	185			
		1570	220	198			
		1670	234	211			
		1720	241	217			
		1860	260	234			
		1960	274	247			
	15.70	1770	266	239			
		1860	279	251			
	17.80	1720	327	294			
		1860	353	318			
1×3I	12.70	1860	208	187			
	15.20	1820	300	270			
	18.00	1720	384	346			

与其他配筋材料相比，钢绞线具有强度高、柔性好、质量稳定、成盘供应不需要接头等优点，适用于作大型建筑、公路或铁路桥梁、吊车梁等大跨度预应力混凝土构件的预应力钢筋，广泛地应用于大跨度、承荷载的结构工程中。

7.3.4　钢材的选用原则

1. 荷载性质

对经常承受动力和振动荷载的结构，因容易产生应力集中，导致破坏，所以应选用材质较高的钢材。

2. 使用温度

经常处于低温状态的结构，钢材容易发生冷脆断裂，特别是焊接结构，冷脆倾向更加显著，所以要求钢材具有良好的塑性和低温冲击韧性。

3. 连接方式

当温度和受力性质改变时，容易引起焊接结构焊缝附近的母体金属出现冷、热裂纹，促使结构早期破坏。所以，焊接结构对于钢材的化学成分和力学性能要求比较严格。

4. 钢材厚度

钢材力学性能一般随着厚度的增大而降低，钢材经多次轧制后，钢的内部结晶组织更为紧密，强度更高，质量更好。因此，一般结构用钢材的厚度不宜超过 40mm。

5. 结构重要性

选择钢材要考虑结构使用的重要性，例如，大跨度结构与重要的建筑物结构，必须选用质量更好的钢材。

7.4　建筑钢材的腐蚀与防护

7.4.1　建筑钢材的腐蚀

钢材的腐蚀是指钢材的表面与周围介质发生化学作用或电化学作用遭到侵蚀而破坏的过程。腐蚀不仅造成钢材的受力截面减小，表面不完整，应力集中，降低钢材的承载能力，而且当钢材受到冲击荷载、循环交变荷载作用时，将产生腐蚀疲劳现象，使钢材疲劳强度大为降低，尤其是显著降低钢材的冲击韧性，使钢材出现脆性断裂。此外，混凝土中的钢筋腐蚀后，产生体积膨胀，使混凝土顺筋开裂，钢筋锈蚀已成为导致钢筋混凝土建筑物耐久性不足，过早破坏的主要原因，是世界普遍关注的大灾害。为了确保钢材在工作过程中不产生腐蚀，必须采取必要的防腐措施。

1. 化学腐蚀

化学腐蚀指钢材与周围的介质(如氧气、二氧化碳、二氧化硫和水等)直接发生化学作用，生成疏松的氧化物而引起的腐蚀。在干燥环境中化学腐蚀的速度缓慢，但在温度高和湿度较大时腐蚀速度大大加快。

2. 电化学腐蚀

钢材由不同的晶体组织构成，并含有杂质，由于这些成分的电极电位不同，当有电解质溶液(如水)存在时，就会在钢材表面形成许多微小的局部原电池。整个电化学腐蚀过程如下：

阳极区：$Fe = Fe^{2+} + 2e^-$

阴极区：$2H_2O + 2e^- + 1/2O_2 = 2OH^- + H_2O$

溶液区：$Fe^{2+} + 2OH^- = Fe(OH)_2$

$4Fe(OH)_2 + O_2 + 2H_2O = 4Fe(OH)_3$ 水是弱电解质溶液，而溶有 CO_2 的水则成为有效的电解质溶液，从而加速电化学腐蚀的过程。钢材在大气中的腐蚀，实际上是化学腐蚀和电化学腐蚀共同作用所致，但以电化学腐蚀为主。

7.4.2 钢材的防护

钢材的腐蚀既有内因(材质)，又有外因(环境介质的作用)，因此要防止或减少钢材的腐蚀可以从改变钢材本身的易腐蚀性、隔离环境中的侵蚀性介质或改变钢材表面的电化学过程三方面入手。

1. 采用耐候钢

耐候钢即耐大气腐蚀钢。耐候钢是在碳素钢和低合金钢中加入少量铜、铬、镍、钼等合金元素而制成的。这种钢在大气作用下，能在表面形成一种致密的防腐保护层，起到耐腐蚀作用，同时保持钢材良好的焊接性能。耐候钢的强度级别与常用碳素钢和低合金钢一致，技术指标也相近，但其耐腐蚀能力却高出数倍。耐候钢的牌号、化学成分、力学性能和工艺性能可参见国家标准 GB 4172—84《焊接结构用耐候钢》和 GB 4171—84《高耐候性结构钢》。

2. 金属覆盖

用耐腐蚀性好的金属，以电镀或喷镀的方法覆盖在钢材表面，提高钢材的耐腐蚀能力。常用的方法有镀锌(如白铁皮)、镀锡(如马口铁)、镀铜和镀铬等。根据防腐的作用原理可分为阴极覆盖和阳极覆盖。

(1) 阴极覆盖采用电位比钢材高的金属覆盖，如镀锡。所盖金属膜仅为机械地保护钢材，当保护膜破裂后，反而会加速钢材在电解质中的腐蚀。

(2) 阳极覆盖采用电位比钢材低的金属覆盖，如镀锌，所覆金属膜因电化学作用而保护钢材。

3. 非金属覆盖

在钢材表面用非金属材料作为保护膜，与环境介质隔离，以避免或减缓腐蚀，如喷涂涂料、搪瓷和塑料等。涂料通常分为底漆、中间漆和面漆。底漆要求有比较好的附着力和防锈能力，中间漆为防锈漆，面漆要求有较好的牢度和耐候性以保护底漆不受损伤或风化。一般应用为两道底漆(或一道底漆和一道中间漆)与两道面漆，要求高时可增加一道中间漆或面漆。使用防锈涂料时，应注意钢构件表面的除锈以及低漆、中间漆和面漆的匹配。常用底漆有红丹底漆、环氧富锌漆、云母氧化底漆、铁红环氧低漆等。中间漆有红丹防锈漆、铁红防锈漆等。面漆有灰铅漆、醇酸磁漆和酚醛磁漆等。

7.5 装饰用金属制品

目前，建筑装饰工程中常用的钢材制品主要有不锈钢钢板和钢管、彩色不锈钢板、彩色涂层钢板和彩色压型钢板，以及镀锌钢卷帘门板及轻钢龙骨等。

金属是建筑装饰装修中不可缺少的重要材料之一。金属装饰板材易于成形，能够满足造型方面的要求，同时又有防火、耐磨、耐腐蚀等优点，还有独特的金属质感，丰富多彩的色彩与图案，因而得到了广泛的应用。

7.5.1 装饰用钢板

装饰用钢板有不锈钢钢板、彩色不锈钢板、彩色涂层钢板、彩色压型钢板和轻钢龙骨等。

1. 不锈钢钢板

不锈钢钢板耐蚀性、弯曲加工性能和焊接部位韧性以及焊接部位的冲压加工性能优良的高强度不锈钢板及其制造方法，把含C 0.02%以下、含N 0.02%以下、含Cr 11%以上小于17%、适当含量的Si、Mn、P、S、Al、Ni的不锈钢板加热到850～1250℃，然后进行以1℃/s以上的冷却速度冷却的热处理。这样可以成为含体积分数12%以上马氏体的组织、730MPa以上的高强度、耐蚀性和弯曲加工性能、焊接热影响区韧性优良的高强度不锈钢板。再利用含Mo、B等，可以显著提高焊接部位的冲压加工性能。

装饰用不锈钢板主要是厚度小于4mm的薄板，用量最多的是厚度小于2mm的板材。常用的有平面钢板和凹凸钢板两类。前者通常是经研磨、抛光等工序制成，后者是在正常的研磨、抛光之后再经辊压、雕刻、特殊研磨等工序制成。平面钢板又分为镜面板(板面反射率>90%)，有光板(反射率>70%)，亚光板(反射率<50%)三类。凹凸板也有浮雕板、浅浮雕花纹板和网纹板三类。不锈钢薄板可作内外墙饰面、幕墙、隔墙、屋面等面层。

2. 彩色不锈钢板

彩色不锈钢板近年来由于它所具有的独特性，应用越来越广泛。现在，国外在建筑物上大量采用彩色不锈钢制品作装饰，彩色不锈钢板已经风靡一时。中国彩色不锈钢既具有金属特有的光泽和强度，又具有色彩纷呈、经久不变的颜色。彩色不锈钢板它不仅保持了原色不锈钢的物理、化学、力学性能，而且比原色不锈钢具有更强的耐腐蚀性能。因此，当它从20世纪70年代问世以来，就在建材、化工、汽车、电子工业以及工艺美术等领域得到广泛应用。

在常用的原色不锈钢中，奥氏体不锈钢是最合适的着色材料，可以得到令人满意的彩色外观。铁素体不锈钢由于在着色溶液内会增加腐蚀的可能性，得到的色彩不如前者鲜艳。而低铬高碳马氏体不锈钢，由于其耐蚀性能更差，只能得到灰暗的色彩或黑色的表面。现在的彩色不锈钢板色彩绚丽，是一种非常好的装饰材料，用它装饰尽显雍荣华贵的品质，彩色不锈钢板同时具有抗腐蚀性强、力学性能较高、彩色面层经久不褪色、色泽随光照角度不同会产生色调变幻等特点，而且彩色面层能耐200℃的温度，耐盐雾腐蚀性能比一般不锈钢好，彩色不锈钢板耐磨和耐刻划性能相当于箔层涂金的性能。彩色不锈钢板当弯曲90℃时，彩色层不会损坏，可用作厅堂墙板、天花板、电梯厢板、车厢板、建筑装潢、招牌等装饰，彩色不锈钢板一般都用在装饰墙面。

3. 彩色涂层钢板

彩色涂层钢板是以冷轧钢板、电镀锌钢板、热镀锌钢板或镀铝锌钢板为基板经过表面脱脂、磷化、弱酸盐处理后，涂上有机涂料经烘烤而制成的产品。彩色涂层钢板大体上可分为基材、镀层、化学转化膜和有机涂层4大部分。

彩色涂层钢板具有耐污染性强、洗涤后表面光泽、色差不变、热稳定性好、装饰效果好、易加工、耐久性好等优点，可用作外墙板、壁板、屋面板等。

4. 轻钢龙骨

轻钢龙骨是以优质的连续热镀锌板带为原材料，经冷弯工艺轧制而成的建筑用金属骨架。轻钢龙骨主要用于装配各种类型的石骨板、钙塑板、吸声板等，用作室内隔墙和吊顶的龙骨支架。轻钢龙骨按用途有吊顶龙骨和隔断龙骨，按断面形式有V型、C型、T型、L型、U型龙骨。按用途分有隔断龙骨(代号Q)和吊顶龙骨(代号D)，吊顶龙骨又分为主龙骨(承重龙骨)、次龙骨(覆面龙骨)。隔断龙骨又分为竖龙骨、横龙骨和通贯龙骨等。

轻钢龙骨，是一种新型的建筑材料，随着我国现代化建设的发展，轻钢龙骨广泛用于宾馆、候机楼、车运站、车站、游乐场、商场、工厂、办公楼、旧建筑改造、室内装修设置、顶棚等场所。轻钢(烤漆)龙骨吊顶具有重量轻、强度高、适应防水、防震、防尘、隔声、吸声、恒温等功效，同时还具有工期短、施工简便等优点。与轻钢龙骨配套使用的还有各种配件，如吊挂件、难接件等，可在施工中选用。

7.5.2 建筑装饰用铝合金制品

1. 铝及铝合金

铝是一种银白色的轻金属，属于有色金属，纯铝的密度轻，仅 2.7g/cm^3，为铁的三分之一，熔点较低(660℃)，具有良好的导热性、导电性、反辐射性能及耐腐蚀性能，并有易于加工和焊接等特点。

1) 防锈铝

防锈铝是铝镁或铝锰的合金。其特点是耐蚀性较高，抛光性好，能长期保持其光亮的表面，其强度比纯铝高，塑性及焊接性能良好，但切削加工性不良，可用于承受中等或低负载及要求耐腐蚀及光洁表面的构件、管道等。

2) 硬铝

硬铝是铝和铜或再加入镁、锰等组合的合金，建筑工程上主要为含铜(3.8%～4.8%)、镁(0.4%～0.8%)、锰(0.4%～0.8%)、硅(不大于0.8%)的铝合金，称为硬铝。经热处理强化后，可获得较高的强度和硬度，耐腐蚀性好。建筑上可用作承重结构或其他装饰制件，其强度极限可达 330～490MPa，伸长率可达 12%～20%，布氏硬度值 HB 可达 1000MPa，是发展轻型结构的好材料。

3) 超硬铝

超硬铝是铝和锌、镁、铜等的合金。经热处理强化后，其强度和硬度比普通硬铝更高，塑性及耐蚀性中等，切削加工性和点焊性能良好，但在负荷状态下易受腐蚀，常用包铝方法保护，可用于承重构件和高荷载零件。

4) 锻铝

锻铝是铝和镁、硅及铜的合金。除具有较高的强度外，还有良好的高温塑性及焊接性，但易腐蚀，适宜作承重中等荷载的构件。

早在 80 多年前铝在建筑上就已被作为装饰材料，逐渐发展应用到窗框、幕墙，以及结构构件。1970 年美国建筑上用铝量为 100 多万吨，20 年中，增长了 4 倍，占其全国铝消耗量的 1/4 以上。1973 年日本在建筑上使用铝占其全国总耗铝量的 1/3，在房屋建筑中使用 600kt 以上。

建筑装饰工程中常用的铝合金制品主要有铝合金门窗、各种装饰板等。

2. 铝合金门窗

铝合金门窗，是指采用铝合金挤压型材为框、梃、扇料制作的门窗称为铝合金门窗，简称铝门窗。铝合金门窗包括以铝合金作受力杆件(承受并传递自重和荷载的杆件)基材的和木材、塑料复合的门窗，简称铝木复合门窗、铝塑复合门窗。执行标准可参照GB/T 8478—2008《铝合金门窗》和GB 5237—2004《铝合金建筑型材》等。

铝合金门窗是将经表面处理的铝合金门窗框料，经下料、钻孔、铣槽、攻丝、配制等一系列工艺装配而成。

铝合金门窗按结构与开闭方式分为推拉式、平开式、回转式、固定窗、悬挂窗、纱窗等。

铝合金门窗根据风压强度、气密性、水密性三项性能指标，分为A，B，C三类，每类又分为优等品、一等品和合格品。

铝合金门窗造价较高，但因其长期维修费用低，并且在造型、色彩、玻璃镶嵌、密封和耐久性方面均比钢、木门窗有着明显的优势，所以在高层建筑和公共建筑及家庭装修中应用广泛。

3. 铝合金装饰板材

铝合金装饰板又称为铝合金压型板或天花扣板，用铝、铝合金为原料，经辊压冷压加工成各种断面的金属板材，具有价格便宜、加工方便、色彩丰富、重量轻、强度高、刚度好、耐腐蚀、经久耐用等优良性能。板表面经阳极氧化或喷漆、喷塑处理后，可形成装饰要求的多种色彩，适用于宾馆、商场、体育馆、办公楼等建筑的墙面和屋面装饰。建筑中常用的铝合金装饰板材主要有以下几种。

1)铝合金花纹板

铝合金花纹板是采用防锈铝合金坯料，用特殊的花纹轧辊轧制而成的。花纹美观大方、筋高适中，不易磨损、防滑性好、防腐蚀性能强、便于冲洗，通过表面处理可以获得各种美丽的色彩。花纹板板材平整，裁剪尺寸精确，便于安装，广泛应用于现代建筑的墙面装饰及楼梯踏板等处。

铝合金浅花纹板花纹精巧别致，色泽美观大方，除具有普通铝合金板的优点外，刚度提高20%，抗污垢、抗划伤、抗擦伤能力均有提高。铝合金浅花纹板对白光反射率达75%～90%，热反射率达 85%～95%，对酸的耐腐蚀性良好，通过表面处理可得到不同色彩和立体图案的浅花纹板。

2)铝合金波纹板

铝合金波纹板有多种颜色，自重轻，有很强的反光能力，防火、防潮、防腐，在大气中可使用20年以上，主要用于建筑墙面和屋面装饰。

3)蜂窝芯铝合金复合板

蜂窝芯铝合金复合板的外表层为0.2～0.7mm的铝合金薄板，中心层用铝箔、玻璃布纤维制成蜂窝结构，铝板表面喷涂以聚合物着色保护涂料——聚偏二氟乙烯，在复合板的外表面覆以可剥离的塑料保护膜，以保护板材表面在加工和安装过程中不致受损。蜂窝芯铝合金复合板作为高级饰面材料，可用于各种建筑的幕墙系统，也可用于室内墙面、屋面、天棚、包柱等工程部位。

4) 铝合金压型板

铝合金压型板质量轻、外形美、耐腐蚀、经久耐用，经表面处理可得到各种优美的色彩，主要用作墙面和屋面。

5) 铝合金冲孔平板

铝合金冲孔平板是用各种铝合金平板经机械冲孔而成的。孔型根据需要有圆孔、方孔、长圆孔、长方孔、三角孔、大小组合孔等，是一种能降低噪声并兼有装饰作用的新产品。铝合金冲孔板材质轻、耐高温、耐高压、耐腐蚀、防火、防潮、防震、化学稳定性好，造型美观，立体感强，装饰效果好，组装简单，可用于大中型公共建筑及中、高级民用建筑中以改善音质条件，也可作为各类车间厂房等降噪措施。

6) 铝合金穿孔吸声板

铝合金穿孔吸声板是根据声学原理，利用各种不同穿孔率以达到消除噪声的目的，材质可根据需要进行选择，常用的是防锈铝板和电化铝板等。其特点是材质轻、强度高、耐高温高压、耐腐蚀、防火、防潮、化学稳定性好、造型美观、色泽优雅、立体感强、装饰效果好，组装也很简便。

7.5.3　铜及铜合金

1. 纯铜

铜由黄铜矿、辉铜矿等精炼而成的铜锭、铜锭线和电解铜三种，经加工变形后成为各种形状的纯铜材，纯铜经脱氧为无氧铜。铜是有色金属中的紫色重金属，其特点为具有很高的导电、导热、耐蚀性和易加工性，延展性好。

2. 铜合金

在铜中掺入锌、锡、铝等可制成铜合金，其强度、硬度等性能得到提高，使用性能更好。

1) 黄铜

在铜中掺入锌的合金为普通黄铜，在铜中掺入锌和其他元素组成锡、铅等。土木工程中常用的为普通黄铜或普通黄铜粉，呈黄色或金黄色，装饰性好。普通黄铜主要用于建筑五金、水暖电器、土木工程装饰、门窗、栏杆等。普通黄铜粉用于调制装饰涂料、代替金粉使用。

2) 青铜

在铜中掺入锡的合金为锡青铜，在铜中掺入铝、铁等的合金为铝青铜，呈青灰色或灰黄色，强度较高，硬度大，耐磨性、耐蚀性好，主要用于板材、管材、机械零件等。

习　　题

7.1　建筑钢材可分为哪几类？举例说明。

7.2　为何说屈服点 G_s、抗拉强度 σ_b 和伸长率 δ 是建筑用钢材的重要技术性能指标。

7.3　钢材的冷加工强化有何作用意义？

7.4　常见的装饰钢材有哪些？它们有什么特性？

7.5　钢结构用钢主要有哪些类型？它们各自的性能是什么？

7.6　混凝土结构用钢主要有哪些类型？它们各自的性能是什么？

第8章 木　　材

学习目的：了解木材的宏观和显微构造的特征以及木材的优缺点；了解木材的腐蚀与防治；掌握木材物理力学性质的特点。

从古至今，木材作为人类最早使用的建筑材料之一，在人们的日常生活中，一直发挥着其优越的性能。山西红原县的恒山悬空寺，建于北魏晚期。悬空寺又名玄空寺，修建在悬崖峭壁间，迄今已有1400多年的历史，历经风雨而不朽，屡遭地震也无恙。全寺距地面高约50m，是世界上现存建在悬崖绝壁上最早的木结构建筑群。悬空寺结构精巧，整座寺庙是由立木和横木支撑着。横木为梁，用当地的特产铁杉木加工成为方形的木梁，深深插进岩石，横梁露在外面的部分大约有1m，横梁上面是用木板铺成的走廊，整个楼阁的底座也直接压在这些横梁上。据说，木梁用桐油浸过，具有防腐作用。每根立木落点都经过精心计算，以保证能把整座悬空寺支撑起来。在横梁的下面用木柱支撑，这些木柱有长有短，有的木柱起承重作用；有的是用来平衡楼阁的高低；有的要有一定重量加在上面，才能够发挥它的支撑作用，如果空无一物，它就无所借力，还可以晃动。

我国森林资源很丰富，木材的质量轻，比强度高，绝缘性能好，力学性能好，木材本身美丽的花纹也给人贴近大自然的感觉。各行业、各部门，尤其是建筑部门对木材的需求量比较大。木材构造不均匀、呈各向异性、天然缺陷多、易腐朽、易干裂、翘曲、耐火性能差等缺点，导致木材在使用上受到一定的限制，因此，对木材知识有一个全面的了解，才能做到对木材的节约使用和综合利用。

8.1 木材的分类与构造

8.1.1 木材的分类

1. 按树种分类

木材按树种分类，可分为针叶树和阔叶树。

(1)针叶树(软木材)，如杉木、红松、白松、黄花松等，树叶细长，大部分为常绿树。其树干直而高大，纹理顺直，木质较软，易加工，故又称软木材。其表观密度小，强度较高，胀缩变形小，是建筑工程中的主要用材。主要用途为建筑工程、木制包装、桥梁、家具、造船、电杆、坑木、枕木、桩木、机械模型等。

(2)阔叶树(硬木材)，如桦、榆、水曲柳等，树叶宽大呈片状，大多数为落叶树。树干通直部分较短，木材较硬，加工比较困难，故又称硬(杂)木材。其表观密度较大，易胀缩、翘曲、开裂，常用作室内装饰、次要承重构件、胶合板等。主要用途为建筑工程、木材包装、机械制造、造船、车辆、桥梁、枕木、家具及胶合板等。

2. 按用途和加工分类

木材按用途和加工分类，可分为原条、原木和板枋材。

(1) 原条：是指已经去皮、根、树梢的，但尚未按一定尺寸加工成规定的材类。主要用途为建筑工程的脚手架、建筑用材、家具装潢等。

(2) 原木：是由原条按一定尺寸加工成规定直径和长度的木材，又分为直接使用原木和加工用原木。直接使用原木用于屋架、檩条、椽木、木桩、电杆等；加工用原木用于锯制普通锯材、制作胶合板等。主要用途为①直接使用的原木：用于建筑工程(如屋梁、檩、掾等)、桩木、电杆、坑木等；②加工原木：用于胶合板、造船、车辆、机械模型及一般加工用材等。

(3) 板枋材：是指已经加工锯解成材的木料。凡宽度为厚度 3 倍或 3 倍以上的，称为板材；不足 3 倍的称为枋材。普通锯材的长度：针叶树 1～8m，阔叶树 1～6m。长度进级：东北地区 2m 以上按 0.5m 进级，不足 2m 的按 0.2m 进级；其他地区按 0.2m 进级。主要用途为建筑工程、桥梁、木制包装、家具、装饰等。

3. 按成形分类

木材按成形分类，可分为密度板、刨花板、胶合板、细木工板、装饰面板、防火板等。

密度板，也称纤维板，是以木质纤维或其他植物纤维为原料，施加脲醛树脂或其他适用的胶黏剂制成的人造板材。

刨花板是用木材碎料为主要原料，再掺加胶水、添加剂经压制而成的薄型板材。按压制方法可分为挤压刨花板、平压刨花板两类。这类板材主要优点是价格便宜，其缺点是强度差。一般不适宜制作较大型或者有力学要求的家私。

胶合板是由三层或多层 1mm 厚的单板或薄板胶贴热压制而成的，是目前手工制作家具最常用的材料之一。

细木工板是由两片单板中间黏压拼接木板而成的。细木工板的价格较胶合板便宜，其竖向(以芯材走向区分)抗弯压强度较差，但横向抗弯压强度较高。

实木板是采用完整的木材制成的木板材。这些板材坚固耐用、纹路自然，是装修中优中之选，但由于此类板材造价高，而且施工工艺要求高，在装修中使用并不多。实木板一般按照板材实质名称分类，没有统一的标准规格。

装饰面板是将实木板精密刨切成厚度为 0.2mm 左右的微薄木皮，以夹板为基材，经过胶黏工艺制作而成的具有单面装饰作用的装饰板材。它是夹板存在的特殊方式，厚度为 3mm。目前装饰面板是一种高级装修材料。

防火板是采用硅质材料或钙质材料为主要原料，与一定比例的纤维材料、轻质骨料、黏合剂和化学添加剂混合，经蒸压技术制成的装饰板材，是目前使用越来越多的一种新型材料。防火板的施工对于粘贴胶水的要求比较高，质量较好的防火板价格比装饰面板还要贵。防火板的厚度一般为 0.8mm、1mm 和 1.2mm。

4. 按材质分类

木材按材质分类可分为实木板、人造板两大类。

目前除了地板和门扇会使用实木板外，一般所使用的板材都是人工加工出来的人造板。

8.1.2 木材的构造

木材的构造是决定木材性质的主要因素。一般对木材构造的研究可以从宏观和微观两方面进行。

1. 宏观构造

1)木材的切面

用肉眼或低倍放大镜所看到的木材组织，称为木材的粗视构造或宏观构造。木材的宏观构造往往在木材的三切面上观察，即横切面、径切面和弦切面。如图 8.1 所示，横切面是指与树轴相垂直的切面；径切面是指通过树轴的切面；弦切面是指和树轴平行与年轮相切的切面。

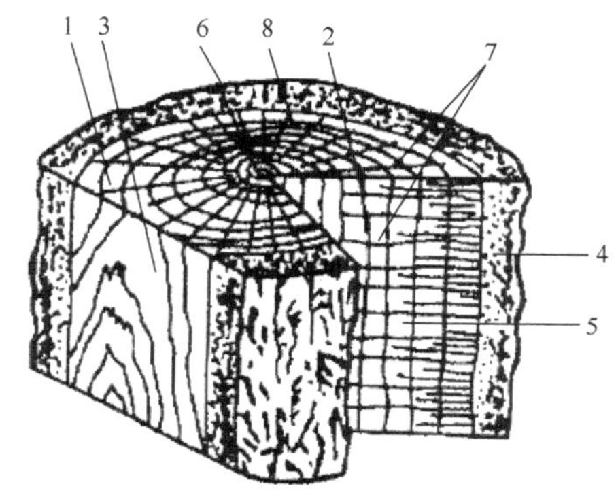

图 8.1 木材的宏观构造

1-横切面；2-径切面；3-弦切面；4-树皮；5-木质部；6-髓心；7-髓线；8-年轮

由图 8.1 可以看出，树木由树皮、木质部、髓心组成。树皮是指茎(老树干)维管形成层以外的所有组织，是树干外围的保护结构。木质部由导管、管胞、木纤维和木薄壁组织细胞以及木射线组成，是木材的主体，建筑材料使用的木材均是树木的木质部分。髓心是树木最早形成的部分，材质松软，材性低劣，易于腐朽，所以不适宜用作结构材料。

2)木材的主要宏观特征

木材的宏观特征包括木材的心材和边材、生长轮(年轮)、早材和晚材。

树木的木质部可分为心材和边材等。一般接近树干中心部分，含有色素、树脂、芳香油等，材色较深，水分较少的部分，称为心材。靠近树皮部分，材色较浅，水分较多的部分，称为边材。根据心材、边材的颜色以及含水率的不同，木材可以分为心材树种、边材树种和熟材树种。心材和边材的颜色区别明显的树种称为心材树种，如刺槐、香椿等。心材和边材的颜色、含水率无明显差别的树种称为边材树种，如椴木、杨木等。心材和边材的颜色无明显差别，但心材含水率低于边材的树种称为熟材树种，如云杉属、冷杉属等。

树木在每个生长周期所形成的木材，围绕着髓心构成的同心圆，称为生长轮。如果在温带和寒带，树木的生长周期在一年中只有一度，形成层在一年中，向内只生长一层木材，那么此时的生长轮也称年轮。但在热带，一年间气候变化很小，树木在四季几乎不间断生长，只与旱季和雨季的交替有关，所以一年可能形成多个生长轮。温带和寒带的树木在同一生长年早期形成的木材，细胞分裂速度快，细胞壁薄，细胞较大，构成的木质较疏松颜色较浅，称为早材或春材。夏秋两季，树木的营养物质流动缓慢，细胞分裂速度变慢，形成的细胞腔小壁厚，构成的木质较密颜色也较深，称为晚材。一年中形成的早晚材合称为一个年轮。

2. 微观构造

用光学显微镜观察到的木材构造，称为微观构造。如图 8.2 所示，在显微镜下，可以看到木材是由无数呈管状的细胞紧密结合而成的，绝大部分细胞呈纵向排列形成纤维结构，少部分横向排列形成髓线。每个细胞分为细胞壁和细胞腔两部分。细胞壁由细胞纤维组成，细胞纤维间具有极小的空隙，能吸附和渗透水分；细胞腔则是由细胞壁包裹而成的空腔。木材的细胞壁越厚，腔越小，木材越密实，表观密度和强度也越大，但胀缩变形也大。一般来说，夏材比春材细胞壁厚。不同的木材，微观构造也有所不同。

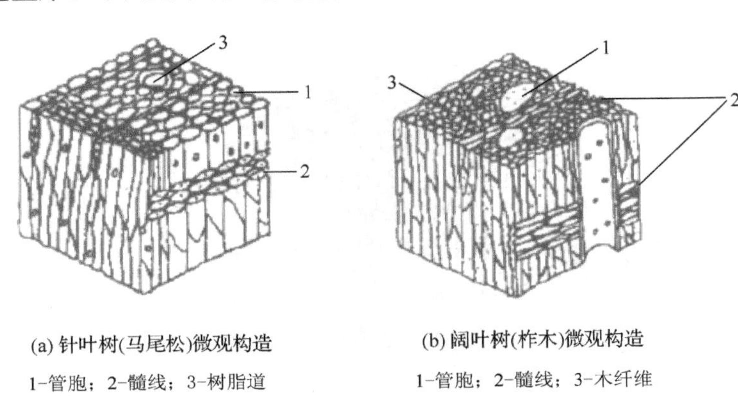

(a) 针叶树(马尾松)微观构造

1-管胞；2-髓线；3-树脂道

(b) 阔叶树(柞木)微观构造

1-管胞；2-髓线；3-木纤维

图 8.2　木材的微观构造

8.2　木材的主要性能

8.2.1　木材的水分和含水率

现代木材处理技术或理论研究，很大程度上都与水分有关。

木材中的水分按其存在的状态分为自由水、吸着水和化合水三种。

自由水是指以游离态存在于木材细胞的胞腔、细胞间隙和纹孔腔这些大毛细系统中的水分，木材中大毛细系统对水分的束缚力较弱，水分蒸发、移动与普通的液态水相近。自由水影响木材重量、燃烧性、渗透性和耐久性。吸着水是指以吸附在细胞壁中微毛细管的水分。由于木材细胞壁中微毛细管直径很小，对水有较强的束缚力，吸着水的蒸发、移动较自由水困难，所以如果要除去吸着水需要消耗的能量较多。吸着水的多少对木材物理力学性质和木材加工利用有着重要的影响。化合水是木材的组成成分之一，是指与组成木材的化学成分以化学形式结合的水分。木材中化合水含量较少且相对稳定，一般温度下的热处理难以将木材中的化合水除去。日常使用中，化合水对木材的性质影响很小，可以不除去。

含水率是用来表示木材中水分含量多少的物理量，木材中水分的质量和木材自身质量之比，称为木材的含水率。木材含水率包括绝对含水率和相对含水率两种。绝对含水率是指木材所含水分的质量占其绝干材质量的百分比。相对含水率是指木材所含水分的质量占其湿材质量的百分比。

$$W_a = \frac{G_s - G_0}{G_0} \times 100\%$$

$$W_r = \frac{G_s - G_0}{G_s} \times 100\%$$

式中，W_a 为木材的绝对含水率；W_r 为木材的相对含水率；G_s 为湿木材的质量；G_0 为绝干材的质量。

1. 平衡含水率

环境温度和湿度的变化会导致木材的含水率发生变化。当木材长期处于一定温度和湿度时，其含水率趋于一个定值。在一定的空气状态下，最后达到的吸湿稳定含水率或解吸稳定含水率，称为木材的平衡含水率。木材的平衡含水率是木材在进行干燥时的重要指标。地区不同，平衡含水率也不同。北方为 12%左右，南方为 18%左右，华中为 16%左右。

木材平衡含水率在生产上有重要的意义。家具、门窗、室内装修等所用木材必须干燥到使用地区的平衡含水率以下，否则木制品会出现开裂和变形等情况。

2. 纤维饱和点

当木材中无自由水，而细胞壁内吸附水达到饱和时，木材的含水率称为纤维饱和点。纤维饱和点是木材性质变化的转折点。在纤维饱和点以上，木材含水率的变化是由自由水含量的变化引起的，所以对木材的物理力学性能影响较小；在纤维饱和点以下，木材含水率的变化是由吸附水含量的变化引起的，所以对木材的物理力学性能影响较大。树木的品种不同，纤维饱和点也有所不同。一般地，木材的纤维饱和点在 23%～32%，通常取 30%。

8.2.2　木材的干缩和湿胀

日常生活中，我们经常会遇到这样一种现象：木盆在干燥的空气中放置一段时间不用，盛水时会发现木盆有漏水现象，如果将木盆在水中浸泡一段时间再用，可以发现木盆已经不漏水了。这种现象就是由木材的干缩和湿胀引起的。

木材含水率降到纤维饱和点以下时，木材蒸发的水分由自由水变为吸着水，由于吸着水的减少，木材细胞壁就会缩小，从而导致木材外形尺寸变小，这就是干缩。与之相反，就是湿胀。干缩和湿胀会影响木材的使用。干缩会使木材发生翘曲、开裂、拼缝不严等，湿胀可造成木材表面鼓起，所以木材在使用加工前应该预先进行干燥，使其接近于与环境湿度适应的平衡含水率。

木材的干缩分为体积干缩和线干缩两类。其中，线干缩又分为与木材纹理垂直的横向干缩和与木材纹理方向相同的纵向干缩两种。木材的绝大部分细胞是纵向排列，横向干缩是横切面上沿直径方向的干缩，其收缩率数值较大，为 3%～6%；纵向干缩是沿着木材纹理方向的干缩，其收缩率数值较小，仅为 0.1%～0.3%，所以，纵向干缩对木材的利用影响不大。由于木材本身的结构特点，使得它在干缩和湿胀性质上表现出明显的方向性，这种不均匀的方向性对木材的影响很大，所以木材在加工使用时不可忽视。

木材的使用会受木材湿胀干缩的影响。由于干缩的影响，木结构构件连接处容易产生缝隙，从而导致接口松弛、拼缝不严、翘曲开裂。由于湿胀的影响，木制产品容易出现凸起变形，从而导致强度降低。为了避免这两种情况的出现，最根本的方法是预先将木材干燥至使用环境以下的平衡含水率。木材在锯解后，需要及时进行适当的干燥处理、化学药剂浸注(如胶压木、浸渍木、塑台木等)或用涂料涂刷等，使木材的含水率适宜当地年平均温度和湿度所对应的平衡含水率，从而减少木制品在使用过程中的干缩和湿胀导致的变形，这样处理过的木材稳定性就得到提高。另外，延长木材的存放时间使木质细胞老化，也可以达到降低木材变形的目的。

8.2.3　木材的密度

单位体积内木材的重量称为木材密度，单位为 g/cm^3 或 kg/m^3。木材具有多孔性的特点，所以木材密度在计算时，木材体积包含了其空陷的体积。除极少数树种外，木材的密度通常小于 $1g/cm^3$。

水分含量的变化会引起木材体积和重量的变化，从而影响木材的密度。木材的密度常用的是木材基本密度和气干密度。

1. 基本密度

绝干材的质量除以木材含有饱和水分时木材的体积称为基本密度。

$$\text{基本密度} = \text{绝干材质量}/\text{浸渍体积}$$

2. 气干密度

气干材质量除以气干材体积为气干密度。

$$\text{气干密度} = \text{气干材质量}/\text{气干材体积}$$

日常生活中，使用的木材都是气干材，因此常用气干密度估算木材质量、木材性质与木材质量。因为各地区木材干衡含水率及木材气干密度不同，所以气干状态下木材含水率数值通常为 8%～15%。

8.2.4　木材的强度

木材本身构造的特点决定了木材的各向异性，其纵向、径向和弦向三个方向力学强度具有明显的差异。因此木材的强度具有很强的方向性。木材的强度按受力状态分为抗压、抗拉、抗弯和抗剪四种。

1. 抗压强度

建筑上应用的各种受压构件，如柱、桩等，要求木材的抗压强度高。

木材的抗压强度分为顺纹抗压强度和横纹抗压强度两种。压力方向与木材纤维方向平行时的抗压强度称为顺纹抗压强度，顺纹受压破坏不是木材纤维的断裂，而是由于木材细胞壁失稳造成的。木材的顺纹抗压强度较高，且疵病对其影响较小，工程中用作柱子、斜撑等的木材均为顺纹受压构件。压力方向与木材纤维方向垂直时的抗压强度称为横纹抗压强度。木材的横纹抗压强度较低，横纹受压破坏是木材细长的管状细胞被压扁，产生大量变形造成的。

2. 抗拉强度

木材的抗拉强度也分为顺纹抗拉强度和横纹抗拉强度两种。拉力方向与木材纤维方向平行时的抗拉强度称为顺纹受拉强度。由于木材单纤维的抗拉强度高，理论上木材的顺纹抗拉强度很高，但实际上，木材的裂缝、斜纹、虫蛀等缺陷对顺纹抗拉强度的影响很大。拉力方向与木材纤维方向垂直时的抗拉强度称为横纹受拉强度。由于木材纤维之间的横向连接比较薄弱，横纹受拉破坏是将木材纤维横向撕裂，所以木材的横纹抗拉强度很低。

3. 抗弯强度

木材受弯破坏时，上部和下部受到的都为顺纹受拉，但是，水平面中还存在剪切力。木材受弯破坏时，通常是受压区先达到强度极限，形成不明显的纹路，但并不会立即遭到破坏，随着外力增大，就会产生大量塑性变形，外力不断增大，受拉区内许多纤维达到强度极限时，纤维本身及纤维间连接的断裂就会导致木材被破坏。所以，木材的抗弯强度较高，实际工程中常用作受弯构件，如桁架、地板、梁等。但在实际使用过程中，木材的各种缺陷对其抗弯强度影响也很大。

4. 抗剪强度

木材的剪切分为顺纹剪切、横纹剪切和横纹切断三种。剪切力方向与木材纤维方向平行时的剪切称为顺纹剪切，这种剪切破坏的是剪切面内纤维之间的连接，并不会破坏绝大部分纤维的本身，所以木材的顺纹抗剪强度较小。剪切力方向与木材纤维方向垂直且剪切面与木材纤维方向平行时的剪切称为横纹剪切，这种剪切破坏的是剪切面中纤维的横向连接，所以木材的横纹抗剪强度更小。剪切力与木材纤维方向垂直且剪切面也与木材纤维方向垂直时的剪切称为横纹切断，这种剪切破坏是将木材的纤维切断。所以，木材的横纹切断强度较大。

8.3 木材的应用

由于木材具有天然可再生性、使用后可降解、绿色环保性能等优点，与混凝土、钢材等建筑材料相比，木材用作建筑材料具有很大的优势。另外，木材具有施工简易、工期较短等优点，从而大大缩短了工期，节省了人工成本，也易于改造和维修。

1. 原木

原条长向按尺寸、形状、质量的标准规定或特殊规定截成一定长度的木段，这个木段称为原木。原木在家具、建筑、工艺雕刻等多方面都有很大用途。

2. 胶合板

胶合板是由木段旋切成单板或由木方刨切成薄木，再用胶黏剂胶合而成的三层或多层的板状材料，通常用奇数层单板，并使相邻层单板的纤维方向互相垂直胶合而成。常用的有3、5、7、9层胶合板，一般称作三合板、五合板、七合板、九合板等。胶合板可根据工程结构需要制作成不同宽度、不同截面的构件。胶合板的相邻木片的纤维互相垂直，在很大程度上克服了木材的各向异性的缺点，所以胶合板具有良好的物理力学性能。若重量相同，则胶合板的强度通常会高于普通钢材。由于胶合板材质均匀、强度高、幅面大等的优点，并且木纹真实自然，所以被广泛用作顶棚板、室内隔墙、室内装修及家具等。

3. 复合地板

复合地板是被人为改变地板材料的天然结构，达到某项物理性能符合预期要求的地板。复合地板通常是由面层、芯板和底层三部分组成。面层是由特别加工处理的木纹纸与透明的密胺树脂经过高温、高压合成；芯板是用木纤维、木屑或其他木质粒状材料等与有机物混合经加压制成的高密度板材；底层为用聚合物叠压的纸质层。复合地板坚实耐磨、表面光滑、不易变形、不易干裂、不需要打蜡，耐久性较好。复合地板较适用于卧室、客厅等地面。

4. 细木工板

细木工板由两片单板中间胶压拼接木板而成，中间木板是优质天然的木板方经热处理后，加工成一定规格的木条，由拼板机拼接而成。拼接后的木板两面各覆盖两层优质单板，再经冷、热压机胶压后制成。细木工板的两面胶黏单板的总厚度不得小于 3mm。细木工板又称大芯板、木芯板、木工板。

细木工板握螺钉力好，强度高，具有质坚、绝热、吸声等优点，而且含水率不高，加工简便，用途很广。细木工板主要应用于门窗套、门窗、家具、隔断、窗帘盒、暖气罩、假墙等。

5. 纤维板

以木质纤维或其他植物素纤维为原料，施加脲醛树脂或其他适用的胶黏剂制成的人造板称为纤维板，又称密度板。按其密度的不同，分为高密度板、中密度板、低密度板。按其质地分为硬质纤维板、半硬质纤维板和软质纤维板三种。纤维板具有材质构造均匀、耐磨、绝热性好、强度一致、抗弯强度高、不易胀缩和翘曲变形等优点。生产纤维板可使木材的利用率达 90%以上，发展纤维板生产是木材资源得以综合利用的有效途径。纤维板的缺点是背面网纹造成板材阴面表面积不等，吸湿后产生的膨胀力差异会使板材翘曲变形。纤维板一般用作地面、家具、隔墙、吊顶等。纤维板由于质软耐冲击，也容易再加工。在国外，密度板是制作家私的一种良好材料，但由于国家关于密度板的标准比国际的标准低数倍，所以，密度板在我国的使用质量还有待提高。

8.4 木材的防护

8.4.1 木材的干燥

为了保证木制品的质量，延长木制品的使用寿命，必须采取适当的措施降低木材的含水率，从而使木制品适合某地区的环境条件。要降低木材的含水率，就需要在一定流动速度的空气中，提高木材的温度，使木材中的水分蒸发，从而达到干燥的目的。为了保证被干燥后木材的质量，还必须控制干燥介质的湿度，以获得快速高质量地干燥木材的效果，这个过程称为木材干燥。上述方法是利用对流传热方式，从木材的外部干燥的方法，又称为对流干燥。木材的干燥方法分为自然干燥法和人工干燥法。

1. 自然干燥法

自然干燥法是将木材相互架空，堆积在通风良好的棚内，避免阳光直射和雨淋，利用空气的自然对流，使木材的水分逐渐蒸发，达到一定的干燥程度。这种干燥方法简单易行，不需要太多的干燥设备，节约能源，但缺点是占地面积大，干燥时间长，并且干燥过程受地区、气候等条件的影响较大，不能人为控制，另外，干燥时间长且只能达到风干程度。自然干燥法干燥过程中容易发生虫蛀、开裂、腐朽等缺陷。

2. 人工干燥法

常规干燥是指以湿空气作干燥介质，以蒸汽、热水、炉气或热油为热媒，间接加热湿空气，湿空气以对流换热方式为主加热木材，干燥介质温度在100℃以下的干燥方法。常规干燥中以蒸汽为热媒的干燥室居多。

除湿干燥是以湿空气作干燥介质，湿空气以对流换热为主的方式加热木材，与常规干燥的原理基本相同。常规干燥是以换气的方式降低干燥介质湿度，热损失较大，而除湿干燥是湿空气在除湿机与干燥室间进行闭式循环，使空气冷凝脱水后被加热为热空气，再送回干燥室继续干燥木材，热损失较小。

太阳能干燥是利用太阳辐射的热能加热空气，利用热空气在集热器与材堆间循环来干燥木材。太阳能干燥一般有温室型和集热器型两种，温室型太阳能干燥是将集热器与干燥室做成一体，集热型太阳能干燥是将集热器与干燥室分开布置。太阳能虽然是清洁的廉价能源，但受气候影响大，干燥周期长，单位材积的投资较大。

高温干燥与常规干燥的区别是以干湿空气，常压、高压过热蒸汽为干燥介质，温度在100℃以上，一般为120～140℃。高温干燥的优点是干燥速度快、尺寸稳定性好、干燥周期短，但高温干燥易产生干燥缺陷，材色变深，表面硬化，不易加工。这种方法对于薄而且易干的木材具有很好的干燥效果，但干燥室的气密性和防腐蚀性等技术问题还有待进一步研究解决。

真空干燥是木材在低于大气压的条件下实施的干燥方法，干燥介质可以是湿空气或过热蒸汽，多数是过热蒸汽。真空干燥时，木材内外的水蒸气压差增大，加快了木材内水分迁移速度，其干燥速度明显高于常规干燥，通常比常规干燥快3～7倍。但真空干燥设备投资大、电耗高，同时真空干燥容量一般比较小。

8.4.2 木材的防腐

木材的腐蚀是由真菌侵入所致，真菌侵入将改变木材的颜色和结构使细胞壁受到破坏，从而导致木材物理力学性能降低，使木材变得松软或成粉末。

常见的木材防腐方法如下。

(1) 干燥法：采用蒸汽、超高温、太阳能等将木材进行干燥处理，将木材的含水率降低20%以下，并长期保持干燥。真菌就不再生长繁殖，最终自然死亡，从而避免木材的腐蚀。

(2) 水浸法：将木材长期储存于水中，木材的含水率最高可达200%以上，湿材含有大量的水分，因而木材内部缺乏氧气，不具备真菌的生存条件，可以达到木材防腐的目的。在进行水存时，木材不可漂浮在水面上，应该完全浸没于水中，否则就创造了真菌的生存条件，暴露在空气中的木材很容易被腐蚀。

(3)防腐油涂刷法：常用方法是将油漆涂刷于木材表面，木材与外面的空气相隔绝，水分不会浸入木材。这是建筑木构件常用的防腐方法，毒性低，污染较小。

(4)化学防腐剂法：将化学防腐剂注入木材中，使真菌无法寄生，从而达到木材防腐的目的。木材防腐剂一般分为膏状防腐剂、油质防腐剂和水溶性防腐剂三类。

8.4.3　木材的防火

木材属于易燃物质，应进行防火处理，以提高其耐火性。木材的防火就是将木材经过具有阻燃性能的化学物质处理后，变成难燃的材料，以达到遇小火能自熄，遇大火能延缓或阻滞燃烧蔓延的目的，从而赢得扑救的时间。

常用的木材防火处理方法有以下两种。

1. 防火剂浸渍处理

因为防火剂的注入需要很大的注入量，先将木材充分干燥，再以加压方式将防火溶剂浸注木材中。由于防火剂浸渍处理的作用，起火时，能阻止或延缓木材温度的升高，从而降低火焰蔓延和穿透木材的速度。

2. 表面涂刷法

将防火涂料刷或喷洒于木材表面构成防火保护层。

习　　题

8.1　有不少住宅的木地板在使用一段时间后出现接缝不严的问题，还有一些木地板出现起拱现象。请根据所学内容分析其原因。

8.2　某装修公司购入一批混凝土模板用胶合板，使用一段时间后发现其质量明显下降，送检后，发现该胶合板使用脲醛树脂作为胶黏剂，请分析原因。

8.3　常用“湿千年，干千年，干干湿湿二三年”来形容木材，请分析其中所蕴含的道理。

8.4　什么是木材的临界含水率？它对木材的性能有什么影响？

8.5　木材的防腐方法有哪些？

8.6　木材的防火方法有哪些？

第9章 墙体材料

学习目的： 常用石材、常用砖、砌块和墙板等建筑装饰材料的种类、技术性质、特点及应用。

墙体材料是指用来砌筑、拼装或用其他方法构成承重墙、非承重墙的材料。在房屋建筑中，墙体还具有维护、隔断、保温隔热等作用，合理选材对建筑物的安全、功能和造价等具有重要意义。建筑物的外墙，因其外表面受外界气温变化的影响及风吹、雨水等侵蚀作用，故对外墙材料的选择应满足承重要求外，还要考虑保温、隔热、耐久、防水、抗冻等方面的要求；对于内墙应选择防潮、隔声、质轻的材料。

9.1 天然石材

天然石材是指从天然岩体中开采出来的，并经加工成块状或板状材料的总称。建筑装饰用的天然石材主要有花岗岩和大理石两大种。

天然石材是最古老的建筑材料之一，由于其色彩和纹路有丰富的变化，所以受到很多人的钟爱。古代世界很多著名的建筑物都以天然石材作为主要构材，如中国长城、埃及金字塔、罗马教堂等。现在建筑的主要构材多为钢骨及钢筋混凝土，但是石材仍然起着建筑外观装饰等作用。

石材的种类繁多，不一定所有的石材都能应用于建筑业。一般而言，作为建筑材料的石材应具备几个特性：颜色、花纹必须美观一致，其内部应不含热膨胀系数大的成分，不宜有导热及导电率过高的成分潜藏其中，造成危险。此外，一些有害石材表面强度的物质如硫化铁、氧化铁、炭质等也不宜过多；硬度、强度适中，有利于加工成形并具有良好的耐风化性；产量丰富，可大量持续供应；解理及裂缝少，加工后成材率高且可供大块采取者，以达成市场的经济性原则。

面对种类繁多的石材，设计者需要认识和了解石材种类及性能，如果产品应用不当的使用观念及设计，不仅无法发挥石材天然的美观，还会造成日后石材外观易受污染，维护成本增加的困扰。因此，要了解如何使用及设计石材，就必须了解石材的物理及化学性质，才可以做好正确的设计及应用。

9.2 砌墙砖

砌墙砖是以黏土、工业废料或其他地方资源为主要原料，以不同工艺制造的、用于砌筑承重和非承重墙体的墙砖。

砌墙砖按材质分类，可分为黏土砖、页岩砖、煤矸石砖、粉煤灰砖、灰砂砖、混凝土砖等。

按孔洞率分类，可分为实心砖(无孔洞或孔洞小于25%的砖)、多孔砖(孔洞率等于或大于 25%，孔的尺寸小而数量多的砖)、空心砖(孔洞率等于或大于 40%，孔的尺寸大而数量少的砖)。

按生产工艺分类，可分为烧结砖、蒸压砖、蒸养砖。

按外形分类，可分为实心砖、微孔砖、多孔砖和空心砖、普通砖和异型砖等。

建筑用的人造小型墙砖分为烧结砖和非烧结砖。

砖墙的组砌方式是指砖块在砌体中的排列方式。为了保证墙体的强度和稳定性，在砌筑时应遵循错缝搭接的原则。砖在墙体中的放置方式有顺式和丁式。顺式是指砖的长方向平行于墙面砌筑；丁式是指砖的长方向垂直于墙面砌筑。常见的砖墙的组砌方式有：一顺一丁式、多顺一丁式、十字式、全顺式、180 墙砌法、370 墙砌法。

9.2.1 烧结砖

凡以黏土、页岩、煤矸石或粉煤灰为原料，经成形和高温焙烧而制得的用于砌筑承重和非承重墙体的砖统称为烧结砖。

1. 烧结普通砖

凡以黏土、页岩、煤矸石和粉煤灰等为主要原料，经成形、焙烧而成的实心或孔洞率不大于 15%的砖，称为烧结普通砖。

烧结普通砖根据所使用原料不同分为烧结黏土砖、烧结页岩砖、烧结煤矸石砖、烧结粉煤灰砖等。

烧结普通砖的生产工艺过程为：原料—配料调制—制坯—干燥—焙烧—成品。

焙烧是制砖的关键过程，焙烧时火候的控制非常重要，要控制适当、均匀的火候，以免出现欠火砖或过火砖。欠火砖是在焙烧温度低于烧结范围，得到的色浅、敲击时声哑、孔隙率大、强度低、吸水率大、耐久性差的砖。过火砖是当焙烧温度过高时，砖内熔融物过多，造成高温下转体变软，此时，砖在点支撑下容易产生弯曲变形。过火砖色较深、敲击声清脆、较密实、强度高、耐久性好，但容易出现变形砖。因此，国标规定欠火砖和变形砖都为不合格品。

在烧砖时，窑内氧气要充足，使原料在氧化气氛中充分焙烧，原料中的铁元素被氧化成高价的铁，烧得红砖。若在焙烧的最后阶段使窑内缺氧，则窑内燃烧气氛呈还原气氛，砖中的三氧化二铁会被还原为青灰色的氧化铁，此时烧得青砖。青砖比红砖结实、耐久，但价格较红砖高。

1) 主要技术性能

(1) 外观和尺寸。

烧结普通砖为长方体，其标准尺寸为 240mm×115mm×53mm。考虑加上砌筑用灰缝的厚度，约 10mm，使每 1m 长内得到的砖的长、宽、厚均为整数，并保持整数比，则 4 块砖长，8 块砖宽，16 块砖厚分别恰好为 1m，故每一立方米砖砌体需用砖 512 块。这样既可以少砍砖，又便于排砖摞底计算和砌筑时错缝搭接。

烧结普通黏土砖各项技术要求应符合表 9.1 和表 9.2《烧结普通砖》(GB 5101—2003)的规定。强度、抗风化性能和放射性物质合格的砖，根据尺寸偏差、外观质量、泛霜和石灰爆裂等，分为优等品(A)、一等品(B)和合格品(C)三个产品等级。

表 9.1　烧结普通黏土砖的尺寸偏差　（单位：mm）

公称尺寸	优等品		一等品		合格品	
	样本平均偏差	样本极差	样本平均偏差	样本极差	样本平均偏差	样本极差
240	±2.0	≤6	±2.5	≤7	±3.0	≤8
115	±1.5	≤5	±2.0	≤6	±2.5	≤7
53	±1.5	≤4	±1.6	≤5	±2.0	≤6

表 9.2　烧结普通黏土砖的外观质量　（单位：mm）

项　　目		优等品	一等品	合格品
两条面高度差		≤2	≤3	≤4
弯曲		≤2	≤3	≤4
杂质凸出高度		≤2	≤3	≤4
缺棱掉角的三个破坏尺寸不得同时大于		5	20	30
裂纹长度	① 大面上宽度方向及其延伸至条面的长度	≤30	≤60	≤80
	② 大面上长度方向及其延伸至顶面的长度或条顶面上水平裂纹的长度	≤50	≤80	≤100
完整面[①]不得少于		两条面和两顶面	一条面和一顶面	—
颜色		基本一致	—	—

注：为装饰而施加的色差，凹凸纹、拉毛、压花等不算作缺陷。①表示凡有以下缺陷之一者，不得称为完整面。a. 缺损在条面或顶面上造成的破坏面尺寸同时大于 10mm×10mm。b. 条面或顶面上裂纹宽度大于 1mm，其长度超过 30mm

(2)强度等级。

烧结普通黏土砖的强度等级根据 10 块砖的抗压强度平均值、标准值或最小值划分，按表 9.3《烧结普通砖》(GB 5101—2003)规定，烧结普通黏土砖根据抗压强度，分为 MU30、MU25、MU20、MU15、MU10 等 5 个强度等级。

表 9.3　普通烧结黏土砖强度等级　（单位：MPa）

强度等级	抗压强度平均值 $\overline{f}$	变异系数 $\delta \leqslant 0.21$	变异系数 $\delta > 0.21$
		强度标准差 f_k	单块最小抗压强度值 f_{min}
MU30	≥30.0	≥22.0	≥25.0
MU25	≥25.0	≥18.0	≥22.0
MU20	≥20.0	≥14.0	≥16.0
MU15	≥15.0	≥10.0	≥12.0
MU10	≥10.0	≥6.5	≥7.5

强度标准差、变异系数和强度标准值计算如下：

$$S = \sqrt{\frac{1}{9}\sum_{i=1}^{10}(f_1 - \overline{f})^2}$$

$$\delta = \frac{S}{\overline{f}}$$

$$f_k = \overline{f} - 1.8S$$

式中，S 为 10 块砖试样的抗压强度标准差(MPa)；δ 为强度变异系数；$\overline{f}$ 为 10 块砖试样的抗压强度平均值(MPa)；f_i 为单块砖试样的抗压强度测定值(MPa)；f_k 为抗压强度标准值(MPa)。

(3) 抗风化性能。

烧结普通砖的抗风化性能是指能抵抗干湿变化、冻融变化等气候作用的性能。抗风化性能是烧结普通砖重要的耐久性指标之一，除了与砖本身性质有关外，与所处环境的风化指数也有关，各地区对砖的抗风化性能要求根据各地区的风化程度不同而不同。砖的抗风化性能常用吸水率、抗冻性及饱和系数三项指标划分。吸水率是指常温泡水 24h 的重量吸水率。抗冻性是指经 15 次冻融循环后不产生裂纹、分层、掉皮、缺棱、掉角等冻坏现象；且重量损失率小于 2%，强度损失率小于规定值。饱和系数是指常温 24h 吸水率与 5h 沸煮吸水率之比。烧结普通砖的抗风化性能指标如表 9.4 所示，风化区划分如表 9.5 所示。

表 9.4　烧结普通砖的抗风化性能指标

砖种类	严重风化区				非严重风化区			
	5h 沸煮吸水率/%		饱和系数		5h 沸煮吸水率/%		饱和系数	
	平均值	单块最大值	平均值	单块最大值	平均值	单块最大值	平均值	单块最大值
黏土砖	≤18	≤20	≤0.85	≤0.87	≤19	≤20	≤0.88	≤0.90
粉煤灰砖	≤21	≤23			≤23	≤25		
页岩砖	≤16	≤18	≤0.74	≤0.77	≤18	≤20	≤0.78	≤0.80
煤矸石砖								

表 9.5　风化区划分

严重风化区	非严重风化区	
1．黑龙江省	1．山东省	11．福建省
2．吉林省	2．河南省	12．台湾省
3．辽宁省	3．安徽省	13．广东省
4．内蒙古自治区	4．江苏省	14．广西壮族自治区
5．新疆维吾尔自治区	5．湖北省	15．海南省
6．宁夏回族自治区	6．江西省	16．云南省
7．甘肃省	7．浙江省	17．西藏自治区
8．青海省	8．四川省	18．上海市
9．陕西省	9．贵州省	19．重庆市
10．山西省	10．湖南省	
11．北京市		
12．天津市		

烧结普通砖的抗风化性与砖的使用寿命密切相关，抗风化性能好的砖其使用寿命长。

(4) 泛霜。

烧结普通砖在出窑后，暴露在潮湿环境中一段时间或者是在使用过程中，由于水的媒介作用，在其表面或者内部空隙中形成的一种可溶于水的结晶盐类物质，这种现象称为泛霜。泛霜形成的盐不仅影响墙体外观，而且容易造成粉刷层的剥落，从而降低产品的耐久性。

按标准《烧结普通砖》(GB 5101—2003) 规定：优等品砖不允许出现泛霜；一等品砖不允许出现中等泛霜；合格品砖不允许出现严重泛霜。

(5) 石灰爆裂。

由于烧结砖原料中含有石灰石，并且石灰石没有粉碎到一定的粒度，所以焙烧后变成氧化钙，在出窑后吸取了空气中的水分变成氢氧化钙，引起体积剧烈膨胀，使烧结砖局部产生爆裂，这种现象就是烧结普通砖石灰爆裂现象。如果砌在墙上，就会影响建筑质量。轻的石灰爆裂会造成制品表面破坏及墙体面层脱落，严重的石灰爆裂会直接破坏制品及砌筑墙体的结构，造成制品及砌筑墙体强度损失，甚至崩溃，并直接影响后期的装饰工程施工。按标准《烧结普通砖》(GB 5101—2003)规定：优等品砖不允许出现最大破坏尺寸大于2mm的爆裂区域；一等品砖不允许出现最大破坏尺寸大于10mm的爆裂区域；合格品砖不允许出现最大破坏尺寸大于15mm的爆裂区域。

2)烧结普通砖的应用

烧结普通砖是传统的墙体材料，既有较高的强度和耐久性，又有较好的隔热、隔声性能，冬季室内墙面不会出现结霜现象，原料广泛、工艺简单，而且价格低廉。虽然各种新型的墙体材料不断出现，但在现在及今后一段时间内，砌筑工程中仍会以普通烧结砖作为一种主要材料。烧结普通砖可用于建筑维护结构，砌筑柱、拱、烟囱、窑身、沟道及基础等。烧结普通砖优等品用于清水墙的砌筑，一等品、合格品可用于混水墙的砌筑。中等泛霜的砖不能用于潮湿部位。

由于烧结黏土砖要以毁田取土烧制，加上其自重大、施工效率低及抗震性能差等缺点，在现代社会的发展中，将会有更好的材料来取代烧结黏土砖，从而适应建筑发展的需要。

2. 烧结多孔砖和烧结空心砖

烧结普通砖具有体积小、自重大、生产能耗高、施工效率低等缺点，用烧结多孔砖和烧结空心砖取代烧结普通砖，建筑物自重可减轻30%左右，原料可节约20%～30%，燃料可节省10%～20%，并且烧成率高，造价相对降低20%，施工效率可提高40%，砖的绝热和隔声性能也得到改善。所以，推广使用烧结多孔砖和烧结空心砖是促进墙体材料工业技术进步的重要措施之一。烧结多孔砖使用时孔洞方向平行于受力方向；烧结空心砖使用时孔洞则垂直于受力方向。

1)烧结多孔砖

烧结多孔砖是以黏土、页岩、煤矸石、粉煤灰、淤泥(江河湖淤泥)及其他固体废弃物等为主要原料，经焙烧而成，空洞率等于或大于15%，孔的尺寸小而数量多，主要用于建筑物承重部位。

(1)外观和尺寸。

烧结多孔砖的规格尺寸有 190mm×190mm×190mm(M 型)和 240mm×115mm×90mm(P型)，如图9.1所示。根据砖的尺寸偏差、外观质量、强度等级和物理性能分为优等品(A)、一等品(B)和合格品(C)三个质量等级。

(2)强度等级。

根据表9.6《烧结多孔砖》(GB 13544—2000)规定，烧结多孔砖的抗压强度分为MU30、MU25、MU20、MU15、MU10五个强度等级。

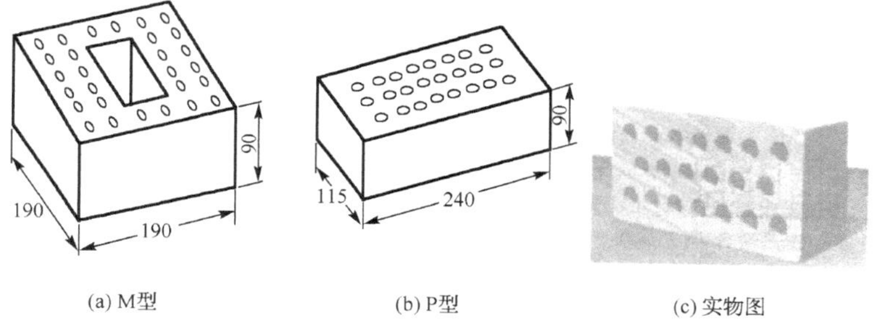

图9.1 烧结多孔砖(单位：mm)

表 9.6　烧结多孔砖的强度等级　（单位：MPa）

强度等级	抗压强度平均值 $f \geqslant$	变异系数 $\delta \leqslant 0.21$	变异系数 $\delta > 0.21$
		强度标准值 $f_k \geqslant$	单块最小抗压强度值 $f_{min} \geqslant$
MU30	30.0	22.0	25.0
MU25	25.0	18.0	22.0
MU20	20.0	14.0	16.0
MU15	15.0	10.0	12.0
MU10	10.0	6.5	7.5

2)烧结空心砖

烧结空心砖是以页岩、煤矸石或粉煤灰为主要原料，经焙烧而成的具有竖向孔洞的砖。烧结空心砖孔洞率大于 35%，孔尺寸大而少，主要用于非承重部位。烧结空心砖外形如图 9.2 所示。

(1)尺寸和外形。

烧结空心砖的尺寸较多，常见的有 290mm×190mm×90mm 和 240mm×180mm×115mm 两种。砖的壁厚应大于 10mm，肋厚应大于 7mm。

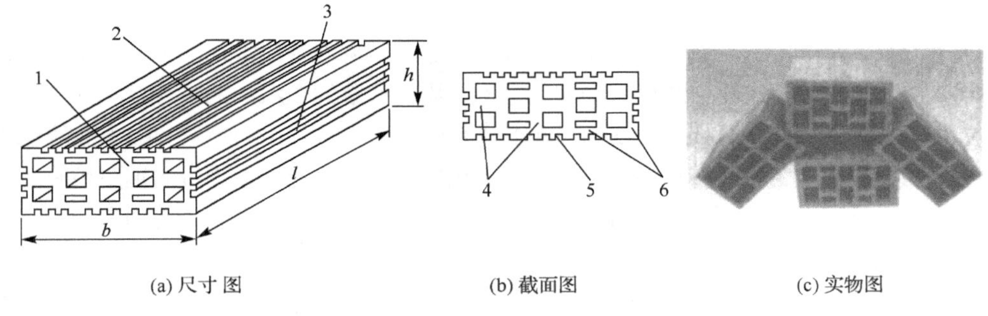

(a) 尺寸图　(b) 截面图　(c) 实物图

图 9.2　烧结空心砖外形

1-顶面；2-大面；3-条面；4-肋；5-壁；6-外壁；l-长度；b-宽度；h-高度

按表观密度，烧结空心砖分为 800、900、1100 三个密度级别。

根据外观质量、强度等级、尺寸偏差和物理性能，烧结空心砖分为优等品(A)、一等品(B)和合格品(C)三个等级。

(2)强度等级。

烧结空心砖的强度等级根据 10 块砖样的大面和条面的抗压强度平均值和标准值或单块最小抗压强度值划分为 MU10.0、MU7.5、MU5.0、MU3.5、MU2.5 五个等级，如表 9.7 所示。

表 9.7　烧结空心砖的强度等级　（单位：MPa）

强度等级	抗压强度平均值 $f \geqslant$	变异系数 $\delta \leqslant 0.21$	变异系数 $\delta > 0.21$
		强度标准值 $f_k \geqslant$	单块最小抗压强度值 $f_{min} \geqslant$
MU10.0	10.0	7.0	8.0
MU7.5	7.5	5.0	5.8
MU5.0	5.0	3.5	4.0
MU3.5	3.5	2.5	2.8
MU2.5	2.5	1.6	1.8

9.2.2 非烧结砖

非烧结砖是不经过高温焙烧，经常压或高压蒸汽养护而成的砖。常见的非烧结砖有蒸养（压）灰砂砖和蒸养（压）粉煤灰砖等。

1. *蒸养（压）灰砂砖*

蒸养（压）灰砂砖是以砂和石灰为主要原料，允许掺入颜料和外加剂，经坯料制备、压制成形、经高压蒸汽养护而成的砖。蒸养（压）灰砂砖的外形尺寸与烧结普通砖相同，为240mm×115mm×53mm，适用于公用建筑、民用建筑和工业厂房的内、外墙，以及房屋的基础，是国家大力发展替代烧结黏土砖的新型墙体材料。

按抗压强度和抗折强度，蒸养（压）灰砂砖分为MU25、MU20、MU15、MU10四个强度等级。蒸养（压）灰砂砖表面光滑平整，使用时应注意提高砖与砂浆之间的黏结力；氢氧化钙、水化硅酸钙、碳酸钙等组分不耐酸，耐热性差，不适宜用于长期受到酸性介质侵蚀的地方和热温度在200℃以上的环境中，否则，砖就会被分解而造成强度的降低；耐水性良好，但抗流水冲刷能力较弱，蒸养（压）灰砂砖可长期在潮湿、不易受到流水冲刷的环境中使用。MU15级以上的砖可用于基础及其他建筑部位；MU10级砖只可用于防潮层以上的建筑部位。

根据尺寸偏差、外观质量、强度及抗冻性，蒸养（压）灰砂砖分为优等品（A）、一等品（B）和合格品（C）三个等级。

2. *蒸养（压）粉煤灰砖*

蒸养（压）粉煤灰砖是以粉煤灰、石灰为主要原料，掺加适量石膏和集料，经胚料制备、压制成形、高压蒸汽养护而成的实心砖，有彩色、本色两种。蒸压粉煤灰砖的尺寸与烧结普通砖相同，为240mm×115mm×53mm，所以用蒸养（压）粉煤灰砖可以直接代替烧结普通砖。蒸养（压）粉煤灰砖可用于工业和民用建筑的墙体和基础，用粉煤灰砖砌筑的建筑物，并且应适当增设圈梁、伸缩缝或采取其他措施，从而避免或减少收缩裂缝对建筑物造成的影响。

按抗压强度和抗折强度，蒸养（压）粉煤灰砖的强度等级分为MU30、MU25、MU20、MU15、MU10五个强度等级。用于基础、干湿交替和易受冻融的部位的砖，强度等级不得低于MU15。蒸养（压）粉煤灰砖不宜用于长期受热高于200℃、受急冷急热以及有酸性介质侵蚀的地方。

按尺寸偏差、外观质量、干燥收缩值和强度，蒸养（压）粉煤灰砖分为优等品（A）、一等品（B）和合格品（C）三个等级，不同等级的粉煤灰砖都应符合国家标准的有关规定。

9.3 砌　　块

砌块是利用混凝土、工业废料（炉渣、粉煤灰等）或地方材料制成的砌筑用人造块材，外形多为直角六面体，根据需要还可以生产各种异型体砌块。由于砌块的制作原料可以使用粉煤灰、炉渣、煤矸石等工业废渣，砌块的生产可以充分利用地方资源和工业废料，并可节省宝贵的黏土资源、改善环境，具有原料来源广、生产工艺简单、制作及使用方便灵活等特点，是代替烧结普通砖的理想砌筑材料，因而逐渐成为我国建筑改革墙体材料的一个重要方法。

砌块系列中主要规格的长度、宽度或高度有一项或一项以上分别超过 365mm、240mm 或 115mm，但砌块高度一般不大于长度或宽度的 6 倍，长度不超过高度的 3 倍。

砌块的分类有很多种。按尺寸和质量规格不同，砌块分为大型砌块、中型砌块和小型砌块。其中主规格高度大于 980mm 的砌块称为大型砌块，高度大于 380mm 小于 980mm 的砌块称为中型砌块，主规格的高度大于 115mm 而小于 380mm 的砌块称作小型砌块。实际使用过程中多以中小型砌块为主。

按外观有无孔洞，砌块可以分为实心砌块和空心砌块。空心率小于 25%或无孔洞的砌块为实心砌块；空心率大于或等于 25%的砌块为空心砌块。空心砌块有单排方孔、单排圆孔和多排扁孔三种形式，其中多排扁孔对保温较为有利。

按用途不同，砌块可以分为承重砌块和非承重砌块。

按生产工艺不同，砌块可以分为烧结砌块和蒸养蒸压砌块。

9.3.1 混凝土小型空心砌块

混凝土小型空心砌块是以水泥、砂、石等普通混凝土材料加水拌和，经装模、振动成形、养护而成的空心块体墙材，其空心率为 25%～50%。混凝土空心砌块如图 9.3 所示。

图 9.3 混凝土空心砌块

建筑地震设计烈度为 8 度及 8 度以下地区，可选用混凝土小型空心砌块砌筑各种建筑墙体。

混凝土小型空心砌块主规格尺寸为 390mm×190mm×190mm，最小外壁厚度不小于 30mm，最小肋厚不小于 25mm，一般为单排孔，也有双排孔，其空心率为 25%～50%。另外还可根据具体需求，生产出不同规格尺寸的砌块。

按砌块抗压强度，混凝土小型空心砌块分为 MU3.5、MU5.0、MU7.5、MU10.0、MU15.0、MU20.0 六个强度等级。

根据表 9.8 混凝土小型空心砌块(GB 8239—1997)，按尺寸偏差、外观质量，混凝土小型空心砌块分为优等品(A)、一等品(B)和合格品(C)3 个等级。

表 9.8　混凝土空心砌块的尺寸偏差和外观质量

项目名称			优等品(A)	一等品(B)	合格品(C)
尺寸允许偏差	长度/mm		±2	±3	±3
	宽度/mm		±2	±3	±3
	高度/mm		±2	±3	+3，−4
外观质量	弯曲/mm，≤		2	2	2
	缺棱掉角	个数/个，≤	0	2	2
		三个方向投影尺寸最小值/mm，≤	0	20	30
	裂纹延伸的投影尺寸累计/mm，≤		0	20	30

9.3.2　蒸压加气混凝土砌块

蒸压加气混凝土砌块是以钙质材料(水泥、石灰等)、硅质材料(砂、矿渣、粉煤灰等)以及加气剂(铝粉等)为原料，经过磨细、计量配料、搅拌、浇筑、发气、切割、高温蒸压养护 10～12h 等工艺加工而成的多孔轻质的建筑块体材料。蒸压加气混凝土砌块具有保温、耐火性好、表观密度小、易加工、施工方便、抗震性好等优点，缺点是耐水性和耐腐蚀性差。

蒸压加气混凝土砌块规格尺寸如下。

长度：600mm。

宽度：100mm、120mm、125mm、150mm、180mm、200mm、240mm、250mm、300mm。

高度：200mm、240mm、250mm、300mm。

按尺寸偏差、外观质量、抗压强度、干密度和抗冻性，蒸压加气混凝土砌块分为优等品(A)、合格品(B)两个等级。蒸压加气混凝土砌块外观和尺寸偏差如表 9.9 所示。

表 9.9　蒸压加气混凝土砌块外观和尺寸偏差

项目				指标	
				优等品(A)	合格品(B)
尺寸允许偏差/mm		长度	L	±3	±4
		宽度	B	±1	±2
		高度	H	±1	±2
缺棱掉角	最小尺寸/mm，≤			0	30
	最大尺寸/mm，≤			0	70
	大于以上尺寸的缺棱掉角个数/个，≤			0	2
裂纹长度	贯穿一棱二面的裂纹长度不得大于裂纹所在面的裂纹方向尺寸总和的			0	1/3
	任一面上的裂纹长度不得大于裂纹方向尺寸的			0	1/2
	大于以上尺寸的裂纹条数/条，≤			0	2
爆裂、黏膜和损坏深度/mm，≤				10	30
平面弯曲				不允许	
表面疏松、层裂				不允许	
表面油污				不允许	

按强度，蒸压加气混凝土砌块分为 A1.0、A2.0、A2.5、A3.5、A5.0、A7.5、A10 七个级别。

按干密度，蒸压加气混凝土砌块分为 B03、B04、B05、B06、B07、B08 六个级别。

9.3.3　粉煤灰砌块

粉煤灰砌块是以粉煤灰、石灰为主要原料，掺加适量石膏、外加剂和集料等，经坯料配制、轮碾碾练、机械成形、水化和水热合成反应而制成的实心砖。粉煤灰砌块的主规格尺寸为 800mm×380mm×240mm 和 880mm×430mm×240mm 两种。根据外观质量和尺寸偏差，粉煤灰砌块分为一等品(B)和合格品(C)两种，如表 9.10 所示。

表 9.10　粉煤灰砌块的外观质量和尺寸允许偏差　　(单位：mm)

项目名称		指标	
		一等品(A)	合格品(C)
表面疏松		不允许	
贯穿面棱的裂缝		不允许	
任一面上的裂缝长度，不得大于裂缝方向砌块尺寸的比例		1/3	
石灰团、石膏团		直径大于 5 的，不允许	
粉煤灰团、空洞和爆裂		直径大于 30 的不允许	直径大于 50 的不允许
局部突起高度，≤		10	15
翘曲，≤		6	8
缺棱掉角在长、宽、高 3 个方向上投影的最大值，≤		30	50
高低差	长度方向	6	8
	宽度方向	4	6
尺寸允许偏差	长度	+4，−6	+5，−10
	高度	+4，−6	+5，−10
	宽度	±3	±6

粉煤灰砌块适用于民用建筑和一般工业的基础和墙体，不适用于密封性要求较高、具有酸性侵蚀及振动影响较大的建筑物，同时，也不适用于经常受潮、高温的承重墙。

9.4　墙　　板

墙板是另一类墙体材料。与砌墙砖和砌块相比，建筑墙板具有自重轻、节能、安装快、施工方便、开间布置灵活、使用面积大、抗震性能较高等优点，建筑墙板具有广阔的发展前景。

可用作墙体的板材品种繁多，常见的墙用板材有石膏板、水泥类墙板、复合墙板等。

9.4.1　石膏板

石膏板是以建筑石膏为主要原料制成的一种材料。由于重量轻、厚度较薄、强度较高、防火性能好、隔声绝热、加工方便等优点，石膏板已经广泛应用于办公楼、住宅、工业厂房等建筑物的内隔墙、天花板、墙体覆面板、地面基层板、吸声板以及装饰板等。石膏类板材品种较多，常用的石膏板主要有纸面石膏板、纤维石膏板、石膏空心条板、装饰石膏板、石膏刨花板等。

1) 纸面石膏板

纸面石膏板是以建筑石膏为胶凝材料，并掺入适量添加剂和纤维作为板芯，两面用特制的护面纸作为面层，经加工制成的一种轻质板材。纸面石膏板的规格如表 9.11 所示。

表 9.11 纸面石膏板的规格 (单位：mm)

长度	1800、2100、2400、2700、3000、3300、3600
宽度	900、1200
厚度	9.5、12.0、15.0、18.0、21.0、25.0

常见的纸面石膏板有普通纸面石膏板、耐水纸面石膏板、耐火纸面石膏板和防潮纸面石膏板。普通纸面石膏板适用于无特殊要求的场所，并且使用场所的连续相对湿度不得超过65%，可作复合外墙板的内壁板、室内隔墙板、天花板等。耐水纸面石膏板的板芯和护面纸均经过了防水处理，可用于相对湿度较大的环境，如厨房、浴室、卫生间等。耐火纸面石膏板的板芯内增加了耐火材料和大量玻璃纤维，主要用于对防火要求较高的房屋建筑中。防潮纸面石膏板具有较高的表面防潮性能，主要用于环境潮湿度较大的房间隔墙、吊顶和贴面墙。

2) 纤维石膏板

纤维石膏板是一种以建筑石膏粉为主要原料，以各种纤维为增强材料的一种经打浆、铺装、脱水、成形、烘干而制成新型建筑板材，又称为无纸石膏板、石膏纤维板。纤维石膏板不易损坏，易于搬运。由于纤维石膏板纵向和横向强度相同，所以既可以垂直安装也可以水平安装。可作墙衬、干墙板、隔墙板、天花板块、护墙、拖车及船的内墙等。

3) 石膏空心条板

石膏空心条板是以建筑石膏为主要材料，掺加适量水泥或粉煤灰，同时加入少量增强纤维(如玻璃纤维、纸筋等)，也可以加入适量的膨胀珍珠岩及其他掺加料，经料浆拌合、浇筑成形、抽芯、干燥等工序制成的轻质板材。石膏空心条板的尺寸规格如表 9.12 所示。

表 9.12 石膏空心条板的尺寸规格 (单位：mm)

长度	2400～3000
宽度	600
厚度	90、120

石膏空心条板特点是无须龙骨，适用于各类建筑的非承重内墙，如果用于相对湿度大于75%的环境中，板材表面应作相应的防水处理。

4) 装饰石膏板

装饰石膏板是以建筑石膏为主要原料，掺入适量纤维增强材料和外加剂，与水一起搅拌成均匀料浆，经浇筑成形，干燥而成的不带护面纸的装饰板材。装饰石膏板具有轻质、耐火、高强、韧性高、隔声等优越性能，主要用于民用与工业建筑室内墙壁装饰、吊顶装饰、非承重内隔墙。

5) 石膏刨花板

石膏刨花板是以熟石膏为胶凝材料、木质刨花碎料为增强材料，外加适量的水和化学缓凝剂，经搅拌形成半干性混合料，在成形压机内以 2.0～3.5MPa 的压力，维持在受压状态下完成石膏与木质材料的固结所形成的板材。石膏刨花板的产品规格为 3050mm×1220mm×(8～28) mm。按照外观质量、尺寸偏差、物理力学性能，石膏刨花板分为优等品、一等品和合格品三个等级。

石膏刨花板兼有建筑木材和石膏两种材料的性能，适用于住宅与公用建筑的吊顶、隔墙等，不适用于建筑中潮湿及常受水浸泡部位。

9.4.2 水泥类墙板

水泥类墙板是由无害化磷石膏、轻质钢渣、粉煤灰等多种工业废渣组成材料，经变频蒸汽加压养护而成的墙板。水泥类墙板生产技术成熟，产品质量可靠，具有较好的耐久性和力学性能，可用于外墙、承重墙、复合墙板的外层面。

水泥类墙板使用的原料不含对人体有害的物质，并且无放射性 A 类产品，在 1000℃的高温下的耐火极限超过 4h，且无有毒气体散发，具备优越的环保性能，具有良好的防潮防水性能，适用于厨房、地下室、卫生间等区域。另外，水泥类墙板还具有隔声、隔热保温、施工简单、吊挂力强等优点。

9.4.3 复合墙板

以单一材料制成的墙板，常因材料本身的局限性而使其应用受到限制。用两种或两种以上不同性能的材料，经过一定的加工工艺制作而成。为了提高墙板的综合使用性能，民用和工业建筑中常采用复合墙板。

复合墙板的分类很多，按组成材料的不同，复合墙板可分为玻璃纤维增强水泥复合外墙板、钢丝网架水泥夹芯板、钢筋混凝土复合墙板、金属面夹芯复合外墙板等。

按照在建筑物中所处的位置，复合墙板可分为复合内墙和复合外墙两种。复合内墙板是指用复合方法建造的用于建筑物内部的分户或分室的墙体，主要功能要求是提高其防火性能和隔声性能，从而改善居住环境的舒适性和安全性，并且可以承受自身质量或部分外部的荷载。复合外墙是指用复合方法建造的用于建筑物外部的不透明的围护结构，应能起到保温、隔声等性能，另外，还应承受相应的荷载。

按照使用目的不同，复合墙板分为隔声复合墙体和保温复合墙体。

习 题

9.1 烧结普通砖在砌筑前为什么要浇水使其达到一定的含水率？

9.2 烧结普通砖分几个强度等级和质量等级？

9.3 烧结普通砖按焙烧时的火候可分为哪几种？

9.4 简述烧结多孔砖和烧结空心砖的主要性能特点和应用场合？

9.5 墙体材料的主要类型有哪些？

9.6 墙体材料改革的发展趋势是什么？

第10章　防水材料

学习目的：掌握石油沥青的组分、主要技术性能及衡量方法；煤沥青与石油沥青的性能区别；了解防水卷材、防水涂料和密封材料的概念、品种及应用。

10.1　概　述

防水材料是指能够防止雨水、地下水与其他水渗透的重要组成材料。防水是建筑物的一项主要功能，而防水材料是实现这一功能的物质基础。防水材料的主要作用是防潮、防漏、防渗，避免水和盐分对建筑物的侵蚀，起到保护建筑构件的作用。

随着建筑材料科技的不断进步，近年来，我国新型建筑防水材料得到了迅速的发展，在沥青类防水材料基础上已向高聚物改性沥青、橡胶、高分子防水材料方向迈进，并在工程上得到了广泛应用，取得了较好的技术经济效果。

传统的防水材料是以纸胎石油沥青油毡为代表，它的抗老化能力差，纸胎的延伸率低，易腐烂。油毡胎体表面沥青耐热性差，当气温变化时，油毡与基底、油毡之间的接头容易出现脱离和开裂的现象，形成水路联通和渗漏。新型的防水材料，大量应用高聚物改性沥青材料来提高胎体的力学性能和抗老化性。合成材料、复合材料能增强防水材料的低温柔韧性、温度敏感性和耐久性，极大提高了防水材料的物理化学性能。

针对建筑工程性质的要求，不同品种的防水材料具有不同的性能，要保证防水材料的物理性、力学性和耐久性，它们必须具备如下性能。

(1) 耐候性：对自然环境中的光、冷、热等具有一定的承受能力，冻融交替的环境下，在材料指标时间内不开裂、不起泡。

(2) 抗渗性：特别是在建筑物内外存在一定水压力差时，抗渗是衡量防水材料功能性的重要指标。

(3) 整体性：在热胀冷缩的作用下，柔性防水材料应具备一定适应基层变形的能力。刚性防水材料应能承受温度应力变化，与基层形成稳定的整体。

(4) 强度：在一定荷载和变形条件下，能够保持一定的强度，保持防水材料不断裂。

(5) 耐腐蚀性：防水材料有时会接触液体物质，包括水、矿物水、溶蚀性水、油类、化学溶剂等，因此防水材料必须具有一定的抗腐蚀能力。

依据防水材料的外观形态，防水材料一般分为沥青材料、防水卷材、防水涂料和密封材料四大类，这四大类材料根据其组成不同又可分为上百个品种。本章主要介绍这四类防水材料及其常见品种的组成、性能特点及应用。

10.2　沥青材料

沥青是一种有机胶凝材料，它是复杂的高分子碳氢化合物及非金属(氧、硫、氮等)衍生物所组成的黑色或黑褐色的固体、半固体或液体的混合物。沥青属于憎水性材料，结构致密，几乎完全不溶于水、不吸水，具有良好的防水性，因此广泛用于土木工程的防水、防潮和防渗。沥青属于有机胶凝材料，与砂、石等矿质混合料具有非常好的黏结能力，所制得的沥青混凝土是现代道路工程最重要的路面材料。

沥青按其产源不同可分为地沥青和焦油沥青，其分类如图 10.1 所示。

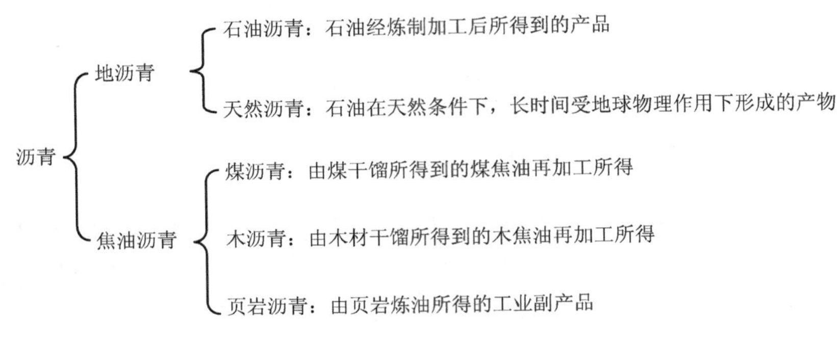

图 10.1　沥青的分类

10.2.1　石油沥青

1. 石油沥青的元素组成

石油沥青是一种有机胶凝材料，在常温下呈固体、半固体或黏性液体状态，颜色为褐色或黑褐色。它是由多种碳氢化合物及非金属(氧、硫、氮等)衍生物组成的混合物，其元素组成主要是碳(80%～87%)、氢(10%～15%)；其余是非烃元素，如氧、硫、氮等(<3%)；此外，还含有一些微量的金属元素。

2. 石油沥青的组分组成

通常将沥青分离为化学性质相近，与其工程性能有一定联系的几个化学成分组，这些组就称为“组分”。我国现行规程中有三组分分析法和四组分分析法两种。

石油沥青的三组分分析法是将石油沥青分离为油分、树脂和沥青质三个组分。

1) 油分

油分为淡黄色透明液体，赋予沥青流动性，油分含量的多少直接影响着沥青的柔软性、抗裂性和施工难度。我国国产沥青的油分中往往含有蜡，在分析时还应将油、蜡分离。蜡的存在会使沥青材料在高温时变软，产生流淌现象，导致沥青路面的高温稳定性降低，出现车辙；在低温时会使沥青变得脆硬，从而造成开裂，导致路面低温抗裂性降低，出现裂缝。由于蜡是有害成分，故常采用氯盐($AlCl_3$、$FeCl_3$、$ZnCl_2$ 等)处理、高温吹氧或溶剂脱蜡等方法以改善沥青的性能。

2) 树脂

树脂为红褐色黏稠半固体，温度敏感性高，熔点低于 100℃，包括中性树脂和酸性树脂。中性树脂使沥青具有一定塑性、可流动性和黏结性，其含量增加，沥青的黏结力和延伸性增加；酸性树脂含量不多，但活性大，可以改善沥青与其他材料的浸润性、提高沥青的可乳化性。

3)沥青质

沥青质为深褐色固体微粒，加热不熔化，它决定着沥青的黏结力、黏度和温度稳定性，以及沥青的硬度、软化点等。沥青质含量增加时，沥青的黏度和黏结力增加，硬度和温度稳定性提高。

石油沥青的四组分分析法是科尔贝特(Corbete)首先提出，该法可将沥青分离为沥青质、饱和分、环烷芳香分和极性芳香分。

3. 石油沥青的主要技术性质

1)黏滞性

黏滞性是反映沥青材料在外力作用下，其内部阻碍产生相对流动的一种特性。各种石油沥青黏滞性的变化范围很大，与沥青组分和温度有关。黏度是反映沥青黏滞性的指标，是沥青最重要的技术性质指标之一，是沥青等级(牌号)划分的主要依据。测定沥青相对黏度的主要方法有标准黏度计法和针入度法。

(1)标准黏度计法。

该法适用于液体石油沥青、较稀的石油沥青、煤沥青、乳化沥青等的黏度测定。我国现行试验方法《公路沥青及沥青混合物试验规程》(JTJ 052—2000)规定：液体状态的沥青材料在标准黏度计中，于规定的温度(20℃、25℃、30℃或60℃)条件下，通过规定的流孔直径(3mm、4mm、5mm或10mm)流出50cm^{3}沥青所需的时间(s)，常用符号“C_d^t”表示。其中C为黏度、t为试样温度、d为流孔直径。如图10.2所示。例如，某沥青在60℃时，自5mm孔径流出50cm^{3}沥青所需的时间为100s，表示为$C_5^{60}=100s$。按上述方法，在相同温度和相同流孔的条件下，流出时间越长，表示沥青黏度越大。

(2)针入度法。

该法适用于黏稠(固体、半固体)石油沥青的黏度测定。我国现行试验方法《公路沥青及沥青混合物试验规程》(JTJ 052—2000)规定：在规定温度25℃下，以规定质量100g的标准针、经历规定时间5s贯入试样中的深度(以1/10mm为单位)来表示，符号为P(25℃，100g，5s)。如图10.3所示。针入度值反映了沥青抵抗剪切变形的能力，其值越大，表示沥青越软、黏度越小。

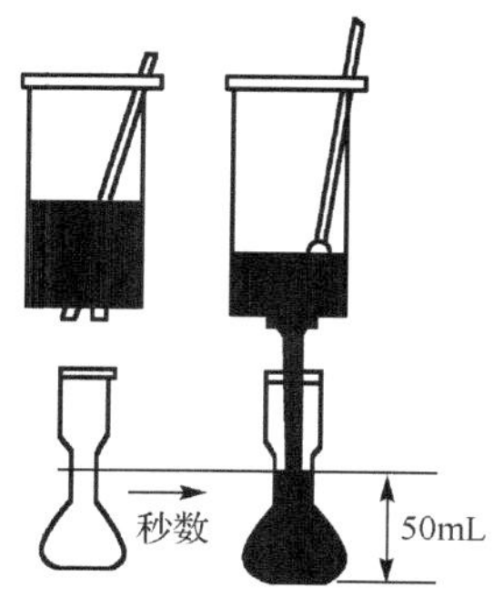

图10.2 黏度测定示意图

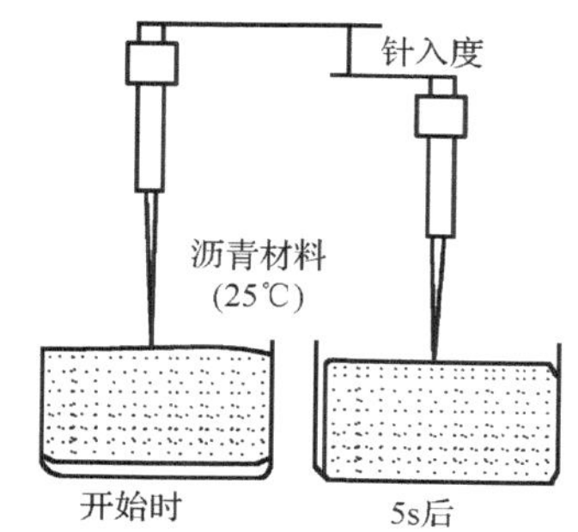

图10.3 针入度测定示意图

2)感温性

感温性是指沥青的黏滞性和塑性随着温度升降而变化的性能。当温度升高时，沥青由固态或半固态逐渐软化，发生像液体一样的黏性流动，称为黏滞流动状态；与此相反，当温度降低时，沥青又逐渐由黏流态凝固为固态、甚至变硬变脆。工程要求沥青随着温度变化而产生的黏滞性及塑性变化的幅度应较小，即感温性应较小。建筑工程中宜选用温度敏感性较小的沥青。评价沥青感温性的指标很多，常用的是软化点和针入度指数。

(1) 软化点。

我国现行试验法是采用环与球法软化点，将沥青试样注于内径为 18.9mm 的铜环中，环上置一质量为 3.5g 的钢球，在规定的加热速度(5℃/min)下进行加热，沥青试样逐渐软化，直至在钢球自重作用下，使沥青下坠 25.4mm 时的温度称为软化点，符号为 $T_{R\&B}$，如图 10.4 所示。软化点越低，表明沥青在高温下的体积稳定性和承受荷载的能力越差。

(2) 针入度指数。

仅凭软化点来反映沥青性能随温度变化的规律并不全面，目前用来反映沥青感温性的常用指标是针入度指数(PI)，按下式计算确定：

$$PI=\frac{30}{1+50\left(\dfrac{\lg 800-\lg P_{(25℃,100g,5s)}}{T_{R\&B}-25}\right)}-10$$

式中，$P_{(25℃,100g,5s)}$ 为在 25℃、100g、5s 条件下测定的针入度值(1/10mm)；$T_{R\&B}$ 为环球法测定的软化点(℃)。

沥青针入度指数的范围是–10～20。针入度指数不仅可以用来评价沥青的感温性，同时也可以来判断沥青的胶体结构：当 PI < –2 时，沥青属于溶胶型结构；当 PI > 2 时，沥青属于凝胶型结构；介于其间的属于溶-凝胶型结构。不同的工程也对沥青的针入度指数有着不同的要求：例如，用作胶黏剂，要求 PI 为–2～2；用作涂料时，要求 PI 为–2～5；用作灌缝材料时，要求 PI 为–3～1；路用沥青一般要求 PI > –2。

3) 延展性

延展性是指沥青在受到外力的拉伸作用时，产生变形而不破坏(出现裂缝或断开)、除去外力后仍能保持原形状不变的性质，它反映沥青受力时所能承受的塑性变形的能力。沥青之所以能制造出性能良好的柔性防水材料，很大程度上取决于沥青的延展性。

通常用延度作为延展性指标。其试验方法是：将沥青试样制成最小断面面积为 1cm^2 的∞字形标准试件，在规定拉伸速度(5cm/min)和规定温度下拉断时的长度(以 cm 计)称为延度。沥青的延度采用延度仪来测度，常用的试验温度有 25℃和 15℃，如图 10.5 所示。沥青的延度越大，塑性越好，柔性和抗断裂性也越好。

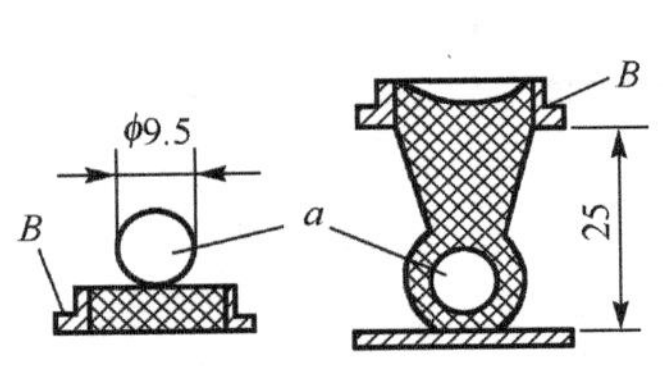

图 10.4　软化点测定示意图(单位：mm)

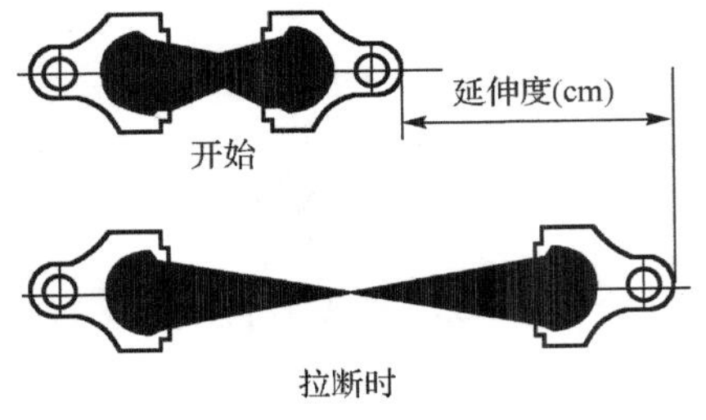

图 10.5　延伸度测定示意图

沥青的针入度、软化点和延度，是评价黏稠石油沥青路用性能最常用的经验指标，被称为沥青的三大技术指标。

4. 石油沥青的技术标准

石油沥青的技术标准将沥青划分成不同的种类和标号(等级)，以便选用。目前石油沥青主要划分为三大类：道路石油沥青、建筑石油沥青和普通石油沥青。

在对沥青划分等级时，是依据沥青的针入度、延度、软化点等指标。针入度是划分沥青标号的主要指标。对于同一品种的石油沥青，牌号越大，相应的黏性越小(针入度值越大)、延展性越好(塑性越大)、感温性越大(软化点越低)。石油沥青技术性能如表10.1所示。

表10.1 石油沥青技术性能

沥青品种	防水防潮沥青(SH0002)				建筑石油沥青(GB494)			道路石油沥青(SH0522)				
项目	质量指标				质量指标			质量指标				
	3号	4号	5号	6号	10号	30号	45号	200号	180号	140号	100号	60号
针入度/(1/10mm)，(25℃,100g,5s)	25～45	20～40	20～40	30～50	10～25	25～40	40～60	200～300	160～200	120～160	80～100	50～80
针入度指数，<	3	4	5	6	1.5	3	—	—	—	—	—	—
软化点/℃，≥	85	90	100	95	95	70	—	30～45	35～45	38～48	42～52	45～55
溶解度/%，≥	98	98	95	92	99.5	99.5	99.5	99	99	99	99	99.9
闪点/℃，≥	250	270	270	270	230	230	230	180	200	230	230	230
脆点/℃，≥	−5	−10	−15	−20	—	—	—	—	—	—	—	—
蒸发损失/%，≤	1	1	1	1	1	1	1	1	1	1	1	1
垂度/℃	—	—	8	10	65	65	65	—	—	—	—	—
加热安定性	5	5	5	5	—			—	—	—	—	—
蒸发后针入度比/%，≥	—	—	—	—	—			50	60	60	65	70
延度/cm，≥(25℃,5cm/min)	—				—			20	100	100	100	100

5. 石油沥青的选用

选用石油沥青时应根据工程性质(房屋、道路、防腐)、当地气候条件、所处工程部位(层面、地下)等因素来综合考虑。由于高牌号沥青比低牌号沥青含油分多、抗老化能力强，故在满足要求的前提下，应尽量选用牌号高的石油沥青，以保证有较长的使用年限。

1)道路石油沥青

道路石油沥青又分为重交通石油沥青、中轻交通石油沥青、乳化石油沥青、液体石油沥青和改性沥青等。道路工程中选用沥青材料应考虑交通量和气候特点。南方高温地区宜选用高黏度的石油沥青，以保证夏季沥青路面具有足够的稳定性，不出现车辙等；而北方寒冷地区宜选用低黏度的石油沥青，以保证沥青路面在低温下仍具有一定的变形能力，避免出现开裂。

2)建筑石油沥青

建筑石油沥青针入度较小(黏性较大)、软化点较高(耐热性较好)，但延伸度较小(塑性较小)，主要用作制造油纸、油毡、防水涂料和沥青嵌缝膏等。它们绝大部分用于建筑屋面工程、地下防水工程、沟槽防水、防腐蚀工程及管道防腐工程等。使用时制成的沥青胶膜较厚，增大了对温度的敏感性；同时黑色沥青表面又是好的吸热体，一般同一地区沥青屋面的表面温度比其他材料的都高；沥青屋面达到的表面温度比当地最高气温高 25～30℃。为避免夏季流淌，一般屋面用沥青材料的软化点还应比本地区屋面最高温度高 20～25℃，可选用 10 号或 30 号石油沥青。例如，武汉、长沙地区沥青屋面温度约达 68℃，选用沥青的软化点应在 90℃左右，温度低了夏季易流淌；但也不宜过高，否则冬季低温易硬脆、甚至开裂。一些不易受温度影响的部位或气温较低的地区，如地下防水防潮层等，可选用牌号较高的沥青，如 60 号或 100 号沥青。所以，选用石油沥青时要根据地区、工程环境及要求而定。

3) 普通石油沥青

普通石油沥青的含蜡量高达 20%～30%。当沥青温度达到软化点时，容易产生流淌现象；沥青中石蜡的渗透还会使得沥青黏结层的耐热性和黏结力降低。故在工程中一般不宜采用普通石油沥青。

以上几种石油沥青的应用如表 10.2 所示。

表 10.2　几种石油沥青的应用

品　　种	牌　　号	主 要 应 用
道路石油沥青	200、180、140、100 甲、100 乙、60 甲、60 乙	主要在道路工程中作胶凝材料
建筑石油沥青	30、10	主要用于制造油纸、油毡、防水涂料和嵌缝膏等，使用在防水及防腐工程中
普通石油沥青	75、65、55	含蜡量较高。黏结力差，一般不用于建筑工程中

10.2.2　煤沥青

煤沥青是由煤干馏的产品(煤焦油)经再加工而获得的。根据其在工程中应用要求的不同，按稠度可分为软煤沥青(液体、半固体)和硬煤沥青(固体)两大类。

煤沥青是由芳香族碳氢化合物及其氧、硫、氮的衍生物所组成的混合物，主要元素为 C、H、O、S 和 N，煤沥青元素组成的特点是“碳氢比”较石油沥青大得多。煤沥青化学组分的分析方法与石油沥青相似，可分离为油分、软树脂、硬树脂、游离碳 C_1 和游离碳 C_2 五个组分，其中油分中含有萘、蒽、酚等有害物质，对其含量必须加以限制。

煤沥青与石油沥青相比，在技术性质上存在下列差异：温度稳定性较低；与矿质集料的黏附性较好；气候稳定性较差，老化快；耐腐蚀性强，可用于木材等的表面防腐处理等。煤沥青的技术指标主要包括黏度、蒸馏试验、含水量、甲苯不溶物含量、萘含量、酚含量等。其中，黏度表示了煤沥青的黏结性，是评价煤沥青质量最主要的指标，也是划分煤沥青等级的依据，其测试方法与石油沥青类似。

煤沥青的主要技术性质都比石油沥青差，在建筑工程上较少使用；但其抗腐性能好，故适用于地下防水层或作防腐材料等。

煤沥青与石油沥青的简便鉴别方法如表 10.3 所示。

表 10.3　煤沥青与石油沥青的鉴别

鉴 别 方 法	石 油 沥 青	煤　沥　青
密度	1.0×10^3kg/m^3 左右	$(1.25～1.28)\times10^3$kg/m^3
燃烧	烟少、无色、有松香味、无毒	烟多、黄色、臭味大、有毒
捶击	声哑、有弹性、韧性好	声脆、韧性差

续表

鉴别方法	石油沥青	煤沥青
颜色	呈亮黑褐色	呈浓黑色
溶解	易溶于煤油或汽油中，溶液呈棕黑色	难溶于煤油或汽油中，溶液呈黄绿色

10.2.3 改性沥青

现代土木工程不仅要求沥青具有较好的使用性能，还要求具有较长的使用寿命，但沥青材料受环境影响较大、易老化。通过各种技术措施，在传统沥青材料中加入其他材料，来进一步改善沥青的性能，称为改性沥青。改性的目的在于提高沥青材料的流变性能、延长沥青的耐久性等、改善沥青与集料的黏附性；对应用与防水工程的沥青来说，最重要改性目的主要是前两点。

1. 提高沥青流变性能的途径

提高沥青流变性能的途径很多，改性效果较好的有下列几类改性剂。

1)树脂类改性剂

用作沥青改性的树脂主要是热塑性树脂，常用的有聚乙烯(PE)、聚丙烯(PP)、无规聚丙烯(APP)、酚醛树脂、天然松香等。它们可以提高沥青的黏度、改善高温稳定性，同时可增大沥青的韧性，但对低温性能的改善不明显。

2)橡胶类改性剂

橡胶是沥青的重要改性材料，与沥青具有较好的混溶性，并能使沥青具有橡胶的很多优点，如高温变形小、低温柔性好等。常用的橡胶类改性沥青主要包括氯丁橡胶改性沥青、丁基橡胶改性沥青、再生橡胶改性沥青、丁苯橡胶改性沥青等。其中，丁苯橡胶改性沥青性能很好，可以显著改善沥青的弹性、延伸率、高温稳定性和低温柔韧性、耐疲劳性和耐老化等性能，主要用于制作防水卷材或防水涂料。

3)橡胶和树脂共混类改性剂

同时用橡胶和树脂来改善石油沥青的性质，可使沥青兼具橡胶和树脂的特性，且成本较低。配制时，采用的原材料品种、配比、制作工艺不同，可以得到许多性能各异的产品，主要有卷材、片材、密封材料等。

4)微填料类改性剂

为了提高沥青的黏结性能和耐热性，减小沥青的温度敏感性，通常加入一定数量的矿质微填料。常用的有粉煤灰、火山灰、页岩粉、滑石粉、石灰粉、云母粉、硅藻土等。

5)纤维类改性剂

在沥青中掺加各种纤维类物质，可显著地增加沥青的高温稳定性，同时增加低温抗拉强度。常用的纤维物质有各种人工合成纤维(如聚乙烯纤维、聚酯纤维)和矿质石棉纤维等。

2. 延长沥青耐久性的途径

目前提高沥青耐久性方法，主要是掺加一些较为昂贵的化学添加剂，如抗氧剂等；但使用抗氧剂前，必须通过试验对其技术上的有效性进行鉴定。当前对提高沥青耐久性最有效的添加剂为专用炭黑，炭黑经助剂预处理后，可配制“炭黑改性沥青”。

10.3 防水卷材

建筑防水卷材主要用于建筑墙体、屋面以及隧道、公路、垃圾填埋场等处，起到抵御外界雨水、地下水渗漏的一种可卷曲成卷状的柔性建材产品，作为工程基础与建筑物之间无渗漏连接，是整个工程防水的第一道屏障，对整个工程起着至关重要的作用。

10.3.1 防水卷材的主要技术性质

防水卷材的技术性能指标很多，现对防水卷材的主要技术性能指标进行介绍。

(1)抗拉强度。抗拉强度是指当建筑物防水基层产生变形或开裂时，防水卷材所能抵抗的最大应力。

(2)延伸率。延伸率是指防水卷材在一定的应变速率下拉断时所产生的最大相对变形率。

(3)抗撕裂强度。当基层产生局部变形或有其他外力作用时，防水卷材常常受到纵向撕扯，防水卷材抵抗纵向撕扯的能力就是抗撕裂强度。

(4)不透水性。防水卷材的不透水性反映卷材抵抗压力水渗透的性质，通常用动水压法测量。基本原理是当防水卷材的一侧受到0.3MPa的水压力时，防水卷材另一侧无渗水现象即透水性合格。

(5)温度稳定性。温度稳定性是指防水卷材在高温下不流淌、不起泡、不发黏，低温下不脆裂的性能，即在一定温度变化下保持原有性能的能力。常用耐热度、耐热性等指标表示。

目前应用最多的防水卷材产品主要有改性沥青防水卷材和高分子防水卷材。

10.3.2 SBS/APP 改性沥青防水卷材

1. 简介

SBS是苯乙烯-丁二烯-苯乙烯经过高温催化制得的热塑性弹性体，APP(无规聚丙烯)是生产聚丙烯(等规聚丙烯)的副产物，它的特点是改性沥青的沥青制品高温性优越。用它们改性的制品应用范围广，利用率较高，改变了制成品高温下的抗流延性、低温下的龟裂，提高了沥青自身的曲挠性、韧性和内聚力，在目前的改性沥青市场中是无法取代的产品。

单位面积质量、面积及厚度如表10.4所示，SBS防水卷材物理、力学性能如表10.5所示。

表 10.4 单位面积质量、面积及厚度

<table>
<tr><td colspan="2">规格(公称厚度)/mm</td><td colspan="3">3</td><td colspan="3">4</td><td colspan="3">5</td></tr>
<tr><td colspan="2">上表面材料</td><td>PE</td><td>S</td><td>M</td><td>PE</td><td>S</td><td>M</td><td>PE</td><td>S</td><td>M</td></tr>
<tr><td colspan="2">下表面材料</td><td>PE</td><td colspan="2">PE、S</td><td>PE</td><td colspan="2">PE、S</td><td>PE</td><td colspan="2">PE、S</td></tr>
<tr><td rowspan="2">面积/(m^2/卷)</td><td>公称面积</td><td colspan="3">10、15</td><td colspan="3">10、7.5</td><td colspan="3">7.5</td></tr>
<tr><td>偏差</td><td colspan="3">±0.10</td><td colspan="3">±0.10</td><td colspan="3">±0.10</td></tr>
<tr><td colspan="2">单位面积质量/(kg/m^2)</td><td>≥3.3</td><td>≥3.5</td><td>≥4.0</td><td>≥4.3</td><td>≥4.5</td><td>≥5.0</td><td>≥5.3</td><td>≥5.5</td><td>≥6.0</td></tr>
<tr><td rowspan="2">厚度/mm</td><td>平均值</td><td colspan="3">≥3.0</td><td colspan="3">≥4.0</td><td colspan="3">≥5.0</td></tr>
<tr><td>最小单值</td><td colspan="3">2.7</td><td colspan="3">3.7</td><td colspan="3">4.7</td></tr>
</table>

表 10.5 SBS 防水卷材物理、力学性能

序号	项目		指标 I PY	I G	II PY	II G	II PYG
1	可溶物含量/(g/m²)	3mm	≥2100				—
		4mm	≥2900				—
		5mm	≥3500				
		试验现象	—	胎基不燃	—	胎基不燃	—
2	耐热性		90℃		105℃		
		mm	≤2				
		试验现象	无流淌、滴落				
3	低温柔性/℃		−20		−25		
			无裂缝				
4	不透水 30min		0.3MPa	0.2MPa	0.3MPa		
5	拉力	最大峰拉力/(N/50mm)	≥500	≥350	≥800	≥500	≥900
		次高峰拉力/(N/50mm)	—	—	—	—	≥800
		试验现象	拉伸过程中，试件中部无沥青涂盖层开裂或胎基分离现象				
6	延伸率	最大峰时延伸率/%	≥30	—	≥40	—	—
		次高峰时延伸率/%	—		—		≥15
7	浸水后质量增加/%	PE、S	≤1.0				
		M	≤2.0				
8	热老化	拉力保持率/%	≥90				
		延伸保持率/%	≥80				
		低温柔性/℃	−15		−20		
			无裂缝				
		尺寸变化率/%	≤0.7	—	≤0.7	—	≤0.3
		质量损失/%	≤1.0				
9	渗油性	张数	≤2				
10	接缝剥离强度/(N/mm)		≥1.5				
11	钉杆撕裂强度①/N		—				≥300
12	矿物粒料黏附性②/g		≤1.0				
13	卷材下表面沥青涂盖层厚度③/mm		≥1.0				
14	人工气候加速老化	外观	无滑动、流淌、滴落				
		拉力保持率/%	≥80				
		低温柔性/℃	−15		−20		
			无裂缝				

注：①表示仅适用于单层机械固定施工方式卷材；②表示仅适用于矿物粒料表面的卷材；③表示仅适用于热熔施工的卷材

SBS、APP 改性沥青防水卷材，是分别用以上两种改性沥青浸渍胎基，两面涂以弹性体或塑性体沥青涂盖层，上表面撒以细砂、矿物粒(片)料或覆盖聚乙烯膜等，下表面撒以细砂或覆盖聚乙烯膜所制成的防水卷材。该产品具有良好的防水性能和抗老化性能，并具有高温不流淌、低温不脆裂、施工简便无污染、使用寿命长的特点，其主要广泛应用于工业与民用建筑的屋面地下室卫生间水池等防水防潮以及桥梁、停车场、游泳池、隧道、蓄水池等建筑物的防水防潮、隔汽抗渗以及沥青类屋面的维修工程。

SBS 改性沥青防水卷材尤其适用于寒冷地区、结构变形频繁地区的建筑物防水，而 APP 改性沥青防水建材则适用于高温、有强烈太阳辐射地区的建筑物防水。

2. 施工要点

1) 基层要求

基层必须平整、清洁、干燥、含水率应小于 9%，然后用冷底子油均匀地涂刷基层表面，待其干燥后方可施工。

2) 卷材铺贴顺序方向

顺序为先高、后低；同等高度先远后近；同一平面从低处开始铺贴。铺贴方向为面坡度< 3%时平行于屋脊的方向铺贴；坡度为 3%～15%时平行或垂直于屋脊方向铺贴；坡度> 15%时垂直于屋脊的方向铺贴。

3) 铺贴方法

(1) 热熔法：用火焰喷枪或其他加热工具对准卷材底面和基层均匀加热，待表面沥青开始熔化并呈黑色光亮状态时，边烘烤边铺贴卷材，并用压辊压实。同时应注意调节火焰大小和速度，使沥青温度保持在 200～250℃。施工完毕后，应再用冷黏剂对搭接边进行密封处理。

(2) 冷黏法：用橡皮刮板将高聚物改性沥青胶黏剂或冷玛缔脂等冷黏剂均匀涂刷在基层表面，并控制厚度均匀，边铺卷材边用橡皮辊子推展卷材以便排除空气至压实。当环境温度低于 15℃时，应采用热熔法处理搭接部位和卷材收头部位。

4) 搭接处理

长边搭接时单层防水纵横向搭接宽度应≥100mm，双层防水应≥80mm；短边搭接时单层应≥150mm，双层应≥100mm。同时，粘贴要均匀，不可漏熔或漏涂，应有少量多余的热熔沥青或冷黏剂，挤出并形成条状。

5) 检查验收

施工完毕后要进行彻底检查，确保防水面无鼓泡、皱折、脱落和大的起壳现象，做到平整、美观，从而保证卷材的防水寿命。

10.3.3 高分子防水卷材

高分子防水卷材是典型的新型建筑防水材料，因其性能卓越，符合建材革新的目的，以及轻钢结构建筑的兴起，近年来发展非常迅速。目前，主要的高分子防水卷材有三元乙丙橡胶(EPDM)防水卷材、聚氯乙烯(PVC)防水卷材、氯化聚乙烯(CPE)防水卷材、CPE 与橡胶共混防水卷材、三元丁橡胶防水卷材、再生胶油毡，以及新兴的热塑性聚烯烃(TPO)防水卷材。

1. 高分子防水卷材分类

国家标准《高分子防水材料》(GB 18173.1—2006)中将高分子防水卷材分为均质片、复合片和点黏片三大类，详见表 10.6。

表 10.6 高分子防水卷材的分类

分类		代号	主要材料
均质片	硫化橡胶类	JL1	三元乙丙橡胶
		JL2	橡胶(橡塑)共混
		JL3	氯丁橡胶、氯磺化聚乙烯、氯化聚乙烯等
		JL4	再生胶
	非硫化橡胶类	JF1	三元乙丙橡胶
		JF2	橡胶(橡塑)共混
		JF3	氯化聚乙烯
	树脂类	JS1	聚氯乙烯等
		JS2	乙烯乙酸乙烯、聚乙烯等
		JS3	乙烯乙酸乙烯改性沥青共混
复合片	硫化橡胶类	FL	三元乙丙、丁基、氯丁橡胶、氯磺化聚乙烯等
	非硫化橡胶类	FF	氯化聚乙烯、三元乙丙、丁基、氯丁橡胶、氯磺化聚乙烯等
	树脂类	FS1	聚氯乙烯等
		FS2	聚乙烯、乙烯乙酸乙烯等
点黏片	树脂类	DS1	聚氯乙烯等
		DS2	乙烯乙酸乙烯、聚乙烯等
		DS3	乙烯乙酸乙烯改性沥青共混

2. 高分子防水卷材的特点

(1)拉伸强度高，低温柔性好，延伸率大，对不同气候条件下建筑结构层的伸缩、变形等具有较强的适应性，解决了传统防水材料易产生开裂的问题，从而确保了防水质量。

(2)耐腐蚀、耐老化、使用寿命长，一般合成高分子防水卷材的耐用年限均在10年以上，如EPDM防水卷材的使用年限平均在30年以上。

(3)采用冷施工。出于对工地防火及城市环境卫生的要求，很多城市已明令禁止明火施工和熬热沥青，而高分子防水卷材的黏结、机械固定、松浦压顶等施工方法均为冷作业，不仅改善了工人的施工条件和施工现场的管理，也减少了环境污染。

(4)可作单层防水，施工速度快。

(5)除可用于建筑防水外，也大量用于水利及土木工程。由于一些高分子材料具有极佳的长期耐水性，用于地下、水中或其他潮湿环境，高分子防水卷材的基本性能不变，能有效地耐腐蚀和霉烂。

(6)具有装饰性。高分子防水卷材在生产时可通过加入颜料的方式使卷材获得各种颜色，在防水的同时还可起到装饰作用。

3. 高分子防水卷材的技术性质

高分子防水卷材均质片的技术性能如表10.7所示；复合片技术性能如表10.8所示；点黏片技术性能如表10.9所示。

表 10.7　均质片的物理性能

项　　目		指　标										适用试验条目
		硫化橡胶类				非硫化橡胶类			树脂类			
		JL1	JL2	JL3	JL4	JF1	JF2	JF3	JS1	JS2	JS3	
断裂拉伸强度(常温)/MPa，≥		7.5	6.0	6.0	2.2	4.0	3.0	5.0	10	16	14	6.3.2
扯断伸长率/%(常温)，≥		450	400	300	200	400	200	200	200	550	500	
撕裂强度/(kN/m)，≥		25	24	23	15	18	10	10	40	60	60	6.3.3
不透水性(30min)		0.3MPa 无渗漏		0.2MPa 无渗漏		0.3MPa 无渗漏		0.2MPa 无渗漏		0.3MPa 无渗漏		6.3.4
低温弯折温度/℃，≤		−40	−30	−30	−20	−30	−20	−20	−20	−35	−35	6.3.5
黏结剥离强度(片材与片材)	N/mm，(标准试验条件)≥	1.5										6.3.11

表 10.8　复合片的物理性能

项　　目		指　标				适用试验条目
		硫化橡胶类	非硫化橡胶类	树脂类		
		FL	FF	FS1	FS2	
断裂拉伸强度(常温)/(N/m)，≥		80	60	100	60	6.3.2
扯断伸长率/%(常温)，≥		300	250	150	400	
撕裂强度/N，≥		40	20	20	20	6.3.3
不透水性(0.3MPa，30min)		无渗漏	无渗漏	无渗漏		6.3.4
低温弯折温度/℃，≤		−35	−20	−30	−20	6.3.5
黏结剥离强度(片材与片材)	N/mm，(标准试验条件)≥	1.5				6.3.11

表 10.9　点黏片的物理性能

项　　目		指　标			适用试验条目
		DS1	DS2	DS3	
断裂拉伸强度(常温)/MPa，≥		10	16	14	6.3.2
扯断伸长率/%(常温)，≥		200	550	500	
撕裂强度/(kN/m)，≥		40	60	60	6.3.3
不透水性(0.3MPa，30min)		无渗漏	无渗漏	无渗漏	6.3.4
低温弯折温度/℃，≤		−20	−35	−35	6.3.5
黏结剥离强度(片材与片材)	N/mm，(标准试验条件)≥	1.5			6.3.11

4. 聚氯乙烯(PVC)防水卷材

PVC 防水卷材以聚氯乙烯树脂为主原料，加入增塑剂、稳定剂、耐老化剂、填料，经捏合、混炼、造粒、压延(或挤出)、检验、卷取、包装等工序制成。

特点：防水效果好，抗拉强度高。聚氯乙烯防水卷材的抗拉强度是氯化聚乙烯防水卷材拉伸强度的两倍，抗裂性能高，防水、抗渗效果好，使用寿命长。根据抗老化试验测定其使用寿命长达20年。断裂伸长率高，是纸胎油毡的300倍以上，对基层伸缩和开裂变形的适应性较强。高低温性能良好。聚氯乙烯防水卷材的使用温度范围为-40～90℃。方便、不污染环境。聚氯乙烯防水卷材一般采用空铺施工，卷材与卷材的搭接用热风焊进行熔接，常温下施工，操作简便，不污染环境。

根据国家标准《聚氯乙烯防水卷材》(GB 12952—2003)的规定，将产品按有无复合层分类，无复合层的为N类，用纤维类面复合的为L类，织物内增强的为W类。每类产品按物理、力学性能不同分为Ⅰ型和Ⅱ型。N类聚氯乙烯防水卷材的物理、力学性能如表10.10所示；L类和W类聚氯乙烯防水卷材的物理、力学性能如表10.11所示。

表10.10　N类聚氯乙烯防水卷材的物理、力学性能

序号	项目	Ⅰ型	Ⅱ型
1	拉伸强度/MPa	≥8.0	≥12.0
2	断裂伸长率/%	≥200	≥250
3	低温弯折性	-20℃无裂纹	-20℃无裂纹
4	不透水性	不透水	不透水

表10.11　L类和W类聚氯乙烯防水卷材的物理、力学性能

序号	项目	Ⅰ型	Ⅱ型
1	拉力/(N/cm)	≥100	≥160
2	断裂伸长率/%	≥150	≥200
3	低温弯折性	-20℃无裂纹	-20℃无裂纹
4	不透水性	不透水	不透水

5. 三元乙丙橡胶(EPDM)防水卷材

EPDM卷材是以EPDM与丁基橡胶为基本原料，添加软化剂、填充补强剂、促进剂以及硫化剂等，经混炼、过滤、精炼、挤出(或压延)成形，并经硫化等工序制成的片状防水材料。

特点：EPDM和丁基橡胶在各种橡胶材料中耐老化性能最优，日光、紫外线对其物理力学性能及外观几乎没有影响。EPDM防水卷材经过几年的风化，物性保持率非常稳定。由于没有双键，EPDM表现出非常良好的耐臭氧性，几乎不发生龟裂。与丁基橡胶共混后，可以进一步增加其耐臭氧性。EPDM和丁基橡胶表现出比其他橡胶更优越的热稳定性，能在高温下长时间使用。耐低温性亦优越，适用温度范围广。此外EPDM防水卷材耐蒸汽性良好，在200℃左右，其物理性能也几乎不变。EPDM的溶解度参数值在7.9左右，有比较强的耐溶剂性和耐酸碱性。因此，EPDM防水卷材可以广泛地用于防腐领域。另外，EPDM密度小，作为防水卷材可以减轻屋顶结构的负荷。

6. 氯化聚乙烯(CPE)防水卷材

CPE橡胶共混防水卷材是以含氯30%～40%的CPE树脂和合成橡胶为主体，加入适量的硫化剂、促进剂、稳定剂和填充剂等材料，采用常规的塑料加工方法制成的弹性防水材料。

特点：拉伸强度高，抗撕裂性能好，延伸率大，耐低温性能优良，不污染环境等，而且造价低，使用寿命长。

10.4 防 水 涂 料

防水涂料是用沥青、改性沥青或合成高分子材料为主料制成的具有一定流态的、经涂刷施工成防水层的胶状物料。其中有些防水涂料可以用来粘贴防水卷材，所以它又是防水卷材的胶黏剂。

防水涂料固化前呈黏稠状液态，不仅能在水平面施工，而且能在立面、阴角、阳角等复杂表面施工，因此特别适用于各种复杂、不规则部位的防水，能形成无接缝的完整防水膜。防水涂料大多采用冷施工，既减少了环境污染，又便于施工操作，改善工作环境。此外，涂布的防水涂料既是防水层的主体，又是黏结剂，因而施工质量容易保证，维修也较简单。尤其是对于基层裂缝、施工缝，雨水斗及贯穿管周围等一些容易造成渗漏的部位，极易进行增强涂刷、贴布等作业。施工时，防水涂料必须采用刷子、刮板等逐层涂刷或涂刮，故防水膜的厚度很难做到像防水卷材那样均匀。

防水涂料广泛适用于工业与民用建筑的屋面防水工程、地下室防水工程和地面防潮、防渗等，按主要成膜物质可分为乳化沥青基防水涂料、改性沥青类防水涂料、合成高分子基防水涂料和水泥基防水涂料等。

10.4.1 乳化沥青基防水涂料

乳化沥青基防水涂料是以沥青为基料配制而成的水乳型或溶剂型防水涂料。乳化沥青涂刷于材料基面，水分蒸发后，沥青微粒靠拢将乳化剂膜挤裂，相互团聚而黏结成连续的沥青膜层，成膜后的乳化沥青与基层黏结形成防水层。乳化沥青涂料的常用品种是石灰乳化沥青涂料，它以石灰膏为乳化剂，在机械强力搅拌下将沥青乳化制成厚质防水涂料。

乳化沥青的储存期不能过长(一般三个月左右)，否则容易引起凝聚分层而变质。储存温度不得低于零度，不宜在−5℃以下施工，以免水结冰而破坏防水层，也不宜在夏季烈日下施工，因表面水分蒸发过快而成膜，膜内水分蒸发不出而产生气泡。乳化沥青主要适用于防水等级较低的工业与民用建筑屋面、混凝土地下室和卫生间防水、防潮；粘贴玻璃纤维毡片(或布)作屋面防水层；拌制冷用沥青砂浆和混凝土铺筑路面等。乳化沥青基防水涂料的物理、力学性能如表 10.12 所示。

表 10.12　乳化沥青基防水涂料的物理、力学性能

项　目	L 型	H 型
固体含量/%	≥45	
耐热度/℃	80±2	110±2
	无流淌、滑动、滴落	
不透水性	0.10MPa，30min 无渗水	
低温柔性(标准条件)/℃	−15	0
断裂伸长率(标准条件)/%	600	

10.4.2 改性沥青类防水涂料

改性沥青类防水涂料指以沥青为基料，用合成高分子聚合物进行改性，制成的水乳型或溶剂型防水涂料。改性沥青类防水涂料在柔韧性、抗裂性、拉伸强度、耐高低温性能、使用寿命等方面比沥青基涂料有很大改善。这类涂料的常用产品有氯丁橡胶沥青防水涂料、水乳型橡胶沥青防水涂料、APP 改性沥青防水涂料、SBS 改性沥青防水涂料等。这类涂料广泛应用于各级屋面和地下以及卫生间等的防水工程。溶剂型氯丁橡胶改性沥青防水涂料的技术性能如表 10.13 所示。

表 10.13　溶剂型氯丁橡胶改性沥青防水涂料的技术性能

项　目	技术性能	
	一等品	合格品
外观	黑色黏稠液体	
耐热性(80℃, 5h)	无流淌、滑动、滴落	
黏结力/MPa	>0.20	
低温柔性(2h 绕直径为 10mm 的圆棒，无裂纹)/℃	−15	−10
不透水性	动水压 0.2MPa，3h 不透水	
抗裂性	基层裂缝 ≤ 0.8mm ，涂膜不裂	
含固量/%	≥ 48	

10.4.3　合成高分子基防水涂料

合成高分子基防水涂料指以合成橡胶或合成树脂为主要成膜物质制成的单组分或多组分的防水涂料。这类涂料具有高弹性、高耐久性及优良的耐高低温性能。常用产品有聚氨酯防水涂料、聚合物乳液建筑防水涂料、聚合物水泥防水涂料、聚氯乙烯防水涂料、有机硅防水涂料等，适用于高防水等级的屋面、地下室、水池及卫生间的防水工程。

由于聚氨酯防水涂料是反应型防水涂料，因而固化时体积收缩很小，可形成较厚的防水涂膜，它具有弹性高、延伸率大、耐高低温性好、耐酸、耐碱、耐老化等优异性能。还需说明的是，由煤焦油生产的聚氨酯防水涂料对人体有害，故这类涂料严禁用于冷库内壁及饮水池等防水工程。

10.5　建筑密封材料

建筑密封材料是建筑工程施工中不可缺少的一类用以处理建筑物的各种缝隙进行填充，并与缝隙表面很好结合成一体，实现缝隙密封的材料。这种材料应该具有良好的黏结性、抗下垂性、水密性、气密性、易于施工及化学稳定性；还要求具有良好的弹塑性，能长期经受被黏构件的伸缩和振动，在接缝发生变化时不断裂、剥落，并要有良好的耐老化性能，不受热及紫外线的影响，长期保持密封所需要的黏结性和内聚力等。

建筑密封材料按产品形式分类，可分为三大类：无定型密封材料(密封膏)、定型密封材料(止水带、密封圈、密封件等)和半定型密封材料(密封带、遇水膨胀止水条等)。

10.5.1　无定型密封材料

无定型密封材料是一种使用时为可流动或可挤注的无定型的膏状材料，俗称密封膏。应用后在一定的温度条件下(一般为室温固化型)通过吸收空气中的水分进行化学交联固化或通过密封膏自身含有的溶剂、水分挥发固化，形成具有一定形状的密封层。

1. 密封膏的应用范围

密封膏主要用于建筑物的缝隙密封处理。外墙板缝的密封，窗、门与墙体连接部位的密封；屋面、厕浴间、地下防水工程节点部位的密封；卷材防水层的端部密封；各种缝隙及裂缝的密封。密封膏的品种多以合成高分子密封膏为主。

密封膏有很好的黏结力并能长期保持，不出现与基层剥离现象；有随动性，能承受一定的接缝位移；具有一定的内聚力，自身不会破坏；耐疲劳性能好，反复变形仍能充分恢复原有性能和状态；有很好的耐高低温性能，高温不下垂和流淌，低温不会脆裂。建筑密封膏根据各种缝隙应用的位置特点将建筑密封膏设计为垂直缝隙专用密封膏(N 型)，密封挤注后不下垂、不流淌；自流平型密封膏(L 型)有相对较好的流动性，主要用于水平缝的处理。建筑密封膏有良好的施工性能、挤注性能和储存稳定性，无毒和低毒性。外露使用的密封膏，应有优良的耐候性，一般采用嵌缝枪施工。密封膏的品种较多，常以合成高分子密封膏为主。

2. 密封膏的品种

1) 聚氨酯密封膏

聚氨酯密封膏包括单组分聚氨酯密封膏和双组分聚氨酯密封膏，它是由芳香烃二异氰酸酯(TDI、MDI)、聚醚多元醇等经加工聚合而成的含异氰酸根端基的预聚体，配以催化剂、交联剂、无水助剂、紫外线吸收剂、增塑剂以及颜料等经混合、研磨等工序加工制造而成。为了防止密封膏在施工过程中的流淌，常以无水气相白炭黑为填料，以满足施工时密封膏黏度、下垂值的要求。聚氨酯密封膏还常常根据应用要求配以颜色或带有阻燃性能。为解决单组分聚氨酯密封膏的固化时间过长、易发泡的问题，同时应有较好的储存稳定性，一般采用封端(封闭一端 NCO)或加入潜固化系统的方法解决，使水不直接参加与异氰酸根的固化反应，因此可应用于潮湿或干燥的基层表面施工，不会产生气泡。单组分聚氨酯密封膏固化时间较长，应考虑应用过程(操作及固化阶段)的环境(下雨)影响。双组分聚氨酯密封膏是在应用时将聚氨酯预聚体与固化系统按规定比例配制后固化，因此固化时间比单组分聚氨酯密封膏短。聚氨酯密封膏虽然具有很好的强度、延伸率、弹性、适应变形能力强等优秀的密封性能，但是受聚氨酯分子结构的影响，聚氨酯密封膏在紫外线的作用下，易发生老化现象，一般用于非外露部位。或以丙烯酸酯、有机硅、环氧改性的方法提高聚氨酯密封膏的耐候性，以达到外露使用的要求。

2) 丙烯酸酯密封膏

丙烯酸酯密封膏是以丙烯酸酯乳液为主体材料配以交联剂、热稳定剂、催化剂、增塑剂、填料、色料等经混合配制而成的单组分室温固化(RTV)密封材料。丙烯酸酯密封膏是以水分挥发固化，可在潮湿基面施工，施工温度应在 5℃以上，丙烯酸酯密封膏有很好的黏结效果。丙烯酸酯密封膏耐候性好，价格便宜，一般多用于外墙板缝等部位的密封。丙烯酸酯类因含有酸根吸水性强，吸水后会发生软化、溶胀等现象而使密封工程失败，当应用于长期泡水的部位时必须对丙烯酸酯密封膏进行耐水性试验，耐水性不得低于 80%时方可使用。

3. 建筑密封膏的施工要点

(1)基层处理：首先将需要处理的缝隙清理干净，去除泥、砂、油污及杂物；有裂缝、破损之处，应先进行修补，基层要干燥。

(2)选择尺寸适合的背衬材料(一般为聚乙烯泡沫棒材)，聚乙烯泡沫棒材的直径应大于缝隙宽度 2mm(玻璃、金属、塑料等宜大于缝隙宽度 1mm)，填入缝隙塞实。

(3)施工时应在缝隙两侧外表面贴防污条，防止施工对基层造成污染。

(4)施工操作：选择挤注枪嘴的尺寸略小于缝隙宽度，嵌缝时挤注枪与缝隙成 45°，由缝隙底部缓缓移动将缝隙注满，并将密封膏表面抹光、压实。

(5)清洁缝隙周边和拆除防污条。

(6)对受到气候或相关工程影响破坏的缝隙进行修补。

(7)水乳型建筑密封膏(如丙烯酸酯类密封膏)5℃以下不得施工。

(8)做好成品保护工作。

10.5.2　定型密封材料

定型密封材料就是将具有水密性、气密性的密封材料按基层接缝的规格制成一定形状(条形、环形等)，主要应用于构件接缝、穿墙管接缝、门窗、结构缝等需要密封的部位。这种密封材料由于具有良好的弹性及强度，能够承受结构及构件的变形、振动和位移产生的脆裂和脱落，同时具有良好的气密性、水密性和耐久性，且尺寸精确，使用方法简单，成本低。

1. 遇水不膨胀的止水带

止水带又称封缝带，是处理建筑物或地下构筑物接缝(伸缩缝、施工缝、变形缝)用的一类定型防水密封材料。常用品种有橡胶止水带、塑料止水带和聚氯乙烯胶泥防水带等。

1)橡胶止水带

橡胶止水带是以天然橡胶或合成橡胶为主要原料，渗入各种助剂及填料，经塑炼、混炼、模压而成的，具有良好的弹塑性、耐磨性和抗撕裂性能，适应变形能力强，防水性能好。但使用温度和使用环境对物理性能有较大的影响，当作用于止水带上的温度超过 50℃以及受强烈的氧化作用或受油类等有机溶剂的侵蚀时，则不宜采用。

橡胶止水带是利用橡胶的高弹性和压缩性，在各种载荷下会产生压缩变形而制止的止水构件，它已广泛用于水利水电工程、堤坝涵闸、隧道地线、高层建筑的地下室和停车场等工程的变形缝中。

2)塑料止水带

塑料止水带是由聚氯乙烯树脂、增塑剂、稳定剂等原料经塑炼、造粒、挤出、加工成形而成的，目前多为软质聚氯乙烯塑料止水带。

塑料止水带的优点是原料来源丰富、价格低廉、耐久性好，物理力学性能能够满足使用要求，可用于地下室、隧道、涵洞、溢洪道、沟渠等构筑物变形缝的隔离防水。

3)聚氯乙烯胶泥防水带

聚氯乙烯胶泥防水带是以煤焦油和聚氯乙烯树脂为基料，按照一定比例加入增塑剂、稳定剂和填充料，混合后再加热搅拌，在 130～140℃下塑化成形制成的。其与钢材有良好的黏结性，防水性能好，弹性大，温度稳定性好，适应各种构造变形缝，适用于混凝土墙板的垂直和水平接缝的防水工程，以及建筑墙板、穿墙管、厕浴间等建筑接缝密封防水。

2. 遇水膨胀的定型密封材料

遇水膨胀的定型密封材料是以橡胶为主要原料制成的一种新型的条状密封材料。改性后的橡胶除了保持原有橡胶防水制品优良的弹性、延伸性、密封性外，还具有遇水膨胀的特性。当结构变形量超过止水材料的弹性复原时，结构和材料之间就会产生一道微缝，膨胀止水条遇到缝隙中的渗漏水后，体积能在短时间内膨胀，将缝隙涨填密实，阻止渗漏水通过。

1) SPJ 型遇水膨胀橡胶

较之普通橡胶，它具有更卓越的特性和优点，即局部遇水或受潮后会产生比原来大 2～3 倍的体积膨胀率，并充满接触部位所有不规则表面、空穴及间隙，同时产生一定接触压力，阻止水分渗漏；材料膨胀系数值不受外界水分的影响，比任何普通橡胶更具有可塑性和弹性；有很高的抗老化和耐腐蚀性，能长期阻挡水分和化学物质的渗透；具备足够的承受外界压力的能力及优良的力学性能，且能长期保持其弹性和防水性能。

SPJ 型遇水膨胀橡胶广泛用于钢筋混凝土建筑防水工程的变形缝、施工缝、穿墙管线的防水密封；盾构法钢筋混凝土管片的接缝防水；顶管工程的接口处；明挖法箱涵地下管线的接口密封；水利、水电、土建工程防水密封等处。

2) BW 系列遇水膨胀止水条

BW 系列遇水膨胀止水条分为 PZ 制品型遇水膨胀橡胶止水条和 PN 腻子型(属不定型密封材料)遇水膨胀橡胶止水条。

止水条是以进口特种橡胶、无机吸水材料、高黏性树脂等十余种材料经密炼、混炼、挤出而成的，它是在国外产品的基础上研制成功的一种断面为四方形条状自黏性遇水膨胀型止水条。依靠其自身的黏性直接粘贴在混凝土施工缝的基面上，该产品遇水后会逐渐膨胀，形成胶黏性密封膏，一方面堵塞一切渗水的孔隙，另一方面使其与混凝土界面的粘贴更加紧密，从根本上切断渗水通道。该产品的膨胀倍率高，移动补充性强，置于施工缝、后浇缝后具有较强的平衡自愈功能，可自行封堵因沉降而出现的新的微小缝隙。对于已完工的工程，若缝隙渗漏水，可用遇水膨胀橡胶止水条重新堵漏。使用该止水条费用低且施工工艺简单，耐腐蚀性最佳，其分为 BW-Ⅰ型、BW-Ⅱ型、BW-Ⅲ型(缓膨)、BW-Ⅳ型(缓膨)、注浆型等多种型号。

3) PZ-CL 遇水膨胀止水条

PZ-CL 遇水膨胀止水条是防止土木建筑构件物漏水、浸水最为理想的新型材料。当这种橡胶浸入水中时，亲水基因会与水反应生成氢键，自行膨胀，将空隙填充，对以往采用其他无法解决的施工部位，都能广泛而容易地使用。它的特点如下。

(1) 可靠的止水性能。一旦与浸入的水相接触，其体积迅速膨胀，达到完全止水。

(2) 施工的安全性。因有弹力和复原力，易适应构筑物的变形。

(3) 对宽面的适用性。可在各种气候和各种构件条件下使用。

(4) 优良的环保性。耐化学介质性、耐久性优良，不含有害物质，不污染环境。

PZ-CL 遇水膨胀止水条橡胶制品广泛应用于土木建筑构筑物的变形缝、施工缝、穿填管线防水密封、盾构法钢筋混凝土的接缝、防水密封垫、顶管工程的接口材料、明挖法箱涵地下管线的接口密封，以及水利、水电、土建工程防水密封等处。

混凝土浇灌前，膨胀橡胶应避免雨淋，不得与带有水分的物体接触。施工前为了使其与混凝土可靠接触，施工面应保持干燥、清洁、平整。

除了上面介绍的常用的定型产品外，还有许多新型的产品，如膨润土遇水膨胀止水条、缓膨型(原BW-96型)遇水膨胀止水条、带注浆管遇水不膨胀止水条等。

10.5.3 无溶剂型自黏密封带

无溶剂型自黏密封带是一种在施工及应用过程中均不会出现溶剂挥发污染的黏结、密封、防水材料。一般以橡胶为主体材料，在工厂预制成为有预定厚度、宽度的半定型密封材料，外覆隔离纸。在现场按预制形状或需要的形状填封。

钢结构屋面的连接部分的密封一直是该类屋面治理渗漏的难点。该类屋面板由于温度变形系数大、变形频率高，使用密封膏进行密封处理后，长期应用密封膏出现疲劳而产生裂纹，形成渗水通道，并通过水的虹吸作用，水可以进入高台部位的钢板连接部分导致渗漏。

将钢结构屋面的连接部分的密封由密封膏改为密封带后，密封形式由钢板端部的线形密封(密封膏)改为钢板内侧的有一定宽度和厚度的密封，不易形成渗水通道。密封带可设计为自硫化型和非硫化型。自硫化型在大气环境中密封带可逐渐硫化，最后形成与被密封物黏接在一起的弹性橡胶密封层。非硫化型密封带能长期保持很好的黏结力，接缝位移随动能力强。建筑防水密封工程中目前应用较多的自黏型密封带对改善钢结构屋面板的连接部分的密封质量、提高卷材防水工程的接缝部位的整体性效果以及墙体、板缝等部位的密封均有其他材料无法比拟的应用效果。

习　题

10.1 石油沥青有哪些主要技术性质？各用什么指标表示？

10.2 比较煤沥青与石油沥青的性能与应用的差别？

10.3 与传统的沥青防水卷材相比较，改性沥青防水卷材和合成高分子防水卷材有什么突出的优点？

10.4 什么叫改性沥青？有哪些主要品种？主要性能特点如何？

10.5 高分子防水片材有几种类型？主要品种有哪些？

10.6 聚氯乙烯(PVC)防水卷材主要性能特点和应用如何？

10.7 建筑工程中常用的建筑密封材料有哪些品种？其选用时应注意哪些问题？

第 11 章　装 饰 材 料

学习目的： 了解绝热材料、吸声材料及各种装饰用建筑石材、建筑陶瓷、建筑玻璃的种类、基本功能与选用原则。

11.1　绝 热 材 料

通常人们将具有减少结构物与环境热交换功能的材料称为绝热材料。建筑物绝热主要指建筑物外墙、屋顶、地面、门窗等易散失热量的结构部件的隔热保温。严格地讲，只有那些在平均温度等于或小于 623K(350℃)时，其导热系数不大于 0.174W/(m·K)、密度不大于 350kg/m^3 的材料才可称为绝热材料。导热系数小于等于 0.55W/(m·K)的绝热材料称为高效绝热材料。

影响材料导热系数的因素有很多，主要包括材料组成、微观结构、孔隙率、孔隙特征、含水率等。

(1) 材料组成：材料的导热系数由大到小为金属材料 > 无机非金属材料 > 有机材料。

(2) 微观结构：相同组成的材料，结晶结构的导热系数最大，微晶结构次之，玻璃体结构最小，如水淬矿渣就是一种较好的绝热材料。

(3) 孔隙率：孔隙率越大，材料导热系数越小。

(4) 孔隙特征：在孔隙相同时，孔径越大，孔隙间连通越多，导热系数越大。

(5) 含水率：由于水的导热系数 $\lambda = 0.58\text{W}/(\text{m}\cdot\text{K})$，远大于空气，故材料含水率增加后其导热系数将明显增加，若受冻(冰 $\lambda = 2.33\text{W}/(\text{m}\cdot\text{K})$)，则导热能力更大。

绝热材料除应具有较小的导热系数外，还应具有一定的强度、抗冻性、耐水性、防火性、耐热性、耐低温性和耐腐蚀性，有时还需要具有较小的吸湿性或吸水性等。

室内外之间的热交换除了通过材料的传导传热方式外，辐射传热也是一种重要的传热方式，铝箔等金属薄膜，由于具有很强的反射能力和隔绝辐射传热的作用，因而也是理想的绝热材料。

绝热材料按照它们的化学组成可以分为无机绝热材料和有机绝热材料。常用的无机绝热材料有多孔轻质类无机绝热材料、纤维状无机绝热材料和泡沫状无机绝热材料；常用的有机绝热材料有泡沫塑料、植物纤维类绝热板和窗用绝热薄膜。

11.1.1　无机绝热材料

无机绝热材料是用矿物质原材料制成的材料，呈松散粒状、纤维状和多孔状材料，可制成板、片、卷材或套管等型式的制品。这种材料的容重一般较有机绝热材料大。无机保温绝热材料具有成本高，且不易腐朽，不会燃烧，有的能耐高温等特点，可用作热工设备的保温绝热材料。

1. 多孔轻质类无机绝热材料

蛭石是一种有代表性的多孔轻质类无机绝热材料，它主要含复杂的镁、铁含水铝硅酸盐矿物，由云母类矿物经风化而成，具有层状结构。将天然蛭石经破碎、预热后快速通过煅烧带可使蛭石膨胀 20～30 倍。膨胀蛭石的导热系数为 0.046～0.070W/(m·K)，可在 1000℃的高温下使用。主要用于建筑夹层，但需要注意防潮。

膨胀蛭石也可用水泥、水玻璃等胶结材料胶结成板，用作板壁绝热，但导热系数值比松散状要大，一般为 0.08～0.10W/(m·K)。

常用水泥膨胀蛭石制品的配合比及主要技术性能见表 11.1。

表 11.1 水泥膨胀蛭石制品的配合比及主要技术性能

体积配合比/%		表观密度/(kg/m³)	抗压强度/MPa	导热系数/(W/(m·K))	适用温度/℃
水泥	蛭石				
9	91	300	0.20	0.075	<600
15	85	400	0.55	0.087	<600
20	80	550	1.15	—	<600

2. 纤维状无机绝热材料

1) 矿物棉

岩棉和矿渣棉统称矿物棉，由熔融的岩石经喷吹制成的纤维材料称为岩棉，由熔融的矿渣经喷吹制成的纤维材料称为矿渣棉。将矿物棉与有机胶结剂结合可以制成矿棉板、毡、管壳等制品，其堆积密度为 45～150kg/m³，导热系数为 0.044～0.049W/(m·K)。由于低堆积密度的矿棉内空气可发生对流而导热，因而，堆积密度低的矿物棉导热系数反而略高，最高使用温度约为 600℃。矿棉也可制成粒状棉用作填充材料，其缺点是吸水性大、弹性小。

2) 玻璃纤维

玻璃纤维一般分为长纤维和短纤维。短纤维相互纵横交错在一起，构成多孔结构的玻璃棉，常用作绝热材料。玻璃棉堆积密度为 45～150kg/m³，导热系数为 0.035～0.041W/(m·K)。玻璃纤维制品的纤维直径对其导热系数有较大影响，导热系数随纤维直径增大而增加。以玻璃纤维为主要原料的保温隔热制品主要有沥青玻璃棉毡和酚醛玻璃棉板以及各种玻璃毡、玻璃毯等，通常用于房屋建筑的墙体保温层。玻璃棉和矿物棉制品基本组成、性能特点、使用范围及执行标准如表 11.2 所示。

表 11.2 玻璃棉和矿物棉制品基本组成、性能特点、使用范围及执行标准

类别	基本组成、性能特点、使用范围	执行标准
玻璃棉	用于建筑物保温的多为超细玻璃棉。超细玻璃棉系以玻璃为主要原料，用火焰喷吹法生产，平均直径为 3～4μm，适用于空调风管保温，兼有吸声功能	GB/T 13350—2000《绝热用玻璃棉及其制品》
岩棉	岩棉系以玄武岩或辉绿岩为主要原料，经高温熔融制成的人造无机纤维。在岩棉纤维中加入一定量的胶黏剂、防尘油、憎水剂，经过铺棉、固化、切割、贴面等工序加工成用途各异的岩棉制品	GB 11835—1998《绝热用岩棉、矿渣棉及其制品》
矿渣棉	矿渣棉又称矿棉，是以矿渣（高炉矿渣或铜矿渣、铝矿渣等）为主要原料，经熔化、高速离心法或喷吹法等工序制成的棉丝状无机纤维矿渣棉，由于大量采用高炉矿渣为主要原料，化学成分不易控制，特别是酸性氧化物如氧化钙、氧化镁等含量较高，酸度系数降低（1.3 或以下），影响纤维的化学稳定性和耐高温性，主要用于填充保温	

3. 泡沫状无机绝热材料

1) 泡沫玻璃

泡沫玻璃是用玻璃细粉和发泡剂(石灰石、碳化钙和焦炭)经粉磨、混合、装模、煅烧(800℃左右)而得到的多孔材料。泡沫玻璃导热系数小、抗压强度高、抗冻性好、耐久性好，并且对水分、水蒸气和其他气体具有不渗透性，还容易进行机械加工，可锯、钻、车及打钉等。表观密度为150～200kg/m^{3}的泡沫玻璃，其导热系数为0.042～0.048W/(m·K)，抗压强度为0.16～0.55MPa。泡沫玻璃作为绝热材料在建筑上主要用于保温墙体、地板、天花板及屋顶保温，也可用于寒冷地区建筑低层的建筑物。

2) 多孔混凝土

多孔混凝土是指具有大量均匀分布、直径小于2mm的封闭气孔的轻质混凝土，它是用水泥加水拌和形成水泥素浆，再加入发泡剂经发泡成形、养护而成的一种多孔材料。主要性能特点是质轻，表观密度为300～400 kg/m^3，随着表观密度减小，多孔混凝土的绝热效果增加，但强度下降，保温、隔热性能好，导热系数为0.11～0.116W/(m·K)，吸声性能好。主要有泡沫混凝土和加气混凝土，多用于建筑物围护结构的保温隔热。

3) 硅藻土

硅藻土是由一种硅藻类水生植物的残骸堆积而成的。其化学成分为含水非晶质二氧化硅，孔隙率为50%～80%，导热系数为0.06W/(m·K)，具有很好的绝热性能，最高使用温度可达900℃。硅藻土可以作为复合墙体的填充材料，也可以加工成硅藻土制品，如硅藻土砖等。

11.1.2　有机绝热材料

凡是用植物性的原料、有机高分子原料经加工制成的绝热材料都称为有机绝热材料，如泡沫塑料、软木及软木板、木丝板等。有机绝热材料由于多孔、吸湿性大、不耐高不耐久，故只能用于低温保温。

1. 泡沫塑料

泡沫塑料是以各种树脂为基料，加入各种辅助料经加热发泡制得的轻质保温材料。泡沫塑料目前广泛用作建筑上的保温隔声材料，其表观密度很小，隔热性能好，加工使用方便。常用的泡沫塑料有聚苯乙烯泡沫塑料、脲醛泡沫塑料、聚氨酯泡沫塑料、聚氯乙烯泡沫塑料、泡沫酚醛塑料等。

泡沫塑料的产品分类、基本组成、性能特点及执行标准如表11.3所示。

表11.3　泡沫塑料的产品分类、基本组成、性能特点及执行标准

类　别	基本组成	性能特点	加工及施工特性	执行标准
模塑聚苯乙烯泡沫塑料(EPS)	由可发性聚苯乙烯珠粒加热预发泡后，在模具中加热成形	①导热系数小；②弹性多孔结构能吸收热湿应力，即使在罕见的气候条件下材料中出现水蒸气凝结并且结冰，自身结构也不会破坏；③自重轻，且具有一定的抗压、抗拉强度；④化学稳定性好，耐酸碱，具有很好的使用耐久性	可用刀、锯或电热丝切割。使用适当黏接剂可与墙面牢固黏接	GB/T 10801.1—2002《绝热用模塑聚苯乙烯泡沫塑料》
挤塑聚苯乙烯泡沫塑料(XPS)	由可发性聚苯乙烯粒料在专用挤出机中加热熔化后经挤出头挤出成形	与EPS板相比，该产品具有以下两个突出特点：①密度和机械强度高；②长期吸水率低。不足之处是不易粘贴，且价格高	可用刀、锯切割，不易黏结，宜使用机械固定件与墙面固定	GB/T 10801.2—2002《绝热用挤塑聚苯乙烯泡沫塑料(XPS)》

续表

类别	基本组成	性能特点	加工及施工特性	执行标准
硬质聚氨酯泡沫塑料(PUR)	以聚醚树脂或聚酯树脂为主要原料，与异氰酸酯定量混合，在发泡剂、催化剂、交联剂等的作用下发泡制成	①导热系数小。在至今已有的保温材料中，该产品的导热系数是最低的；②使用温度较高；③抗压强度较高；④化学稳定性好，耐酸碱	可用刀、锯切割。使用适当黏接剂可与墙面牢固黏接。可现场喷涂施工，形成连续的保温层	GB 10800—89《建筑物隔热用硬质聚氨酯泡沫塑料》
聚乙烯泡沫塑料(PE)	以聚乙烯树脂为主要原料，加入交联剂、发泡剂、稳定剂等一次成形	该材料为软质闭孔材料，导热系数与EPS板相近。化学稳定性好，耐酸碱。该产品具有以下两个突出特点：①吸水率极低，几乎不吸水；②水蒸气渗透系数极小，几乎不透水蒸气	可用刀子裁剪，用电烙铁热合或用胶黏剂黏合	
酚醛泡沫塑料(PF)	以酚醛发泡树脂为主要原料，经乳化、发泡，在模具中加热固化成形	导热系数与硬质聚氨酯泡沫塑料相近，化学稳定性好，耐酸碱。该产品具有以下两个突出特点：①使用温度范围宽，长期使用温度为－200～200℃；②优越的耐火性能	同硬质聚氨酯泡沫塑料	
尿素甲醛现浇泡沫塑料(UF)	将尿素、甲醛树脂充分溶于水中，通过压缩空气经喷枪与发泡乳液混合而产生泡沫并自由膨胀填充预留空间	①导热系数与EPS相近；②密度一般在10～15kg/m³；③长期使用温度为100℃，热稳定性在200℃以上；④机械强度低，不能承受力学荷载；⑤泡沫硬化过程中有水分释放，要求预留空间，且外围材料应有良好的透水蒸气性，能使硬化泡沫充分干燥	现场浇筑	DIN18159 Part 2《建筑用现浇泡沫塑料尿素甲醛树脂隔热泡沫塑料》

模塑聚苯乙烯泡沫塑料物理性能如表11.4所示，挤塑聚苯乙烯泡沫塑料物理性能如表11.5所示。

表11.4 模塑聚苯乙烯泡沫塑料物理性能

序号	项目	指标					
		I	II	III	IV	V	VI
1	表观密度/(kg/m³)	≥15.0	≥20.0	≥30.0	≥40.0	≥50.0	≥60.0
2	压缩强度/kPa	≥60	≥100	≥150	≥200	≥300	≥400
3	尺寸稳定性/%	≤4	≤3	≤2	≤2	≤2	≤1
4	导热系数/(W/(m·K))	≤0.041		≤0.039			
5	抗拉强度/MPa	≥0.10					

表11.5 挤塑聚苯乙烯泡沫塑料物理性能

序号	项目		指标									
			带表皮								不带表皮	
			X150	X200	X250	X300	X350	X400	X450	X500	W200	W300
1	压缩强度/kPa		≥150	≥200	≥250	≥300	≥350	≥400	≥450	≥500	≥200	≥300
2	尺寸稳定性/%		≤2.0		≤1.5			≤1.0			≤2.0	≤1.5
3	导热系数/(W/(m·K))	平均温度为10℃时	≤0.028					≤0.027			≤0.033	≤0.030
		平均温度为25℃时	≤0.030					≤0.029			≤0.035	≤0.032

2. 植物纤维类绝热板

以植物纤维为主要成分的板材，常用作绝热材料的是各种软质纤维板。

(1) 软木板，是用栓树的外皮和黄菠萝树皮为原料，经碾碎与皮胶溶液拌和，加压成形，并在温度为 80℃的干燥室中干燥一昼夜而制成的。软木板具有质轻、导热系数小、抗渗和防腐性能高的特点。

(2) 木丝板，是用木材下脚料以机械制成均匀木丝，加入硅酸钠溶液与普通硅酸盐水泥混合，经成形、冷却、养护、干燥而制成，多用于天花板、隔墙板或护墙板。

(3) 甘蔗板，是以甘蔗渣为原料，经过蒸制、干燥等工序制成的一种轻质、吸声、保温绝热材料。

(4) 蜂窝板，是由两块轻薄的面板，牢固地黏接在一层较厚的蜂窝状芯材两面而制成的复合板材，亦称蜂窝夹层结构。蜂窝板的特点是强度大、导热系数小、抗震性能好，可制成轻质高强结构用板材，也可制成绝热性能良好的非结构用板材和隔声材料。如果芯板以轻质的泡沫塑料代替，则隔热性能更好。

3. 窗用绝热薄膜

窗用绝热薄膜，又称新型防热片，厚度为 12～50μm，用于建筑物窗户的绝热，可以遮蔽阳光，防止室内陈设物褪色，减少冬季热能损失，节约能源，给人们带来舒适环境。使用时，将特制的防热片(薄膜)贴在玻璃上，其功能是将透过玻璃的大部分阳光反射出去，反射率高达 80%。防热片能减少紫外线的透过率，减轻紫外线对室内家具和织物的有害作用，减弱室内温度变化程度。

绝热薄膜可应用于商业、工业、公共建筑、家庭寓所、宾馆等建筑物的窗户内外表面，也可用于博物馆内艺术品和绘画的紫外线防护。

11.2 吸 声 材 料

吸声材料是指对入射声能具有较大吸收作用的材料。建筑物室内使用吸声材料，可以控制噪声，改善室内的收音条件，保持良好的音质效果，因此，吸声材料已广泛地应用于厂房噪声控制、厅堂(大会堂、音乐厅、剧院、电影院)的音质设计以及各种工业与民用建筑中。

吸声系数(α)是用来表示吸声材料吸声性能好坏的重要指标。吸声系数是指声波遇到材料表面时，被材料吸收的声能与入射给材料的声能之比，用下式表示：

$$\alpha = \frac{E}{E_0}$$

式中，E 为被材料吸收的声能(J)；E_0 为传递给材料的全部入射声能(J)。

例如，入射给材料的声能有 60%被吸收，余下的 40%被反射回来，则说明材料的吸声系数为 0.60。材料的吸声系数越大，说明材料的吸声性能越好。

吸声系数的大小除与材料本身的性质有关外，还与声音的频率、声音的入射方向有关。材料相同，声波的频率不同时，其吸声系数不一定相同。通常将 125Hz、250Hz、500Hz、1000Hz、2000Hz、4000Hz 六个频率作为检测材料吸声性能的依据，凡对此六个频率作用后，其平均吸声系数大于 0.2 时，则可认为是吸声材料。工程上使用较多的吸声材料有矿渣棉、玻璃丝棉、膨胀珍珠岩等，它们的特点都是多孔的。

工程上常用的吸声材料及吸声性能如表 11.6 所示。

表 11.6　建筑上常用的吸声材料及吸声性能

分类及名称		厚度/mm	表观密度/(kg/m³)	各种频率下的吸声系数α						使用情况
				125Hz	250Hz	500Hz	1000Hz	2000Hz	4000Hz	
无机材料类	水泥蛭石板	40		—	0.14	0.46	0.78	0.50	0.60	
	石膏砂浆(掺水泥玻璃纤维)	22		0.24	0.12	0.09	0.30	0.32	0.83	粉刷在墙上
	水泥膨胀珍珠岩板	50	350	0.16	0.46	0.64	0.48	0.56	0.56	贴实
	水泥砂浆	17		0.21	0.16	0.25	0.40	0.42	0.48	
有机材料类	软木板	25	260	0.05	0.11	0.25	0.63	0.70	0.70	贴实钉在木龙骨上，后面留100mm 空气层，留 50mm 空气层两种
	木丝板	30		0.10	0.36	0.62	0.53	0.71	0.90	
	三夹板	3.0		0.21	0.73	0.21	0.19	0.08	0.12	
	穿孔五夹板	5.0		0.01	0.25	0.55	0.30	0.16	0.19	
	木丝板	8.0		0.03	0.02	0.03	0.03	0.04	—	
	木质纤维板	11		0.06	0.15	0.28	0.30	0.33	0.31	
多孔材料类	泡沫玻璃	44	1260	0.11	0.32	0.52	0.44	0.52	0.33	贴实
	脲醛泡沫塑料	50	20	0.22	0.29	0.40	0.68	0.95	0.94	贴实
	泡沫水泥(外粉刷)	20		0.18	0.05	0.22	0.48	0.22	0.32	紧贴墙
	吸声蜂窝板	—		0.27	0.12	0.42	0.86	0.48	0.30	
	泡沫塑料	10		0.03	0.06	0.12	0.41	0.85	0.07	
纤维材料类	矿渣棉	31.3	210	0.10	0.21	0.60	0.95	0.85	0.72	贴实
	玻璃棉	50	80	0.06	0.80	0.18	0.44	0.72	0.82	贴实
	酚醛玻璃纤维板	80	100	0.25	0.55	0.80	0.92	0.98	0.95	贴在墙上
	工业毛毡	30		0.10	0.28	0.55	0.60	0.60	0.56	

11.2.1　多孔材料吸声的原理

惠更斯原理：声源的振动引起波动，波动的传播是由于介质中质点间的相互作用。在连续介质中，任何一点的振动都将直接引起邻近质点的振动。声波在空气中的传播就满足该原理。材料的吸声原理示意图如图 11.1 所示。

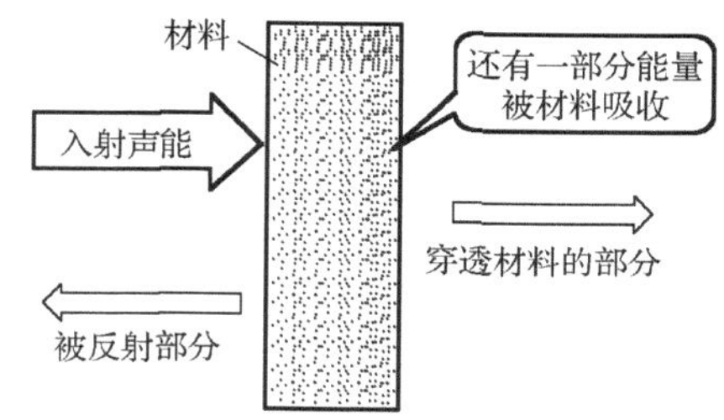

图 11.1　材料的吸声原理示意图

多孔吸声材料具有许多微小的间隙和连续的气泡，因而具有一定的通气性。当声波入射到多孔材料表面时，主要是两种机理引起声波的衰减：首先，由于声波产生的振动引起小孔或间隙内的空气运动，造成和孔壁的摩擦，紧靠孔壁和纤维表面的空气受孔壁的影响不易动起来，由于摩擦和黏滞力的作用，使相当一部分声能转化为热能，从而使声波衰减，反射声减弱达到吸声的目的；其次，小孔中的空气和孔壁与纤维之间的热交换引起的热损失，也使声能衰减。另外，高频声波可使空隙间空气质点的振动速度加快，空气与孔壁的热交换也加快。这就使多孔材料具有良好的高频吸声性能。

11.2.2　多孔吸声材料的分类

多孔吸声材料按其选材的柔顺程度分为柔顺性和非柔顺性材料，其中柔顺性吸声材料主要是通过骨架内部摩擦、空气摩擦和热交换来达到吸声的效果；非柔顺性材料主要靠空气的黏滞性来达到吸声的功能。多孔吸声材料按其选材的物理特性和外观主要分为有机纤维材料、无机纤维材料、金属吸声材料和泡沫材料四大类。

1. 有机纤维材料

早期使用的吸声材料主要为植物纤维制品，如棉麻纤维、毛毡、甘蔗纤维板、木质纤维板、水泥木丝板以及稻草板等有机天然纤维材料。有机合成纤维材料主要是化学纤维，如腈纶棉、涤纶棉等。这些材料在中、高频范围内具有良好的吸声性能，但防火、防腐、防潮等性能较差。除此之外，有些文献还对纺织类纤维超高频声波的吸声性能进行了研究，证实在超高频声波场中，这种纤维材料基本上没有任何吸声作用。

2. 无机纤维材料

无机纤维材料如玻璃棉、矿渣棉和岩棉等。不仅具有良好的吸声性能，而且具有质轻、不燃、不腐、不易老化、价格低廉等特性，从而替代了天然纤维的吸声材料，在声学工程中获得广泛的应用。但无机纤维吸声材料存在性脆易断、受潮后吸声性能急剧下降、质地松软需外加复杂的保护材料等缺点。

3. 金属吸声材料

金属吸声材料是一种新型实用工程材料，于 20 世纪 70 年代后期出现于发达工业国家。如今比较典型的金属材料是铝纤维吸声板和变截面金属纤维材料。其中铝纤维吸声板具有如下特点。

(1) 超薄轻质，吸声性能优异。

(2) 强度高，加工及安装方便。由于全部采用铝质材料，故可耐受气流冲击和振动，适用于气流速度较大或振动剧烈的场所。铝的柔韧性较好，故钻孔、弯曲和裁切加工都很容易。材料也不会飞散污染环境和刺激皮肤。

(3) 耐候、耐高温性能良好。铝纤维难以吸水，浸水后取出水分立即流失，且易于干燥，干燥后吸声性能可以完全恢复。含水结冰时材料不受损坏，因而对冷热环境都适用。

(4) 不含有机黏结剂，可回收利用。既不会形成大量的废弃垃圾，也节省了资源，称得上是绿色环保型材料，具有电磁屏蔽效果和良好的导热性能，可用于特殊要求的场所。铝质纤维吸声材料在国外的使用已很普遍，例如，在音乐厅、展览馆、教室、高架公路底面、高速公路、冷却塔、地铁、隧道等需求的部位。由于其特殊的耐候性能，特别适宜在室外露天使用。铝质纤维吸声材料的不足之处就是生产成本高。目前仅日本能够生产这种铝纤维，上海已经有生产铝质纤维吸声材料的企业，但原材料必须依赖进口。由于铝质纤维吸声材料的突出优点，今后其将在我国声环境的改善和噪声控制中发挥作用。

4. 泡沫材料

泡沫材料根据泡沫孔形式的不同，可分为开孔型泡沫材料和闭孔型泡沫材料。前者的泡沫孔是相互连通的，属于吸声泡沫材料，如吸声泡沫塑料、吸声泡沫玻璃、吸声陶瓷、吸声泡沫混凝土等。后者的泡沫孔是封闭的，泡沫孔之间是互不相通的，其吸声性能很差，属于保温隔热材料，如聚苯乙烯泡沫、隔热泡沫玻璃、普通泡沫混凝土等。图 11.2 是以泡沫铝为例给出了开孔和闭孔泡沫铝材料的结构示意图。

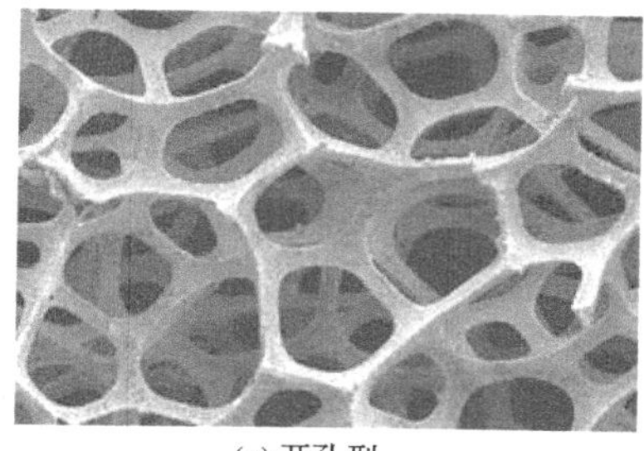
(a) 开孔型

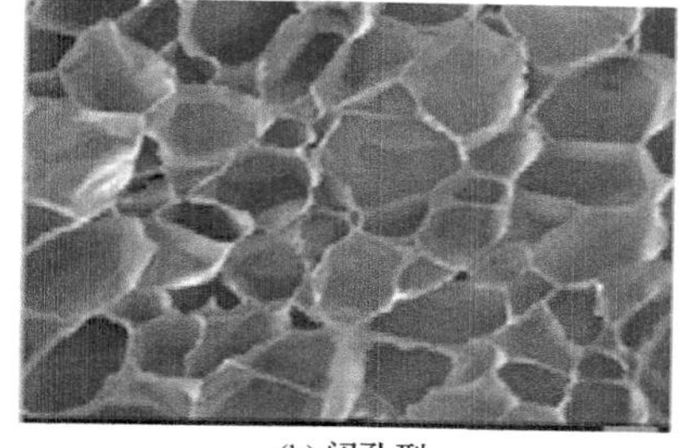
(b) 闭孔型

图 11.2 泡沫铝的形貌

11.3 装 饰 材 料

建筑装饰材料，又称建筑饰面材料，是指铺设或涂装在建筑物表面起装饰和美化环境作用的材料。建筑装饰材料是集材料、工艺、造型设计、美学于一身的材料，它是建筑装饰工程的重要物质基础。建筑装饰的整体效果和建筑装饰功能的实现，在很大程度上受到建筑装饰材料的制约，尤其受到装饰材料的光泽、质地、质感、图案、花纹等装饰特性的影响。因此，只有熟悉各种装饰材料的性能和特点，按照建筑物及使用环境条件，合理选用装饰材料，才能材尽其能、物尽其用，更好地表达设计意图，并与室内其他配套产品来体现建筑装饰性。

11.3.1 建筑装饰材料的分类

1. 根据化学成分的不同分类

根据化学成分的不同，建筑装饰材料可分为无机装饰材料、有机装饰材料和复合装饰材料三大类，如表 11.7 所示。

表 11.7 建筑装饰材料的化学成分分类

<table>
<tr><td rowspan="13">建筑装饰材料</td><td rowspan="7">无机装饰材料</td><td rowspan="2">金属装饰材料</td><td>黑色金属</td><td colspan="2">钢、不锈钢、彩色涂层钢板等</td></tr>
<tr><td>有色金属</td><td colspan="2">铝及铝合金、铜及铜合金等</td></tr>
<tr><td rowspan="5">非金属装饰材料</td><td rowspan="2">胶凝材料</td><td>气硬性胶凝材料</td><td>石膏、石灰、装饰石膏制品</td></tr>
<tr><td>水硬性胶凝材料</td><td>白水泥、彩色水泥等</td></tr>
<tr><td colspan="3">装饰混凝土及装饰砂浆、白色及彩色硅酸盐制品</td></tr>
<tr><td>天然石材</td><td colspan="2">花岗石、大理石等</td></tr>
<tr><td>烧结与熔融制品</td><td colspan="2">烧结砖、陶瓷、玻璃及制品、岩棉及制品等</td></tr>
<tr><td rowspan="2">有机装饰材料</td><td>植物材料</td><td colspan="3">木材、竹材、藤材等</td></tr>
<tr><td>合成高分子材料</td><td colspan="3">各种建筑塑料及其制品、涂料、胶黏剂、密封材料等</td></tr>
<tr><td rowspan="4">复合装饰材料</td><td colspan="2">无机材料基复合材料</td><td colspan="2">装饰混凝土、装饰砂浆等</td></tr>
<tr><td colspan="2" rowspan="2">有机材料基复合材料</td><td colspan="2">树脂基人造装饰石材、玻璃钢等</td></tr>
<tr><td colspan="2">胶合板、竹胶板、纤维板、宝丽板等</td></tr>
<tr><td colspan="2">其他复合材料</td><td colspan="2">塑钢复合门窗、涂塑钢板、涂塑铝合金板等</td></tr>
</table>

2. 根据装饰部位的不同分类

根据装饰部位的不同，建筑装饰材料可分为外墙装饰材料、内墙装饰材料、地面装饰材料和顶棚装饰材料等四大类，如表 11.8 所示。

表 11.8　建筑装饰材料按装饰部位分类

外墙装饰材料	包括外墙、阳台、台阶、雨棚等建筑物全部外露部位装饰材料	天然花岗岩、陶瓷装饰制品、玻璃制品、地面涂料、金属制品、装饰混凝土、装饰砂浆
内墙装饰材料	包括内墙墙面、墙裙、踢脚线、隔断、花架等内部构造所用的装饰材料	壁纸、墙布、内墙涂料、织物饰品、人造石材、内墙釉面砖、人造板材、玻璃制品、隔热吸声装饰板
地面装饰材料	指地面、楼面、楼梯等结构所用的装饰材料	地毯、地面涂料、天然石材、人造石材、陶瓷地砖、木地板、塑料地板
顶棚装饰材料	指室内及顶棚装饰材料	石膏板、珍珠岩装饰吸声板、钙塑泡沫装饰吸声板、聚苯乙烯泡沫塑料装饰吸声板、纤维板、涂料

11.3.2　建筑装饰材料的功能

一般建筑物的内外墙面装饰都是通过装饰装修材料的质感、线条和色彩来表现的。质感是指人们对装饰材料质地的感觉。一般装饰装修材料都要经过合理的选定后，再经过特定的加工，才能满足人们的视觉美感要求。如天然花岗岩经过一定的加工后呈现出光滑细腻或粗狂坚硬的质感，线条和色彩的处理可直接影响人们的心理，也可以影响建筑物的外观和所处的环境，因为装饰装修材料的许多颜色是很美的，如天然花岗岩的色彩朴素美、天然大理石的色彩庄重美、木材质朴的色彩美和纹理美以及壁纸和墙布的柔和美等，这些特点构成装饰装修材料的装饰功能。

装饰装修材料对建筑物是有保护的功能，因为建筑物在长期使用过程中要经受日晒、风吹、雨淋、冰冻等作用，还会受到微生物和大气中的腐蚀性气体的侵蚀，造成建筑物出现风化、脱落及裂缝等现象而影响建筑物的使用寿命，建筑装饰装修材料对建筑物表面进行装饰后，不仅能收到良好的装饰效果，还对建筑物进行了保护。如墙面喷上涂料以及墙面、地面贴铺饰面砖等，延长了建筑物的使用寿命。

装饰装修材料除了具有上述装饰和保护建筑物主体的功能外，还具有一些特殊功能，如顶棚罩面板和墙面使用石膏板能起到“呼吸作用”。当室内空气湿度大时，石膏板具有吸湿能力，不致使墙面出现凝结水；室内空气过于干燥时，石膏板又可以释放出一定的湿气，因而调节了室内空气的相对湿度；又如，墙面粘贴多孔泡沫的壁纸、墙布，还可以起到反射声波和吸声的作用，调节了室内的声学功能；木地板装饰，可以起到较好的保温、隔热和隔声的作用；地毯地面可以营造一种豪华的氛围，使人感到舒适、温馨，从而改善了人们的生活环境。

11.3.3　建筑装饰材料的选用

1. 色彩的选定

在现代建筑装饰工程中，装饰装修材料色彩的选定是十分重要的，它是构成环境装饰的重要内容。外墙装饰装修材料色彩，要考虑建筑物立面的规模、所处的地理位置和建筑物本身的功能等因素。深色使人们感到苗条和瘦小，浅色会感到庞大和肥胖，因此，小型民用建筑物宜选用淡色调，使人们不会感到其体形的矮小和零散；庞大的高层公共建筑物则宜选用稍深的色调，使其与蓝天衬托，显得深远和庄重。小房间的室内墙面，应选用浅色调的材料，并利用色彩的远近感起到扩展空间的作用；宽敞的房间可选用深色调的材料或做出较大的图案，使人们不会感到空旷，并且令人感到温暖、亲切。幼儿园的室内墙面应选用暖色调，以适应儿童天真活泼的心理；起居室应选用冷色调，以便创造一个舒适宁静的环境，使人们进入后可安然入睡；饭店的大堂、餐厅，应选用橙黄或淡黄的色调，以增进人们的食欲。

色彩选定后，就要落实到具体的装饰装修材料上。建筑物外墙装饰装修材料要求美观、耐久，选用彩色水泥、玻璃、铝合金及陶瓷制品等装饰材料，不但色彩宜人，而且抗风化、抗溶蚀、抗干湿变换、抗大气中有害气体腐蚀等耐久性好，所以是较为理想的外墙装饰装修材料。而选用有机材料，在光、热等自然条件的作用下，容易因其老化而改变性能，则不宜作外墙装饰装修使用。

室内装饰装修材料的选定取决于室内装饰设计的基调和材料本身的功能，要从材料色彩、光泽、质感和性能等各方面综合考虑，以实现其与建筑艺术的完美统一。

2. 经济与适用方面

装饰装修材料的选择还要考虑造价问题，目前我国的经济水平还不是很高，居民的消费水平较低，不可能选用大量进口的高档装饰装修材料，更何况国产的装饰装修材料已能满足三、四星级公共建筑物的装饰设计要求。所以，新型、美观、适用、无污染、耐久、价格适中的装饰装修材料在今后相当长的一段时间内仍然是建筑装饰装修材料市场的主导产品。由于一些消费者存在盲目的攀比心理，把住宅装饰得像星级宾馆一样豪华，这实际上是家庭装饰的误区。因为宾馆、饭店讲究的是商业行为，而家庭讲究的则是温馨、舒适、实用和安全。一些名不经传的装饰装修材料，经过设计师们的精心设计和能工巧匠们的精细施工，同样能达到以假乱真、令人意想不到的装饰效果。

3. 节水、节电设备、产品和器具的选定

水是宝贵的资源，建筑室内装饰装修时，应选用节水认证的产品，如节水龙头、节水便器和节水型洗衣机等；节电产品如节能灯、节能电冰箱和其他节能家电产品等。

4. 环保要求

为了有效地控制室内空气质量，2001年国家出台了《室内装饰装修材料有害物质限量》十项标准是《民用建筑工程室内环境污染控制规范》的基础，GB 50325—2010又规定了室内环境主要污染物氡(Rn-222)、甲醛、氨、苯和易挥发性有机化合物(TVOC)的具体检测方法和限量标准，其污染物浓度限量应符合表11.9的规定。

表11.9　民用建筑工程室内环境污染物浓度限量

污染物	Ⅰ类民用建筑工程	Ⅱ类民用建筑工程
氡/(Ba/m^3)	≤200	≤400
甲醛/(mg/m^3)	≤0.08	≤0.1
苯/(mg/m^3)	≤0.09	≤0.09
氨/(mg/m^3)	≤0.2	≤0.2
TVOC/(mg/m^3)	≤0.5	≤0.6

注：① 表中污染物浓度测量值，除氡外均指室内测量值扣除同步测定的室外上风向空气测量值(本底值)后的测量值

② 表中Ⅰ类民用建筑工程主要指住宅、医院、幼儿园、学校教室和老年建筑等

③ 表中Ⅱ类民用建筑工程主要指办公楼、商店、旅馆、文化娱乐场所、书店、图书馆、展览馆、体育馆、理发店和公共交通等候室等

11.3.4 建筑装饰材料的种类

1. 建筑石材

建筑装饰用石材有天然石材和人造石材两大类，并以天然石材为主，分大理石和花岗石两种，它是一种高级的装饰材料，主要用于装饰等级要求高的工 程中，人造石材属于较低档次的装饰材料，只用于中、低档的室内装饰工程中。另外还有我国特有的雨花石，主要用于景观造型，欣赏价值较高。

天然石材是指从天然岩体中开采出来的，并经加工成块状或板状材料的总称。建筑装饰用的天然石材主要有花岗石和大理石两大种。

1) 花岗岩

花岗岩是一种岩浆在地表以下凝结形成的火成岩。二氧化硅含量多在 70%以上。颜色较浅，以灰白、肉红色者常见。主要由石英、长石和少量黑云母等暗色矿物组成。石英含量为 10%～50%，长石含量占总量的 2/3 以上。暗色物以黑云母为主，含少量角闪石。花岗岩按所含矿物种类可分为黑云母花岗岩、白云母花岗岩、角闪花岗岩、二云母花岗岩等；按结构构造可分为细粒花岗岩、中粒花岗岩、粗粒花岗岩、斑状花岗岩、似斑状花岗岩、晶洞花岗岩等；按所含副矿物可分为含锡石花岗岩、含铌铁花岗岩、含铍花岗岩、锂云母花岗岩、电气石花岗岩等。

花岗岩是一种分布广泛的岩石，各个地质时代都有产出，形态多为岩基、岩株、岩钟等。在成因方面，有人认为花岗岩是地壳深处的花岗岩浆经冷凝结晶或由玄武岩浆结晶分异而成。也有人认为是区域变质和交代作用所引起的花岗岩化作用的结果。许多有色金属矿产如铜、铅、锌、钨、锡、铋、钼等，贵金属如金、银等，稀有金属如铌、钽、铍等，放射性元素如铀、钍等都与花岗岩有关。

花岗岩结构均匀，质地坚硬。抗压强度根据石材品种和产地不同而异，为 1000～3000kg/cm。花岗岩不易风化，颜色美观，外观色泽可保持百年以上，由于其硬度高、耐磨损，除了用作高级建筑装饰工程、大厅地面外，还是露天雕刻的首选之材。

2) 大理石

酸盐岩经区域变质作用或接触变质作用形成的变质岩称为大理岩，又称大理石。大理石主要由方解石和白云石组成，有时含硅灰石、滑石、透闪石、透辉石、斜长石、石英、方镁石等，具有粒状变晶结构、块状构造。因原岩不同可形成不同类型的大理石，例如，纯钙镁碳酸盐岩变质后可形成方解石大理岩和白云石大理岩；硅质灰岩变质后可形成石英大理岩、硅灰石大理岩；碳质灰岩变质后可形成石墨大理岩等。还可根据结构构造、颜色进一步划分为白色大理岩、灰色大理岩、粉红色大理岩、细粒大理岩、粗粒大理岩、条带状大理岩等。通常白色和灰色大理岩居多。其中质地均匀、细粒、白色者称汉白玉。一般认为，大理岩可形成于不同的温压条件下，如透闪石大理岩形成于低中温条件下，透灰石大理岩、镁橄榄石大理岩则形成于中高温变质条件下。大理岩分布广泛，我国的山东、云南、北京房山等地均产大理岩。

许多有色金属、稀有金属、贵金属和非金属矿产在成因上都与大理岩有关。其本身也是优良的建筑材料和美术工艺品原料。大理岩硬度不大，属于中硬度石材，易于开采加工。板材磨光后呈现出装饰性图案或色彩纹理，非常美观，可作室内外装饰材料。开采和加工中的废料，可制成工艺品或经轧碎作生产水磨石、水刷石等的优质集料，少数高度致密均质的可供艺术雕刻和装饰用。由于大理石基本是由纯的碳酸钙或碳酸镁构成的，因而对被酸污染的空气的溶解作用极其敏感，城市大气中通常存在由二氧化碳分离出来的碳酸以及从烟尘中生成的硫酸，它们不断与大理石接触，使大理石用品受到不同程度的影响。不管怎样，在建筑装修和雕刻中，大理石仍是较为理想的材料。

3）人造石

人造石材，顾名思义即并非百分之百天然石材原料加工而成的石材。按其制作方式不同可分为两种：一是将原料磨成石粉后，再加入化学药剂、胶着剂等，以高压制成板材，并于外观色泽上添加人工色素与仿原石纹路，提高多变化及选择性。另一种则称为人造岗石，是将原石打碎后，加入胶质与石料真空搅拌，并采用高压振动方式使之成形，制成一块块的岩块，再经过切割成为建材石板；除保留了天然纹理外，还可以经过事先的挑选统一花色、加入喜爱的色彩，或嵌入玻璃、亚克力等，丰富其色泽的多样性。

常见用于室内的装饰地材有岗石、珍珠砂贝及文化石等，其硬度不像天然石材一样坚硬，并且有着明显质感差别。但因其价格大大低于天然石材，从而应用日益普遍，尤其含 90%的天然原石的合成岗石，克服了天然石材易断裂、纹理不易控制的缺点，保留了天然石材的原味，在全球市场上占有一席之地，甚至有替代大理石、花岗石的地材使用趋势。

4）雨花石

雨花石为我国特有的美石，在百千种奇石中，堪称石中皇后的佼佼者。提到雨花石，先声夺人的是一则关于雨花石的神话：传说古时雨花台上有一座雨花观，雨花观中有一位雨花真人。雨花真人端庄睿智、深藏若虚，他经年静坐而绝少宣道，仿佛自己就是一部玄秘古奥的经书。有一天，雨花真人开坛讲经。微言大义、悬河流水、探本溯源、咳唾成珠，品格和智慧的魅力震撼了众多百姓乃至感动了上苍诸神，欢悦之中诸神命令降下一场五彩天雨来。五彩天雨比肩接踵杂沓而下，好似一幅珍藏在故宫博物院中的米芾山水长卷。泠泠雨水敲击在雨花台上，一粒粒变成了玛瑙般的雨花石。

雨花石是花形的石，是石质的花。凝天地之灵气，聚日月之精华，孕万物之风采。其主要特征为“六美”：质美、形美、弦美、色美、呈象美、意境美。在赏玩、收藏雨花石时，可根据其呈像分为人物、动物、风景、花木、文字、抽象石等。按照“六美”程度可分为绝品石、珍品石、精品石、佳品石等品级，观之令人心旷神怡，赏之可意安体泰。

由于雨花石种类繁多，它的成因和化学成分极为复杂。以玛瑙砾石为例，它来源于原生玛瑙。一般认为，原生玛瑙是由岩浆的残余热液形成的。这种热液充填在火山岩如玄武岩、流纹岩的空隙中，因空隙的形状不同，或成玛瑙球，或成玛瑙脉。经过自然力的作用，原生玛瑙脱落而出，再经过山洪冲击，流水搬运，磨成卵石。这就是我们所见到的在砾石层中的雨花玛瑙石。

雨花石以其纹奇、色艳的自然美著称于世。它的圈状花纹是二氧化硅胶液围绕火山岩空隙、空腔，由内壁开始，从外向内多层次逐层沉淀而成。在其生长过程中，常常发生带色离子和化合物的周期扩散。原生玛瑙的主要化学成分是二氧化硅，其次是少量的氧化铁和微量的锰、铜、铝、镁等元素及化合物。它们本身具有不同的色素，如赤红者为铁，蓝者为铜，紫者为锰，黄色半透明为二氧化硅胶体石髓，翡翠色含绿色矿物等；由于这些色素离子溶入二氧化硅热液中的种类和含量不同，因而呈现出浓淡、深浅变化万千的色彩，使雨花石极其艳丽秀美。

2. 建筑陶瓷

陶瓷在我国有源远流长的历史，经过历代陶工们辛勤劳动和不断创新，形成了各式各样的陶瓷装饰纹样。每个历史时期的审美感受和制作工艺的差异，从而形成不同的陶瓷装饰形式。在建筑装饰工程中，陶瓷是最古老的装饰材料之一。随着现代科学技术的发展，陶瓷在花色、品种、性能等方面都有了巨大的变化，为现代建筑装饰装修工程带来了越来越多兼具实用性、装饰性的材料。在建筑工程中应用十分普遍。

1）墙面砖

外墙面砖是由半瓷质或瓷质材料制成的，分为彩釉砖、无釉外墙砖、劈裂砖、陶瓷艺术砖等，均饰以各种颜色或图案。釉面一般为单色、无光或弱光泽，具有经久耐用、不退色、抗冻、抗蚀和依靠雨水自洗清洁的特点。

生产工艺是以耐火黏土、长石、石英为坯体主要原料，在1250～1280℃下一次烧成，坯体烧后为白色或有色。目前采用的新工艺是以难熔或易熔的红黏土、页岩黏土、矿渣为主要原料，在辊道窑内于 1000～1200℃下一次快速烧成，烧成周期为 1～3h，也可在隧道窑内烧成。

2）地砖

地砖是指铺设于地面的陶瓷锦砖、地砖、玻化砖等的总称，它们强度高，耐磨性、耐腐蚀性、耐火性、耐水性均好，又容易清洗，不褪色，因此广泛用于地面的装饰。地砖常用于人流较密集的建筑物内部地面，如住宅、商店、宾馆、医院及学校等建筑的厨房、卫生间和走廊的地面。地砖还可用作内外墙的保护、装饰。

3）卫生陶瓷

卫生陶瓷是以磨细的石英粉、长石粉和黏土为主要原料，注浆成形后一次烧制，然后表面施乳浊釉的卫生洁具。它具有结构致密、气孔率小、强度大、吸水率小、抗无机酸腐蚀（氢氟酸除外）、热稳定性好等特点，主要用于各种洗脸洁具、大小便器、水槽、安放卫生用品的托架、悬挂毛巾的钩等。卫生陶瓷表面光洁，不沾污，便于清洗，不透水，耐腐蚀，颜色有白色和彩色两种，合理搭配能够使卫生间熠熠生辉。

卫生陶瓷可用于厨房、卫生间、实验室等。目前的发展趋势趋向于使用方便、冲刷功能好、用水省、占地少、多款式多色彩。

4）琉璃制品

建筑琉璃制品是一种低温彩釉建筑陶瓷制品，既可用于屋面、屋檐和墙面装饰，又可作为建筑构件使用。主要包括琉璃瓦（板瓦、筒瓦、沟头瓦等）、琉璃砖（用于照壁、牌楼、古塔等贴面装饰）、建筑琉璃构件等，其中人们广为熟知的琉璃瓦是建筑园林景观常用的工程材料。

琉璃制品表面光滑、不易沾污、质地坚密、色彩绚丽，造型古朴，极富有传统民族特色，融装饰与结构件于一体，集釉质美、釉色美和造型美于一身。中国古建筑多采用琉璃制品，使得建筑光彩夺目、富丽堂皇。琉璃制品色彩多样，晶莹剔透，有金黄、翠绿、宝蓝等色，耐久性好。但由于成本较高，因此多用于仿古建筑及纪念性建筑和古典园林中的亭台楼阁。

3. 建筑玻璃

1）普通平板玻璃

普通平板玻璃按其制造工艺可分为垂直引上法玻璃、平拉法玻璃两种。垂直引上法生产工艺是将熔融的玻璃液垂直向上拉引制造平板玻璃的工艺过程；平拉法是通过水平拉制玻璃液的手段生产平板玻璃的方法。平拉法工艺的原料制备和熔化与垂直引上法工艺相同，只是成形和退火工艺不同，平拉法与垂直引上法相比，其优点是玻璃质量好，生产周期短，拉制速度快，生产效率高，但其主要缺点是玻璃表面容易出现麻点。

平板玻璃主要用于普通民用建筑的门窗玻璃；经喷砂、雕磨、腐蚀等方法后，可做成屏风、黑板、隔断等；质量好的，也可用作某些深加工玻璃产品的原片玻璃(即原材料玻璃)。

2）安全玻璃

2003年12月4日，中华人民共和国国家发展和改革委员会、中华人民共和国住房和城乡建设部、中华人民共和国国家质量监督检验检疫总局、中华人民共和国国家工商行政管理总局联合颁发了《建筑安全玻璃管理规定》(2004年1月1日起实施)。本规定所称安全玻璃，是指符合现行国家标准的钢化玻璃、夹层玻璃及由钢化玻璃或夹层玻璃组合加工而成的其他玻璃制品，如安全中空玻璃等。单片半钢化玻璃(热增强玻璃)、单片夹丝玻璃不属于安全玻璃。

根据《建筑安全玻璃管理规定》建筑物需要以玻璃作为建筑材料的下列部位必须使用安全玻璃。

(1) 7层及7层以上建筑物外开窗。

(2) 面积大于1.5m^{2}的窗玻璃或玻璃底边离最终装修面小于500mm的落地窗。

(3) 幕墙(全玻幕除外)。

(4) 倾斜装配窗、各类天棚(含天窗、采光顶)、吊顶。

(5) 观光电梯及其外围护。

(6) 室内隔断、浴室围护和屏风。

(7) 楼梯、阳台、平台走廊的栏板和中庭内拦板。

(8) 用于承受行人行走的地面板。

(9) 水族馆和游泳池的观察窗、观察孔。

(10) 公共建筑物的出入口、门厅等部位。

(11) 易遭受撞击、冲击而造成人体伤害的其他部位。(指《建筑玻璃应用技术规程》JGJ 113和《玻璃幕墙工程技术规范》JGJ 102所称的部位。)

4. 钢化玻璃

钢化玻璃是指经过热处理工艺之后的玻璃。其特点是在玻璃表面形成压应力层，机械强度和耐热冲击强度得到提高，并具有特殊碎片状态。钢化玻璃由玻璃原片经均匀加热至接近软化温度，然后立即快速而均匀地冷却，最终在玻璃表面形成压应力，从而提高玻璃机械强度和耐热冲击强度。

5. 夹层玻璃

夹层玻璃是由两片或多片玻璃之间通过一层或多层有机聚合物中间膜，如PVB、EVA、SGP等，在高压釜等设备经高压和高温处理后，使玻璃和中间膜永久黏结为一体的复合玻璃产品。

6. 中空玻璃

中空玻璃是指两片或多片玻璃以有效支撑均匀隔开并周边黏结密封，使玻璃层间形成有干燥气体空间的制品。由于中空玻璃具有隔热、隔声、防结露、抗冷辐射、施工方便等优点，国内外已广泛应用于工业与民用建筑的门、窗、幕墙、围墙、天窗透光屋面等部位，也可用于火车、汽车、轮船的门窗等处。

7. 建筑涂料

建筑涂料是一种涂敷于建筑物表面并能与基体材料很好黏结而形成完整、坚韧保护膜的一种装饰材料。作为装饰材料，涂料具有色泽选择宽、不增加建筑物自重、施工简便、造价低和装饰效果好等优点，因此，在民用住宅楼内外墙装饰中获得广泛应用。

1)建筑涂料的分类

建筑涂料按建筑物的使用部位来分类，可分为内墙涂料、外墙涂料、地面涂料及屋面涂料；按主要成膜物质来分类，可分为有机和无机系涂料、有机系丙烯酸外墙涂料、无机系外墙涂料、有机无机复合系涂料；按涂料的状态来分，可分为溶剂型涂料、水溶性涂料、乳液型涂料和粉末涂料等；按建筑涂料的特殊性能来分，可分为防水涂料、防火涂料、防霉涂料和防结露涂料等。

2)建筑涂料的功能特点

建筑涂料具有装饰功能、保护功能和居住性改进功能，各种功能所占的比例因使用目的不同而不尽相同。

(1)装饰功能是通过建筑物的美化来提高它的外观价值的功能。主要包括平面色彩、图案及光泽方面的构思设计及立体花纹的构思设计。但要与建筑物本身的造型和基材本身的大小和形状相配合，才能充分地发挥出来。

(2)保护功能是指保护建筑物不受环境的影响和破坏的功能，不同种类的被保护体对保护功能要求的内容也各不相同，如室内与室外涂装所要求达到的指标差别就很大。有的建筑物对防霉、防火、保温隔热、耐腐蚀等有特殊要求。

(3)居住性改进功能主要是对室内涂装而言，就是有助于改进居住环境的功能，如隔声性、吸声性涂料的作用及其分类、防结露性等。

8. 建筑塑料

我们通常所用的塑料并不是一种纯物质，它是由许多材料配制而成的。塑料是以合成树脂为主要原料，加入必要的添加剂，在一定的温度和压力条件下，塑制而成的具有一定塑性的材料。塑料的主要成分是高分子聚合物(或称合成树脂)，塑料的性质主要由树脂决定。此外，为了改进塑料的性能，还要在聚合物中添加各种辅助材料，如填料、增塑剂、润滑剂、稳定剂、着色剂等，才能成为性能良好的塑料。

塑料在建筑中大部分是用于非结构材料。仅有一小部分用于制造承受轻荷载的结构构件，如塑料波形瓦、候车棚、商亭、储水塔罐、充气结构等。然而更多的是与其他材料复合使用，可以充分发挥塑料的特性，如用作电线的被覆绝缘材料、人造板的贴面材料、有泡沫塑料夹心层的各种复合外墙板、屋面板等。所以，建筑塑料是有广阔发展前途的一种建筑材料。

1) 塑料的性能特点

(1) 重量轻。

塑料是较轻的材料，相对密度分布在0.90～2.2。很显然，塑料能漂浮在水面上，特别是发泡塑料，因内有微孔，质地更轻，相对密度仅为 0.01。这种特性使得塑料可用于要求减轻自重的产品生产中。

(2) 优良的化学稳定性。

绝大多数的塑料对酸、碱等化学物质都具有良好的抗腐蚀能力。特别是俗称为塑料王的聚四氟乙烯，它的化学稳定性甚至胜过黄金，放在“王水”中煮十几个小时也不会变质。由于聚四氟乙烯具有优异的化学稳定性，是理想的耐腐蚀材料，如聚四氟乙烯可以作为输送腐蚀性和黏性液体管道的材料。

(3) 优异的电绝缘性能。

普通塑料都是电的不良导体，其表面电阻、体积电阻很大，用数字表示可达109～1018Ω。击穿电压大，介质损耗角正切值很小。因此，塑料在电子工业和机械工业上有着广泛的应用，如塑料绝缘控制电缆。

(4) 热的不良导体，具有消声、减震作用。

一般来讲，塑料的导热性是比较低的，相当于钢的1/225～1/75，泡沫塑料的微孔中含有气体，其隔热、隔声、防震性更好。如聚氯乙烯(PVC)的导热系数仅为钢材的1/357，铝材的1/1250。在隔热能力上，单玻塑窗比单玻铝窗高 40%。将塑料窗体与中空玻璃结合起来后，在住宅、写字楼、病房、宾馆中使用，冬天节省暖气、夏季节约空调开支，好处十分明显。

(5) 机械强度分布广和比强度较高。

有的塑料坚硬如石头、钢材，有的柔软如纸张、皮革，从塑料的硬度、抗张强度、延伸率和抗冲击强度等力学性能看，分布范围广，有很大的使用选择余地。因塑料的相对密度小、强度大，因而具有较高的比强度。与其他材料相比，塑料也存在明显的缺点，如易燃烧、刚度不如金属高、耐老化性差等。

2) 常用的塑料品种

(1) 塑料管和管件。

用塑料制造的管材及接头管件，已广泛应用于室内排水、自来水、化工及电线穿线管等管路工程中。常用的塑料有硬聚氯乙烯、聚乙烯、聚丙烯以及 ABS 塑料(丙烯腈-丁二烯-苯乙烯的共聚物)。塑料排水管的主要优点是耐腐蚀，流体摩擦阻力小，由于流过的杂物难于附着管壁，故排污效率高。塑料管的重量轻，仅为铸铁管重量的1/12～1/6，可节约劳动力，其价格与施工费用均比铸铁管低。缺点是塑料的线膨胀系数比铸铁大 5 倍左右，所以在较长的塑料管路上需要设置柔性接头。

(2) 弹性地板。

塑料弹性地板有半硬质聚氯乙烯地面砖和弹性聚氯乙烯卷材地板两大类。地面砖的基本尺寸为边长300mm的正方形，厚度1.5mm。其主要原料为聚氯乙烯或氯乙烯和醋酸乙烯的共聚物，填料为重质碳酸钙粉及短纤维石棉粉。产品表面可以有耐磨涂层、色彩图案或凹凸花纹。按规定，产品的残余凹陷度不得大于0.15mm，磨耗量不得大于0.02mg/cm。弹性聚氯乙烯卷材地板的优点是：地面接缝少，容易保持清洁；弹性好，步感舒适；具有良好的绝热吸声性能。厚度为3.5mm，若相对密度为0.6的聚氯乙烯发泡地板和厚为120mm的空心钢筋混凝土楼板复合使用，其传热系数可以减少 15%，吸收的撞击噪声可达 36dB。卷材地板的宽度为 900～2400mm，厚为 1.8～3.5mm，每卷长为 20m。公用建筑中常用的为不发泡的层合塑料地板，表面为透明耐磨层，下层印有花纹图案，底层可使用石棉纸或玻璃布。用于住宅建筑的为中间有发泡层的层合塑料地板。黏接塑料地板和楼板面用的胶黏剂，有氯丁橡胶乳液、聚醋酸乙烯乳液或环氧树脂等。

(3) 塑料门窗和室内塑料装饰配件。

近 20 年来，由于薄壁中空异型材挤出工艺和发泡挤出工艺技术的不断发展，用塑料异型材拼焊的门窗框、橱柜组件以及各种室内装修配件，已获得显著发展，受到许多木材和能源短缺国家的重视。采用硬质发泡聚氯乙烯或聚苯乙烯制造的室内装修配件，常用于墙板护角、门窗口的压缝条、石膏板的嵌缝条、踢脚板、挂镜线、天花吊顶回缘、楼梯扶手等处。它还兼有建筑构造部件和艺术装饰品的双重功能，既可提高建筑物的装饰水平，也能发挥塑料制品外形美观、便于加工的优点。

(4) 塑料壁纸和贴面板。

聚氯乙烯塑料壁纸是装饰室内墙壁的优质饰面材料，可制成多种印花、压花或发泡的美观立体感图案。这种壁纸具有一定的透气性、难燃性和耐污染性。表面可以用清水刷洗，背面有一层底纸，便于使用各种水溶性胶将壁纸粘贴在平整的墙面上。用三聚氰胺甲醛树脂液浸渍的透明纸，与表面印有木纹或其他花纹的书皮纸叠合，经热压成为一种硬质塑料贴面板，或用浸有聚邻苯二甲酸二烯丙酯(DAP)的印花纸，与中密度纤维板或其他人造板叠合，经热压成装饰板，都可以用作室内的隔墙板、门芯板、家具板或地板。

(5) 玻璃纤维增强塑料。

用玻璃纤维增强热固性树脂的塑料制品，通常称为玻璃钢。常用于建筑中的有透明或半透明的波形瓦、采光天窗、浴盆、整体卫生间、泡沫夹层板、通风管道、混凝土模壳等。它的优点是强度重量比高、耐腐蚀、耐热和电绝缘性好。它所用的热固性树脂有不饱和聚酯、环氧树脂和酚醛树脂。玻璃钢的成形方法，一般采用手糊成形、喷涂成形、卷绕成形和模压成形。

习　　题

11.1　何谓绝热材料？

11.2　影响材料绝热性能的主要因素有哪些？

11.3　有机绝热材料的主要品种及特点有哪些？

11.4　吸声材料的吸声性能用什么指标表示？

11.5　建筑装饰装修材料选用的原则是什么？

11.6　试列举工程上使用吸声材料的建筑部位？

第 12 章　常见建筑材料性能检测

12.1　建筑材料基本性质试验

12.1.1　密度试验

1. 试验目的

材料的密度是指在绝对密实状态下单位体积的质量。利用密度可计算材料的孔隙率和密实度。孔隙率的大小会影响材料的吸水率、强度、抗冻性及耐久性等。

2. 主要仪器设备

主要仪器设备有：①李氏瓶；②天平；③筛子；④鼓风烘箱；⑤量筒、干燥器、温度计等。

3. 试样制备

将试样研碎，用筛子除去筛余物，放到 105～110℃的烘箱中，烘至恒重，再放入干燥器中冷却至室温。

4. 试验步骤

(1) 在李氏瓶中注入与试样不起反应的液体至凸颈下部，记下刻度数 V_0。将李氏瓶放在盛水的容器中，在试验过程中保持水温为 20℃。

(2) 用天平称取 60～90g 试样，用漏斗和小勺小心地将试样慢慢送到李氏瓶内(不能大量倾倒，防止在李氏瓶喉部发生堵塞)，直至液面上升至接近 $20cm^3$。再称取未注入瓶内剩余试样的质量，计算出送入瓶中试样的质量 m。

(3) 用瓶内的液体将黏附在瓶颈和瓶壁的试样洗入瓶内液体中，转动李氏瓶使液体中的气泡排出，记下液面刻度 V_1。

(4) 将注入试样后的李氏瓶中的液面读数 V_1，减去未注入前的读数 V_0，得到试样的密实体积 V。

5. 试验结果计算

材料的密度按下式计算(精确至小数后第二位)：

$$\rho = \frac{m}{V}$$

式中，ρ 为材料的密度(g/cm^3)；m 为装入瓶中试样的质量(g)；V 为装入瓶中试样的绝对体积(cm^3)。

按规定，密度试验用两个试样平行进行，以其计算结果的算术平均值作为最后结果，但两个结果之差不应超过 0.02 cm^3。

12.1.2　表观密度试验

1. 试验目的

材料的表观密度是指在自然状态下单位体积的质量。利用材料的表观密度可以估计材料的强度、吸水性、保温性等，同时可用来计算材料的自然体积或结构物质量。

2. 主要仪器设备

主要仪器设备有：①游标卡尺；②天平；③鼓风烘箱；④干燥器、直尺等。

3. 试验步骤

1) 对几何形状规则的材料

将待测材料的试样放入 105～110℃的烘箱中烘至恒重，取出置于干燥器中冷却至室温。

(1) 用游标卡尺量出试样尺寸，试样为正方体或平行六面体时，以每边测量上、中、下三次的算术平均值为准，并计算出体积 V_0；试样为圆柱体时，以两个互相垂直的方向量其直径，各方向上、中、下测量三次，以六次的算术平均值为准确定其直径，并计算出体积 V_0。

(2) 用天平称量出试样的质量 m。

(3) 试验结果计算。材料的表观密度按下式计算：

$$\rho_0 = \frac{m}{V_0}$$

式中，ρ_0 为材料的表观密度 (g/cm^3)；m 为试样的质量 (g)；V_0 为试样的体积 (cm^3)。

2) 对非规则几何形状的材料 (如卵石等)

其自然状态下的体积 V_0 可用排液法测定，在测定前应对其表面封蜡，封闭开口孔后，再用容量瓶或广口瓶进行测试。其余步骤同规则形状试样的测试。

12.1.3　吸水率试验

1. 试验目的

材料能吸收水分的性质称为吸水性。吸水性的大小用吸水率表示，分为体积吸水率和质量吸水率两种。①质量吸水率：材料在吸水饱和时内部所吸水分的质量占干燥材料总质量的百分率。②体积吸水率：材料在吸水饱和时，内部所吸收水分的体积占干燥材料的自然体积的百分率。在工程中一般采取质量吸水率。

2. 主要仪器设备

主要仪器设备有：①电子称 (称量 6kg，感量 50g)；②烘箱；③水槽。

3. 试验步骤

(1) 试样在 105℃烘干至恒重，取出冷却后称量其质量 m。

(2) 作好标记砖放入水槽中吸水 30min。

(3) 取出试件，擦去表面的水分并称量其质量 m_1。

4. 试验结果计算

由质量吸水率的计算公式得

$$W = \frac{m_1 - m}{m} \times 100\%$$

式中，W 为材料的质量吸水率；m_1 为材料在吸水饱和状态时的质量(kg)；m 为材料在干燥状态下的质量(kg)。

12.1.4 抗压强度与软化系数试验

1. 试验目的

单轴抗压强度试验是测定规则形状岩石试件单轴抗压强度的方法，主要用于岩石的强度分级，评价不同状态下试件的抗压强度。

2. 主要仪器设备

主要仪器设备有：①游标卡尺；②水平检测台；③万能角度尺、百分表架及百分表；④材料试验机。

3. 试件含水状态

(1) 自然含水状态：试件制备后，室温条件下，放在底部有水的干燥器内 1～2 天，以保持一定的湿度，但试件不应该接触水面。

(2) 干燥状态：将试件在 105～110℃下干燥 24h。

(3) 饱和水状态：按照 GB/T 23561.3—2009 中 3.3.2～3.3.6 进行水饱和处理。

4. 试验步骤

(1) 测定前对试件的颜色、颗粒、解理、裂缝、风化程度、含水状态及加工过程中出现的问题等进行描述和记录。

(2) 检测并记录试件的加工精度。①直径测量：在试件的上下端面附近以及中央附近的端面，测定相互垂直的两个方向的直径，取其算术平均值为试件的直径。②高度测量：高度应在试件的过中心轴的两个相交的平面内各取两点，测定两个高度值，取其算术平均值作为试件的高度。

(3) 启动材料试验机，使其处于工作状态。将试件置于材料试验机承压板中心，调整球形座，使试验机、上下承压板、试件三者中心线成一直线，并使试件上下面受力均匀。试件为脆性岩石时，应加设保护装置。

(4) 以 0.5～1.0MPa/s 的速度加载直至破坏。

(5) 记录破坏载荷以及加压过程中出现的现象，并对破坏后的试件进行描述或照相。非干燥状态试件破坏后，应立即取出部分碎块用塑料袋封存，尽快测定其含水率，必要时应测定干块体密度。

5. 试验结果计算

1) 抗压强度

试件抗压强度的计算公式为

$$R_s = \frac{P}{F} \times 10$$

式中，R_s 为试件抗压强度(MPa)；P 为试件破坏载荷(kN)；F 为试件初始承压面积(cm^2)。

2) 软化系数

软化系数的计算公式为

$$K_1 = \frac{R_b}{R_g}$$

$$K_2 = \frac{R_b}{R_s}$$

式中，K_1 为干燥试件的软化系数；K_2 为自然含水状态试件的软化系数；R_b 为水饱和试件的抗压强度(MPa)；R_g 为干燥试件的抗压强度(MPa)；R_s 为自然含水状态试件的抗压强度(MPa)。

12.2 水泥性能试验

学习目的：掌握水泥细度的几种测试方法，掌握负压筛、水筛等试验设备的使用；掌握水泥标准稠度用水量的两种测试方法，并能较准确地测定；了解水泥凝结时间的概念及国标对凝结时间的规定，并能较准确地测定出水泥的凝结时间。了解造成水泥安定性不良的因素有哪些，掌握如何进行检测。掌握水泥胶砂强度试样的制作方法，了解标准养护的概念；掌握水泥抗折强度测试仪、压力机等设备的操作和使用方法。

水泥试验包括水泥物理、力学试验和化学分析三个方面。工程中通常仅进行物理、力学试验，其项目有细度、标准稠度、凝结时间、体积安定性及强度等，其中体积安定性和强度为工程中的必检项目。此外，大体积混凝土工程中又常根据需要进行水化热试验。

水泥试验的一般规定如下。

(1) 取样方法。根据 GB 12573—90《水泥取样方法》，按同一水泥厂相同品种、强度等级及编号(一般不超过 100t)的水泥为一取样单位。取样应具有代表性，可采用机械取样器连续取样(亦可随机选择 20 个以上不同部位，用取样管等量抽取)，充分混合均匀后作为混合样，总量不少于 12kg。

(2) 样品制备。将混合样缩分成试验样和封存样。对试验样试验前，将其通过 0.9mm 方孔筛，充分拌匀，并记录筛余情况。必要时可将试样在(105 ± 5) ℃烘箱内烘至恒量，置于干燥器内冷却至室温备用。封存样则应置于专用的水泥桶内，并蜡封保存。

(3) 试验用水。常规试验用饮用水，仲裁试验或重要试验需用蒸馏水。

(4) 试验的环境条件。试件成形室温为(20 ± 2) ℃，相对湿度不低于 50%(水泥细度试验可不作此规定)。试件带模养护的湿气养护箱或雾室温为(20 ± 1) ℃，相对湿度不低于 90%。试件养护池水温为(20 ± 1) ℃。

(5) 水泥试样、标准砂、拌和水及试模等的温度应与室温相同。

12.2.1　水泥细度检测

水泥的细度直接影响水泥的凝结时间、强度、水化热等技术性质，因此水泥细度是否达到规范要求，对工程具有重要实用意义。

水泥细度检测的目的在于通过控制细度来保证水泥的活性，以控制水泥的质量。水泥细度检测有水泥细度检验方法和水泥比表面积测定方法(勃氏法)两种。

1. 水泥细度检验方法

根据 GB/T 1345—2005《水泥细度检验方法》，水泥细度的测定方法有负压筛法、水筛法和手工干筛法。水泥的细度以 0.08mm 方孔筛上筛余物的质量占试样原始质量的百分数表示。试验前所用试验筛应保持清洁，负压筛和手工筛应保持干燥。试验时，80μm 筛析试验称取试样 25g，45μm 筛析试验称取试样 10g。

1) 负压筛法

(1) 主要仪器设备。①负压筛析仪：由筛座、负压筛、负压源和吸尘器组成。②天平：最小分度值不大于 0.01g。

(2) 试验步骤。①筛析试验前，将负压筛放在筛座上，盖上筛盖，接通电源，检查控制系统，调节负压至 4000～6000Pa。②称出试样 25g(精确至 0.01g)，置于洁净的负压筛中，盖上筛盖，放在筛座上，启动筛析仪连续筛析 2min(筛析期间若有试样附着在筛盖上，可轻轻地敲击筛盖，使试样落下)。③筛毕，用天平称量筛余物(精确至 0.01g)。

2) 水筛析法

(1) 主要仪器设备。①水筛：钢丝网筛布，筛框有效直径 125mm，高 80mm，筛布应紧绷在筛框上，接缝必须严密、牢固。②筛座：用于支撑筛子，并能带动筛子转动，转速约 50r/min。③喷头：直径 55mm，面上均匀分布 90 个孔，孔径 0.5～0.7mm。喷头底面和筛布之间的距离为 35～75mm。④天平、蒸发皿、烘箱等。

(2) 试验步骤。①筛析试验前，应检查水中无泥、砂，调整好水压及水筛的位置，使其能正常运转。并控制喷头底面和筛网之间距离为 35～75mm。②称取试样 25g(精度至 0.01g)，置于洁净的水筛中，立即用淡水冲洗至大部分细粉通过后，放在水筛架上，用水压为(0.05 ± 0.02) MPa 的喷头连续冲洗 3min。筛毕，用少量水把筛余物冲至蒸发皿中，等水泥颗粒全部沉淀后，小心倒出清水，烘干并用天平称量全部筛余物。

3) 手工筛析法

(1) 主要仪器设备。水泥标准筛：0.08mm 方孔筛，筛框有效直径 150mm，高 50mm，并附有筛盖。

(2) 试验步骤。①称取试样 25g(精确至 0.01g)，倒入标准筛内，盖好筛盖。②用一只手持筛往复摇动，另一只手轻轻拍打，往复摇动和拍打过程应保持近于水平。拍打速度每分钟约 120 次，每 40 次向同一方向转动 60°，使试样均匀分布在筛网上，直至每分钟通过的试样量不超过 0.03g。称量全部筛余物。③对其他粉状物或采用 45～80μm 以外规格方孔筛进行筛析试验时，应指明筛子的规格、称样量、筛析时间等相关参数。

4) 结果计算及处理

(1) 计算。

水泥试样筛余百分数按下式计算：

$$F = \frac{R_S}{W} \times 100\%$$

式中，F 为水泥试样的筛余百分率(%)；R_S 为水泥筛余物的质量(g)；W 为水泥试样的质量(g)；结果计算至 0.1%。

(2) 试验结果。

负压筛法、水筛法和手工筛析法测定的结果发生争议时，以负压筛析法为准。

2. 水泥比表面积测定方法(勃氏法)(GB/T 8074—2008)

1) 定义与原理

(1) 水泥比表面积是指单位质量的水泥粉末所具有的总表面积，以 m^2/kg 来表示。

(2) 本方法主要依据一定量的空气通过具有一定孔隙率和固定厚度的水泥层时，所受阻力不同而引起流速的变化来测定水泥的比表面积。在一定孔隙率的水泥层中，空隙的大小和数量是颗粒尺寸的函数，同时也决定了通过料层的空气流速。

2) 主要仪器

(1) Blaine 透气仪。透气仪由透气圆筒、压力计、抽气装置等 3 部分组成，如图 12.1 所示。透气圆筒的结构如图 12.2 所示。

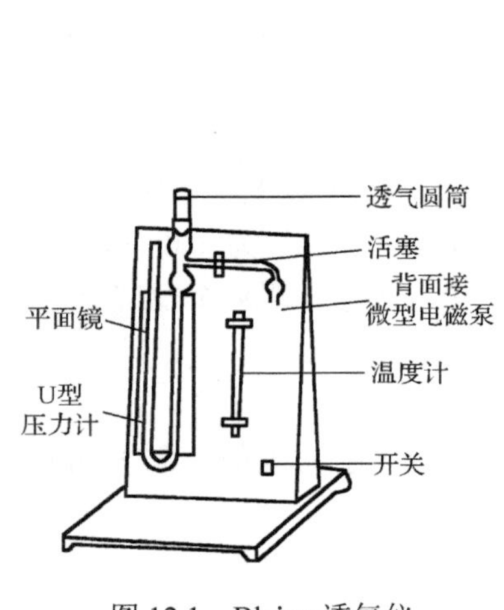

图 12.1 Blaine 透气仪

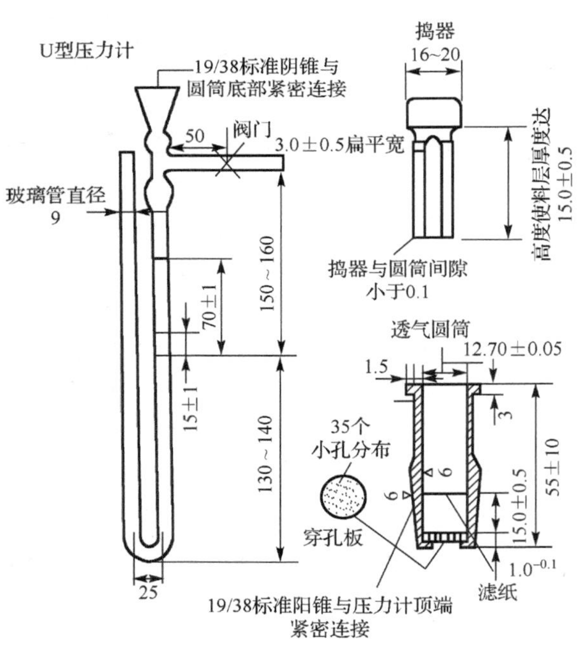

图 12.2 Blaine 透气仪的结构外形

(2) 透气圆筒。内径为(12.70 ± 0.05) mm，由不锈钢制成。圆筒的上口边应与圆筒主轴垂直，圆筒下部锥度应与压力计上玻璃磨口锥度一致，两者应严密连接。在圆筒内壁，距离圆筒上口边(55 ± 10) mm 处有一突出的宽度为 0.5～1mm 的边缘，以放置金属穿孔板。

(3) 穿孔板。由不锈钢或其他不受腐蚀的金属制成，厚度为 0.1～1.0mm。在其面上，等距离地打有 35 个直径为 1mm 的小孔，穿孔板应与圆筒内壁密合。穿孔板两平面平行。

(4) 捣器。用不锈钢制成，插入圆筒时，其间隙不大于 0.1mm，捣器的底面应与主轴垂直，侧面有一个扁平槽，宽度为(3.0 ± 0.3) mm。捣器的顶部有一个支持环，当捣器放入圆筒时，支持环与圆筒上口边接触，这时捣器底面与穿孔圆板之间的距离为(15.0 ± 0.5) mm。

(5) 压力计。U 型压力计，尺寸如图 12.2 所示，由外径为 9mm 的具有标准厚度的玻璃管制成。压力计一个臂的顶端有一锥形磨口与透气圆筒紧密连接，在连接透气圆筒的压力计臂上刻有环形线。从压力计底部往上 280～300mm 处有一个出口管，管上装有一个阀门，连接抽气装置。

(6) 抽气装置。用小型电磁泵，也可用抽气球。

(7) 滤纸。采用符合国家标准的中速定量滤纸。

(8) 分析天平。分度值为 1mg。

(9) 计时秒表。精确到 0.5s。

(10) 烘干箱。

3) 材料

(1) 压力计液体。压力计液体采用带有颜色的蒸馏水。

(2) 基准材料。基准材料采用中国水泥质量监督检验中心制备的标准试样。

4) 仪器校准

(1) 漏气检查。

将透气圆筒上口用橡皮塞塞紧，接到压力计上。用抽气装置从压力计一臂中抽出部分气体，然后关闭阀门，观察是否漏气。若发现漏气，则用活塞油脂加以密封。

(2) 试料层体积的测定。

① 用水银排代法。

将两片滤纸沿圆筒壁放入透气圆筒内，用一直径比透气圆筒略小的细长棒往下按，直到滤纸平整放在金属的穿孔板上。然后装满水银，用一小块薄玻璃板轻压水银表面，使水银面与圆筒口平齐，并必须保证在玻璃板和水银表面之间没有气泡或空洞存在。从圆筒中倒出水银，称量，精确至 0.05g。重复几次测定，直到数量基本不变。然后从圆筒中取出一片滤纸，试用约 3.3g 的水泥，按照规定压实水泥层[①]。再在圆筒上部空间注入水银，用上述方法除去气泡、压干、倒出水银称量，重复几次，直到水银称量值相差小于 50mg。

② 圆筒内试料层体积 V 按下式计算，精确到 0.005cm^3。

$$V = (P_1 - P_2) / \rho_{水银}$$

式中，V 为试料层体积(cm^3)；P_1 为未装水泥时，充满圆筒的水银质量(g)；P_2 为装水泥后，充满圆筒的水银质量(g)；$\rho_{水银}$ 为试验温度下水银的密度(g/cm^3)，见表 12.1。

表 12.1　在不同温度下水银密度、空气黏度 η 和 $\sqrt{\eta}$

温度/℃	水银密度/(g·cm^{-3})	空气黏度/(Pa·s)	$\sqrt{\eta}$
8	13.58	0.0001749	0.01322
10	13.57	0.0001759	0.01326
12	13.57	0.0001768	0.01330
14	13.56	0.0001778	0.01333
16	13.56	0.0001778	0.01337

① 应制备坚实的水泥层。若太松或水泥不能压到要求体积，应调整水泥的试用量。

续表

温度/℃	水银密度/($g·cm^{-3}$)	空气黏度/(Pa·s)	$\sqrt{\eta}$
18	13.55	0.0001798	0.01341
20	13.55	0.0001808	0.01345
22	13.54	0.0001818	0.01348
24	13.54	0.0001828	0.01352
26	13.53	0.0001837	0.01355
28	13.53	0.0001847	0.01359
30	13.52	0.0001857	0.01363
32	13.52	0.0001867	0.01366
34	13.51	0.0001876	0.01370

③ 试料层体积的测定，至少应进行 2 次。每次应单独压实，取 2 次数据相差不超过 0.005cm^3 的平均值，并记录测定过程中圆筒附近的温度。每隔一季度至半年应重新校正试料层体积。

5) 试验步骤

(1) 试样准备。

① 将(110 ± 5)℃下烘干并在干燥器中冷却到室温的标准试样，倒入 100mL 的密闭瓶内，用力摇动 2min，将结成团的试样振碎，使试样松散。静置 2min 后，打开瓶盖，轻轻搅拌，使在松散过程中落到表面的细粉，分布到整个试样中。

② 水泥试样，应先通过 0.9mm 方孔筛，再在(110 ± 5)℃温度下烘干，并在干燥器中冷却至室温。

(2) 确定试样量。

校正试验用的标准试样量和被测定水泥的质量，应达到在制备的试料层中空隙率为 0.500 ± 0.005，计算式为

$$W = \rho V(1-\varepsilon)$$

式中，W 为需要的试样量(g)；ρ 为试样密度(g/cm^3)；V 为测定的试料层体积(cm^3)；ε 为试样层的空隙率①，见表 12.2。

表 12.2　水泥层空隙率值

孔隙率值ε	$\sqrt{\varepsilon^3}$	孔隙率值ε	$\sqrt{\varepsilon^3}$
0.495	0.348	0.505	0.359
0.496	0.349	0.506	0.360
0.497	0.350	0.507	0.361
0.498	0.351	0.508	0.362
0.499	0.352	0.509	0.363
0.500	0.354	0.510	0.364
0.501	0.355	0.515	0.369
0.502	0.356	0.520	0.374
0.503	0.357	0.525	0.380
0.504	0.358	0.526	0.381

① 空隙率是指试料层中孔的容积与试料层总的容积之比，一般水泥采用 0.500 ± 0.005。若有些粉料算出的试样量在圆筒的有效体积中容纳不下或经捣实后未能充满圆筒的有效体积，则允许适当地改变空隙率。

续表

孔隙率值ε	$\sqrt{\varepsilon^3}$	孔隙率值ε	$\sqrt{\varepsilon^3}$
0.527	0.383	0.533	0.389
0.528	0.384	0.534	0.390
0.529	0.385	0.535	0.391
0.530	0.386	0.540	0.397
0.531	0.387	0.545	0.402
0.532	0.388	0.550	0.408

(3)试料层制备。

将穿孔板放入透气圆筒的突缘上，用一根直径比圆筒小的细棒把一片滤纸①送到穿孔板上，边缘压紧。称取按上式确定的水泥量，精确至 0.001g，倒入圆筒。轻敲圆筒的边，使水泥层表面平坦。再放入一片滤纸，用捣器均匀捣实试料直至捣器的支持环紧紧接触圆筒顶边并旋转一周，慢慢取出捣器。

(4)透气试验。

① 把装有试料层的透气圆筒连接到压力计上，要保证紧密连接不致漏气②，并不振动所制备的试料层。

② 打开微型电磁泵慢慢从压力计一臂中抽出空气，直到压力计内液面上升到扩大部下端时关闭阀门。当压力计内液体的凹月面下降到第二条刻线时停止，记录液面从第一条刻度到第二条刻度线所需的时间，以秒记录，并记下试验时的温度(℃)。

6)计算与评定

(1)当被测物料的密度、试料层中空隙率与标准试样相同，试验时的温度与校准温度之差≤3℃时，可按下式计算：

$$S=\frac{S_s\sqrt{T}}{\sqrt{T_s}}$$

如果试验时的温度与校准温度之差>3℃，则按下式计算：

$$S=\frac{S_s\sqrt{T}\sqrt{\eta_s}}{\sqrt{T_s}\sqrt{\eta}}$$

式中，S 为被测试样的比表面积(cm^2/g)；S_s 为标准试样的比表面积(cm^2/g)；T 为被测试样试验时，压力计中液面降落测得的时间(s)；T_s 为标准试样试验时，压力计中液面降落测得的时间(s)；η 为被测试样试验温度下的空气黏度(Pa·s)，见表 12.1；η_s 为标准试样试验温度下的空气黏度(Pa·s)。

(2)当被测试样的试料层中空隙率与标准试样试料层中空隙率不同时，以及试验时的温度与校准温度之差≤3℃时，可按下式计算：

① 穿孔板上的滤纸，应是与圆筒内径相同、边缘光滑的圆片。穿孔板上滤纸片若比圆筒内径小，会有部分试样黏在圆筒内，臂高出圆板上部；当滤纸直径大于圆筒内径时，会引起滤纸片皱起使结果不准。每次测定需用新的滤纸片。

② 为避免漏气，可先在圆筒下锥面涂一薄层活塞油脂，然后把它插入压力计顶端锥形磨口处，旋转 2 周。

$$S=\frac{S_s\sqrt{T}(1-\varepsilon_s)\sqrt{\varepsilon^3}}{\sqrt{T_s}(1-\varepsilon)\sqrt{\varepsilon_s^3}}$$

当试验时的温度与校准温度之差> 3℃时，则可按下式计算：

$$S=\frac{S_s\sqrt{T}(1-\varepsilon_s)\sqrt{\varepsilon^3}\sqrt{\eta_s}}{\sqrt{T_s}(1-\varepsilon)\sqrt{\varepsilon_s^3}\sqrt{\eta}}$$

式中，ε 为被测试样料层中的空隙率，见表 12.2；ε_s 为标准试样料层中的空隙率。

(3) 当被测试样的密度和空隙率均与标准试样不同，试验时的温度与标准温度之差≤3℃时，可按下式计算：

$$S=\frac{S_s\sqrt{T}(1-\varepsilon_s)\sqrt{\varepsilon^3}\rho_s}{\sqrt{T_s}(1-\varepsilon)\sqrt{\varepsilon_s^3}\rho}$$

当试验时的温度与标准温度之差大于 3℃时，可按下式计算：

$$S=\frac{S_s\sqrt{T}(1-\varepsilon_s)\sqrt{\varepsilon^3}\rho_s\sqrt{\eta_s}}{\sqrt{T_s}(1-\varepsilon)\sqrt{\varepsilon_s^3}\rho\sqrt{\eta}}$$

式中，ρ 为被测试样的密度 (g/cm^3)；ρ_s 为标准试样的密度 (g/cm^3)。

(4) 水泥比表面积应由二次透气试验结果的平均值确定。如果二次试验结果相差 2%以上，应重新试验。计算应精确至 $10cm^2/g$，$10cm^2/g$ 以下的数值按四舍五入计。

(5) 当同一水泥用手动勃氏仪测定的结果与自动勃氏仪测定的结果有争议时，以手动勃氏仪测定的结果为准。

(6) 当以 cm^2/g 为单位算得的比表面积换算为 m^2/kg 单位时，需乘以系数 0.1。

12.2.2　水泥标准稠度用水量的测定

标准稠度用水量是指水泥净浆以标准方法测定，在达到统一规定的浆体可塑性时，所需加的用水量，水泥的凝结时间和安定性都和用水量有关，因而使用标准稠度的水泥净浆可消除试验条件的差异，有利于比较，同时为进行凝结时间和安定性试验做好准备。

本试验依据为 GB/T 1346—2011《水泥标准稠度用水量、凝结时间、安定性检验方法》。

1. 主要仪器设备

主要仪器设备有：水泥净浆搅拌机(图 12.3)；标准法维卡仪(图 12.4 和图 12.5)或代用法维卡仪；量水器和天平等。

2. 材料和试验条件

试验用水应是洁净的饮用水，当有争议时应以蒸馏水为准。

试验时温度为(20 ± 2)℃，相对湿度应不低于 50%；水泥试样、拌和水、仪器和用具的温度应与实验室一致；湿气养护箱的温度为(20 ± 1)℃，相对湿度应不低于 90%。

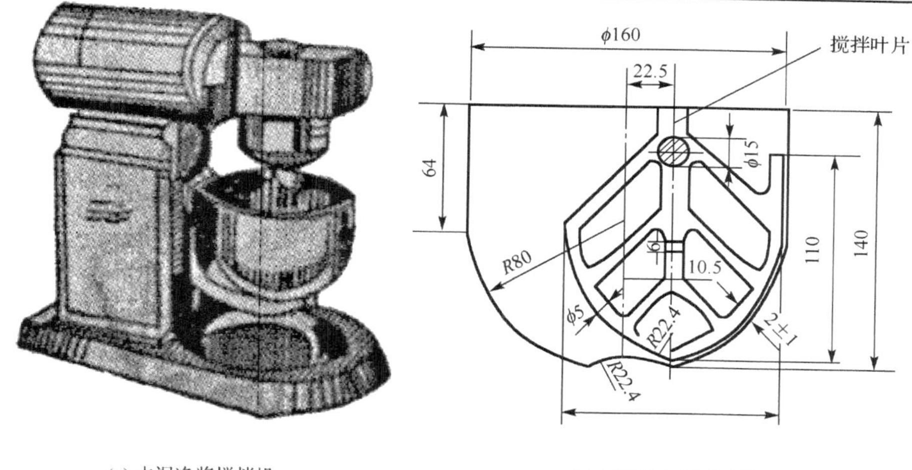

(a) 水泥净浆搅拌机　　(b) 搅拌锅与搅拌叶片

图 12.3　水泥净浆搅拌机示意图(单位：mm)

图 12.4　标准稠度仪

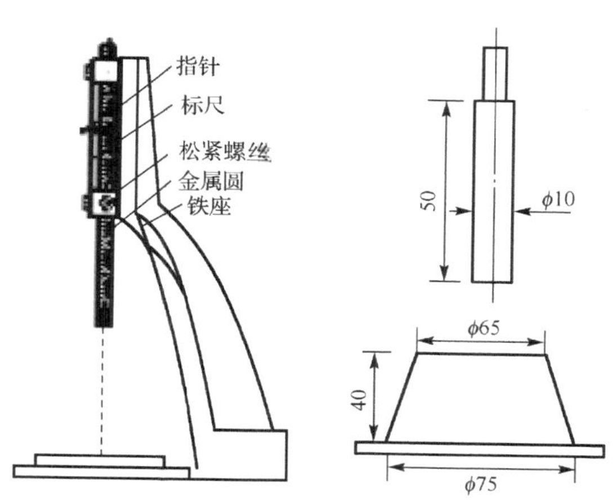

图 12.5　试杆和试模(单位：mm)

3. 水泥标准稠度用水量测定方法(标准法)

(1) 试验前准备工作。

维卡仪的滑动杆能够自由滑动，试模和玻璃底板用湿布擦拭，将试模放在底板上；调整至试杆接触玻璃板时指针对准零点；搅拌机运行正常。

(2) 水泥浆的拌制。

用水泥净浆搅拌机搅拌，搅拌锅和搅拌叶片先用湿布擦过。将拌和水倒入搅拌锅内，然后在 5～l0s 内小心将称好的 500g 水泥加入水中，防止水和水泥溅出。拌和时，先将锅放到搅拌机锅座上，升至搅拌位置，启动搅拌机，低速搅拌 120s，停拌 15s，同时将叶片和锅壁上的水泥浆刮入锅中间，接着高速搅拌 120s 停机。

(3) 标准稠度用水量的测定步骤。

拌和结束后，立即取适量水泥净浆一次性将其装入已置于玻璃底板上的试模中，用宽约 25mm 的直边刀轻轻拍打超出试模部分的浆体 5 次以排除浆体中的空隙，然后在试模表面约

1/3 处，略倾斜于试模分别向外轻轻锯掉多余净浆，再从试模边沿轻抹顶部一次，使净浆表面光滑，在锯掉多余净浆和抹平的操作过程中，注意不要压实净浆；抹平后迅速将试模和底板移到维卡仪上，并将其中心定在试杆上，降低试杆直至与水泥净浆表面接触，拧紧螺线 1～2s 后，突然放松，使试杆垂直自由地沉入水泥净浆中。试杆停止沉入或释放试杆 30s 记录试杆距底板之间的距离，升起试杆后，立即擦净；整个操作应在搅拌后 1.5min 内完成。

(4) 试验结果判定。

以试杆沉入净浆并距底板 (6 ± 1) mm 的水泥净浆为标准稠度净浆。其拌和水量为该水泥的标准稠度用水量 (P)，按水泥质量的百分比计：

$$P = \frac{\text{拌和水量}}{\text{水泥用量}} \times 100\%$$

4. 水泥标准稠度用水量测定方法 (代用法)

(1) 试验前准备工作。

维卡仪的滑动杆能自由滑动。调整至试杆接触玻璃板时指针对准零点。搅拌机运行正常。

(2) 水泥浆的拌制。

水泥净浆的拌制同标准法。

(3) 标准稠度用水量的测定。

采用代用法测定水泥标准稠度和用水量可用调整水量和不变水量两种方法的任一种测定。采用调整水量方法时拌和水量按经验找水，采用不变水量方法时拌和水量用 142.5ml。

拌和结束后，立即将拌好的水泥净浆装入锥模中，用宽约 25mm 的直边刀将浆体表面轻轻插捣 5 次，再轻振 5 次，刮去多余净浆；抹平后迅速放到试锥下面固定的位置上，将试锥降至净浆表面，拧紧螺线 1～2s 后，突然放松，使试锥垂直自由地沉入水泥净浆中。到试锥停止下沉或释放试锥 30s 记录试锥下沉深度。整个操作应在搅拌后 1.5min 内完成。

(4) 试验结果判定。

用调整水量法测定时，以试锥下沉深度 (30 ± 1) mm 时的净浆为标准稠度净浆。其拌和水量为该水泥标准稠度用水量 (P)，按水泥质量的百分比计。若下沉深度超出范围需另外称试样，调整水量，重新试验，直到达到 (30 ± 1) mm。

用不变水量方法测定时，根据下式 (或仪器上对应标尺) 计算得到标准稠度用水量 P。当试锥下沉深度小于 13mm 时，应改用调整水量法测定。

$$P = 33.4 - 0.185S$$

式中，P 为标准稠度用水量 (%)；S 为试锥下沉深度 (mm)。

12.2.3 水泥净浆凝结时间的测定 (GB/T 1346—2011)

1. 主要仪器设备

主要仪器设备有：水泥净浆搅拌机；标准法维卡仪 (图 12.6)；试针和圆模 (图 12.7)；标准养护箱；量水器；天平。

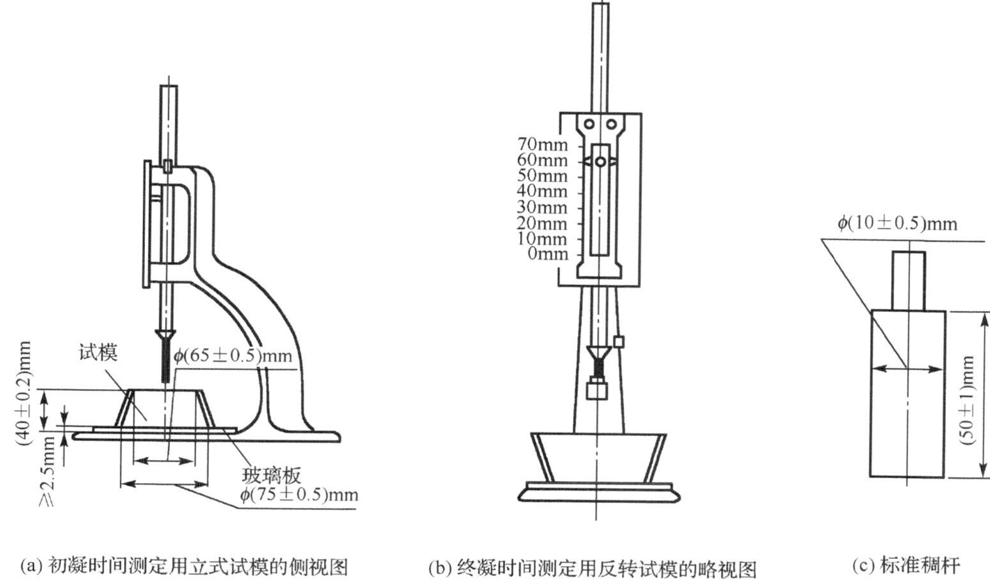

(a) 初凝时间测定用立式试模的侧视图　(b) 终凝时间测定用反转试模的略视图　(c) 标准稠杆

图 12.6　测定水泥标准稠度和终凝时间用的维卡仪

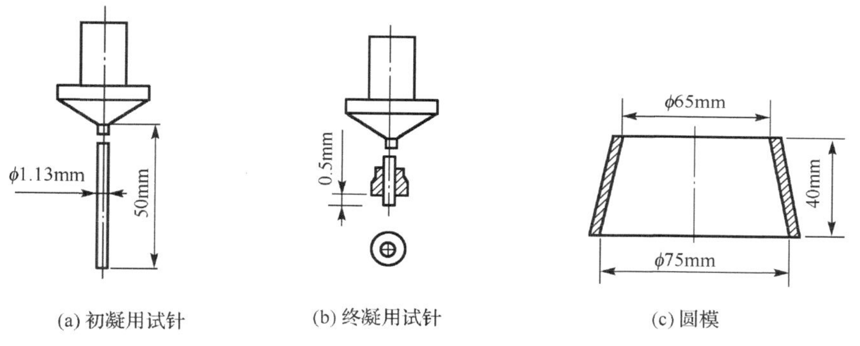

(a) 初凝用试针　(b) 终凝用试针　(c) 圆模

图 12.7　维卡仪试针及圆模

2. 凝结时间的测定

1) 测定前准备工作

将试模内表面涂油后放在玻璃板上。调整维卡仪的指针，使指针接触玻璃板时，指针对准标尺零点。

2) 试件的制备

以标准稠度用水量按水泥浆的拌制制成标准稠度净浆，按标准稠度用水量的测定步骤装模和刮平后，立即放入湿气养护箱中。记录水泥全部加入水中的时间作为凝结时间的起始时间。

3) 初凝时间的测定

试件在湿气养护箱中养护至加水后 30min 时进行第一次测定。测定时，从湿气养护箱中取出试模放到试针下，降低试针与泥净浆表面接触。拧紧螺丝 1～2s 后，突然放松，试针垂直自由地沉入水泥净浆。观察试针停止下沉或释放试针 30s 时指针的读数。临近初凝时间时每隔 5min(或更短时间)测定一次，当试针沉至距底板(4 ± 1)mm 时，为水泥达到初凝状态；由水泥全部加入水中至初凝状态的时间为水泥的初凝时间，用“min”表示。

4)终凝时间的测定

为了准确观测试针沉入的状况，在终凝针上安装了一个环形附件(图 12.6)。在完成初凝时间测定后，立即将试模连同浆体以平移的方式从玻璃板取下，翻转 180°，直径大端向上，小端向下放在玻璃板上，再放入湿气养护箱中继续养护，临近终凝时间时每隔 15min(或更短时间)测定一次，当试针沉入试体 0.5mm 时，即环形附件开始不能在试体上留下痕迹时，为水泥达到终凝状态，由水泥全部加入水中至终凝状态的时间为水泥的终凝时间，用“min”表示。

5)测定时应注意的事项

(1)测定时应注意，在最初测定的操作时应轻轻扶持金属柱，使其徐徐下降，以防试针撞弯，但结果以自由下落为准。

(2)在整个测度过程中试针沉入的位置至少要距试模内壁 10mm。

(3)临近初凝时，每隔 5min(或更短时间)测定一次，临近终凝时每隔 15min(或更短时间)测定一次，到达初凝或终凝时应立即重复测一次，当两次结论相同时才能定为到达初凝，到达终凝时，需要在试体另外两个不同点测试，确认结论相同才能定到达终凝状态。

(4)每次测定不能让试针落入原针孔，每次测试完毕必须将试针擦净并将试模放回湿气养护箱内，整个测试过程要防止试模受振。

12.2.4　水泥体积安定性检测(GB/T 1346—2011)

检测水泥浆在硬化时体积变化的均匀性，以决定水泥是否可以用于工程。安定性试验可以用标准法(雷氏法)和代用法(试饼法)，有争议时以标准法为准。雷氏法是测定水泥净浆在雷氏夹中沸煮后的膨胀值。试饼法是观察水泥净浆试饼沸煮后的外形变化来检验水泥的体积安定性。

1. 主要仪器设备

主要仪器设备有：水泥净浆搅拌机；沸煮箱；雷氏夹(图 12.8(a))；雷氏夹膨胀值测定仪(标尺最小刻度为 1mm，图 12.8(b))；量水器；天平；标准养护箱。

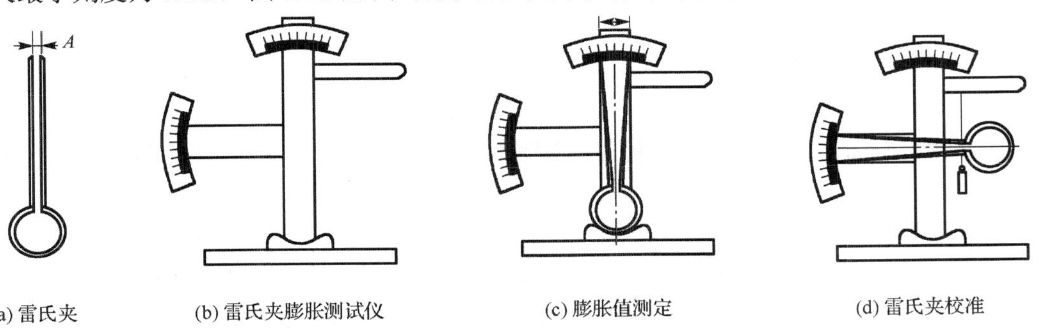

(a) 雷氏夹　　(b) 雷氏夹膨胀测试仪　　(c) 膨胀值测定　　(d) 雷氏夹校准

图 12.8　雷氏夹膨胀值测定

2. 标准法(雷氏法)试验步骤

1)测定前的准备工作

试验前按图 12.8(d)的方法检查雷氏夹的质量是否符合要求。每个试样需成形两个试件，每个雷氏夹需配备两个边长或直径约 80mm、厚度 4～5mm 的玻璃板，凡与水泥净浆接触的玻璃板和雷氏夹内都要稍稍涂上一层油。(注：有些油会影响凝结时间，矿物油比较合适。)

2) 水泥标准稠度净浆的制备

与凝结时间试验相同。

3) 雷氏夹试件的成形

将预先准备好的雷氏夹放在已稍擦油的玻璃板上，立即把将已制好的标准稠度水泥净浆一次性装满雷氏夹，装浆时一只手轻轻扶持雷氏夹，另一只手用宽度约 25mm 的直边刀在浆体表面轻轻插捣 3 次，然后抹平，盖上稍擦油的玻璃板，接着立即将试件移至湿气养护箱内养护 (24 ± 2) h。

4) 沸煮

调整好沸煮箱内的水位，使能保证在整个沸煮过程中都超过试件，不需要中途添补试验用水，同时能保证在 (30 ± 5) min 内加热至恒沸。

脱去玻璃板取下试件，先测量雷氏夹指针尖端间的距离 (A)，精确到 0.5mm(图 12.8(a))。接着将试件放入沸煮箱水中的试件架上，指针朝上，然后在 (30 ± 5) min 内加热至沸，并恒温 (180 ± 5) min。

5) 结果判别

沸煮结束后，立即放掉沸煮箱中的热水，打开箱盖，待箱体冷却至室温，取出试件进行判别(图 12.8(c))。测量雷氏夹指针尖端距离 (C)，准确至 0.5mm(图 12.8(c))，当两个试件沸煮后指针尖端增加距离 $(C-A)$ 的平均值不大于 5.0mm 时，即认为该水泥安定性合格。当两个试件煮后增加距离 $(C-A)$ 的平均值大于 5.0mm 时，应用同一样品立即重做一次试验。以复检结果为准。

3. 代用法(饼法)试验步骤

1) 测定前的准备工作

每个样品需准备 2 块约 100mm×100mm 的玻璃板，凡与水泥净浆接触的玻璃板都要稍稍涂上一层油。

2) 试饼的成形方法

(1) 将制好的标准稠度净浆取出一部分分成 2 等份，使之成球形，放在预先准备好的玻璃板上。

(2) 轻轻振动玻璃板并用湿布擦过的小刀由边缘向中央抹，做成直径 70～80mm、中心厚约 10mm、边缘渐薄、表面光滑的试饼。

(3) 接着将试饼放入湿气养护箱内养护 (24 ± 2) h。

3) 沸煮

(1) 调整好沸煮箱内的水位，使能保证在整个沸煮过程中都超过试件，不需要中途添补试验用水，同时以能保证在 (30 ± 5) min 内开始沸腾。

(2) 脱去玻璃板取下试饼，在试饼无缺陷的情况下，将试饼放在沸煮箱内水中的篦板上，然后在 (30 ± 5) min 内加热至沸，并恒沸 (180 ± 5) min。

4) 结果判别

沸煮结束后，立即放掉沸煮箱中的热水，打开箱盖，待箱体冷却至室温，取出试件进行判别。目测试饼未发现裂缝，用钢直尺检查也没有弯曲(使钢直尺和试饼底部紧靠，以两者间不透光为不弯曲)的试饼为安定性合格，反之为不合格。当两个试饼判别结果有矛盾时，该水泥的安定性也为不合格。

12.2.5 水泥胶砂强度检测(ISO 法)

1. 试验依据、适用范围和主要仪器设备

本试验依据为 GB/T 17671—1999《水泥胶砂强度检验方法(ISO 法)》。

试验标准适用于硅酸盐水泥、普通硅酸盐水泥、矿渣硅酸盐水泥、粉煤灰硅酸盐水泥、复合硅酸盐水泥以及石灰石硅酸盐水泥的抗折与抗压强度的检验。其他水泥采用本标准时必须探讨该标准规定的适用性。

主要仪器设备有：试验筛(金属丝网试验筛应符合 GB/T 6003 要求)；水泥胶砂搅拌机；水泥胶砂振实台；抗折强度试验机；抗压试验机；试模等。

2. 水泥胶砂的制备

1)配料

水泥胶砂试验用材料的质量配合比应为

$$水泥：标准砂：水 = 1:3:0.5$$

一锅胶砂成形三条试体，每锅用料量为：水泥(450 ± 2)g，标准砂(1350 ± 5)g，拌和用水量(225 ± 1)g。按每锅用料量称好各材料。

2)搅拌

使搅拌机处于等工作状态，然后按以下程序进行操作。

(1)将水加入搅拌锅中，再加入水泥，把锅放在固定架上，上升至固定位置。

(2)立即启动机器，低速搅拌 30s 后，在第二个 30s 开始的同时均匀地将砂子加入。当各级砂是分装时，从最粗粒级开始，依次将所需的每级砂加完。把机器转至高速再拌 30s。

(3)停拌 90s，在停拌的第一个 15s 内用一胶皮刮具将叶片锅壁上的胶砂刮入锅中间，在高速下继续搅拌 60s。各个搅拌阶段，时间误差应在 1s 以内。

3. 试件的制备

试件尺寸应是 40mm×40mm×160mm 的棱柱体。试件可用振实台成形或用振动台成形。

1)用振实台成形

(1)胶砂制备后立即进行成形。

(2)将空试模和模套固定在振实台上，用一个适当勺子直接从搅拌锅中将胶砂分两层装入试模。

(3)装第一层时，每个槽中约放 300g 胶砂，用大拨料器垂直架在模套顶部沿每个模槽来回一次将料层拨平，接着振实 60 次。

(4)再装第二层胶砂，用小拨料器摇平，再振实 60 次。

(5)移走模套，从振实台上取下试模，用一金属刮平尺以近有 90° 的角度架在试模模顶的一端，然后沿试模长度方向以横向锯割动作慢慢向另一端移动，一次将超过试模部分的胶砂刮去。

(6)用同一直尺以近乎水平的情况下将试体表面抹平。

(7)在试模上做标记或加字条标明试件编号和试件相对于实物的位置。

2)用振动台成形

当使用代用振动台成形时，操作如下。

(1)在搅拌胶砂的同时将试模和下料漏斗卡紧在振动台的中心。

(2)将搅拌好的全部胶砂均匀地装入下料漏斗中，启动振动台，胶砂通过漏斗流入试模。

(3)振动(120±5)s 停止。振动完毕，取下试模，以振实台成形同样的方法将试体表面刮平。

(4)在试模上作标记或用字条表明试件编号。

4. 试件养护

1)脱模前的处理和养护

去掉留在模子四周的胶砂。立即将作好标记的试模放入雾室或湿箱的水平架子上养护，湿空气应能与试模各边接触。养护时不应将试模放在其他试模上，一直养护到规定的脱模时间，取出脱模。脱模前用防水墨汁或颜料笔对试体进行编号和做其他标记，两个龄期以上的试体，在编号时应将同一试模中的三条试体分在两个以上龄期内。

2)脱模

脱模时可用塑料锤或橡皮榔头或专门的脱模器。对于 24h 龄期的，应在破形试验前 20min 内脱模，对于 24h 以上龄期的应在成形后 20～24h 脱模。例如，经 24h 养护，会因脱模对强度造成损害，可以延迟至 24h 以后脱模，但应注明。已确定作为 24h 龄期试验(或其他不下水直接做试验)的已脱模试件，应用湿布覆盖直至做试验。

3)水中养护

将做好标记的试件立即水平或竖直放在(20±1)℃水中养护，水平放置时刮平面应朝上。试件放在不易腐烂的篦子上，并彼此间保持一定间距，以让水与试件的六个面接触。养护期间试件之间间隔以及试体上表面的水深不得小于 5mm。除 24h 龄期或延迟至 48h 脱模的试体外，任何到龄期的试体应在试验(破形)前 15min 从水中取出。擦去试体表面沉积物，并用湿布覆盖直至试验。

4)强度试验试体的龄期

试体龄期是从水泥加水搅拌开始时算起的。不同龄期强度试验在下列时间内进行：24h±15min；48h±30min；72h±45min；7d±2h；>28d±8h。

5. 强度试验

1)一般规定

用规定的设备以中心加荷法测定抗折强度。

在折断后的棱柱体上进行抗压试验，受压面是试体成形的两个侧面，面积为 40mm×40mm。

当不需要抗折强度数值时，抗折强度试验可以省去。但抗压强度试验应在不使试件受有害应力情况下折断的两截棱柱体上进行。

2)抗折强度试验

将试体一个侧面放在试验机支撑圆柱上，试体长轴垂直于支撑圆柱，通过加荷圆柱以(50±10)N/s 的速率均匀地将荷载垂直地加在棱柱体相对侧面上，直至折断。

保持两个半截棱柱体处于潮湿状态直至抗压试验。

抗折强度(R_f)以兆帕(MPa)为单位，按下式进行计算(精确至0.1MPa)：

$$R_f = \frac{1.5F_f L}{b^3}$$

式中，F_f为折断时施加于棱柱体中部的荷载(N)；L 为支撑圆柱之间的距离(mm)；b 为棱柱体正方形截面的边长(mm)。

本试验以一组三个棱柱体抗折结果的平均值作为试验结果。当三个强度值中有三个超出平均值±10%时，应剔除后再取平均值作为抗折强度试验结果。

3)抗压强度测定

抗压强度试验以规定的仪器，在半截棱柱体的侧面进行。

半截棱柱体中心与压力机压板受压中心差应在0.5mm内，棱柱体露在压板外的部分约有10mm。

在整个加荷过程中以(2400±200)N/s的速率均匀地加荷直至试件破坏。

抗压强度R_c以兆帕(MPa)为单位，按下式计算(精确至0.1MPa)：

$$R_c = \frac{F_c}{A}$$

式中，F_c为破坏荷载(N)；A 为受压部分面积(mm^2)($40mm \times 40mm = 1600mm^2$)。

以一组三个棱柱体上得到的6个抗压强度测定值的算术平均值作为试验结果。若6个测定值中有一个超出6个平均值的±10%，就应剔除这个结果，而以剩下5个的平均数为结果。如果5个测定值中再有超过它们平均数±10%的，则此组结果作废。

12.3　混凝土骨料试验

12.3.1　混凝土用砂试验

1. 砂子的筛分析试验

1)试验目的

测定砂子的颗粒级配，计算砂子的细度模数，以评定砂子的粗细程度。

2)试验时所用主要仪器设备

(1)标准筛一套：孔径为0.15mm、0.3mm、0.6mm、1.18mm、2.36mm、4.75mm、9.50mm的筛各一只，并附有筛底和筛盖。

(2)托盘天平：称量1000g，感量1g。

(3)鼓风烘箱：能使温度控制在(105±5)℃。

(4)摇筛机、搪瓷盆、毛刷等。

3)试验过程

(1)用四分法采样，即将样砂置于平板上，在潮湿状态下拌和均匀，并堆成厚度约为20mm的圆饼，然后沿互相垂直的两条直径将圆饼分成大致相等的4份，取其中对角线的两份重新拌匀，堆成两圆饼。重复上述过程，直至将样砂缩分到试验的需要量。

砂的筛分析用砂样 1100g，放在烘干箱内，在(105 ± 5) ℃下烘干至恒重，待冷却至室温后，过筛筛除大于 9.50mm 的颗粒(计算出筛余百分率)，分为大致相等的两份备用。

(2) 称烘干样砂 500g，精确至 1g，倒入按孔径从大到小组合的套筛(附筛底)上，在摇筛机上筛 10 min，取下后逐个用手筛，直至每分钟通过量小于样砂总量的 0.1%。通过的样砂并入下一号筛中，并和下一号筛中的样砂一起过筛，这样依次进行，直至各号筛全部筛完。若无摇筛机，也可以直接用手筛。

(3) 筛分时，样砂在各号筛上的筛余量超过按下式计算出的量时，应按下列方法之一处理：

$$m_r = \frac{Ad^{1/2}}{300}$$

式中，m_r 为在一个筛子上的筛余量(g)；A 为筛面面积(mm^2)；d 为筛孔尺寸(mm)。

将该粒级样砂分成少于按上式计算出的量，分别筛分，并以筛余量之和作为该号筛的筛余量。

将该粒级及以下各粒级的筛余混合均匀，称出其质量，精确至 1g，再用四分法缩分成大致相等的两份，取其中一份，称出其质量，精确至 1g，继续筛分。计算该粒级及以下各粒级的分计筛余量时，应根据缩分比例进行修正。

(4) 分别称出各号筛的筛余量，精确至 1g，所有各筛的分计筛余量和筛底的剩余量总和与原样砂 500g 相比，相差不准超过 1%，否则需重新试验。

4) 试验结果计算与评定

(1) 计算分计筛余百分率：各号筛的筛余量与样砂总量之比，精确至 0.1%。

(2) 计算累计筛余百分率：该号筛的筛余百分率加上该号筛以上各筛余百分率之和，精确至 1%。

(3) 砂子的细度模数 M_x 按下式进行计算，精确至 0.01。

$$M_x = \frac{(A_2 + A_3 + A_4 + A_5 + A_6) - 5A_1}{100 - A_1}$$

式中，M_x 为细度模数；$A_1, A_2, A_3, A_4, A_5, A_6$ 为 4.75mm，2.63mm，1.18mm，0.6mm，0.3mm 和 0.15mm 筛的累计筛余百分率。

(4) 累计筛余百分率取两次试验结果的算术平均值，精确至 1%；细度模数取两次试验结果的算术平均值，精确至 0.1；若两次试验的细度模数之差超过 0.20，必须重新试验。

(5) 以试验结果并根据相关的标准，判断砂子的粗细程度和级配情况。

2. 砂子表观密度试验

1) 试验目的

测定砂子的表观密度，作为砂子质量评定和混凝土配合比设计的依据。

2) 试验时所用主要仪器设备

(1) 容量瓶：容量为 500mL。

(2) 天平：称量 10kg 或 1000g，感量 1g。

(3) 烘干箱：能使温度控制在(105 ± 5) ℃。

(4) 干燥器、搪瓷盘、烧杯、漏斗、滴管和毛刷等。

3）试验过程

按规定取样，缩分至约660g，放在烘干箱内于(105±5)℃下烘干至恒重，待冷却至室温后，分为大致相等的两份备用。

(1)称取样砂 m_0 = 300g，精确至1g。将样砂装入盛有半瓶冷开水的容量瓶中，用手旋转摇动容量瓶，使样砂充分摇动，排除气泡，塞紧瓶盖，静置24h。然后用滴管慢慢加水至容量瓶500 mL刻度处，塞紧瓶塞，擦干瓶外水分，称出其质量 m_1，精确至1g。

(2)倒出瓶内水和样砂，洗净容量瓶，再向容量瓶内注水，直注到500 mL刻度处，塞紧瓶塞，擦干瓶外的水分，称出其质量 m_2，精确至1g。

4）结果计算与评定

(1)砂子的表观密度按下式计算，精确至10kg/m^3：

$$\rho_o = \left(\frac{m_0}{m_0 + m_2 + m_1}\right)\rho_{水}$$

式中，ρ_o 为砂子的表观密度(kg/m^3)；$\rho_{水}$ 为水的密度(1000kg/m^3)；m_0 为烘干样砂的质量(g)；m_1 为样砂、水及容量瓶的总质量(g)；m_2 为水及容量瓶的总质量(g)。

(2)砂子的表观密度取两次试验结果的算术平均值，精确至10kg/m^3；若两次试验结果之差大于20kg/m^3，必须重新试验。

3. 砂子堆积密度试验

1）试验目的

测定砂子松散堆积密度、紧密堆积密度和空隙率，作为混凝土配合比设计和一般使用的依据。

2）试验所用主要仪器设备

(1)鼓风烘干箱：可使温度控制在(105±5)℃。

(2)容量筒：圆柱形金属筒，内径108mm、净高109mm、壁厚2mm、筒底厚约5mm，容积为1L。

(3)天平：称量10kg，感量1g。

(4)方孔筛：孔径为4.75mm的筛子一只。

(5)垫棒：直径为10mm、长度为500mm的圆钢。

(6)漏斗或料勺、直尺、搪瓷盘和毛刷等。

3）试验过程

用搪瓷盘装取样砂约3L，放入烘干箱内烘干至恒重，待冷却至室温后，过筛除去大于4.75mm的颗粒，然后分为大致相等的两份备用。

(1)松散堆积密度测定。取样砂一份，用料勺将样砂从容量筒上方中心50 mm处慢慢倒入，让样砂自由落体落下，当容量筒上部样砂呈锥体，且容量筒四周溢满时，即停止加料。然后用直尺沿筒口中心线向两边刮平，但不要触动容量筒。最后称出样砂和容量筒的总质量 m_1，精确至1g，再称出容量筒空筒的质量 m_2。

(2)紧密堆积密度测定。取样砂另一份分两次装入容量筒内，装完第一层后，在筒底垫上一根直径为10mm的圆钢筋，将筒按住，左右交替地冲击地面各25次。然后装第二层样砂，第二层装满后用同样的方法颠实后再加样砂直至超过筒口，并用直尺沿筒口中心线向两边刮平，最后称出样砂和容量筒的总质量 m_1，精确至 1g。

4) 试验结果计算与评定

(1) 松散或紧密堆积密度 ρ_1，按下式进行计算，精确至 10kg/m³：

$$\rho_1 = \frac{m_1 - m_2}{V}$$

式中，ρ_1 为松散堆积密度或紧密堆积密度(kg/m³)；m_1 为样砂和容量筒总质量(g)；m_2 为容量筒质量(g)；V 为容量筒的容积(L)。

(2) 砂子的空隙率按下式计算，精确至 1%：

$$P = \left(1 - \frac{\rho_1}{\rho_0}\right) \times 100\%$$

式中，P 为砂子的空隙率(%)；ρ_1 为样砂松散或紧密堆积密度(kg/m³)；ρ_0 为砂子的表观密度(kg/m³)。

(3) 砂子的堆积密度取两次试验结果的算术平均值，精确至 10 kg/m³。空隙率取两次试验结果的算术平均值，精确至 1%。

4. *砂子含泥量试验(标准法)* (JGJ 52—2006)

1) 试验目的

测定粗砂、中砂和细砂的含泥量。

2) 试验所用主要仪器设备

(1) 天平：称量 1000g，感量 1g。

(2) 烘箱：温度控制范围为(105 ± 5)℃。

(3) 试验筛：筛孔公称直径为 80μm 及 1.25mm 的方孔筛各一个。

(4) 洗砂用的容器及烘干用的浅盘等。

3) 试样制备规定

样品缩分至 1100g，置于温度为(105 ± 5)℃的烘箱中烘干至恒重，冷却至室温后，称取各为 400g(m_0)的试样两份备用。

4) 试验过程

(1) 取烘干的试样一份置于容器中，并注入饮用水，使水面高出砂面约 150mm，充分拌匀后，浸泡 2h，然后用手在水中淘洗试样，使尘屑、淤泥和黏土与砂料分离，并使之悬浮或溶于水中。缓缓地将浑浊液倒入公称直径为 1.25mm、80μm 的方孔套筛(1.25mm 筛放置于上面)上，滤去小于 80μm 的颗粒。试验前筛子的两面应先用水润湿，在整个试验过程中应避免砂粒丢失。

(2) 再次加水于容器中，重复上述过程，直到筒内洗出的水清澈。

(3) 用水淋洗剩留在筛上的细粒，并将 80μm 筛放在水中(使水面略高出筛中砂粒的上表面)来回摇动，以充分洗除小于 80μm 的颗粒。然后将两只筛上剩留的颗粒和容器中已经洗净的试样一并装入浅盘，置于温度为(105 ± 5)℃的烘箱中烘干至恒重。取出来冷却至室温后，称试样的质量(m_1)。

5) 试验结果计算与评定

砂中含泥量应按下式计算，精确至 0.1%：

$$\omega_c = \frac{m_0 - m_1}{m_0} \times 100\%$$

式中，ω_c 为砂中含泥量(%)；m_0 为试验前的烘干试样质量(g)；m_1 为试验后的烘干试样质量(g)。

以两个试样试验结果的算术平均值作为测定值。两次结果之差大于 0.5%时，应重新取样进行试验。

5. 砂中泥块含量试验(JGJ 52—2006)

1) 试验目的

测定砂子中泥块含量。

2) 试验所用主要仪器设备

(1) 天平：称量 1000g，感量 1g；称量 5000g，感量 5g。

(2) 烘箱：温度控制范围为(105 ± 5) ℃。

(3) 试验筛：筛孔公称直径为 630μm 及 1.25mm 的方孔筛各一只。

(4) 洗砂用的容器及烘干用的浅盘等。

3) 试样制备规定

将样品缩分至 3000g，置于温度为(105 ± 5) ℃的烘箱中烘干至恒重，冷却至室温后，用公称直径为 1.25mm 的方孔筛筛分，取筛上的砂不少于 400g 分为两份备用。特细砂按实际筛分量。

4) 试验过程

(1) 称取试样约 200g(m_1)置于容器中，并注入饮用水，使水面高出砂面 150mm。充分拌匀后，浸泡 24h，然后用手在水中碾碎泥块，再把试样放在公称直径为 630μm 的方孔筛上，用水淘洗，直至水清澈。

(2) 保留下来的试样应小心地从筛中取出，装入水平浅盘后，置于温度为(105 ± 5) ℃烘箱中烘干至恒重，冷却后称重(m_2)。

5) 试验结果计算方法

砂中泥块含量应按下式计算，精确至 0.1%：

$$\omega_{c,L} = \frac{m_1 - m_2}{m_1} \times 100\%$$

式中，$\omega_{c,L}$ 为泥块含量(%)；m_1 为试验前的干燥试样质量(g)；m_2 为试验后的干燥试样质量(g)。

以两次试样试验结果的算术平均值作为测定值。

6. 人工砂及混合砂中石粉含量试验(亚甲蓝法)(JGJ 52—2006)

1) 试验目的

测定人工砂和混合砂中石粉的含量。

2) 试验所用主要仪器设备

(1) 烘箱：温度控制范围为(105 ± 5) ℃。

(2) 天平：称量 1000g，感量 1g；称量 100g，感量 0.01g。

(3)试验筛：筛孔公称直径为 80μm 及 1.25mm 的方孔筛各一只。

(4)容器：要求淘洗试样时，保持试样不溅出(深度大于 250 mm)。

(5)移液管：5mL、2mL 移液管各一个。

(6)三片、四片式叶轮搅拌器：转速可调(最高达(600 ± 60) r/min)，直径为(75 ± 10) mm。

(7)定时装置：精度 1s。

(8)玻璃容量瓶：容量 1L。

(9)温度计：精度 1℃。

(10)玻璃棒：2 支，直径为 8mm，长为 300mm。

(11)滤纸：快速。

(12)搪瓷盘、毛刷、容量为 1000 mL 的烧杯等。

3)溶液的配制及试样制备规定

(1)亚甲蓝溶液的配制按下述方法。将亚甲蓝粉末在 100～105℃下烘干至恒重，称取烘干亚甲蓝粉末 10g，精确至 0.01g，倒入盛有约 600mL 蒸馏水(水温加热至 35～40℃)的烧杯中，用玻璃棒持续搅拌 40min，直到亚甲蓝粉末完全溶解，冷却至 20℃。将溶液倒入 1L 容量瓶中，用蒸馏水淋洗烧杯等，使所有亚甲蓝溶液全部移入容量瓶，容量瓶和溶液的温度应保持在(20 ±1)℃，加蒸馏水至容量瓶 1L 刻度。振荡容量瓶以保证亚甲蓝粉末完全溶解。将容量瓶中溶液移入深色储藏瓶中，标明制备日期、失效日期(亚甲蓝溶液保质期应不超过 28d)，并置于阴暗处保存。

(2)将样品缩分至 400g，放在烘箱中于(105 ± 5)℃下烘干至恒重，待冷却至室温后，筛除大于公称直径 2.5mm 的颗粒备用。

4)试验过程

(1)称取试样 200g，精确至 0.1g。将试样倒入盛有(500 ± 5) mL 蒸馏水的烧杯中，用叶轮搅拌机以(600 ± 80) r/min 转速搅拌 5min，形成悬浮液，然后以(400 ± 40) r/min 转速持续搅拌，直至试验结束。

(2)悬浮液中加入 5mL 亚甲蓝溶液，以(400 ± 40) r/min 转速搅拌至少 1min 后，用玻璃棒蘸取一滴悬浮液(所取悬浮液滴应使沉淀物直径为 8～12mm)，滴于滤纸(置于空烧杯或其他合适的支撑物上，以使滤纸表面不与任何固体或液体接触)上。若沉淀物周围未出现色晕，再加入 5mL 亚甲蓝溶液，继续搅拌 1min，再用玻璃棒蘸取一滴悬浮液，滴于滤纸上，若沉淀物周围仍未出现色晕，重复上述步骤，直至沉淀物周围出现约 1mm 宽的稳定浅蓝色色晕。此时，应继续搅拌，不加亚甲蓝溶液，每 1min 进行一次蘸染试验。若色晕在 4min 内消失，再加入 5mL 亚甲蓝溶液；若色晕在第 5min 消失，再加入 2mL 亚甲蓝溶液。两种情况下，均应继续进行搅拌和蘸染试验，直至色晕可持续 5min。

(3)记录色晕持续 5min 时所加入的亚甲蓝溶液总体积，精确至 1mL。

(4)亚甲蓝 MB 值按下式计算：

$$\mathrm{MB} = \frac{V}{G} \times 10$$

式中，MB 为亚甲蓝值(g/kg)，表示每千克 0～2.5mm 粒级试样所消耗的亚甲蓝克数，精确至 0.1；G 为试样质量(g)；V 为所加入的亚甲蓝溶液的总量(mL)。

注：公式中的系数 10 用于将每千克试样消耗的亚甲蓝溶液体积换算成亚甲蓝质量。

5) 亚甲蓝试验结果评定

当 MB 值<1.4 时，则判定是以石粉为主；当 MB 值≥1.4 时，则判定为以泥粉为主的石粉。亚甲蓝快速试验方法是一次性向烧杯中加入 30 mL 亚甲蓝溶液，以(400±40)r/min 转速持续搅拌 8min，然后用玻璃棒蘸取一滴悬浊液，滴于滤纸上，观察沉淀物周围是否出现明显色晕，出现色晕的为合格，否则为不合格。

7. 人工砂压碎值指标试验(JGJ 52—2006)

1) 试验目的

测定粒级为 35μm～5.00mm 的人工砂的压碎指标，以判断砂子的坚固性。

2) 试验所用主要仪器设备

(1) 压力试验机，荷载 50kN。

(2) 受压钢模。

(3) 天平：称量为 1000g，感量 1g。

(4) 试验筛：筛孔公称直径分别为 5.00mm、2.50mm、1.25mm、630μm、315μm、160μm、80μm 的方孔筛各一只。

(5) 烘箱：温度控制范围为(105±5)℃。

(6) 其他：瓷盘 10 个，小勺 2 把。

3) 试样制备规定

将缩分后的样品置于(105±5)℃的烘箱内烘干至恒重，待冷却至室温后，筛分成 5.00～2.50mm、2.50～1.25mm、1.25mm～630μm、630～315μm 四个粒级，每级试样质量不得少于 1000g。

4) 试验过程

(1) 置圆筒于底盘上，组成受压模，将一单级砂样约 330g 装入模内，使试样距底盘约为 50mm。

(2) 平整试模内试样的表面，将加压块放入圆筒内，并转动一周使之与试样均匀接触。

(3) 将装好砂样的受压钢模置于压力机的支承板上，对准压板中心后，启动机器，以 500N/s 的速度加荷，加荷至 25kN 时持荷 5s，而后以同样速度卸荷。

(4) 取下受压模，移去加压块，倒出压过的试样并称其质量(m_0)，然后用该粒级的下限筛(若砂样为公称粒级 5.00～2.70mm，则其下限筛为筛孔公称直径为 2.50mm 的方孔筛)进行筛分，称出该粒级试样的筛余量(m_1)。

5) 人工砂压碎指标计算方法

(1) 第 i 单级砂样的压碎指标按下式计算，精确至 0.1%：

$$\delta_i = \frac{m_0 - m_1}{m_0} \times 100\%$$

式中，δ_i 为第 i 单级砂样压碎指标(%)；m_0 为第 i 单级试样的质量(g)；m_1 为第 i 单级试样的压碎试验后筛余的试样质量(g)。

以三份试样试验结果的算术平均值作为各单粒级试样的测定值。

(2) 四级砂样总的压碎指标按下式计算：

$$\delta_{sa} = \frac{a_1\delta_1 + a_2\delta_2 + a_3\delta_3 + a_4\delta_4}{a_1 + a_2 + a_3 + a_4} \times 100\%$$

式中，δ_{sa} 为总的压碎指标(%)，精确至 0.1%；a_1,a_2,a_3,a_4 为公称直径分别为 2.50mm、1.25mm、630μm、315μm 各方孔筛的分计筛余(%)；$\delta_1,\delta_2,\delta_3,\delta_4$ 为公称粒级分别为 5.00～2.50mm、2.50～1.25mm、1.25mm～630μm、630～315μm 单级试样压碎指标(%)。

12.3.2　石子试验

1. 卵石或碎石的筛分析试验

1) 试验目的

测定卵石或碎石的颗粒级配及粒级的规格，为混凝土配合比设计提供技术资料。

2) 试验所用的主要仪器设备

(1) 标准筛一套：孔径为 2.36mm、4.75mm、9.50mm、16.0mm、19.0mm、26.5mm、31.5mm、37.5mm、53.0mm、63.0mm、75.0mm、90.0mm 的筛各一只，并附有筛底和筛盖，筛框的内径为 300mm。

(2) 烘干箱：可升温至(105±5)℃，并能恒温控制。

(3) 台秤：称量 10kg，感量 1g。

(4) 摇筛机、搪瓷盘、毛刷等。

3) 试验过程

人工四分法采样，将处于自然状态下的石子采来放在平板上，拌和均匀并堆成锥体沿相互垂直的两条直线将锥体分成大致相等的四份，取其中对角线的两份重新拌匀，再堆成锥体，重复上述过程，直至将样石子缩分到略大于表 12.3 规定的数量，然后烘干或风干备用。

表 12.3　卵石和碎石颗粒级配试验所需样石子数量

最大粒径/mm	9.5	<16.0	<19.0	<26.5	<31.5	<37.5	<63.0	<75.0
最少样石子质量/kg	1.9	3.2	3.8	5.0	6.3	7.5	12.6	16.0

称取按表 12.3 规定的数量石子一份，精确至 1g。将样石子按筛孔大小依次过筛，筛至每分钟通过量小于样石子总量的 0.1%时停止，称出各号筛上的筛余量，精确至 1g。所有筛子的分计筛余量和筛底的剩余量总和同原样石子质量之差超过 1%时，需重新试验。过筛时对于颗粒大于 19.0mm 的允许用手指拨动。

4) 试验结果计算与评定

(1) 计算分计筛余百分率：各号筛的筛余量与样石子总质量之比，计算精确至 0.1%。

(2) 计算累计筛余百分率：该号筛的筛余百分率加上该号筛以上各分计筛余百分率之和，精确至 1%。

(3) 根据各号筛的累计筛余百分率并根据相关标准，判断该样石子的颗粒级配和粒级规格。

2. 卵石或碎石的表观密度试验(广口瓶法)

1) 试验目的

测定石子的表观密度，作为评定石子的质量和混凝土配合比设计的依据。本方法不测定最大粒径大于 37.5mm 的卵石或碎石的表观密度。

2) 试验时所用的主要仪器设备

(1) 方孔筛：孔径为 4.75mm 的筛子一只。

(2) 烘干箱：能使温度升至(105 ± 5)℃，并可恒温控制。

(3) 天平：称量 2kg，感量 1g。

(4) 广口瓶：容量 1000mL，磨口、带玻璃片。

(5) 搪瓷盘、温度计、毛巾等。

3) 试验过程

用四分法取样并缩至略大于表 12.4 中规定的数量，风干后用 4.75mm 的筛子筛除小于 4.75mm 的颗粒，然后洗净，分为大致相等的两份备用。

表 12.4　卵石或碎石表观密度试验所需样石子数量

最大粒径/mm	<26.5	<31.5	<37.5	<63.0	<75.0
最少样石子质量/kg	2.0	3.0	4.0	6.0	6.0

(1) 将样石子浸水饱和，转入广口瓶内，注入饮用水，上下左右摇晃排出空气气泡。

(2) 气泡排完后向瓶内加水至瓶口，用玻璃片沿瓶口迅速滑动，使其紧贴瓶口的水面，然后擦干瓶外的水分，称出样石子、水、广口瓶和玻璃片的总质量 m_1，精确至 1g。

(3) 将广口瓶中的样石子倒入搪瓷盘内，放在烘干箱中于(105 ± 5)℃下烘干至恒重，待冷却至室温后，称其质量 m_0，精确至 1g。

4) 试验结果计算与评定

(1) 石子的表观密度 ρ_0 按下式计算，精确至 10kg/m^3：

$$\rho_0 = \frac{m_0}{m_0 - m_2 - m_1} \times \rho_{水}$$

式中，ρ_0 为表观密度(kg/m^3)；m_0 为烘干后样石子的质量(g)，m_1 为样石子、水、广口瓶和玻璃片的总质量(g)；m_2 为水、广口瓶和玻璃片的总质量(g)；$\rho_{水}$ 为水的密度(1000kg/m^3)。

(2) 表观密度取两次试验结果的算术平均值，两次试验结果之差大于 20kg/m^3 时，需重新试验。但对于颗粒材质不均匀的石子试样，若两次试验结果之差超过 20kg/m^3，可以允许取四次试验结果的算术平均值。

3. 卵石或碎石的堆积密度与空隙率试验

1) 试验目的

测定石子的松散堆积密度、紧密堆积密度和空隙率，作为混凝土配合比设计和一般应用的技术资料。

2) 试验所用主要仪器设备

(1) 磅秤：称量 50kg 或 100kg，感量 50g。

(2) 台秤：称量 10kg，感量 10g。

(3) 容量筒：根据石子最大粒径按表 12.5 选定。

表 12.5　石子容量筒选用

石子最大粒径/mm	容量筒容积/L
9.5、16.0、19.0、26.5	10
31.5、37.5	20
53.0、63.0、75.0	30

(4) 垫棒：长为 600mm、直径为 16mm 的圆钢。

(5) 直尺、小铲和其他工具等。

3) 试验过程

同前取样规定取样石子并烘干或风干后拌匀，分成两份样石子备用。

(1) 松散堆积密度。

取样石子一份，用小铲从容量筒口上方中心 50mm 处慢慢倒入，让样石子以自由落体落入筒中，当容量筒装满时，除去凸出筒口表面的石子，然后用适合的石子填入凹陷部分，使筒口表面稍凸起部分和凹陷部分的体积大致相等，此过程不准触动容量筒，称出样石子和容量筒的总质量 m_1，最后再称出空容量筒的质量 m_2。

(2) 紧密堆积密度。

取另一份备用的样石子，分三次装入容量筒。装完第一层后，在筒底垫放一根直径为 16mm 的圆钢，将筒按住，左右变替冲击地面各 25 次，再装入第二层，同前方法颠实，但下垫的圆钢方向与颠实第一层时方向相互垂直，最后装入第三层，同前颠实。样石子装筒完毕，再加装样石子，直至超过筒口，用钢尺沿筒口边缘刮去高出的石子，并用适当的石子填平，称出样石子和容量筒的总质量，精确至 10g。

4) 试验结果计算与评定

(1) 松散堆积密度或紧密堆积密度 ρ_1 按下式进行计算，精确至 10kg/m^3：

$$\rho_1 = \frac{m_1 - m_2}{V}$$

式中，ρ_1 为石子的松散堆积密度或紧密堆积密度 (kg/m^2)；m_1 为容量筒和样石子的总质量 (g)；m_2 为容量筒的质量 (g)；V 为容量筒的容积 (L)。

(2) 石子的空隙率 P 按下式进行计算，精确至 1%：

$$P = \left(1 - \frac{\rho_1}{\rho_0}\right) \times 100\%$$

式中，P 为石子的空隙率 (%)；ρ_1 为石子的松散或紧密的堆积密度 (kg/m^3)；ρ_0 为石子的计算表观密度 (kg/m^3)。

(3) 堆积密度取两次试验结果的算术平均值，精确至 10kg/m^3；空隙率取两次试验结果的算术平均值，精确至 1%。

4. 碎石或卵石中含泥量试验 (JGJ 52—2006)

1) 试验目的

测定碎石或卵石中的含泥量。

2) 试验所用主要仪器设备

(1) 秤：称量 20kg，感量 20g。

(2) 烘箱：温度控制范围为 (105 ± 5) ℃。

(3) 试验筛：筛孔公称直径为 1.25mm 及 80μm 的方形筛各一只。

(4) 容器：容积约 10L 的瓷盘或金属盒。

(5) 浅盘。

3) 试样制备规定

将样品缩分至表 12.6 中所规定的数量(注意防止细粉丢失)，然后置于温度为(105 ± 5)℃的烘干箱内烘至恒重，冷却至室温后分成两份备用。

表 12.6　含泥量试验所需试样最少质量

最大公称粒径/mm	10.0	16.0	20.0	25.0	31.5	40.0	63.0	80.0
试样量不少于/kg	2	2	6	6	10	10	20	20

4) 试验过程

(1) 称取试样一份(m_1)装入容器中摊平，并注入饮用水，使水面高出石子表面 150mm，用手在水中淘洗颗粒，使尘屑、淤泥和黏土与较粗颗粒分离，并使之悬浮或溶解于水。缓缓地将浑浊液倒入公称直径为 1.25mm 及 80μm 的方孔套筛(1.25mm 筛放置上面)上，滤去小于 80μm 的颗粒。试验前筛子的两面应先用水湿润。在整个试验过程中应注意避免大于 80μm 的颗粒丢失。

(2) 再次加水于容器中，重复上述过程，直至洗出的水清澈。

(3) 用水冲洗剩留在筛上的细粒，并将公称直径为 80μm 的方孔筛放在水中(使水面略高出筛内颗粒)来回摇动，以充分洗除小于 80μm 的颗粒。然后将两只筛上剩留的颗粒和筒中已洗净的试样一并装入浅盘，置于温度为(105 ± 5)℃的烘箱中烘干至恒重。取出冷却至室温后，称取试样的质量(m_1)。

5) 试验结果计算方法

碎石或卵石中含泥量 ω_c 应按下式计算，精确至 0.1%：

$$\omega_c = \frac{m_0 - m_1}{m_0} \times 100\%$$

式中，ω_c 为含泥量(%)；m_0 为试验前烘干试样的质量(g)；m_1 为试验后烘干试样的质量(g)。

以两个试样试验结果的算术平均值作为测定值。两次结果之差大于 0.2%时，应重新取样进行试验。

5. 碎石或卵石中泥块含量试验(JGJ 52—2006)

1) 试验目的

测定碎石或卵石中泥块的含量。

2) 试验所用主要仪器设备

(1) 秤：称量 20kg，感量 20g。

(2) 试验筛：筛孔公称直径为 2.50mm 及 5.00mm 的方孔筛各一只。

(3) 水筒及浅盘等。

(4) 烘箱：温度控制范围为(105 ± 5)℃。

3) 试样制备规定

将样品缩分至略大于表 12.6 中所规定的量，缩分时应防止所含土块被压碎。缩分后的试样在(105 ± 5)℃烘箱内烘干至恒重，冷却至室温后分成两份备用。

4) 试验过程

(1) 筛去公称粒径在 5.00mm 以下颗粒，称取质量(m_1)。

(2)将试样在容器中摊平，加入饮用水使水面高出试样表面，24h 后把水放出，用手碾压泥块，然后把试样放在公称直径为 2.50 mm 的方孔筛上摇动淘洗，直至洗出的水清澈。

(3)将筛上的试样小心地从筛中取出，置于温度为(105 ± 5)℃烘箱中烘干至恒重。冷却至室温后称取质量(m_2)。

5)试验结果计算方法

泥块含量应按下式计算，精确至 0.1%：

$$\omega_{c,L} = \frac{m_1 - m_2}{m_1} \times 100\%$$

式中，$\omega_{c,L}$ 为泥块含量(%)；m_1 为公称直径为 5mm 筛筛余量(g)；m_2 为试验后烘干试样的质量(g)。

以两个试样试验结果的算术平均值作为测定值。若两次结果的差值大于 0.2%，则重新取样进行试验。

6. 碎石或卵石中针状和片状颗粒的总含量试验(JGJ 52—2006)

1)试验目的

测定碎石或卵石中针状和片状颗粒的总含量。

2)试验所用主要仪器设备

(1)针状规准仪和片状规准仪或游标卡尺。

(2)天平和秤：天平的称量 2kg，感量 2g；秤的称量 20kg，感量 20g。

(3)试验筛：筛孔公称直径分别为 5.00mm、10.0mm、20.0mm、25.0mm、31.5mm、40.0mm、63.0mm 和 80.0mm 的方孔筛各一只，根据需要选用。

(4)卡尺。

3)试样制备规定

将样品在室内风干至表面干燥并缩分至表 12.7 规定的数量，然后筛分成表 12.8 所规定的粒级备用。

表 12.7　针状和片状颗粒的总含量试验所需的试样最少质量

最大公称粒径/mm	10.0	16.0	20.0	25.0	31.5	≥40.0
试样最少质量/kg	0.3	1	2	3	5	10

表 12.8　针状和片状颗粒的总含量试验的粒级划分及其相应的规准仪孔宽或间距

公称粒径/mm	5.00～10.0	10.0～16.0	16.0～20.0	20.0～25.0	25.0～31.5	31.5～40.0
片状规准仪上相对应的孔宽/mm	2.8	5.1	7.0	9.1	11.6	13.8
针状规准仪上相对应的间距/mm	17.1	30.6	42.0	54.6	69.6	82.8

4)试验过程

(1)按表 12.8 所规定的粒级用规准仪逐粒对试样进行鉴定，凡粒级长度大于针状规准仪上相对应的间距的为针状颗粒，厚度小于片状规准仪上相应孔宽的为片状颗粒。

(2)公称粒径大于 40mm 的可用卡尺鉴定其针片状颗粒，卡尺卡口的设定宽度应符合表 12.9 的规定。

表 12.9　公称粒径大于 40mm 粒级颗粒用卡尺卡口的设定宽度

公称粒径/mm	40.0～63.0	63.0～80.0
片状颗粒的卡口宽度/mm	18.1	27.6
针状颗粒的卡口宽度/mm	108.6	165.6

(3) 称取由各粒级挑出的针状和片状颗粒的总质量(m_1)。

5) 试验结果计算方法

碎石或卵石中针状和片状颗粒的总含量应按下式进行计算(精确至 1%)：

$$\omega_P = \frac{m_1}{m_0} \times 100\%$$

式中，ω_P 为针状和片状石子的总含量(%)；m_1 为试样中所含针状和片状颗粒的总质量(g)；m_0 为试样的总质量(g)。

7. 碎石或卵石的压碎值指标试验(JGJ 52—2006)

1) 试验目的

测定碎石或卵石抵抗压碎的能力，以间接地推测其相应的强度。

2) 试验所用主要仪器设备

(1) 压力试验机：荷载 300kN。

(2) 压碎值指标测定仪。

(3) 秤：称量 5kg，感量 5g。

(4) 试验筛：筛孔公称直径为 10.0mm 和 20.0mm 的方孔筛各一只。

3) 试样制备规定

(1) 标准试样一律采用公称粒径为 10.0～20.0mm 的颗粒，并在风干状态下进行试验。

(2) 对多种岩石组成的卵石，当其公称粒径大于 20.0mm 的颗粒的岩石矿物成分与 10.0～20.0mm 粒级有显著差异时，应将大于 20.0mm 的颗粒经人工破碎后，筛取 10.0～20.0mm 标准粒级另外进行压碎值指标试验。

(3) 将缩分后的样品先筛除试样中公称粒径 10.0mm 以下及 20.0mm 以上的颗粒，再用针状和片状规准仪剔除针状和片状颗粒，然后称取每份 3 kg 的试样 3 份备用。

4) 试验过程

(1) 置圆筒于底盘上，取试样一份，分两层装入圆筒。每装完一层试样后，在底盘下面垫放一直径为 10mm 的圆钢筋，将筒按住，左右交替颠击地面各 25 下。第二层颠实后，试样表面距盘底的高度应控制在 100mm 左右。

(2) 整平筒内试样表面，把加压头装好(注意应使加压头保持平正)，放到试验机上以 1kN/s 的速度均匀地加荷到 200kN，稳定 5s，然后卸荷，取出测定筒。倒出筒中的试样并称其质量(m_0)，用公称直径为 2.50mm 的方孔筛筛除被压碎的细粒，称量剩留在筛上的试样质量(m_1)。

5) 试验结果计算方法

碎石或卵石的压碎值指标 δ_a 应按下式计算(精确至 0.1%)：

$$\delta_a = \frac{m_0 - m_1}{m_0} \times 100\%$$

式中，δ_a 为压碎值指标(%)；m_0 为试样的质量(g)；m_1 为压碎试验后筛余的试样质量(g)。

多种岩石组成的卵石，应对公称粒径 20.0mm 以下和 20.0mm 以上的标准粒分别进行检验，则其总的压碎值指标 δ_a 应按下式计算：

$$\delta_a = \frac{a_1\delta_{a1} + a_2\delta_{a2}}{a_1 + a_2} \times 100\%$$

式中，δ_a 为总的压碎值指标(%)；a_1,a_2 为公称粒径 20.0mm 以下和 20.0mm 以上两粒级的颗粒含量百分率；δ_{a1},δ_{a2} 为两粒级以标准粒级试驻的分计压碎值指标(%)。

以三次试验结果的算术平均值作为压碎指标测定值。

12.4　混凝土性能检验

12.4.1　混凝土坍落度试验

1. 试验目的

坍落度为表示混凝土拌和物稠度的一种指标，测定的目的是判定混凝土稠度是否满足要求，同时作为配合比调整的依据。

本试验适用于坍落度不小于 10mm，骨料最大粒径不大于 40mm 的混凝土拌和物。

2. 试验仪具

(1)坍落度筒(图 12.9)：坍落度筒为铁板制成的截头圆锥筒，厚度不小于 1.5mm，内侧平滑，没有铆钉头之类的突出物，在筒上方约 2/3 高度处有两个把手，近下端两侧焊有两个踏脚板，保证坍落度筒可以稳定操作。

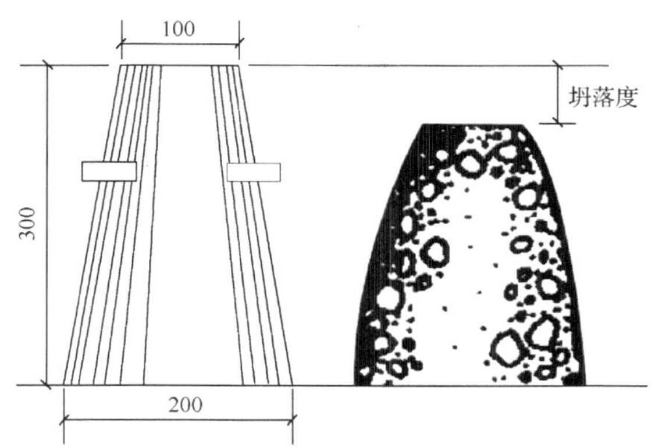

图 12.9　混凝土拌和物坍落度测定示意图

(2)捣棒：直径为 16mm，长约 650mm，并具有半球形端头的钢质圆棒。

(3)其他：小铲、木尺、小钢尺、抹刀和钢平板等。

3. 试验方法

(1)润湿坍落度筒和底板，在坍落度筒内壁和底板上应无明水。底板应放置在坚实的水平面上，并把筒放在底板中心，然后用脚踩住两边的踏脚板，坍落度筒在装料时应保持固定的位置。

(2) 将拌制的混凝土试样分三层均匀地装入筒内，使捣实后每层高度为筒高的 1/3 左右。每层用捣棒插捣 25 次，插捣应沿螺旋方向由外向中心进行，每次插捣应在截面上均匀分布。插捣筒边混凝土时，捣棒可以稍稍倾斜。插捣底层时，捣棒应贯穿整个深度，插捣第二层和顶层时，捣棒应插透本层至下一层的表面；浇灌顶层时，混凝土应灌到高出筒口。插捣过程中，若混凝土沉落到低于筒口，则应随时添加。顶层插捣完后，刮去多余的混凝土，并用抹刀抹平。

(3) 清除筒边底板上的混凝土后，垂直平稳地提起坍落度筒。坍落度筒的提离过程应在 5～10s 完成；从开始装料到提坍落度筒的整个过程应不间断地进行，并应在 150s 内完成。

(4) 提起坍落度筒后，测量筒高与坍落后混凝土试体最高点之间的高度差，即该混凝土拌和物的坍落度值；坍落度筒提离后，若混凝土发生崩坍或一边剪坏现象，则应重新取样另行测定；若第二次试验仍出现上述现象，则表示该混凝土和易性不好，应予记录备查。

(5) 测定坍落度的同时，可用目测方法评定混凝土拌和物的一些性质，具体见表 12.10，并记录备查。

表 12.10　混凝土拌和物目测性质评定标准表

目测性质	评定标准	分级		
棍度	按插捣混凝土拌和物时难易程度评定	上	中	下
		表示插捣容易	表示插捣时稍有石子阻滞的感觉	表示很难插捣
含砂情况	按拌和物外观含砂多少而评定	多	中	少
		表示用镘刀抹拌和物表面时，一两次即可使拌和物表面平整无蜂窝	表示抹五、六次才可使表面平整无蜂窝	表示抹面困难，不易抹平，有空隙及石子外露等现象
保水性	指水分从拌和物中析出程度。评定方法：坍落度筒提起后若有较多的稀浆从底部析出，锥体部分的混凝土也因失浆而骨料外露，则表明此混凝土拌和物的保水性能不好；若坍落度筒提起后无稀浆或仅有少量稀浆自底部析出，则表示此混凝土拌和物的保水性良好			
黏聚性	观测拌和物各组成分相互黏聚情况。评定方法：用捣棒在已坍落的混凝土锥体侧面轻轻敲打，此时如果锥体逐渐下沉，则表示黏聚性良好；若锥体倒塌、部分崩裂或出现离析现象，则表示黏聚性不好			

(6) 当混凝土拌和物的坍落度大于 220mm 时，用钢尺测量混凝土扩展后最终的最大直径和最小直径，在这两个直径之差小于 50mm 的条件下，用其算术平均值作为坍落扩展度值；否则，此次试验无效。

若发现粗骨料在中央集堆或边缘有水泥浆析出，表示此混凝土拌和物抗离析性不好，应予记录。

4. 试验结果

混凝土拌和物坍落度和坍落扩展度值以 mm 为单位，测量精确至 1mm，结果表达修约至 5mm。

12.4.2 混凝土拌和物的和易性检验——维勃稠度法

1. 试验原理及方法

通过测定混凝土拌和物在外力作用下由圆台状均匀摊平所需要的时间，评定混凝土的流动性是否满足施工要求。

本方法适用于骨料最大粒径不大于 40mm，维勃稠度在 5～30s 的混凝土拌和物稠度的测定。

2. 试验目的

测定混凝土拌和物的维勃稠度值，用以评定混凝土拌和物坍落度在 10mm 以内的混凝土的流动性，确定试验室配合比，检验混凝土拌和物和易性是否满足施工要求，并制成服务行业标准要求的试件，以便进一步确定混凝土的强度。

3. 主要仪器

维勃稠度仪：如图 12.10 所示。

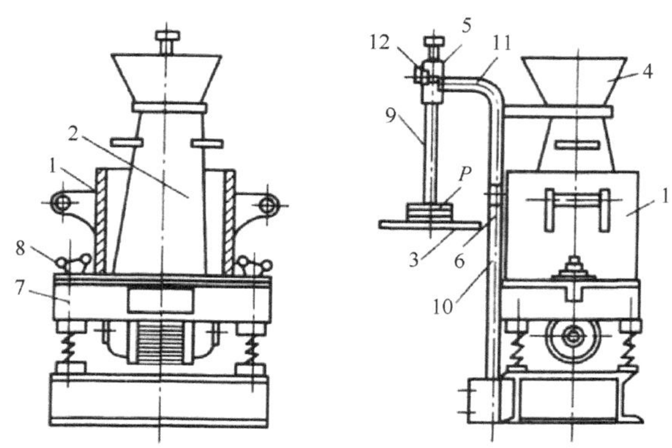

图 12.10 维勃稠度仪

1-容器；2-坍落度筒；3-圆盘；4-料斗；5-套管；6-定位螺钉；7-振动台；8-导向器；9-测杆；10-支柱；11-旋转架；12-测杆螺钉

振动台面的台面长 380mm，宽 260mm，支撑在 4 个减振器上，台面底部安有频率为 (50 ± 3) Hz 的振动器。装有容器时台面的振幅应为 (0.5 ± 0.1) mm。容器 1 由钢板制成，内径为 (240 ± 5) mm，高为 (200 ± 2) mm，筒壁厚为 3mm，筒底厚为 7.5mm。坍落度筒 2 无侧端的脚踏板。

4. 混凝土维勃稠度仪测试步骤

(1) 把本仪器放在坚实水平的平台上，用湿布把容器、坍落度筒、喂料口内壁及其他用具湿润。

(2) 将喂料口提到坍落度筒上方扣紧，校正容器位置，使其轴线与喂料口轴线重合，然后拧紧蝶形螺母。

(3) 把按要求取得的混凝土试样用小铲将料分三层装入坍落度筒内，每层料捣实后约为高度的 1/3，每层截面上用捣棒均匀插捣 25 下，插捣第二层和顶层时应插透本层，并使捣棒刚刚进入下一层顶层，插捣完毕后刮平顶面。

(4) 使喂料口、圆盘转离，垂直地提起坍落度筒，此时并应注意不使混凝土试样产生横向扭动。

(5) 把透明圆盘转到混凝土圆台体顶面，放松定位螺丝，降下圆盘，使其能轻轻接触到混凝土顶面。

(6) 按控制器“启动/停止”按钮，同时按下秒表计时，当振动到透明圆盘的底面被水泥浆布满的瞬间再按“启动/停止”按纽，同时按下秒表停止计时，振动停止，读出秒表数值(单位为 s)即该混凝土拌和物的维勃稠度值。

注：若提起坍落度筒，试体坍边或剪坏，则试样作废并另取试样重做，若连续两次都发生这些现象，则所取混凝土不能进行这项试验。

12.4.3　混凝土立方体抗压强度

1. 试验目的

了解并掌握混凝土的强度指标；学会抗压试验的测量方法。

2. 试验基本原理

根据混凝土立方体抗压强度可以评定混凝土强度等级。

3. 试验仪器设备

(1) 压力试验机或万能试验机。精度示值的相对误差应在 2%以内。
(2) 试模。由铸铁或钢制成的立方体，规格视骨料最大粒径选用(表 12.11)。
(3) 标准养护室。温度为 20℃、相对湿度大于 90%。
(4) 振动台。频率为 50Hz，空载振幅为 0.5mm。
(5) 捣棒、小铁铲、金属直尺、镘刀等。

表 12.11　试模尺寸与骨料最大粒径、插捣次数选用表

试模内径尺寸/mm	骨料最大粒径/mm	每层插捣次数	每组约需混凝土量/kg
100×100×100	30	12	9
150×150×150	40	27	30
200×200×200	60	50	65

4. 试件制备

(1) 按表 12.11 选择同规格的试模 3 只组成一组。将试模拧紧螺栓并清刷干净，内壁涂一薄层矿物油，编号待用。

(2) 试模内装的混凝土应是同一次拌和的拌和物。坍落度小于或等于 70mm 的混凝土，试件成形宜采用振动振实；坍落度大于 70mm 的混凝土，试件成形宜采用捣棒人工捣实。

① 振动台成形试件：将拌和物一次装入试模并稍高出模口，用镘刀沿试模内壁略加插捣后，移至振动台上，启动振动台，振动直至表面呈现水泥浆，刮去多余拌和物并用镘刀沿模口抹平。

② 捣棒人工捣实成形试件：将拌和物分两层装入试模，每层厚度大致相等。插捣按螺旋方向从边缘向中心均匀进行。插捣底层时，捣棒应贯穿整个深度，插捣上层时，捣棒应插入下层深度 20～30mm。插捣时捣棒应保持垂直不得倾斜，并用抹刀沿试模内壁插入数次，以防止试件产生麻面。每层插捣次数见表 12.11，然后刮去多余拌和物，并用镘刀抹平。

③ 成形后的试件应覆盖，防止水分蒸发，并在室温为 20℃环境中静置 1～2 昼夜(不得超过两昼夜)，拆模编号。

④ 拆模后的试件立即放在标准养护室内养护。试件在养护室内置于架上，试件间距离应保持 10～20mm，并避免用水直接冲刷。

注：当缺乏标准养护室时，混凝土试件允许在温度为 20℃的静水中养护；同条件养护的混凝土试样，拆模时间应与实际构件相同，拆模后也应放置在该构件附近与构件同条件养护。

5. 测定步骤

试件从养护地点取出后，应尽快进行试验，以免试件内部的温湿度发生显著变化。

(1)将试件擦拭干净，测量尺寸，并检查外观。试件尺寸测量精确至 1mm，据此计算试件的承压面积。若实测尺寸与公称尺寸之差不超过 1mm，则可按公称尺寸进行计算。

试件承压面的不平度应为每 100mm 长不超过 0.05mm，承压面与相邻面的不垂直度不应超过±1°。

(2)将试件安放在试验机的下压板上，试件的承压面应与成形时的顶面垂直。试件的中心应与试验机下压板中心对准。

(3)启动试验机，当上压板与试件接近时，调整球座，使接触均衡。

(4)应连续而均匀地加荷，预计混凝土强度等级小于 C30 时，加荷速度每秒 0.3～0.5MPa；混凝土强度等级大于或等于 C30 时，加荷速度每秒 0.5～0.8MPa。当试件接近破坏而开始迅速变形时，停止调整试验机油门，直至试件破坏，然后记录破坏荷载。

6. 数据记录及数据处理或结果分析

试件的抗压强度 f_{cu} 按下式计算(精度至 0.1MPa)，即

$$f_{cu}=\frac{P}{A}$$

式中，P 为破坏载荷(N)；A 为试件承压面积(mm^2)。

强度值的确定应符合下列规定：三个试件测值的算术平均值作为该组试件的强度值(精确到 0.01MPa)；三个测值中的最大值或最小值中，若有一个与中间值的差值超过中间值的 15%时，取中间值作为该组试件的抗压强度值；若最大值或最小值与中间值的差均超过中间值的 15%，则该组试件的试验结果无效。

抗压强度试验的标准立方体尺寸为 150mm×150mm×150mm，用其他尺寸试件测得的抗压强度值均应乘以相应的换算系数。

12.5　烧结砖试验

12.5.1　取样

验收检验砖样的抽取应在供方堆场上，由供需双方人员会同进行。强度等级试验抽取砖样 10 块。试样制备如下。

(1)将砖样切断或锯成两个半截砖，断开的半截砖长不得小于 100mm。如果不足 100mm，则应另取备用试样补足。

(2)在试样制备平台上，将已断开的半截砖放入室温的净水中浸 10～20min 后取出，并以断口相反方向叠放，两者中间用厚度不超过 5mm 的水泥净浆黏结。水泥净浆采用强度等级为 32.5MPa 的普通硅酸盐水泥调制，要求稠度适宜。上下两面用厚度不超过 3mm 的同种水泥净浆抹平。制成的试件上下两面必须互相平行，并垂直于侧面。

(3) 试样的养护。制成的抹面试件应置于温度不低于 10℃的不通风室内养护 3d。

12.5.2 尺寸偏差检测

1. 试验目的

了解烧结砖的尺寸测量。

2. 主要仪器设备

砖用卡尺(图 12.11)，分度值为 0.5mm。

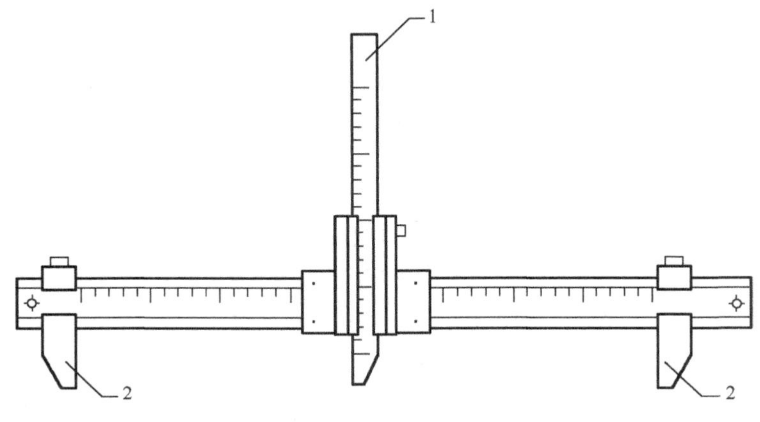

图 12.11 砖用卡尺

1-垂直尺；2-支脚

3. 试验步骤

长度应在砖的两个大面的中间处分别测量两个尺寸；宽度应在砖的两个大面的中间处分别测量两个尺寸；高度应在两个条面的中间处分别测量两个尺寸，如图 12.12 所示，当被测处有缺损或凸出时，可在其旁边测量，但应选择不利的一侧，每一方向尺寸以两个测量值的算术平均值表示，精确至 0.5mm。

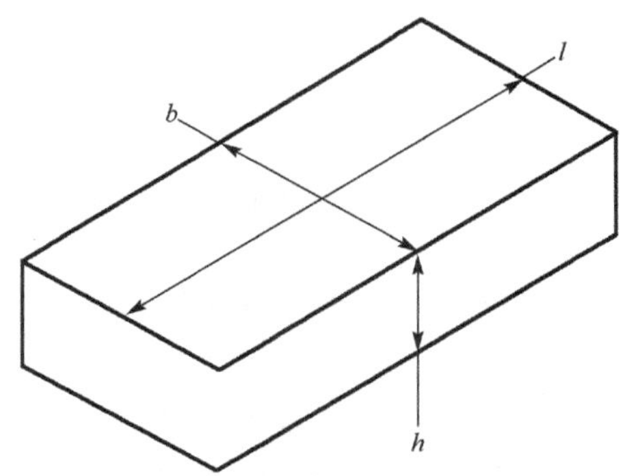

图 12.12 尺寸量法

l-长度；*b*-宽度；*h*-高度

4. 试验结果计算及评价

结果分别以长度、高度和宽度的最大偏差值表示，不足 1mm 的按 1mm 计。尺寸允许偏差应符合表 12.12 的规定。

表 12.12　尺寸允许偏差

（单位：mm）

公称尺寸	优等品		一等品		合格品	
	样本平均偏差	样本极差	样本平均偏差	样本极差	样本平均偏差	样本极差
240	±2.0	≤6	±2.5	≤7	±3.0	≤8
115	±1.5	≤5	±2.0	≤6	±2.5	≤7
53	±1.5	≤4	±1.6	≤5	±2.0	≤6

12.5.3　外观质量检测

1. 试验目的

了解烧结砖的外观质量的评价。

2. 主要仪器设备

(1) 砖用卡尺：分度值为 0.5mm。

(2) 钢直尺：分度值不应大于 1mm。

3. 试验方法

1) 缺损

(1) 缺棱掉角在砖上造成的破损程度，以破损部分对长、宽、高三个棱边的投影尺寸来度量，称为破坏尺寸，如图 12.13 所示。

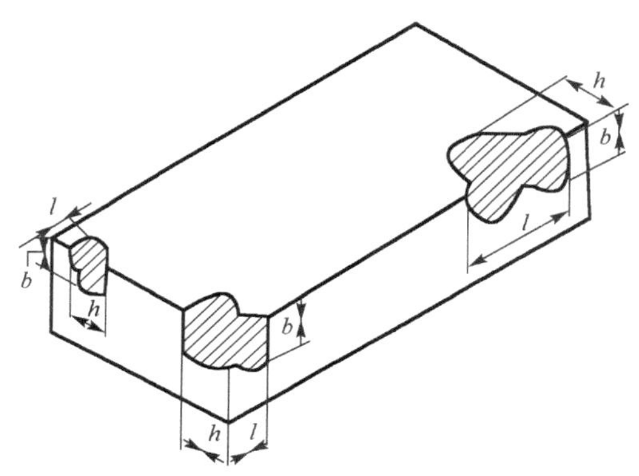

图 12.13　缺棱掉角破坏尺寸量法(单位：mm)

l–长度方向的投影尺寸；*b*–宽度方向的投影尺寸；*h*–高度方向的投影尺寸

(2) 缺损造成的破坏面，是指缺损部分对条、顶面(空心砖为条、大面)的投影面积，如图 12.14 所示。空心砖内壁残缺及肋残缺尺寸，以长度方向的投影尺寸来度量。

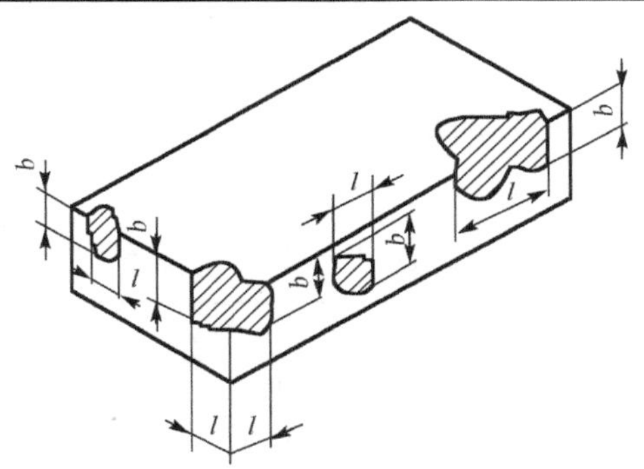

图 12.14　缺损在条、顶面上造成破坏面量法(单位：mm)

l–长度方向的投影尺寸；b–宽度方向的投影尺寸

2) 裂纹

(1) 裂纹分为长度方向、宽度方向和水平方向，以被测方向的投影长度表示。如果裂纹从一个面延伸至其他面上，则累计其延伸的投影长度，如图 12.15 所示。

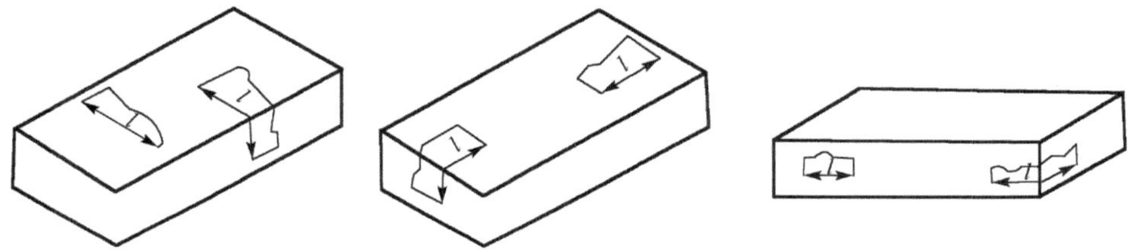

(a) 宽度方向裂纹长度量法　(b) 长度方向裂纹长度量法　(c) 水平方向裂纹长度量法

图 12.15　裂纹长度量法(单位：mm)

(2) 多孔砖的孔洞与裂纹相通时，则将孔洞包括在裂纹内一并测量，如图 12.16 所示。

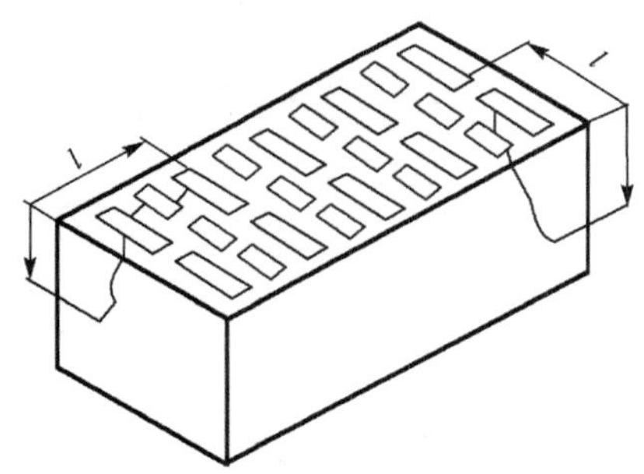

图 12.16　多孔砖裂纹通过孔洞时长度量法(单位：mm)

l–裂纹总长度

(3) 裂纹长度以在三个方向上分别测得的最长裂纹作为测量结果。

3) 弯曲

(1) 弯曲分别在大面和条面上测量，测量时将砖用卡尺的两支脚沿棱边两端放置，择其弯曲最大处将垂直尺推至砖面，如图 12.17 所示。但不应将因杂质或碰伤造成的凹处计算在内。

(2) 以弯曲中测得的较大者作为测量结果。

4) 杂质凸出高度

杂质在砖面上造成的凸出高度，以杂质距砖面的最大距离表示。测量将砖用卡尺的两支脚置于凸出两边的转平面上，以垂直尺测量，如图 12.18 所示。

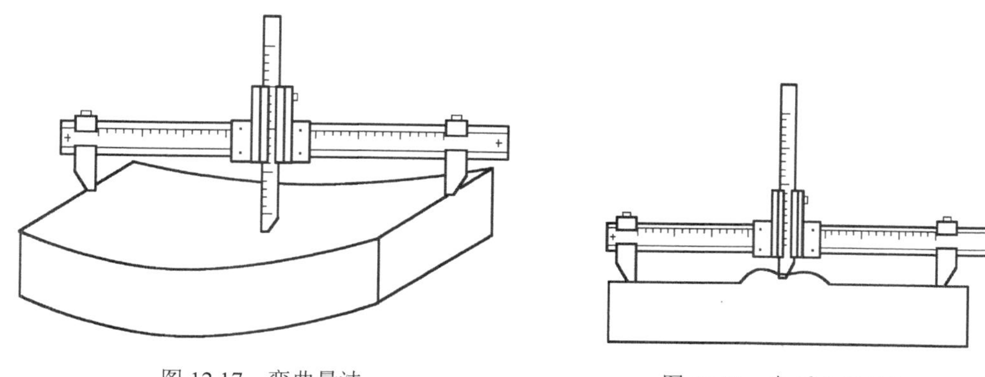

图 12.17　弯曲量法　　图 12.18　杂质凸出量法

5) 色差

装饰面朝上随机分两排并列，在自然光下距离砖样 2m 处目测。

4. 试验结果处理

外观测量结果以 mm 为单位，不足 1mm 者，按 1mm 计。砖的外观质量应符合表 12.13 的规定。

表 12.13　外观质量　（单位：mm）

项　目		优等品	一等品	合格
两条面高度差，≤		2	3	4
弯曲，≤		2	3	4
杂质凸出高度，≤		2	3	4
缺棱掉角的三个破坏尺寸，不得同时大于		5	20	30
裂纹长度，≤	① 大面上宽度方向及其延伸至条面的长度	30	60	80
	② 大面上长度方向及其延伸至顶面的长度或条顶面上水平裂纹的长度	50	80	100
完整面[a]，不得少于		二条面和二顶面	一条面和一顶面	
颜色		基本一致	—	—

注：为装饰面施加的色差，凹凸纹、拉毛、压花等不算作缺陷。a 表示凡是下列缺陷之一者，不得称为完整面。

① 缺损在条面或顶面上造成的破坏面尺寸同时大于 10mm×10mm

② 条面或顶面上裂纹宽度大于 1mm，其长度超过 30mm

③ 压陷、黏底、焦花在条面或顶面上的凹陷或凸出超过 2mm，区域尺寸同时大于 10mm×10mm

12.5.4 烧结砖抗压强度测定

1. 试验目的

了解烧结砖抗压强度的测试方法。

2. 主要仪器设备

(1) 材料试验机：试验机的示值相对误差不超过±1%，其上、下加压板至少应有一个球铰支座，预期最大破坏荷载应在量程的 20%～80%。

(2) 钢直尺：分度值不应大于 1mm。

(3) 振动台、制样模具、搅拌机。

(4) 切割设备。

(5) 抗压强度试验用净浆材料。

3. 试样数量

试样数量为 10 块。

4. 试样制备

(1) 将试样锯成两个半截砖，两个半截砖用于叠合部分的长度不得小于 100mm，如图 12.19 所示。如果不足 100mm，则应另取备用试样补足。

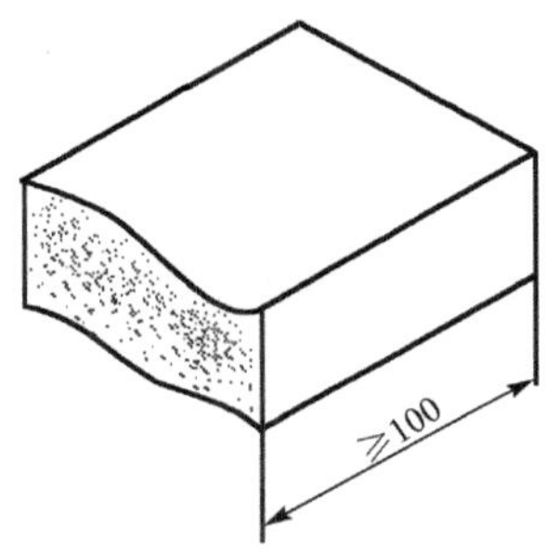

图 12.19　半截砖长度示意图(单位：mm)

(2) 将已切割开的半截砖放入室温的净水中浸 20～30min 后取出，在铁丝网架上滴水 20～30min，以断口相反方向装入制样模具中。用插板控制两个半砖间距不应大于 5mm，砖大面与模具间距不应大于 3mm，砖断面、顶面与模具间垫以橡胶垫或其他密封材料，模具内表面涂油或脱模剂。制样模具及插板如图 12.20 所示。

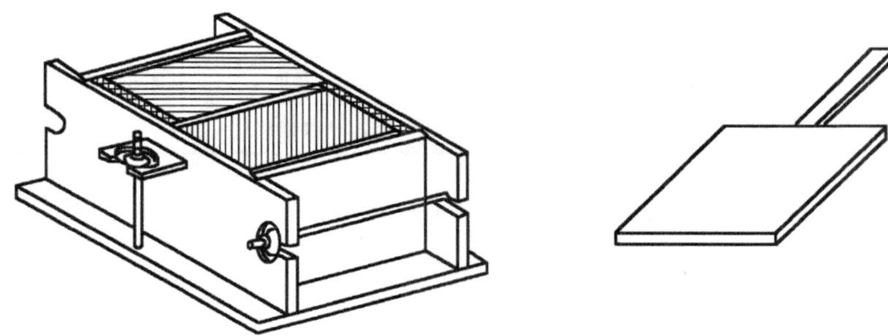

图 12.20　制样模具及插板

(3) 将净浆材料按照配制要求，置于搅拌机中搅拌均匀。

(4) 将装好试样的模具置于振动台上，加入适量搅拌均匀的净浆材料，振动 0.5～1min，停止振动，静置至净浆材料达到初凝时间(15～19min)后拆模。

5. 试样养护

制样在不低于 10℃的不通风室内养护 4h。

6. 试验步骤

(1) 测量每个试样连接面或受压面的长、宽尺寸各两个，分别取其平均值，精确至 1mm。

(2) 将试样平放在加压板的中央，垂直于受压面加荷，应均匀平稳，不得发生冲击或振动。加荷速度以(2～6) kN/s 为宜，直至试样破坏，记录最大破坏载荷 P。

7. 试验结果计算与评定

每块试样的抗压强度 R_P 按下式计算：

$$R_P = \frac{P}{L \times B}$$

式中，R_P 为抗压强度(MPa)；P 为最大破坏载荷(N)；L 为受压面(连接面)的长度(mm)；B 为受压面(连接面)的宽度(mm)。

试验结果以试样抗压强度的算术平均值和标准值或单块最小值表示。抗压强度应符合表 12.14 的规定。

表 12.14　抗压强度

(单位：mm)

强度等级	抗压强度平均值，≥	变异系数 $\delta \leqslant 0.21$	变异系数 $\delta > 0.21$
		强度标准值 f_k，≥	单块最小抗压强度值 f_{min}，≥
MU30	30.0	22.0	25.0
MU25	25.0	18.0	22.0
MU20	20.0	14.0	16.0
MU15	15.0	10.0	12.0
MU10	10.0	6.5	7.5

12.6　沥 青 试 验

1. 试验目的

通过试验掌握沥青三大指标的测试方法，测定结果可以用来评定沥青的技术等级。

2. 取样数量及方法

半固体或固体沥青取样不少于 1.5kg；液体沥青取样不少于 1L；沥青乳液取样不少于 4L。沥青的取样方法如下。

方法一：从袋、桶、箱装石油沥青中取样时，应从样品表面以下、容器侧面向中心至少 5cm 处采集。若为固体沥青，则取样前应先用清洁的工具将块状沥青打碎，再取样；若为半固体沥青，则取样前需用清洁的合适工具将其切割，再取样。

方法二：从有搅拌设备的储油罐中取样沥青时，先充分搅拌，再从沥青中部按规定量进行取样；若为无搅拌设备的储油罐取样，应分别从液面的上、中、下三个位置取样，充分搅拌后，再取规定量的沥青。

方法三：从存储池中取样沥青时，沥青经沥青泵或管道流入加热锅后，分间隔从每锅取三个样品，充分搅拌均匀后按规定量取样沥青。

12.6.1 针入度的测定

1. 试验目的

测定石油沥青的针入度，可以确定其黏稠程度，可以用针入度大小区别石油沥青的标号。

2. 试验设备

(1) 针入度仪如图 12.21 所示。不同针入度的石油沥青试样皿如表 12.15 所示。

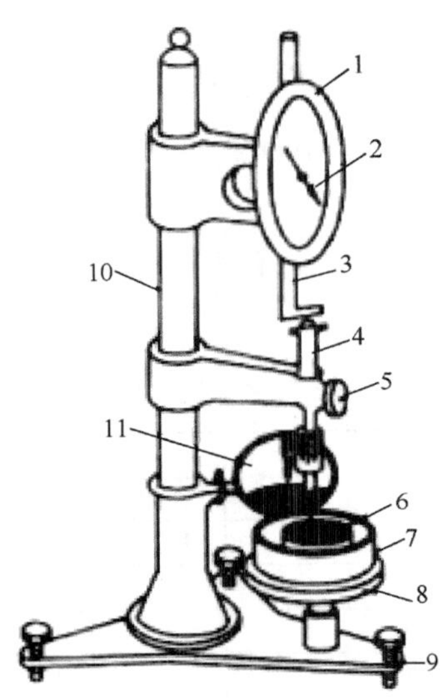

图 12.21　针入度仪

1-刻度盘；2-指针；3-活动齿杆；4-带针的圆杆；5-按钮；6-试样；7-玻璃皿；8-旋转圆台；9-基座；10-支柱；11-反光镜

(2) 其他设备。

标准针针长约 50mm，针尖呈角度为 8°40′～9°40′圆锥形。

表 12.15　不同针入度的石油沥青试样皿

针　入　度	试样皿内径/mm	深度/mm
<40	33～55	8～16
<200	55	35
200～350	55～75	45～70
350～500	55	70

恒温水浴容量不小于 10L，并且保持温度在试验温度的± 0.1℃范围内。在距离水浴底 50mm 上方应放置一个带孔的支架，该支架距离水面不少于 100mm。

平底玻璃皿容量不小于 350ml，深度应没过最大的试样皿，内部设有一个不锈钢三角支架，用以确保试样皿的稳定。

液体玻璃温度计刻度范围为–8～55℃，分度值为 0.1℃，并且应定期按液体玻璃温度计检定方法进行校正。

计时器刻度不大于 0.1s，60s 间隔内准确度达到± 0.1s 的任意计时器均可使用。

3. 试样制备

将沥青试样加热并不断搅拌，加热时，温度不得超过其预计软化点的 90℃，时间不得超过 30min，搅拌过程中应避免起泡进入试样，还应用 0.3～0.5mm 的金属网过滤出试样中杂质部分。

将加热好的试样倒入事先准备好的试样皿中，倒入后的试样深度应大于预计针入深度 120%。在 15～30℃的空气中静置冷却，小试样皿冷却 1～1.5h，大试样皿冷却 1.5～2h。

将静置至规定时间的试样皿浸入保持测试温度的水浴中，小试样浸入 1～1.5h，大试样浸入 1.5～2h。恒温水浴的水应控制在试验温度± 0.1℃变化范围内，在某些不具备条件的情况下，可以允许将水温的波动范围控制在± 0.5℃之内。

4. 试验步骤

(1) 到达恒温时间后，取出试样皿，将其放入水温控制在试验温度± 0.1℃的平底玻璃皿中的三角支架上，试样表面以上的水层高度应不小于 10mm。

(2) 将盛有试样的平底玻璃皿放置在针入度计的平台上，必要时，可以选用适当位置的灯光反射或反光镜观察，缓缓放下针连杆，使针尖恰好与试样表面相接触。拉下刻度盘的拉杆，使其与针连杆顶端相接触，调节刻度盘使指针为零。

(3) 压紧按钮并启动秒表，使标准针自动下落穿进沥青试样中，到规定时间后，停压按钮，使针停止移动。

(4) 拉下活杆，使其与针连杆顶端相接触，读取刻度盘所显示的读数，此时的读数即试样的针入度。

(5) 同一试样至少进行三次平行试验，各测试点之间以及测试点与试样皿边缘间的距离应不得少于 10mm。每次试验前应将平底玻璃皿放入恒温水浴中，使平底玻璃皿的水温保持试验温度。每次试验应更换一根干净的标准针或将标准针取下用甲苯或其他溶剂擦拭干净，再用干净的布擦干使用。

(6) 测定针入度大于 200 的沥青试样时，至少用三根标准针，每次测定后将针留在试样中，直到三次平行试验测定完成后，才能把标准针取出。

5. 结果处理与评定

同一试样的平行试验测定值的最大值和最小值之差应在表 12.16 所示指定范围之内。三次测定值的算术平均值，取至整数即该试样的针入度试验结果。

表 12.16 针入度平行试验最大差值

针入度/mm	0～49	50～149	150～249	250～350	350～500
最大差值/mm	2	4	6	8	20

若计算结果超出上述范围，应重新进行试验。

12.6.2　延度的测定

1. 试验目的

测定沥青的延度值，主要是了解沥青的塑性性能。

2. 试验设备

(1) 延度仪。延度仪主要由传动螺杆、水槽、滑板和箱壁一侧的顶面标尺等组成。仪器在启动时应无明显振动，测试时将试样浸没于盛水的长方形容器中。

(2) 试模。试模是由两个锻模和两个侧模组成的，内廓呈“8”字形，如图 12.22 所示。

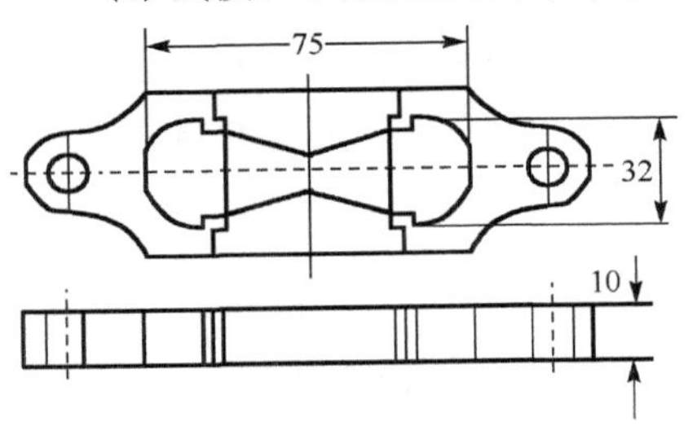

图 12.22　试模

(3) 磁皿或金属皿、温度计、水浴、电炉等。

(4) 材料：甘油滑石粉隔离剂(甘油与滑石粉质量比为 2∶1)。

3. 试样准备

(1) 将隔离剂拌和均匀，并涂抹于磨光的金属板与“8”字形试模的内廓表面并卡紧。

(2) 将除去水分的沥青试样加热熔化(温度不得高于预计软化点 90℃)，将熔化的沥青过筛后，充分搅拌直至均匀无气泡。再将试样往返多次慢慢注入试模中，并略高于试模平面。

(3) 将试件放置于 15～30℃的空气中冷却 30min，再放入温度为(25 ± 0.1) ℃的水浴中保持 30min 后取出。用刮刀刮去模具部分多余的沥青，使试样表面与模具齐平。最后将试件与金属板一同浸入(25 ± 0.1) ℃水浴中保持 1～1.5h。

4. 试验步骤

(1) 检查延度仪滑板的移动速度是否符合要求，再移动滑板使其指针对准测量标尺的零点位置。将试样移至水温保持在(25 ± 0.1) ℃的水浴中恒温 1h，将模具两侧的圆孔分别套在滑板和槽端的金属立柱上，水槽中水面与试样表面差距应不小于 25mm，然后取下侧模。

(2) 启动延度仪，观察试件的延伸情况。测定时，若沥青丝浮于水面或沉入槽底，则应向槽中加入食盐水或乙醇调整水的密度至与试样密度相近，再测定。

(3) 试样被拉断时，移动滑板上指针所指示的标尺上的读数即试样的延度，以 cm 表示。

5. 结果处理与评定

三个平行试样测试结果的算术平均值即沥青延度的测定结果。若三次测定结果的最小值小于均值的± 5%，此值应去除，其余两个结果中较高测试值的平均值可作为测定结果。

12.6.3　软化点测定

1. 试验目的

测定沥青的软化点，可以确定沥青的耐热性能。

2. 仪器设备

(1)软化点测定仪。软化点测定仪由底座、烧杯、支架、试样环、温度计、钢球、钢球定位器等组成，如图 12.23 所示。

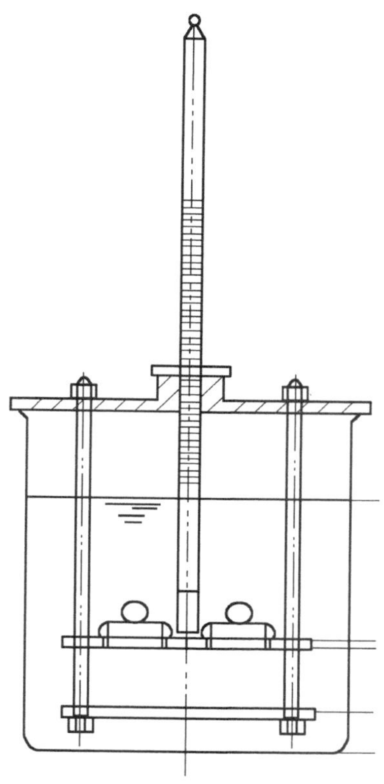

图 12.23　软化点测定仪

(2)其他设备。电炉、筛、玻璃片、刮刀等。

(3)材料。甘油滑石粉隔离剂(甘油和滑石粉质量比为 2∶1)、甘油、新煮沸过的蒸馏水。

3. 试样准备

(1)将铜环放于涂有隔离剂的玻璃片上，将脱水后的试样加热熔化，搅拌过筛后，将试样注入铜环内并略高于环面。试件在 15～30℃空气中冷却 30min 后，用刮刀刮平。

(2)将试件置于盛满水(适用于估计软化点不高于 80℃的试件)或甘油(适用于估计软化点高于 80℃的试件)的保温槽内，水温保持在(5 ± 0.5)℃或甘油温度保持在(32 ± 1)℃，恒温 15min。同时，钢球也放置于恒温的水或甘油中。

(3)向烧杯中注入新煮沸并冷却至 5℃的蒸馏水或 32℃的甘油，水面或甘油面略低于连接杆的深度标记。

4. 试验步骤

(1)从水或甘油保温槽中取出盛有试样的铜环置于环架中承板的圆孔中，套上钢球定位器，再把整个环架放入烧杯，调整水面或甘油面至深度标记。将温度计从上承板中心孔垂直插入，使温度计的水银球底部与铜环下面齐平。

(2) 将烧杯放于垫有石棉网的电炉上，将钢球放在试样顶部并立即加热，加热时要使烧杯内水或甘油温度在 3min 后保持每分钟上升 (5 ± 0.5) ℃。测定过程中，若温度上升速度超出该范围，试验应重做。

(3) 试样软化下坠至与下承板面接触时记录试验温度即沥青试样的软化点。

5. 结果处理与评定

两个平行测定结果的算术平均值即该沥青试样的软化点。当试样软化点小于 80℃时，重复性试验的允许差为 1℃；当试样软化点不小于 80℃时，重复性试验的允许差为 2℃。

12.7 防水卷材性能检测

12.7.1 防水卷材的卷重、面积、厚度和外观质量试验

1. 试验目的

评定卷材的卷重、面积、厚度和外观质量是否合格。

2. 取样

以同一类型、同一规格的防水卷材 10000m^2 为一批，不足 10000m^2 的也作为一个取样批，每批中随机抽取 5 卷，进行卷重、面积、厚度和外观质量试验。

3. 试验内容与要求

1) 卷重

用最小分度值为 0.2kg 的台秤称重每卷卷材的质量。

2) 面积

用最小分度值为 1mm 的卷尺在卷材两端和中部三处测量宽度、长度，以长度乘宽度的平均值求得每卷卷材面积。若有接头，则以量出的两段长度之和减去 150mm 计算。

当面积超出标准规定的正偏差时，按公称面积计算其卷重，当其符合最低卷重时，也评为合格。

3) 厚度

使用 10mm 直径接触面、单位面积压力为 0.2MPa、分度值为 0.01mm 的厚度计测量，保持时间为 5s。沿卷材宽度方向截取 50mm 宽的一条卷材 (50mm×100mm)，在宽度方向测量 5 点，距卷材长度边缘 (150 ± 15) mm 向内各取一点，在两点中均分取其余 3 点。对砂面卷材必须清除浮砂后再进行测量，记录测量值。计算出 5 点的平均值作为该卷材的厚度，以所抽取卷材数量的卷材厚度的总平均值作为该批产品的厚度，并记录最小单值。

4) 外观质量

将卷材立放在平面上，用一把钢板尺平放在卷材的端面上，用另一把最小分度值为 1mm

的钢板尺垂直伸入卷尺端面的凹面处，测得的数值即卷材端面的里间外出值。然后将卷材展开，按外观质量要求检查。沿宽度方向裁取 50mm 宽的一条，胎基内不应有未被浸透的条纹。

4. 试验评定原则

在所抽取 5 卷卷材中，各项检查结果都符合标准规定时，其卷重、面积、厚度和外观质量评为合格，否则，允许在该批试样中另取 5 卷，对不合格项目进行复检，若达到全部指标合格，则评为合格品，否则为不合格。

12.7.2 防水卷材的拉伸性能、不透水性和耐热性检测

1. 试验目的

评定卷材的拉伸性能、不透水性和耐热性是否合格。

2. 试样制备

在卷重、面积、厚度和外观质量都合格的卷材中，随机抽取一卷，将试样卷材切除距外层卷头 2500mm 后，顺纵向切取长度为 1000mm 的全幅卷材两块，一块进行物理力学性能试验，一块备用。按图 12.24 所示部位及表 12.17 中规定的数量，切取试件边缘与卷材纵向的距离不小于 100mm。

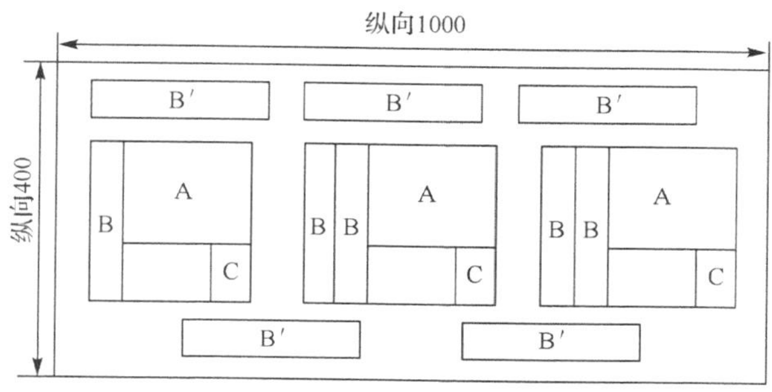

图 12.24　试样切取图

表 12.17　试件尺寸和数量

试验项目	试件代号	试件尺寸/mm	数量/个
不透水性	A	150×150	3
拉力及延伸率	B、B′	250×50	纵横各 5
耐热度	C	125×100	3

3. 试验内容

1) 拉力及最大拉力时的延伸率测定

(1) 试验所用设备及仪器。

拉力试验机，能同时测定拉力及延伸率，测量范围为 0～2000N，最小分度值不大于 5N，伸长范围能使夹具 180mm 间距伸长 1 倍，夹具夹持宽度不小于 50mm；试验温度为 (23 ± 2) ℃。

(2) 试验步骤。

将切好的试件放置在试验温度下不少于 24h。

校准试验机，拉伸速度为 100mm/min，将试件夹持在夹具中心，不准歪扭，上下夹具间距离为 180mm。

启动试验机，直至试件被拉断，记录最大拉力及最大拉力时的伸长值。

(3) 卷材最大拉力和最大拉力时的延伸率计算。

分别计算纵向或横向 5 个试件拉力的算术平均值作为卷材纵向或横向的拉力(N/50mm)。最大拉力时的延伸率按下式计算：

$$E = \frac{100 \times (L_1 - L_0)}{L}$$

式中，E 为卷材最大拉力时的延伸率(%)；L_1 为试件被拉断时夹具的间距(mm)；L_0 为试件拉伸前夹具的间距(mm)；L 为上下夹具间的距离，180mm。

分别计算纵向或横向 5 个试件的最大拉力时的延伸率值的算术平均值，作为卷材纵向或横向最大拉力时的延伸率。

2) 不透水性试验

(1) 试验仪器设备。

卷材不透水仪：三个透水盘(底盘内径为 92mm)，金属压盖上有七个均匀分布的透水孔，孔径为 25mm。

压力表：示值范围为 0～0.6MPa，精度为 2.5 级。

(2) 试验要求。

卷材的上表面为迎水面；若上表面为砂面、矿物粒料面，则下表面作迎水面；下表面为细砂时，在细砂面沿密封圈的一圈除去表面浮砂，然后涂一圈 60～100 号的热沥青，涂平，冷却 1h 以后进行试验。

在规定的压力、时间内，卷材表面无透水现象为合格。

3) 耐热度试验

将 125mm×100mm 的试样垂直悬挂在预先加热至规定温度的电热恒温箱内，加热 2h 后取出，观察涂盖层有无滑动、流淌、滴落，任一端涂盖层不应与胎基发生位移，试件下端位与胎基平齐，无流挂、滴落。

习　　题

12.1　水泥技术指标中并没有标准稠度用水量，为什么在水泥性能试验中要求测其标准稠度用水量？

12.2　进行凝结时间测定时，制备好的试件没有放入湿气养护箱中养护，而是暴露在相对湿度为 50%的室内，试分析其对试验结果的影响？

12.3　某工程所用水泥经上述安定性检验(雷氏法)合格，但一年后构件出现开裂，试分析是否可能是水泥安定性不良引起的？

12.4　判定水泥强度等级时，为何用水泥胶砂强度，而不用水泥净浆强度？

12.5　测定水泥胶砂强度时，为何不用普通砂，而用标准砂？所用标准砂必须有一定的级配要求，为什么？

第 13 章　建筑材料(水泥及混凝土)工程案例分析

13.1　水泥工程案例分析

13.1.1　快硬硫铝酸盐水泥配制商品混凝土在大体积工程中的应用

山东某水泥公司(简称 AT 公司)，在 100 万吨水泥粉磨站改造过程中，对ϕ3.2m×13m 水泥磨、辊压机基础、水泥磨房、辊压机房、原料仓、水泥仓等用硫铝酸盐水泥在大型搅拌站进行配制 C25 混凝土进行浇筑，利用泵车进行泵送，共用混凝土 1000m^3，其中磨机基础 380m^3，2d 浇灌完毕，大大缩短了混凝土的浇灌周期，较普通水泥混凝土提前 30d 安装设备。

1．硫铝酸盐水泥混凝土的配制

1)混凝土外加剂的配比

配制硫铝酸盐水泥混凝土，为达到施工的早期强度和施工要求，满足搅拌、运输、施工等过程所需时间，需加入表 13.1 所列的几种外加剂。

表 13.1　外加剂配比

项目	亚硝酸钠	硼酸	FDN 高效减水剂	十二烷基苯磺酸钠
配比/%	0.5	0.45	0.8	0.03

2)不同标号混凝土各组分的用量

不同标号的混凝土各组分的比例不同，各组分的配比见表 13.2。

表 13.2　不同标号混凝土各组分的用量　(单位：kg/m^3)

标号	亚硝酸钠	硼酸	FDN 高效减水剂	十二烷基苯硫酸钠	水泥	砂子	石子	水
C15	1.4	1.26	2.38	0.084	280	800	1105	175
C25	1.9	1.53	2.89	0.140	340	767	1103	170
C30	1.954	1.71	3.23	0.102	380	800	1105	175

3)试配 C30 混凝土

配置混凝土结果见表 13.3。比较可知，调整了缓凝剂及减水剂的用量，混凝土的凝结时间由原来的 6.5h 延长到 24.5h。强度有了提高，坍落度也增加 26mm，但凝结时间过长，对加快工期建设不利，因此参考第一种进行配制。水泥库柱基础、水泥磨基础、辊压机基础、磨房柱基础用混凝土的强度达到设计混凝土的强度，实际强度为设计强度的 150%，混凝土强度合格率达到 100%，有的富裕强度较高，初凝时间为 6.5h，终凝时间在 8h 左右，完全满足工程施工时间要求。各强度见表 13.4。

表 13.3 混凝土试验配比及性能

方案	水泥/kg	砂子/kg	石子/kg	水/kg	硼酸/%	FDN 高效减水剂/%	凝结时间/h:min		坍落度/mm	抗压强度/MPa		
							初凝	终凝		1d	2d	3d
1	380	800	1105	175	0.4	0.7	5:00	6:30	96	40.9	43.5	47.2
2	380	740	1113	170	0.6	0.9	23:00	24:30	120	39.3	48.4	56.32

表 13.4 设备及磨房基础混凝土的强度

编号	施工日期	标号	龄期	强度/MPa	占设计强度比/%
2010-LCH-01	2 月 2 日 15 时	C30	1d	27.9	113
			3d	34.0	
2010-LCH-02	2 月 3 日 14 时	C15	1d	26.1	174
			3d	29.3	195
2010-LCH-03	2 月 4 日 15 时	C15	1d	21.1	141
			5d	27.4	183
2010-LCH-04	2 月 6 日 10:50	C30	1d	33.8	113
			3d	44.5	149
2010-LCH-05	2 月 7 日 3:10	C25	1d	27.2	109
			3d	33.5	134
2010-LCH-06	2 月 26 日 9:0	C25	1d	38.3	153
			3d	36.6	146
			5d	41.0	160

2. 存在的问题

1）混凝土浇灌后有微裂纹

2010 年 2 月 6 日浇灌水泥库截面为 1300mm×1300mm 和 1000mm×1000mm，高为 10m 的柱子，一次浇灌 5m，用硫铝酸盐水泥配制商品混凝土，凝结时间为 5～7h，12h 可脱模，脱模后强度发挥正常，无裂纹现象；用水进行养护，表面温度高，约为 15℃，用水浇后不足 3 min 表面即干，表面水分全部蒸发完毕，应及时进行洒水养护，待表面温度降下来，水化热散失基本完毕后再停止洒水；及时养护不会产生龟裂现象。水泥磨头及磨尾基础浇筑–1.5～0.0 平面，厚度为 1.5m，宽度为 4m，长为 7m，混凝土顶部有裂纹，特别在中间部位最为严重，在钢筋附近较为严重。开裂缝宽约 3mm，混凝土开裂处一直有水养护，中间仍有热气冒出。

用 42.5 级快硬硫铝酸盐水泥配制 C15 混凝土，2010 年 2 月 4 日早上 8 时开始打磨基础垫层，于晚 23 时凝固，凝结时间长达 15h，且凝结后出现裂纹，当时用水进行养护，并用草苫子进行苫盖，有专人定时洒水，但仍出现较多的微裂纹，有的裂纹达 1m 多长，且向各个方向不规则分布，有的表面胀开有 3mm 的缝隙，用钢钉试其深度达到 3cm。主要是硫铝酸盐水泥凝结时间短，水化热大，且放热快，用于较大体积混凝土浇筑，混凝土内部水化热不能及时散发出来，造成混凝土表面与其内部温差大，产生内胀外缩，内外应力不同，使表面胀开，出现不同程度的开裂现象。

同样的商品混凝土其凝结时间不一样，有的 5～6h 凝固，如 2010 年 2 月 5 日上午 11:30 分打完的基础底板最东南角的混凝土，下午 14 时凝固，只有 4h 左右，同时也出现裂纹现象，混凝土温度明显高，手感比原来早凝固几天的混凝土温度明显高。两种混凝土的凝结时间差别大，此混凝土虽然是在商品混凝土搅拌站进行配制，但外加剂用量小、种类多（4 种），是在皮带上人工加入的，掺入搅拌很难均匀。混凝土体积大，相对散热表面积小，相对小体积混凝土散热慢，水化热积聚混凝土内部，使其内外温差大，内外体积收缩与膨胀不一致，越是厚的地方，混凝土开裂越是严重，证明水化热散发不出来是混凝土开裂的主要原因。

硫铝酸盐水泥混凝土发生开裂的另一个主要原因是养护不及时，混凝土缺水所致。大部分用户对硫铝酸盐水泥的性能缺乏了解，对硫铝酸盐水泥混凝土洒水太晚，用普通水泥混凝土养护的方法进行养护。但因其散热快，放热集中，所以要适时进行养护，不能等表面干燥、颜色发白后再养护，要在刚有硬度，但表面还未干燥时即开始洒水，否则就会造成混凝土开裂。

2) 卡死输送皮带机

硫铝酸盐水泥一般用于小体积的混凝土中，由于其凝结时间短，一般采用现场搅拌，有的人工搅拌，有的机械搅拌。机械搅拌较均匀，配料较准确，人工搅拌速度慢，还没有搅拌好水泥已经开始凝固，造成施工困难，有时搅拌不均，特别是加几种外加剂，大部分都是粉体，计量后搅拌均匀较困难，甚至根本没有时间搅拌便产生凝固，因此较大体积的混凝土，例如，在 $200m^3$ 以上，用人工或机械现场搅拌根本不能满足施工要求。用大型混凝土搅拌站配制硫铝酸盐水泥混凝土，曾出现皮带卡死现象，其主要原因是在配制混凝土时，各种原料经计量后用皮带机输送到料仓，由于粉尘较大，飞出的硫铝酸盐水泥粉粒落在皮带机头部，遇水便凝固，因飞落的水泥没有添加缓凝剂，凝结较快，有的 25min 便凝固，致使皮带头部积料越来越多，达到一定阻力时，会卡住皮带机，造成停机，影响混凝土的施工。为此，配料站要做好收尘，既不污染环境，又节约了材料，对整个配制设备无影响，并且加强设备操作维护，若有积料必须及时处理，防止积料过多，遇水凝固，造成堵料。

3) 黏堵搅拌机及其设备

用硫铝酸盐水泥配制混凝土因其凝结时间短，在搅拌过程中搅拌机机体黏附混凝土，时间长会凝结，特别是不动的死区部位，更易黏结混凝土块，因此操作设备要更加精心，随时进行清理，防止时间长后硬化不易清理。搅拌机每次搅拌的量为 $2m^3$，随时间的延长，机内黏附的量增多，而每次进入搅拌机的量还按 $2m^3$ 混凝土的物料量喂入搅拌机，如此下去，机内每次搅拌的量会超过 $2m^3$ 的物料量，造成搅拌机超负荷，时间长了会使电机带不动，严重者烧坏电机。在应用中曾因初次试验，没有意识到这方面的问题，造成搅拌机被卡，将传动三角带磨坏，烧损皮带，停机 3h 进行清理，影响混凝土的连续浇灌。之后每次用完后及时对搅拌设备用水清洗，将积存的混凝土及时处理掉，防止时间长后凝结在机内，避免下次再启动设备会卡，造成烧坏电机的后果。同时对配料设备等现场进行彻底清理，将飞扬的粉尘及时清除，否则，会受潮凝结。混凝土搅拌站加强管理，精心操作机械设备，并将搅拌机的搅拌量从每次 $2m^3$ 改为 $1.5m^3$，相当于减少了搅拌机的负荷，不会因机内积存物料没有及时清理而造成搅拌机超荷，烧损电机。此后连续浇灌大于 $700m^3$ 混凝土没有出现搅拌机负荷重影响生产等问题。

4) 黏糊搅拌车

由于在施工后搅拌车内积存的硫铝酸盐水泥混凝土很快便凝固，黏糊搅拌车，会影响下次使用，因此应及时清理。搅拌车用前、用后都要清理，若不清理，用装过通用水泥的混凝土搅拌车，再运输硫铝酸盐水泥配制的混凝土，会造成两种混凝土混杂，造成硫铝酸盐水泥混凝土不纯，两种不同系列的水泥配制的混凝土性能截然不同，强度发挥差别大，1d 强度相差 25MPa 以上，水泥水化热放热时间与热值相差均较大，会使混凝土开裂。

5）水化热散发不均匀，出现混凝土龟裂

硫铝酸盐水泥配制混凝土，在浇灌后表面出现微裂纹，长度不大，一般只有30～50cm，深度较浅，只在表层，不到2mm，弯曲无规则。龟裂主要发生在混凝土的顶面上，侧立面一般没有。主要是水泥水化热散发较集中，混凝土体内毛细孔内水分蒸发、干缩所致，但不影响整体强度。硫铝酸盐水泥水化热较大，放热较为集中，一般在浇灌后0.5～3h较为剧烈，混凝土四周有木模板支护，相当于一层保温保水层，靠近木模板的面，水分不蒸发，温度不变化，混凝土内外温差小，不产生开裂，而混凝土顶部没有保温设施，表面散热，水分蒸发快，这是龟裂的主要原因。混凝土浇灌后3h，便产生大量的水蒸气。

6）基础垫层混凝土出现开裂

水泥磨基础垫层用C15硫铝酸盐水泥混凝土，长为17.6 m，宽为4m，厚度为100mm，局部因地形地质情况厚度达到800mm，用商砼站配制的硫铝酸盐水泥配制的混凝土，垫层出现开裂。一是体积大，散热集中，二是底层为片麻岩，具有一定的吸水性，商品混凝土中的水分会被地基土层吸附，造成混凝土内缺水，当没有经验时，对其养护不及时，没有足够的水，混凝土失去水量大而开裂。从现场观看，越是混凝土厚的地方越易开裂，主要是体积大，水泥水化热内外散热不一，上部蒸发快，下部水分渗得快，使内部与表面温度不同，有一定的温差，热胀冷缩，造成表面开裂。

7）较大体积的混凝土分几次浇灌，易使交界面分层

较大体积或高度超过5m的柱，因支模、竖钢筋等方面的困难，不能进行一次浇灌而需分开浇灌的混凝土，若两次浇灌间隔时间过长，超过1d以上，会出现交界面结构整体性能不好。硫铝酸盐水泥凝结快、强度发挥早，分次浇筑的混凝土因硫铝酸盐水泥强度3d即发挥90%以上，而浇灌完后，拆模板，再支模，扎钢筋笼子，需要1～2d，此时已浇灌的水泥强度应当接近全部发挥出来，再在其上浇灌新的混凝土，两者的强度发挥不一致，会造成两次浇灌的混凝土成为两层，整体性能差。

而普通硅酸盐水泥的强度需28d后才基本发挥出来，同样的施工方法，前后两次浇灌的混凝土不会因交界面而出现强度不同、整体性能差等问题。因此硫铝酸盐水泥适合一次性支模立筋的混凝土，或分次浇灌，但支模立筋简单，两次浇灌间隔不超过1.5d，这样性能才有保证。

8）混凝土在裸露钢筋处易产生开裂

混凝土分两次浇筑，第一次浇灌完，在有钢筋裸露的部位，开裂明显增多，且沿钢筋的中心线连成一条线，在没有钢筋外露的部位无裂纹出现。其主要原因是，钢筋外露在混凝土外部，金属的导热性能好于空气，在外界环境温度较低的情况下，钢筋的传热速度更快，使钢筋周围的混凝土水化热传出外部，越是靠近钢筋的部位传热越快，温度下降越快，造成内部与外部混凝土温差越大，在内部热胀应力及外部冷缩应力的作用下，使钢筋周围的混凝土开裂加剧。因此钢筋混凝土浇灌过程中，凡有钢筋的部位，尽可能一次性浇灌，减少外露钢筋传热造成的开裂。混凝土的开裂与外界环境温度有较大关系，硫铝酸盐水泥具有抗冻性能，但是环境温度低，此时会加剧混凝土的开裂，因此，虽然硫铝酸盐水泥有抗冻性能，能在低温条件下施工，但混凝土内外温差不能超过20℃，内部温度最高不超过90℃，为避免上述情况的发生，要注意施工环境温度的影响，在低温条件下施工，要做好保温措施，如在表面及时盖一层塑料薄膜或加盖草苫子等，防止外界冷空气影响，造成表面温度低，内外温差大，

在没有其他补救措施的情况下，尽量在温度较高的情况下施工。例如，在同样的条件下施工，2010 年 2 月 16 日(环境温度为−6℃)浇灌的磨机基础下部混凝土与 2010 年 2 月 26 日(环境温度为 4～16℃)浇灌的上部混凝土开裂程度不同，主要是在低温条件下施工，保温措施没有到位，是内外温差大所致。

9) 预留孔对混凝土有散热和缓冲膨胀的作用

浇灌磨机基础的顶层中，有磨机轴瓦座、电机、减速机地脚预留孔，浇灌后 4h 可抽出预留孔内芯，由于其深达 2m，一是内部水化热可通过预留孔向外及时排出，使混凝土内外温差减小，热胀应力减小，混凝土开裂减小，同时预留孔也起到缓冲作用，消解内部应力，减轻膨胀。这说明预留孔能减轻其热胀作用。

3. 应用经验

(1) 运输快硬硫铝酸盐水泥商品混凝土应由专用车辆进行运输，不能混用，运输前清洗干净搅拌运输车辆，不得混有通用水泥商品混凝土。

(2) 不同强度等级、不同品种的混凝土应该分别运输，不得混杂，混凝土使用完毕后立即清空清洗干净搅拌运输车，不得留有混凝土。

(3) 运输、使用快硬硫铝酸盐水泥商品混凝土的时间不得超过该混凝土的初凝时间，否则混凝土将凝结，将黏结搅拌车辆，影响混凝土施工的进度及质量，损害搅拌及运输车辆。

(4) 在大型商砼搅拌站拌和快硬硫铝酸盐水泥前，应彻底检查维修拌和设备，确保设备 100%完好；严格禁止与其他混凝土混拌或交替拌和，使用该水泥前应对储存、配料、拌和设备系统清洗干净，否则将造成该混凝土报废；拌和时间大于 2min，其投料顺序是先投粗、细骨料然后加水拌和，最后投入该水泥拌和；拌和的混凝土应该及时浇筑，振捣应均匀、密实，要在初凝前用完，严禁将初凝的混凝土重新拌和二次加水使用，否则该混凝土将无强度；大体积混凝土分层浇筑，两层浇筑时间超过混凝土的初凝时间时，应做施工缝处理，处理方法按施工规范进行；配制好的水泥混凝土运至现场用泵车浇筑时，不能再加水，否则混凝土强度将下降。

有钢筋的部位，由于钢筋传热速度快，尽可能一次将钢筋浇灌在混凝土内，防止裸露在外使铜筋周围的混凝土内外温差大，造成在钢筋周围混凝土开裂；同时有预留孔的混凝土，在浇灌完混凝土后，要及时抽出内部木芯子，一是早抽出容易取出，二是预留孔的混凝土能直接与空气接触，使其内部混凝土的热量及时散发出来，不至于热胀开裂。

(5) 混凝土浇筑完毕后应立即采取覆盖草帘、塑料薄膜、棉毡、岩棉等措施；混凝土浇筑完毕后，由专人负责适时养护，开始洒水不能用水管急浇，否则会使表面水泥冲掉，应喷成细滴或雾化状，不能等表面干燥后再加水养护，每隔 10～20min 洒水一次，保持混凝土表面不见干，若看到干面，颜色发白，浇水后有蒸气蒸发，或有少量气泡产生，证明缺水，此时浇水会使混凝土发生开裂；要始终保持混凝土及其覆盖物表面湿润，严防失水，其养护时间大于 3d，夏季应特别防止阳光暴晒、缺水，否则将造成该混凝土开裂。

(6) 使用外加剂。使用外加剂与快硬硫铝酸盐水泥之间存在相互适应性，故外加剂品种、掺量应通过现场试验加以确定，否则将影响该混凝土的质量；掺加外加剂计量应该准确无误，并确保外加剂在混凝土拌和物中分布均匀。

4. 分析点评

快硬硫铝酸盐水泥具有快硬、快凝、早强、高强、凝结时间短、抗冻、抗渗等性能，多用于现场搅拌、人工浇灌，适于小体积混凝土工程，由于搅拌和施工手段的落后，过去很少在大体积、重载荷工程应用。而现今通过掺加外加剂，调节凝结时间，可大批量地在商品混凝土搅拌站上推广使用的禁区，同时用泵送硫铝酸盐水泥混凝土，提高了混凝土的施工速度，为硫铝酸盐水泥混凝土在大型商品混凝土搅拌站上使用提供了先例。

13.1.2 抗硫酸盐水泥在滨海建筑中的应用

1. 项目概况

本援建项目位于毛里塔尼亚伊斯兰共和国首都努瓦克肖特，濒临大西洋，由地块一、地块二组成，地块一为总理府办公楼及其附属项目，总建筑面积 4569.8m^2；地块二由外交事务及合作部中心、某阿拉伯组织直属秘书处组成，总建筑面积 9066m^2。由中国中元国际工程公司设计。努瓦克肖特濒临大西洋，在混凝土砌块使用中有一个普遍现象。墙体的上部砌块完好无损，甚至是新建的，而下部砌块砂浆已经严重剥落，甚至整个砌块已经腐蚀完毕。

2. 地下水的成分

由于努瓦克肖特濒临大西洋，地下水成分含有较多的盐分，主要成分有钠离子、硫酸根离子、氯离子等。

3. 水泥的组成及水化反应

通用硅酸盐水泥均由硅酸盐水泥熟料、掺合料、石膏组成，加水水化时发生如下反应：

$$2(2CaO\cdot SiO_2)+6H_2O=3CaO\cdot 2SiO_2\cdot 3H_2O+Ca(OH)_2$$

$$2(2CaO\cdot SiO_2)+4H_2O=3CaO\cdot 2SiO_2\cdot 3H_2O+Ca(OH)_2$$

$$3CaO\cdot Al_2O_3+6H_2O=3CaO\cdot Al_2O_3\cdot 6H_2O$$

$$4CaO\cdot Al_2O_3\cdot Fe_2O_3+7H_2O=3CaO\cdot Al_2O_3+6H_2O+CaO\cdot FeO_3\cdot H_2O$$

当硅酸盐水泥发生水化反应在液相中的氢氧化钙浓度达到饱和时，铝酸三钙依下式水化：

$$3CaO\cdot Al_2O_3+Ca(OH)_2+12H_2O=4CaO\cdot Al_2O_3\cdot H_2O$$

当石膏存在时，会立即与石膏反应：

$$4CaO\cdot Al_2O_3\cdot 13H_2O+3(CaSO_4\cdot 2H_2O)+14H_2O=3CaO\cdot Al_2O_3\cdot 3CaSO_4\cdot 32H_2O+Ca(OH)_2$$

$3CaO\cdot Al_2O_3\cdot 3CaSO_4\cdot 32H_2O$ 为三硫型水化硫铝酸钙，又称钙矾石。

当铝酸三钙盐未完全水化而石膏已耗尽时，则铝酸三钙水化所成的 $4CaO\cdot Al_2O_3\cdot 12H_2O$ 还会与钙矾石反应生成单硫型水化铝酸钙（$3CaO\cdot Al_2O_3\cdot 3CaSO_4\cdot 12H_2O$）。

4. 地下水中硫酸盐对水泥石的腐蚀

硫酸盐与水泥石中的氢氧化钙起置换反应，生成硫酸钙：

$$Na_2SO_4+Ca(OH)_2=CaSO_4+2NaOH$$

硫酸钙与水泥石中的固态水化铝酸钙作用生成水化硫铝酸钙。水化硫铝酸钙其体积均较原化合物体积大很多，由于是在已经固化的水泥石中产生上述反应，因此会对水泥石起极大的破坏作用，引起混凝土的膨胀与破裂。

另外，当水中硫酸盐浓度较高时，硫酸钙将在孔隙中直接结晶成二水石膏，使体积膨胀，从而导致水泥石破坏。由此可知，铝酸三钙($3CaO{\cdot}Al_2O_3$)含量较低时可有效地减少硫酸盐的腐蚀。

我国GB 748—2005《抗硫酸盐硅酸盐水泥》中规定，高抗硫酸盐水泥中$3CaO{\cdot}Al_2O_3$的含量不大于3%，从而有效地防止了硫酸盐对水泥石的腐蚀。

本工程的地下部分混凝土采用了抗硫酸盐水泥，施工后效果良好。

5. 分析点评

抗硫酸盐水泥是硅酸盐水泥的一个品种，属于硅酸盐水泥的体系，由于限制了水泥中某些矿物组成的含量，从而提高了对硫酸根离子的耐腐蚀性，适用于在硫酸盐含量较高而其他盐分含量较低的环境中使用。

13.2　混凝土工程案例

13.2.1　合理使用水泥确保混凝土工程质量

目前，在我国基础设施建设和工业与民用建筑中，混凝土已成为应用面最广、应用量最大的建筑材料。但相当多的混凝土工程存在的质量问题必须“标”、“本”兼治。中铁十八局集团第五工程有限公司李昊从事结构设计和建设监理工作多年，经常深入施工现场，在工程实践中体会到水泥的确堪称混凝土工程质量之“本”，提出以下几点建议。

1. 改变“回转窑水泥不足立窑补”的现状，确保工程质量

立窑水泥与回转窑水泥配制的混凝土在质量稳定性、耐久性、施工适应性及力学性能方面是有差别的，立窑水泥的各项性能明显不如回转窑水泥。

从结构设计的角度看，设计人员除特殊情况外，一般仅对混凝土的强度(等级)提出明确要求，至于采用何种水泥配制混凝土则由施工单位决定。由于我国建筑材料准用制度尚不完善，建设监理无法根据法规来限定出自不同厂家水泥的使用范围。用于检查结构质量的混凝土试件(现场浇筑时取样)需养护28d才能测试，而施工进度又不能耽搁，因此监理人员实际上是“事后”检查混凝土工程的质量，很难做到“事前”控制。因此，水泥品质直接影响混凝土的耐久性能，混凝土工程质量首先要抓水泥质量。

2. 选用水泥必须考虑混凝土结构的耐久性

由于混凝土建筑物要求有足够长的使用寿命，因此，混凝土的耐久性逐渐引起人们的重视。水泥品质直接影响混凝土的耐久性能。用52.5号优质立窑水泥配制的混凝土，其抗渗、抗碳化、抗海水腐蚀性能均不如同标号回转窑水泥，抗冻、干燥收缩、钢筋锈蚀等与回转窑水泥相近。而采用烧黏土作混合材的42.5号立窑水泥则对混凝土的耐久性能非常不利。在实际工程中对混凝土的耐久性必须进行“事前”控制。等到建筑物在使用阶段出了问题再去弥

补，将造成不可估量的损失。在目前条件下，为保证混凝土结构的耐久性能，应从以下几点做起。

(1)混凝土结构设计及施工在选用水泥方面应有明确规定。原中华人民共和国住房和城乡建设部已把“混凝土结构的耐久性研究及耐久性设计”列为国家重点科技攻关项目，并由清华大学、中国建筑科技研究院等单位共同承担此项任务，并已作出相应的规定。在制定这类规范时，建议增加有关水泥选用的章节，明确规定某类工程或某结构部位等“须”、“应”、“宜”选用某种类(或标号)水泥。

(2)要尽快健全、完善我国水泥准用制度。建议国家建设主管部门会同国家建材主管单位出台一些法规，规定水泥出厂必须附有“准用证”。“准用证”应明确交代哪些水泥“可”、“不可”用于某类工程或某结构部位等。在水泥包装袋上也应标明出厂日期、使用期限、存放条件、使用要求、应用范围及其他注意事项等，以利于建设监理现场检查。

(3)科研单位要加快各类水泥对混凝土耐久性影响的科学研究。科研不能仅停留在实验室中，要在各类实际工程中跟踪调查(因为每个工程的外部环境、施工条件及使用条件均有差异)，收集资料，为制定有关规范提供科学依据。

3. 重视碱-骨料反应(AAR)的研究并制定相应对策

碱-骨料反应严重损害混凝土结构的耐久性能。对预应力混凝土结构来说，一旦出现AAR，将可能引起混凝土的开裂，直接危及结构安全，必须及时进行加固处理。混凝土构件若在使用阶段出现问题将付出极高的代价，对混凝土结构进行加固处理的费用往往比原构件的造价还高。与发达国家相比，我国AAR的研究较晚，对由AAR引起的混凝土破坏重视不够。这主要是因为一般国内制作混凝土所用骨料的碱活性较小，加之AAR破坏又不易鉴定，使人们常常忽视了这一问题。在实际工程中一旦发现混凝土裂缝，技术人员首先从外部环境(如温度应力、不均沉降、超载等)或设计、施工上找原因，很少会想到AAR(相当多的质检、监理人员缺乏有关AAR的知识)。因此，很多由AAR引起的混凝土破坏被误认为是其他原因造成的破坏。

我国混凝土工程中的碱-骨料反应不容乐观。我国生产的水泥大多为高碱水泥，特别是北方地区生产的水泥，其碱含量多在0.8%～1.0%以上。但施工单位并不排斥，因为高碱纯硅酸盐水泥配制的混凝土快硬、早强，有利于提高施工速度。施工单位有时为抢工期或便于冬季施工，常在配制混凝土时掺入一定量的早强剂或防冻剂等，此时如果采用的是高碱水泥，则混凝土中的碱含量将高达15～20kg/m^3，远远超出安全碱含量的限值。为此，提出以下几点建议。

(1)加大关于AAR的科研力度，编制相应规范，科研、设计部门，应在实际的工程中进行广泛的调查研究，针对混凝土中不同的骨料和外加剂、不同品质的水泥、不同的环境，以及不同的施工条件等进行大量试验，为编制有关规范提供科学依据。

(2)增加低碱水泥的市场供应，确保混凝土的工程质量。国家应从产业政策方面鼓励低碱水泥的生产。同时，通过“准用证”制度来限制高碱水泥的使用范围。例如，严格规定水利工程、预应力构件以及重要工程的结构关键部位等，所用水泥的碱含量不得超过某一限值。

(3)重视关于碱-骨料反应的知识普及和预防措施的宣传工作。为使广大工程技术人员深刻认识碱-骨料反应对混凝土工程的危害，应加大宣传教育的力度，出版一些普及AAR知识的教材和预防AAR破坏的技术措施等。

13.2.2 大掺量矿物掺合料高性能混凝土在京沪高铁中的应用

京沪高速铁路是我国第一条具有自主知识产权的高速铁路，设计时速 350km/h。中铁十二局集团有限公司承建的土建工程四标段位于江苏省及安徽省境内，正线长度为 285.740km，全段以桥梁施工为主，共计有高性能混凝土约 $560\times10^4m^3$。该工程主要结构使用年限按不低于 100 年设计，对混凝土结构的耐久性提出了很高的要求。

中铁十二局集团有限公司高治双等结合混凝土结构所处的环境作用等级，从混凝土原材料选择、配合比设计，以及混凝土的拌和、运输、浇筑、养护等方面入手，加强施工工艺控制，通过多种手段来保证混凝土的耐久性，取得了良好的效果。例如，将矿粉与粉煤灰配合使用，而且考虑到了粉煤灰和矿粉品质对结构的耐久性有重要影响，在进厂检验中必须严格把关。这样，在混凝土中掺入大量的矿物掺合料，在保证强度的同时能够降低成本，提高混凝土的抗侵蚀能力。在施工中加强控制，从原材料和配合比优选入手，严格控制原材料品质、计量偏差及混凝土的施工和养护等工艺过程，充分发挥矿物掺合料的“三大效应”功能，提高混凝土结构的耐久性，以实现主体结构使用寿命 100 年的目标。

13.2.3 外加剂超量引起的混凝土质量事故

1. 工程概况

某商业办公大楼为五层框架结构，建筑面积为 $3461m^2$，抗震等级为三级，基础采用直径 800mm 的人工挖孔桩，持力层为中风化岩层，基础及主体均采用强度等级为 C30 的商品混凝土，由当地一家商品混凝土厂提供，运距约为 5.5km。外墙采用 MU7.5 多孔砖，内墙采用 MU2.5 空心砖。依据甲乙双方合同要求，基础以上总工期为 100d，若工期提前竣工验收合格，则甲方将按合同支付相应的赶工费用，若延误工期，则乙方将按规定赔偿损失。

2. 质量事故背景

大楼二层建筑面积为 $796m^2$，梁板混凝土方量约为 $122m^3$，自当日早上 8:30 开始浇筑，至第二天凌晨 2:30 左右结束。当日最高温度为 33℃，最低温度为 21℃，风力为 2～3 级。质量事故背景如下：

7 月 26 日 08:30　开工鉴定，工作性符合要求，开始浇筑混凝土；

7 月 26 日 14:00　监理人员见证取样，制作混凝土试块；

7 月 26 日 18:30　监理人员对坍落度抽检实测，符合要求；

7 月 27 日 02:30　混凝土浇筑完毕；

7 月 27 日 09:40　监理人员发现局部梁板混凝土存在质量问题；

7 月 27 日 15:30　业主、施工单位、监理单位及商品混凝土厂四方共同诊断确定为一起外加剂超量质量事故；

7 月 28 日 08:00　业主、施工单位、监理单位、设计单位及商品混凝土厂五方召开紧急会议，并邀请专家参与制定处理方案；

7 月 28 日 14:30　质量事故处理开始；

7 月 28 日 19:50　质量事故处理完毕。

3. 事故原因调查分析

本次质量事故是局部混凝土强度发展异常引起的，具体表现为：①混凝土浇筑完毕 7h 后尚未终凝，手按有凹痕；②混凝土浇筑完毕 30h 后强度才逐渐发展。质量事故发生后引起各方高度重视，经调查分析如下。

(1) 混凝土浇筑过程中气候无异常，属正常天气，故排除气候因素的影响。

(2) 混凝土的原材料为同一批量，且均送检合格，故排除原材料变化的因素。

(3) 事故混凝土的颜色与正常混凝土无差别，故排除粉煤灰完全替代水泥的可能性。

(4) 混凝土浇筑 7d 后尚未终凝，且养护积水中不断有棕色液体析出，其颜色和气味与商品混凝土厂使用的外加剂相同，故初步推断为外加剂严重超量。

(5) 调查中有操作人员反映最后两趟车的混凝土流动性特别大，因有利于操作，故未向技术人员报告。通过钢钎击打混凝土楼面判别事故混凝土的界线范围，发现其界线清晰明确，且计算混凝土数量约为 12.8m^3，其位置、数量正好与最后两趟车的混凝土相符，证实了最后两趟车的混凝土质量异常，并与减水剂超量的现象一致。

(6) 混凝土浇筑 30h 后强度才开始逐渐发展，这一特征与缓凝剂超量的后果相同。据相关文献资料报道，有些缓凝剂超过允许掺量太多，有可能导致混凝土浇筑数日后仍不能正常凝结。

商品混凝土厂采用的外加剂为混凝土减水剂，具有缓凝和减水两大效应。

综合上述分析结果，经专家讨论确认，质量事故原因为混凝土外加剂严重超量。由于该工程工期短，赶工费高，故在制定处理方案时充分考虑了工期因素，并按照结构安全、施工可行、费用经济的原则，对事故混凝土采用局部重点处理和结构上复核验算相结合的处理方案。

13.2.4　水泥安定性不合格产生的质量问题

江苏盐城市某工程为三层砖混结构的建筑，使用的是 32.5 号复合硅酸盐水泥筑 C25 混凝土，施工温度为 28℃。一层圈梁和柱子浇筑拆模后，发现混凝土强度很低。14d 现场检查发现：圈梁强度很低，回弹仪测定强度为 3～5MPa。据施工队介绍，圈梁与柱子浇筑的水泥批号为同一批号，水泥运回后即浇筑圈梁，在施工期间发现水泥发烫，温度较高。柱子浇筑时间比圈梁迟一天。

事故发生后调查了解，该水泥生产厂家为水泥粉磨站，32.5 号复合硅酸盐水泥所掺的混合材料为火山灰和粉煤灰，其掺量为 30%；由于是水泥销售旺季，该厂水泥粉磨袋装后即出厂。调查人员对封样水泥进行送检，结果为水泥安定性不合格。

13.2.5　轻骨料混凝土及其制品在节能建筑工程中的应用

轻骨料混凝土小型空心砌块可根据轻骨料的密度等级和使用要求制成自保温和复合保温砌块，由于其重量轻、保温性能好、装饰贴面黏结强度高、设计灵活、施工方便、砌筑速度快、增加建筑使用面积、综合工程造价低等优点，得到了迅速发展，特别在寒冷和严寒地区发展更猛，在黑龙江地区已广泛应用，特别在高层建筑作为外围护结构深受设计、施工、使用单位好评。

黑龙江省某地产开发有限公司采用页岩陶粒复合砌块在哈尔滨市建的典型节能建筑，该工程建筑面积为 11345m^2，七层，高为 20.06m，计算传热系数小于 0.48W/(m^2·K)，根据该公司提供的当年数据进行经济分析结果：降低墙面造价 2 元/m^2，按 370mm 厚红砖墙外贴苯板 100mm 厚和玻璃丝网布及高弹性涂料计算其造价为 112 元/m^2；增加使用面积，约占总使用面积的 2.4%，即增加使用面积 273m^2，按 3000 元出售，增加收益 81.9 万元；减轻墙体自重，砖砌块按 1800kg/m^3，复合砌块为 1200kg/m^3 计，减轻墙体自重 33%，可降低基础费用，具有长期节能 50%和建筑物同寿命的技术效果，经济价值更可观。

13.2.6　重庆轻轨交通现浇 PC 倒 T 梁混凝土工程施工与耐久性

重庆轻轨较新线一期工程建设，由较场口至大堰村段的在建工程为 14.35km，有地下室站 3 座，高架车站 11 座，除解放碑、大坪两座长度 1130m、1113m 的隧道外，其余均为空中高架桥梁。初设总投资约为 42.33 亿元，平均每千米造价约为 2.47 亿元。主体结构设计的使用年限为 100 年。

重庆轻轨工程采用跨座式预应力钢筋混凝土梁(以下简称 PC 梁)，其车辆直接跨座行驶于 PC 梁上。为保证列车安全、快速、舒适行驶，PC 梁的精度要求特别高，有直线梁和曲线梁，且随行进线路的曲率半径与坡度的差异而变化，因而在常规条件下，除使用直线部分跨度为 22m、20m 的预制标准 PC 梁，22m、20m 跨度及曲率半径与坡度各不相同的曲线梁外，在跨度大于 22m 以上时，需要另行设计大跨度的特殊 PC 轨道梁。由于使用大跨度预制 PC 梁的设计和施工难度很大，且受预制 PC 梁的模型台车、模型室、养护室及配置专用设备的限制，国外的做法是采用价格昂贵的钢制轨道箱梁。鉴于造价和用量考虑，重庆轻轨较新线主要采用 PC 梁，设计耐久年限为 100 年。这种大跨度现浇混凝土 PC 倒 T 梁用于跨座式交通工程在国内外尚属首次。

这项工程混凝土施工的特点和难点在于以下几方面：①施工地点位于杨渡路、西郊路交叉口，车流量、人流量大，要求在保证车辆通行的条件下搭设施工支撑体系和模板。②混凝土设计强度等级 C60，施工环境气温超过 30℃，且结构截面形式复杂，梁体配筋密集，预埋器件多达 2464 个，要求混凝土拌和物具有良好的施工性能，尽可能低地收缩和符合设计要求的强度及弹性模量。③在确保混凝土密实成形的同时，保证梁体制作精度和预埋件定位精度。④梁体有纵向和横向预应力钢绞线，曲线大跨度梁预应力工艺及张拉后的线型控制困难。

施工方案与工法制定包括四个方面的内容：①模板及支撑体系的设计；②张拉工艺的设计；③现场试验梁段的研究；④施工过程的控制。再经重庆大学与中国第十八冶金建设集团混凝土公司反复试验研究，确定了混凝土用原材料及配合比。

轨道交通是重要基础设施，运行中长期暴露于自然环境，使混凝土的耐久性成为决定工程使用寿命的关键因素。为预测混凝土的耐久年限，试验研究了工程所用混凝土的抗酸雨性能、抗硫酸盐腐蚀和抗碳化性能等。根据试验结果可以认定，现浇 PC 倒 T 梁混凝土的耐久性能良好。

习　　题

13.1　快硬硫铝酸盐水泥的特点是什么？一般用于什么工程？

13.2　该案例给予我们什么启示？

13.3　大体积混凝土浇筑应主要解决什么问题？

13.4　简述硫酸盐侵蚀的机理。

13.5　如何防止硫酸盐侵蚀？

13.6　抗硫酸盐硅酸盐水泥中主要是控制什么成分？

13.7　为什么要大力发展新型干法水泥生产技术并尽快淘汰立窑？

13.8　为什么说混凝土结构设计及施工在选用水泥时应有明确规定？

13.9　何谓碱-骨料反应？如何预防和抑制碱-骨料反应？

13.10　为什么说矿粉与粉煤灰配合使用可以发挥“强度互补效应”？

13.11　劣质粉煤灰可能会给混凝土带来哪些危害？

13.12　矿粉的细度若不能满足要求，则会给混凝土带来哪些问题？

13.13　常用的混凝土外加剂有哪些？

13.14　试述减水剂的机理及作用。

13.15　缓凝剂的使用范围有哪些？

13.16　水泥安定性的定义是什么？何谓水泥安定性不良？

13.17　简述水泥安定性的试验方法与步骤。

13.18　水泥国家标准中并未规定标准稠度，水泥安定性检测时为什么要测定其标准稠度？

13.19　轻骨料混凝土的定义是什么？

13.20　轻骨料混凝土的性能特点有哪些？

13.21　轻骨料混凝土及其制品在节能建筑工程中应用的意义如何？

13.22　混凝土耐久性的定义是什么？它包括哪些内容？

13.23　大跨度现浇混凝土 PC 倒 T 梁施工过程中应注意些什么？

13.24　常用模板的种类、特点和应用场合有哪些？

参 考 文 献

戴金辉，葛兆明. 1999. 无机非金属材料概论. 哈尔滨：哈尔滨工业大学出版社

杜兴亮. 2009. 建筑材料. 北京：中国水利水电出版社

高恒聚，温学春. 2012. 建筑材料. 西安：西安电子科技大学出版社

葛新亚. 2004. 建筑装饰材料. 武汉：武汉理工大学出版社

何廷树，王福川. 2014. 土木工程材料. 北京：中国建材工业出版社

纪士斌，纪婕. 2012. 建筑材料. 北京：清华大学出版社

林宗寿. 2012. 水泥工艺学. 武汉：武汉理工大学出版社

卢经扬，余素萍. 2011. 建筑材料. 2 版. 北京：清华大学出版社

陆秉权，曾志明. 2004. 水泥预分解窑生产线培训教材. 北京：中国建材工业出版社

沈威. 2007. 水泥工艺学. 武汉：武汉理工大学出版社

宋岩丽. 2010. 建筑材料与检测. 上海：同济大学出版社

苏达根. 2005. 水泥与混凝土工艺. 北京：化学工业出版社

隋同波，文寨军，王晶. 2006. 水泥品种与性能. 北京：化学工业出版社

王俊勃，屈银虎. 贺辛亥. 2009. 工程材料及应用. 北京：电子工业出版社

王迎春，苏英，周世华. 2011. 水泥混合材和混凝土掺合料. 北京：化学工业出版社

王元刚，李洁，周文娟. 2007. 土木工程材料. 上海：人民交通出版社

张长森. 2012. 无机非金属材料工程案例分析. 上海：华东理工大学出版社

张健. 2007. 建筑材料与检测. 北京：化学工业出版社

中国建筑材料科学研究总院. 2008. GB/T 8074—2008 水泥比表面积测定方法. 北京：中国标准出版社